Hanna-Maria Zippelius

Die vermessene Theorie

Wissenschaftstheorie
Wissenschaft und Philosophie

Gegründet von Prof. Dr. Simon Moser, Karlsruhe

Herausgegeben von Prof. Dr. Siegfried J. Schmidt, Siegen

1 H. Reichenbach: Der Aufstieg der wissenschaftlichen Philosophie (lieferbar als Band 1 der Hans Reichenbach Gesammelten Werke)
2 R. Wohlgenannt: Was ist Wissenschaft? (vergriffen)
3 S. J. Schmidt: Bedeutung und Begriff (vergriffen)
4 A.-J. Greimas: Strukturale Semantik (vergriffen)
5 B. G. Kuznecov: Von Galilei bis Einstein (vergriffen)
6 B. d'Espagnat: Grundprobleme der gegenwärtigen Physik (vergriffen)
7 H. J. Hummell, K. D. Opp: Die Reduzierbarkeit von Soziologie auf Psychologie (vergriffen)
8 H. Lenk (Hrsg.): Neue Aspekte der Wissenschaftstheorie (vergriffen)
9 I. Lakatos, A. Musgrave (Hrsg.): Kritik und Erkenntnisfortschritt (vergriffen)
10 R. Haller, J. Götschl (Hrsg.): Philosophie und Physik
11 A. Schreiber: Theorie und Rechtfertigung
12 H. F. Spinner: Begründung, Kritik und Rationalität. Band 1
13 P. K. Feyerabend: Der wissenschaftstheoretische Realismus und die Autorität der Wissenschaften
14 I. Lakatos: Beweise und Widerlegungen (vergriffen)
15 P. Finke: Grundlagen einer linguistischen Theorie
16 W. Balzer, A. Kamlah (Hrsg.): Aspekte der physikalischen Begriffsbildung
17 P. K. Feyerabend: Probleme des Empirismus
18 W. Diederich: Strukturalistische Rekonstruktionen
19 H. R. Maturana: Erkennen: Die Organisation und Verkörperung von Wirklichkeit
20 W. Balzer: Empirische Theorien: Modelle – Strukturen – Beispiele (vergriffen)
21 H. von Foerster: Sicht und Einsicht
22 P. Finke, S. J. Schmidt (Hrsg.): Analytische Literaturwissenschaft
23 J. F. Ihwe: Konversationen über Literatur
24 E. von Glasersfeld: Wissen, Sprache und Wirklichkeit
25 J. Klüver: Die Konstruktion der sozialen Realität Wissenschaft: Alltag und System
26 Ch. Lumer: Praktische Argumentationstheorie
27 P. Hoyningen-Huene: Die Wissenschaftsphilosophie Thomas S. Kuhns
28 W. Stangl: Das neue Paradigma der Psychologie
29 W. Krohn, G. Küppers (Hrsg.): Selbstorganisation. Aspekte einer wissenschaftlichen Revolution
30 E. Matthies, J. Baecker, M. Wiesner: Erkenntniskonstruktion am Beispiel der Tastwahrnehmung
31 M. Borg-Laufs, L. Duda: Zur sozialen Konstruktion von Geschmackswahrnehmung
32 R. Paslack: Urgeschichte der Selbstorganisation
33 G. Schiepek: Systemtheorie der Klinischen Psychologie
34 A. Kertész: Die Modularität der Wissenschaft
35 H.-M. Zippelius, Die vermessene Theorie

Hanna-Maria Zippelius

Die vermessene Theorie

Eine kritische Auseinandersetzung mit der Instinkttheorie von Konrad Lorenz und verhaltenskundlicher Forschungspraxis

vieweg

Der Verlag Vieweg ist ein Unternehmen der Verlagsgruppe Bertelsmann International.

Druck und buchbinderische Verarbeitung: W. Langelüddecke, Braunschweig
Gedruckt auf säurefreiem Papier
Printed in Germany

ISSN 0939-6268

ISBN 3-528-06458-7

Vorwort

Mit diesem Buch setze ich mich kritisch mit den theoretischen Grundlagen und den Methoden der Verhaltensforschung - vielfach auch als 'klassische' Verhaltensforschung der evolutionsbiologisch ausgerichteten Verhaltensökologie gegenübergestellt - auseinander. Es erwuchs aus Seminaren, die ich mit Studenten des Hauptstudiums durchführte. Bei den in diesem Rahmen vorgenommenen Analysen einzelner Forschungsarbeiten ging es weniger um die Darstellung von Ergebnissen, sondern vorrangig um die Bedeutung der einer Arbeit unterlegten Theorie und der eingesetzten Methoden für die erzielten Ergebnisse. Diese Sichtweise bildet den Schwerpunkt der vorliegenden Arbeit. In diesem Sinne erhebt das Buch den Anspruch, auch ein Lehrbuch für Studierende zu sein.

Es wird neuerdings immer wieder behauptet, daß niemand mehr mit der Instinkttheorie von Konrad Lorenz arbeitet. So schreibt Wickler (1990, S. 176): "Die aktionsspezifische Energie erwies sich als modernes Phlogiston und das psychohydraulische Modell trotz raffinierter Veränderungen als untauglich, die Bereitschafts- und Zustandsänderungen im Tier adäquat abzubilden." Eine eingehende Begründung für die Untauglichkeit der Lorenzschen Theorie bleibt uns Wickler freilich schuldig. Und wenn in Lehrbüchern und Schulbüchern noch immer die Lorenzsche Theorie unverändert dargeboten und in Publikationen das von Lorenz geschaffene Begriffssystem benutzt wird, so bildet diese Theorie auch weiterhin die Grundlage der Aussagen. Auch in der Neuroethologie (s. Bischof 1989) und in der ethologischen Hormonforschung wird noch mit der Lorenzschen Theorie gearbeitet. Wenn jetzt alles, was jahrzehntelang bis heute als fundiertes Wissen vermittelt wurde, nun als nicht mehr gültig und damit als obsolet abqualifiziert wird, so erfordert eine solche Aussage eine nachvollziehbare Begründung. Ein theoretisches Konzept wie das von Lorenz, das eine so große Resonanz gefunden hat, sollte nicht stillschweigend ohne jede Diskussion 'zu den Akten gelegt werden'. Seine so lange doch unbestrittene Akzeptanz verdient eine ausführliche Analyse der Aussagen dieses Konzeptes, um zu prüfen, was von ihm weiterhin tragbar ist und wie es - um den modernen Forschungsansätzen zu genügen - modifiziert werden könnte.

Mit dem Titel "Die vermessene Theorie" soll zweierlei zum Ausdruck gebracht werden: vermessen wegen des Anspruchs von Lorenz auf Allgemeingültigkeit seiner Theorie, d.h. ihre Anwendbarkeit auf jede Erbkoordination, und vermessen, weil es bisher nicht gelungen ist, die Annahmen und Aussagen dieser Theorie experimentell zu stützen.

Beim Zustandekommen dieser Arbeit waren Gespräche mit den Kollegen Jürgen Kriz, Gerhard Roth und Wolfgang Walkowiak für mich besonders hilfreich. Viele Anregungen verdanke ich den Arbeiten von Jürgen Kriz zur "Methodenkritik empirischer Sozialforschung" (1981) und "Fact and Artefact in Social Science" (1988). Besonderen Dank schulde ich Franz Weissing (Universität Groningen), mit dem ich zahlreiche, zuweilen kontroverse, aber immer anregende und weiterführende Diskussionen über oft schwierige Probleme führen durfte. Danken möchte ich auch dem Lektor des Vieweg Verlages, Herrn Albrecht Weis, der mir stets mit Rat und Hilfe zur Seite stand. Mein Dank gilt auch Frau Dipl. Biol. Ute Zillich, die mir bei den Vorarbeiten zur Drucklegung stets eine große Hilfe war.

INHALTSVERZEICHNIS

Einleitung

Aussagen und Ergebnisse der Verhaltensforschung fanden über die Biologie hinaus in einer Reihe von mehr oder weniger entfernten wissenschaftlichen Disziplinen wie z.B. der Psychologie, Soziologie und Pädagogik eine zunehmende Beachtung, darüber hinaus aber auch eine ungewöhnlich starke Resonanz in einer breiten Öffentlichkeit. Diese Aufgeschlossenheit gegenüber einem speziellen Fachgebiet der Biologie mag darin begründet sein, daß dem Forschungsgegenstand, dem Verhalten der Tiere, schon von alters her von vielen Menschen ein besonderes Interesse entgegengebracht wurde. Hinzu kommt, daß sich die Aussagen dieser Fachrichtung vielfach auf Phänomene beziehen, die aus dem unmittelbaren Erfahrungsbereich des Menschen stammen und damit auch ohne wissenschaftliche Vorbildung von Laien nachvollziehbar sind. Die in der Regel sehr anschauliche Art der Vermittlung der Ergebnisse durch die Wissenschaftler selbst, vor allem aber auch eine Flut populärwissenschaftlichen Schrifttums förderte in hohem Maße das allgemeine Interesse. Nicht zuletzt war es die Persönlichkeit von Konrad Lorenz und seine unnachahmliche Fähigkeit, eigene Beobachtungen und Erlebnisse mit Tieren in Wort und Schrift in einer auch für den Laien nicht nur verständlichen, sondern gleichermaßen faszinierenden Form vorzutragen, die das Interesse an der Verhaltensforschung weckten. So verwundert es auch nicht, wenn viele Verhaltensforscher berichten, daß sie schon als Schüler durch die Lektüre der populärwissenschaftlichen Schriften von Konrad Lorenz an die Verhaltensforschung herangeführt wurden. Auch der vielfach unternommene und publikumswirksame Versuch, die an Tieren gewonnenen Erkenntnisse zum Verständnis menschlichen Verhaltens heranzuziehen, trug zu einer weiteren Popularisierung des Fachgebietes bei.
Zu Recht gilt Konrad Lorenz als der Begründer der Verhaltensforschung [1]. Erst im Rahmen der von ihm konzipierten 'Physiologischen Theorie der Instinktbewegung' bot sich die Möglichkeit, neue Fragen zur Verursachung des beobachtbaren Verhaltens der Tiere zu formulieren und ihnen im Rahmen dieser Theorie ihre Bedeutung zuzuweisen. Bereits 1951 lud Lorenz zu einem ersten internationalen Symposium nach Schloß Buldern bei Münster ein, in dem damals seine Abteilung des Max-Planck-Instituts untergebracht war. Es fand sich eine Gruppe von Biologen zusammen, die seine Gedanken aufgriff und ihre Forschungsziele danach ausrichtete. So entwickelte sich aus kleinen Anfängen, aber mit rasch zunehmender Resonanz, die Verhaltensforschung als eigene Fachdisziplin.
Nach T.S. Kuhn (1976) ist eine spezielle Fachdisziplin durch ihr Paradigma [2] charakterisiert. Im Sinne Kuhns umfaßt es die von einer scientific community gemeinsam akzeptierten Strukturen. Hierzu gehören die Theorien, die daraus entwik-

[1] Die von Lorenz begründete Richtung der Verhaltensforschung wird heute vielfach als 'klassische' Ethologie einem neuen, vor allem von Hamilton, Maynard Smith und Price konstituierten theoretischen Ansatz der Verhaltensökologie, der sich schwerpunktmäßig mit der Evolution von Verhalten befaßt, gegenübergestellt.

[2] Später spricht Kuhn anstelle von Paradigma von 'disziplinärer Matrix'. Disziplinär, weil sie der gemeinsame Besitz der Vertreter einer Fachdisziplin ist; Matrix, weil sie aus Komponenten verschiedener Art besteht, u.a. Theorie, Methoden, Beispielen.

kelten relevanten Fragestellungen ebenso wie die zu ihrer Beantwortung eingesetzten Methoden, sowie konkrete Problemlösungen, die als Grundlage für weitere Arbeit anerkannt wurden, d.h. der derzeitige Wissensstand. Durch ein Paradigma ist ein Rahmen vorgegeben, in dem – so Kuhn – sich 'normale' Wissenschaft vollzieht. Eine scientific community ist somit in ein Netz von Vorgaben begrifflicher, theoretischer, instrumenteller und methodischer Art eingebunden. Mit diesen Überlegungen hat Kuhn auf die soziale Komponente in der Wissenschaft aufmerksam gemacht. Ähnlich wie jeder Mensch in eine Gesellschaft hineingeboren wird und durch ihre Normen eine bestimmte Sozialisierung erfährt, wächst ein Wissenschaftler durch seine Ausbildung in eine scientific community hinein. In seiner wissenschaftlichen Sozialisation wird er mit dem Paradigma seiner scientific community vertraut gemacht. Das Studium des Paradigmas seiner Fachdisziplin ist für den Studierenden die wichtigste Vorbereitung für die Mitgliedschaft in einer solchen Gemeinschaft.

Vielfach – und nicht nur von Laien – wird die Ansicht vertreten, daß empirische Forschung sich in der Weise abspielt, daß die gegebene Wirklichkeit möglichst *unvoreingenommen*, genau und vollständig erfaßt werden sollte. Auf diese Weise – so die Argumentation – könnten Gesetzmäßigkeiten aufgedeckt werden. Doch stellt sich sogleich die Frage, wie jemand unvoreingenommen beobachten kann, wenn er als Angehöriger einer Gesellschaft und als Mitglied einer scientific community eine ganz spezifische Sozialisation erfahren hat und somit seine Aufmerksamkeit auf ganz spezielle Aspekte der Umwelt gerichtet wird. Ein empirisch arbeitender Wissenschaftler ist stets auf Erfahrung über die ihn umgebende 'Realität' angewiesen. Wie Kriz (1981) schreibt, wird Realität aber erst durch die Interaktion zweier Systeme, und zwar eines erfahrenden mit einem zu erfahrenden System, *konstituiert*. Es ist faktisch unmöglich, über 'etwas' vor seiner Konstituierung zu sprechen. Für eine wissenschaftliche Disziplin wie die Verhaltensforschung ist der Erfahrungsbereich auf die durch die Theorie konstituierte 'Realität' beschränkt. Ehe Lorenz die sogenannte Leerlaufhandlung postulierte, gab es sie nicht und konnte somit auch nicht beobachtet werden. Ein Verhaltensforscher kann somit Realität nur gemäß jener Strukturen, die er in der scientific community vorfindet, konstituieren. Unter Berufung auf die von der Gemeinschaft festgelegte Bedeutung der Begriffe und den dahinter stehenden theoretischen Annahmen macht er Aussagen über seine spezielle Erfahrung; nur vor dem gemeinsamen Hintergrund, d.h. dem akzeptierten Wissensstand, kann er sich mit den Mitgliedern seiner scientific community verständigen.

Wie erfolgt eine solche spezifische Sozialisierung? Jeder, der sich in ein spezielles Fachgebiet einarbeiten möchte, ist auf die fachspezifischen Lehrbücher angewiesen. Vorrangige Aufgabe eines Lehrbuches ist es, dem Leser auf möglichst sparsame Weise das zu übermitteln, was die scientific community derzeit zu wissen glaubt. Das gilt auch für die Lehrbücher der Verhaltensforschung. Anhand konkreter Beispiele, die als Bestätigungen der Theorie durch die scientific community ausgegeben werden, führen sie in das Wissensgebiet ein. Es fehlen in der Regel Angaben, *wie* dieses Wissen gewonnen wurde und wie es die Fachwelt überzeugen konnte, d.h. wie seine Validität im Rahmen der Theorie begründet wurde. Diese Form der Wissensvermittlung läßt nicht erkennen, welche Probleme in der Verhaltensforschung zur Diskussion stehen oder stehen sollten. So entsteht der Eindruck, daß die in den Lehrbüchern vorgelegten Anwendungsbeispiele sich problemlos aus dem theoretischen Konzept und entsprechenden 'objektiven' Methoden ergeben. In dieser Form ist ein Lehrbuch eine dogmatische Einführung in eine vorgegebene Tradition, ohne daß der Leser die Möglichkeit hat, sich über das Dargebotene ein eigenes Urteil zu bilden. Er akzeptiert das ihm in dieser Weise vermittelte Wissen in erster Linie aufgrund der Autorität des Verfassers und der wissenschaftlichen Gemeinschaft.

Das Anliegen dieses Buches ist ein anderes. Ich will nicht - wie üblich - allein die Ergebnisse empirischer Arbeiten vermitteln, sondern den Weg aufzeigen, der zu den Ergebnissen geführt hat. Das setzt Überlegungen voraus, welche Annahmen eines Forschers - bewußt oder unbewußt - in den Forschungsprozeß eingehen. Empirische Forschung, so auch die Verhaltensforschung, stellt von der Entwicklung der Fragestellung über die Datenerhebung und Datenauswertung bis hin zu dem, was als Ergebnis ausgegeben wird, eine Abfolge von Entscheidungen dar. Diese Entscheidungen sollten vom Forscher explizit dargestellt und im Hinblick auf mögliche Alternativen hinterfragt und begründet werden. Stattdessen werden in der Verhaltensforschung die Ergebnisse experimenteller Arbeiten in der Regel so dargestellt, als gingen sie stringent aus der Fragestellung unter Anwendung 'richtiger' Methoden hervor - so als eine Art 'automatischen outputs'.

Wie Kriz in seiner "Methodenkritik empirischer Sozialforschung" (1981) dargelegt hat, weist eine solche Einstellung darauf hin, daß sich die Methoden sowohl bei der Datenerhebung als auch bei der Datenauswertung verselbständigt haben, ohne daß nach ihrer inhaltlichen Bedeutung im Rahmen der Theorie gefragt wird. Damit wird der Forschungsprozeß durch den Methodenapparat eher als 'objektivierter' denn als diskursiver Prozeß verstanden. Nur das Wissen um die im Forschungsprozeß getroffenen Entscheidungen ermöglicht es, eine Beurteilung der Ergebnisse und ihre Einordnung in den Kontext, in dem sie Gültigkeit beanspruchen können, vorzunehmen.

Um eine fruchtbare Diskussion in der Verhaltensforschung zu erreichen, wäre zu fordern, daß zum einen die Annahmen der den empirischen Arbeiten zugrundeliegenden Theorie explizit dargestellt werden. Zum anderen sollten auch die in der Verhaltensforschung üblichen Methoden, ebenso wie der Einsatz statistischer Modelle, ausführlich begründet werden. Ich weiß, daß ein solches Vorgehen in jeder einzelnen Arbeit die Kapazität der Publikationsorgane bei weitem überschreiten würde. Aber an irgendeiner Stelle der Publikationsorgane der scientific community oder in einem der Lehrbücher sollten diese grundlegenden Probleme erörtert werden, um die Basis empirischer Arbeiten in der Verhaltensforschung für den Leser erkennbar und überprüfbar zu machen. Das ist bisher nicht geschehen. Ich habe daher den Versuch einer solchen Analyse vorgenommen, den ich mit diesem Buch vorlege. Ich bin mir bewußt, daß ich damit keine Vollständigkeit erreiche, aber wenn ich mit diesem Buch den Anstoß zur Diskussion geben kann, so habe ich mein Ziel erreicht.

Ich bin in der Weise vorgegangen, daß ich zunächst die Theorie von Konrad Lorenz, so wie er sie formuliert hat, ohne jeden eigenen Kommentar dargestellt habe, um dem Leser die Möglichkeit zu geben, sich selbst ein Urteil über die theoretischen Grundlagen der Verhaltensforschung zu bilden. Im Anschluß daran führe ich aus, welche Annahmen der Theorie zugrundeliegen und welche Vorhersagen

sich aus ihr ableiten lassen. Erst dann wende ich mich konkreten Forschungsarbeiten zu, um die Frage zu stellen, ob die vom Autor getroffenen Entscheidungen im Hinblick auf Datenerhebung und Auswertung im Rahmen der zugrundeliegenden Theorie zulässig sind.
Eine von mir vorgenommene Überprüfung einzelner, als Musterbeispiele anerkannter Forschungsarbeiten ergab gravierende inhaltliche Widersprüche zu den Aussagen der Theorie. Da die Ergebnisse der von mir überprüften Arbeiten weiterhin als Anwendungsbeispiele der Theorie auch in den neuesten Lehrbüchern der Verhaltensforschung aufgeführt werden, muß ich - da bisher keine Diskussion über diese Unstimmigkeiten aufgenommen wurde - davon ausgehen, daß sie gar nicht bemerkt wurden. Ich möchte betonen, daß es mir nicht darum geht, einzelne Forschungsarbeiten, in denen methodisch fehlerhaft vorgegangen wurde, zu kritisieren. Ziel meines analytischen Vorgehens ist es, dem Leser wissenschaftlicher Publikationen eine größere Sensibilität gegenüber den vom betreffenden Autor getroffenen immanenten Entscheidungen und behaupteten Ergebnissen zu vermitteln. Mit dem Aufzeigen von Diskrepanzen der Ergebnisse einzelner Arbeiten mit der Theorie möchte ich - wie schon betont - erreichen, daß eine Diskussion um grundlegende theoretische und methodische Probleme in dieser Fachdisziplin herbeigeführt wird. Es sollte möglich sein, eindeutige und begründete Aussagen darüber machen zu können, welche der vorliegenden Ergebnisse der Verhaltensforschung als Forschungsartefakte ausgesondert werden müssen und welche als derzeit zu akzeptierendes Wissen beibehalten werden können. Ein solches Vorgehen erscheint mir um so dringlicher geboten, da die Ergebnisse dieser Wissenschaft - wie erwähnt - eine so weitreichende Publizität mit den entsprechenden Auswirkungen erreicht haben.
Es soll keine Kritik um der Kritik willen sein, sondern auch die kritische Argumentation sollte überprüfbar sein. So habe ich mich bei jeder der von mir analysierten Arbeiten bemüht, zunächst - soweit dies bei der betreffenden Arbeit möglich war - die Argumentation des Autors, d.h. seine Annahmen und Begründungen für die einzelnen von ihm getroffenen Entscheidungen, nachzuvollziehen, um erst dann zu prüfen, ob sie mit den Annahmen des theoretischen Konzepts kompatibel sind. Damit möchte ich bei denjenigen, die sich mit der Verhaltensforschung auseinandersetzen wollen, nicht nur die Bereitschaft wecken, sondern auch die Fähigkeit vermitteln, sich mit dem Wissen, das ihnen in Schule und Hochschule angeboten wird, kritisch auseinanderzusetzen. Ich bin überzeugt davon, daß ein Studierender auf diesem Wege brauchbarere Kenntnisse erwirbt, als wenn ihm nur Fakten vermittelt werden, die er - ohne sie hinterfragen zu können - nur akzeptieren kann. Der Sinn eines Studiums besteht meines Erachtens nicht darin, Fakten aufzunehmen, um sie auswendig zu lernen, sondern in erster Linie darin, Methoden der Überprüfung zu erlernen, um sich ein eigenes Urteil über den Wert einer wissenschaftlichen Aussage bilden zu können. So schreibt auch Markl (1989, S. 74):" Die *intellektuelle Respektlosigkeit* in der Wissenschaft, zu der wir unsere Studenten erziehen müssen - selbst wenn dies hin und wieder einer oder eine mit schlechtem Benehmen verwechselt -, ist der alleinige Garant dafür, daß Fehler ausgemerzt, Betrug durchschaut, Schlampigkeit korrigiert werden können."
Es ist richtig, daß bei der heutigen Publikationsflut nicht mehr alle Arbeiten gründlich gelesen werden können. Aber das darf nicht dazu führen, daß Ergeb-

nisse, die offensichtlich auf einer falschen Einschätzung des methodischen Instrumentariums beruhen und somit Forschungsartefakte sind, als wesentliche Erkenntnisse einer Fachdisziplin immer weiter tradiert werden. Ein Wissenschaftler zeichnet sich nicht dadurch aus, daß er möglichst viele publizierte 'Fakten' zu rezipieren vermag, sondern in erster Linie durch seine Fähigkeit, eine vorgelegte Arbeit kritisch zu hinterfragen, um zumindest derzeit akzeptierte Fakten von Artefakten unterscheiden zu können. Von Zeit zu Zeit sollte die Frage gestellt werden, ob das denn alles noch stimmt, was anhand der Lehrbücher der Verhaltensforschung weiter vermittelt wird.

Es liegt mir aber fern, die Verdienste der Begründer unserer Wissenschaft, vor allem die von Konrad Lorenz und Niko Tinbergen zu schmälern; ohne ihre Intuition, ihren Ideenreichtum, ihre Pionierarbeit gäbe es heute keine experimentelle Verhaltensforschung.

I. Kapitel

DIE THEORETISCHEN GRUNDLAGEN DER VERHALTENSFORSCHUNG NACH KONRAD LORENZ

1. Die physiologische Theorie der Instinktbewegung

Es ist der Verdienst von Konrad Lorenz, sich als erster um eine Erarbeitung der theoretischen Grundlagen der Verhaltensforschung bemüht zu haben. Er faßte seine Gedanken in einer - wie er schreibt - "neuen physiologischen Theorie der Instinktbewegung" (Lorenz 1978, S. 4 f.) zusammen, die er erstmals 1937 veröffentlichte.
Der grundlegend neue Ansatz, der von Lorenz mit dieser Theorie in die Verhaltensforschung - damals noch als Tierpsychologie bezeichnet - hineingetragen wurde, liegt in der Annahme, daß sich in den so vielfältig und variabel erscheinenden komplexen Verhaltensabläufen der Tiere gleichartig aufgebaute Grundbausteine des Verhaltens, die Erbkoordinationen oder Instinktbewegungen, identifizieren lassen. Die Gleichartigkeit derartiger Bausteine des Verhaltens besteht zum einen darin, daß sie stets aus den gleichen Komponenten aufgebaut sind, zum anderen darin, daß sie - ganz gleich, an welcher Stelle und in welchem Zusammenhang sie in einen Verhaltensablauf eingebaut sind - stets den gleichen Gesetzmäßigkeiten unterliegen.
Im Gegensatz zu der Anfang der dreißiger Jahre noch weitgehend akzeptierten Ansicht, daß tierisches Verhalten rein reaktiv sei, betont Lorenz die *Spontaneität* tierischen Verhaltens, speziell der Instinktbewegung. Spontaneität heißt in diesem Zusammenhang, daß eine Instinktbewegung als Grundbaustein des Verhaltens nicht wie ein Reflex unbestimmte Zeit 'brachliegen' kann, d.h. daß das Tier wartet, bis eine Bewegung durch bestimmte Umweltbedingungen ausgelöst wird, sondern daß im Prinzip jede Instinktbewegung - wie Lorenz sagt - zum Hervorbrechen drängt, was sich darin äußert, daß ein Organismus als Ganzes in Unruhe versetzt wird, um speziell nach der auslösenden Situation für die ihn antreibende Instinktbewegung zu suchen. Ein solcher Grundbaustein des Verhaltens besteht nach Lorenz aus voneinander unabhängigen Teilelementen und zwar einer Bewegungskomponente, einem Erkennungsmechanismus, dem angeborenen auslösenden Mechanismus und einem spezifischen endogenen Antrieb für die Bewegungskomponente, von Lorenz unter der Bezeichnung aktivitätsspezifische Erregung [1] eingeführt.

[1] Synonym verwendet Lorenz den Begriff aktivitätsspezifische Energie (siehe Lorenz 1965 II, S. 211; Lorenz 1978, S. 142). Darüber hinaus werden in der Verhaltensforschung für diese von Lorenz postulierte Zustandsgröße Begriffe wie Bereitschaft, spezifische Handlungsbereitschaft, Motivation, Trieb, Drang, Stimmung, wie auch Gestimmtheit anscheinend gleichwertig verwendet.

Zunächst möchte ich die Theorie von Lorenz, so wie er sie ursprünglich formuliert hat, ohne jeden eigenen Kommentar vorstellen. In einem weiteren Kapitel sollen die Besonderheiten der Lorenzschen Theorie und die daraus resultierenden Probleme für die empirische Forschung aufgezeigt werden, um dann die Frage aufzugreifen, wie die experimentelle Verhaltensforschung mit diesen Problemen fertig geworden ist.

1.1 Die Bewegungskomponente, die Erbkoordination[2]

Wie der Name Erbkoordination schon besagt, geht Lorenz davon aus, daß Tiere über ererbte Bewegungsmuster verfügen, die ihnen in bestimmten Situationen ihres Lebens wie Werkzeuge zur Verfügung stehen. "Es gibt allgemein verwendbare Erbkoordinationen wie z.B. die der Ortsveränderung, des Nagens, Kratzens, Hakkens usw. und es gibt solche, die höchst speziell auf eine bestimmte Leistung zugeschnitten sind wie z.B. ... die Knüpfbewegung des Webervogels oder wie viele Bewegungen der Balz und der Begattung." (Lorenz 1973, S. 82). Unter dem Begriff Erbkoordination werden von Lorenz Bewegungsmuster unterschiedlicher Komplexität zusammengefaßt. So wird nicht nur eine Kratz- oder Pickbewegung, sondern auch ein so komplizierter Bewegungsablauf wie das Schlingen eines Knotens beim Nestbau vieler Vögel als eine Einheit, eine Erbkoordination, angesehen. Hinzu kommt, daß eine Erbkoordination mit unterschiedlicher Intensität auftreten kann: von der nur angedeuteten Bewegung, die als *Intentionsbewegung* bezeichnet wird, bis zu ihrer vollen Ausprägung. "Was von der kaum angedeuteten Intentionsbewegung, bis zum voll intensiven Ablauf konstant bleibt und die Bewegung nicht nur für gute menschliche Beobachter, sondern nachweislich für den Artgenossen erkennbar macht, sind die *konstanten Phasenabstände* und die *konstanten Relationen zwischen den Amplituden*." (Lorenz 1978, S. 89).
Darüber hinaus werden von Lorenz aber auch unterschiedliche Bewegungsmuster als Intensitätsstufen einer Erregung angesehen. "In vielen Fällen ist es nicht nur *eine* erbkoordinierte Bewegungsweise, die von einer bestimmten Erregungsqualität aktiviert wird, sondern es ist eine ganze Reihe scharf voneinander abgetrennter Instinktbewegungen, die in gesetzmäßiger Reihenfolge den verschiedenen Intensitäten derselben Erregungsqualität zugeordnet sind." (Lorenz 1978, S. 89). Als Beispiel hierzu schildert Lorenz das Verhalten einer auffliegenden Graugans. Mit steigender Abflugbereitschaft macht die Gans zunächst einen langen Hals, läßt einen Abfluglaut hören, schüttelt den Schnabel, lüftet die Flügel, duckt sich zum Absprung, um erst nach dem Sprung das Flügelschlagen zum Abflug auszuführen. "Die Formverschiedenheiten verschiedener Intensitätsstufen erklären sich daraus, daß verschiedene Bewegungsweisen verschieden hohe Schwellen für *die-*

[2] Der Begriff Erbkoordination darf - streng genommen - nicht auf das Bewegungsmuster allein angewendet werden; erst wenn gezeigt werden kann, daß ein Bewegungsablauf von einem spezifischen Antrieb, der aktivitätsspezifischen Energie und in der Regel auch von einer spezifischen auslösenden Situation abhängig ist, liegt eine Erbkoordination oder Instinktbewegung im Sinne von Lorenz vor.

selbe Art der Erregung haben. Das Schnabelschütteln der Gans geht eben schon bei niedrigeren Werten los als das Ansetzen zum Sprung." (Lorenz 1969, S. 24).
Auch die verschiedenen Bewegungsmuster, die im Verlaufe eines Kampfes zweier miteinander rivalisierender Buntbarschmännchen zu beobachten sind, werden von Lorenz als Intensitätsstufen ein und derselben Erregungsqualität interpretiert. Eine solche Auseinandersetzung beginnt mit dem Flossenspreizen des Rivalen, es folgt ein 'Breitseitsimponieren' beider Fische, aus dem heraus ein Schwanzschlag gegen den Gegner erfolgen kann. Geht der Kampf weiter, so kommt es zum Frontaldrohen, bei dem sich die Fische Kopf an Kopf gegenüberstehen. Dabei kann es zum gegenseitigen Maulstoß kommen, und schließlich versucht jeder der Kämpfenden, den Gegner in die Flanke zu rammen, woraus ein schnelles Umeinanderkreisen der Rivalen resultiert.
Wie überzeugend kann Lorenz die Annahme begründen, "daß es nur eine und dieselbe Motivations-Quelle ist, die alle diese verschiedenen Bewegungsweisen verursacht" (Lorenz 1978, S. 91)? Ein wesentliches Kriterium ist für ihn die starr festgelegte Aufeinanderfolge der Intensitätsstufen. Er betont, daß die nächst höhere Intensitätsstufe erst eintreten kann, nachdem die niedrigere durchlaufen ist. Aufgrund dieser Aussage müßte allein durch die festgelegte Reihenfolge der einzelnen Bewegungsmuster jederzeit erkennbar sein, ob es sich bei dem beobachteten komplexen Verhalten um die Intensitätsstufe einer Erregung handelt oder nicht.
Eine weitere Stütze für seine Annahme, daß auch verschiedene Erbkoordinationen Ausdruck einer Erregung sein können, sieht Lorenz in dem Vorhandensein von Übergängen zwischen den Intensitätsstufen in der Form, daß schon während des Ablaufens einer niedrigen Stufe Intentionsbewegungen der nächst höheren auftreten können. Da zwischen Erbkoordinationen, die unterschiedlichen Erregungen zuzuordnen sind, immer eine gewisse Zeit verstreicht, ehe eine Verhaltensweise der neu aktivierten Erregung beobachtbar wird, sieht Lorenz in der Trägheitslosigkeit, mit der Übergänge zwischen den Intensitätsstufen erfolgen, eine weitere Bestätigung seiner Annahme. Darüber hinaus ist die Identität des Auslösemechanismus für die verschiedenen Bewegungsweisen für Lorenz ein wichtiger Hinweis auf die den Intensitätsstufen zugrundeliegende einheitliche Erregung. Sein letztes und, wie Lorenz betont, stärkstes Argument für die Annahme einer Folge von Instinktbewegungen als Intensitätsstufen einer Erregung besteht darin, "daß die Bereitschaften zu allen von ihnen parallel miteinander ansteigen und abfallen." (Lorenz 1978, S. 92). Damit sagt er, daß immer dann, wenn sich niedrige Intensitätsstufen mit schwachen Reizen auslösen lassen, das auch für die höheren Intensitätsstufen gilt.
Es stellt sich die Frage, wie diese Komponente Erbkoordination zu charakterisieren ist. Dazu schreibt Lorenz: "... Verhaltensabläufe, die das Ziel eines Appetenzverhaltens sein können, ... betreffen immer nur die Ganzheit jener sehr fest integrierten Bewegungsabläufe, die wir als Instinktbewegungen bezeichnen." (Lorenz 1978, S. 170). Wenn eine Erbkoordination nur durch die ihr zugrundeliegende einheitliche Erregungsqualität und durch ein auf ihre Auslösung gerichtetes Appetenzverhalten als Einheit zu bestimmen ist, dann können nach dieser Definition die formverschiedenen Intensitätsstufen einer Erbkoordination nur als Teilelemente

dieser Einheit Erbkoordination und nicht als selbständige Instinktbewegungen oder Erbkoordinationen angesehen werden.

Darüber hinaus sind Erbkoordinationen - so Lorenz - durch ihre *Formkonstanz* charakterisiert. Gemäß der unterschiedlichen Komplexität einer Erbkoordination bedeutet Formkonstanz, daß nicht nur einzelne Bewegungsweisen in immer gleicher Weise vom Tier gezeigt werden, sondern auch, daß der Ablauf eines komplexen Bewegungsmusters, das als *eine* Erbkoordination angesehen wird, immer das gleiche bleibt. Formkonstanz wird in einem solchen Fall durch die festgelegte Aufeinanderfolge der einzelnen formverschiedenen Teilelemente erreicht. Eine Erbkoordination kann - wie Lorenz besonders betont - in ihrem Ablauf weder durch Außenreize, noch durch Lernvorgänge verändert werden. "Die Erkenntnis, daß die Reize, die Erbkoordinationen hervorrufen, im Zentralnervensystem erzeugt und koordiniert werden, erklärte, weshalb die Bewegungsweise in ihrer Form durch äußere Reize nicht bestimmt ist." (Lorenz 1983, S. 116 f.). Allein aufgrund der Formkonstanz können Erbkoordinationen als solche wiedererkannt werden, und nur aufgrund der Unveränderlichkeit ihres Ablaufs können sie als artkennzeichnende, homologisierbare Merkmale für taxonomische Untersuchungen verwendet werden.

Eine Anpassung dieser formstarren Bewegungsmuster an die aktuell vorliegenden Umweltbedingungen erfolgt allein durch reaktive Vorgänge, durch Taxien. Eine derartige Orientierungsreaktion kann der Erbkoordination vorgeschaltet sein; ihre Aufgabe ist es dann, die für die Erbkoordination geeignete Ausgangsposition zu erstellen, in der die spezifische auslösende Reizkonfiguration wirksam wird. Ein Frosch, der ein Beuteobjekt zwar im Wahrnehmungsbereich, aber nicht in der richtigen Fangposition vor sich hat, führt je nach den Anforderungen der Umwelt eine mehr oder weniger ausholende Wendebewegung aus, um in die Position zu kommen, in der die Ausführung des Fangschlags, einer Erbkoordination, mit hoher Wahrscheinlichkeit zum Erfolg führt. Wenn es die Umwelt erfordert, wenn z.B. ein zu erbeutender Käfer ständig seine Position geringfügig verändert, kann der Frosch die Orientierungsreaktion beliebig oft hintereinander ausführen. Wird diese Bewegung als Reflex angesehen, so unterliegt sie nicht einer spezifischen Ermüdung, wie sie für Erbkoordinationen, die von einem zentralen Automatismus abhängig sind, angenommen wird. "Die Anpassung der Erbkoordination an die augenblicklichen Erfordernisse erfolgt durch reaktive Vorgänge, durch den 'Mantel der Reflexe', wie Erich von Holst sich ausdrückt." (Lorenz 1983, S. 122).

Orientierungsbewegungen können aber auch die Erbkoordination überlagern. So muß z.B. bei den Lokomotionsbewegungen der Säugetiere jeder Schritt als Erbkoordination mit Hilfe von Taxien an die Unebenheit des Bodens angepaßt werden. Hierbei können je nach den Anforderungen der Umwelt sehr unterschiedliche Leistungen erreicht werden. Lorenz führt als Beispiel das Verhalten der Gemse an, die "... selbst im gestreckten Galopp taxiengesteuerte Bewegungselemente so über die Erbkoordination zu überlagern (vermag), daß sie in eleganter, fließender Bewegung über ein unregelmäßiges Geröllfeld dahinstürmt, als wäre es ein ebenes Feld." (Lorenz 1983, S. 123).

Aufgrund ihrer Verursachung unterscheidet Lorenz zwei Bewegungsabläufe. Zum einen die formkonstante Bewegung, die Erbkoordination, die durch endogene Erregungsproduktion hervorgerufen und zentral koordiniert wird und damit in ihrem

Ablauf von Außenreizen unabhängig ist. Zum anderen die rein reaktive, in ihrem Ablauf allein durch Außenreize bestimmte Orientierungsbewegung. "Die Vielheit der dauernd mitwirkenden Orientierungsmechanismen bedingt eine Plastizität des Verhaltens, die geeignet ist, die Konstanz der zentralkoordinierten Bewegung zu verschleiern, ..." (Lorenz 1978, S. 189 f.). Mit zunehmendem Einfluß reaktiver Verhaltensweisen wird eine immer bessere Anpassung des formkonstanten Bewegungsmusters, der Erbkoordination, an die Erfordernisse der Umwelt erreicht.

1.2 Die aktivitätsspezifische Erregung

Die von v. Holst aufgrund seiner Untersuchungen zur Bewegungsphysiologie von Fischen entwickelte Vorstellung, daß die Flossenbewegungen durch automatisch arbeitende Zellen im Rückenmark angetrieben werden, gab Lorenz den entscheidenden Anstoß zur Entwicklung der Theorie der Instinktbewegung. In dem Phänomen der zentralen Erregungsproduktion glaubte er eine physiologische Erklärung für die 'Spontaneität' tierischen Verhaltens, speziell der Erbkoordination gefunden zu haben. Diese 'Spontaneität' äußert sich in Form von Appetenzverhalten, Schwellenwertänderungen oder auch Leerlaufhandlungen. Da diese Vorgänge nur an motorischen Einheiten, die Lorenz unter dem Begriff Erbkoordination zusammenfaßt, beobachtbar waren, ordnet er jeder Erbkoordination entsprechend den 'Automatismen' von v. Holst einen inneren Antrieb zu, den er, um die Spezifität des Antriebes zu betonen, als aktivitätsspezifische Erregung bezeichnete. Lorenz sagt: "... daß heute an der automatischen Grundlage der Instinktbewegungen in spontan aktiven motorischen Zellen nicht mehr gezweifelt werden kann." (Lorenz 1983, S. 192).
Lorenz geht in seiner Theorie davon aus, daß die automatisch tätigen Zellgruppen ununterbrochen aktiv sind und somit ständig Erregung produzieren. Erster sichtbarer Ausdruck einer ansteigenden Erregung ist ein Suchen des Tieres (= Appetenzverhalten) nach der spezifischen auslösenden Situation für die dieser Erregung zugeordnete Erbkoordination. Appetenzverhalten ist immer dann zu beobachten, wenn die spezifische auslösende Situation für die angestrebte Instinktbewegung nicht gegeben ist und vom Tier gesucht bzw. erstellt werden muß. Nach der Theorie kann im Prinzip jede Erbkoordination mit Ansteigen der ihr zugeordneten Erregung zu einem Antrieb für den Organismus werden, speziell nach der auslösenden Situation für die vordringlich gewordene Erbkoordination zu suchen.
Die ständige automatische Erregungsproduktion kann, wenn die Erbkoordination über einen gewissen Zeitraum, in dem sie normalerweise häufig ausgelöst wird, nicht gezeigt werden kann, zu einer Anstauung der Erregung führen. Ein solcher Erregungsstau äußert sich in Form einer Erniedrigung der Schwelle gegenüber der spezifischen auslösenden Umweltsituation, wobei unter Schwellenwert der niedrigste noch auslösende Reizwert der vorliegenden Umweltsituation zu verstehen ist. "Eine Instinktbewegung, bei der der Schwellenwert auslösender Reize nicht absinkt, scheint es nicht zu geben." (Lorenz 1978, S. 104). Hierzu führt Lorenz folgendes Beispiel an: "Wenn man dem Versuchstier kampfauslösende Reize durch mehrere Tage vorenthält, so steigt seine Erregbarkeit nicht nur auf das vorherige

'normale' Maß an, sondern noch weit darüber hinaus. Das Tier spricht nun auf völlig inadäquate, die biologisch 'richtige' Umweltsituation durchaus nicht kennzeichnende Reizkonfigurationen mit Kampfbewegungen an." (Lorenz 1978, S. 95).
Findet das Tier keine Gelegenheit, eine Erbkoordination bei Aufstauung der aktivitätsspezifischen Erregung abzureagieren, so kann diese Bewegung ohne eine erkennbare, sie auslösende Reizkonfiguration ablaufen. Einen solchen Vorgang bezeichnet Lorenz als Leerlaufhandlung. "Diese Schwellenwerterniedrigung auslösender Reize kann bei bestimmten, normalerweise häufig gebrauchten instinktmäßigen Bewegungsweisen so weit gehen, daß sie nach längerer 'Stauung' ohne nachweisbaren äußeren Reiz auf 'Leerlauf' ablaufen, wobei die gesamte Bewegungsfolge dem normalen Ablauf mit wahrhaft photographischer Treue entspricht, ohne aber natürlich seinen arterhaltenden Sinn zu erfüllen." (Lorenz 1965 II, S. 210).
Die Annahme einer ständig ansteigenden Erregung erfordert auch einen gegenläufigen Prozeß. Von der Theorie ist dazu festgelegt, daß mit jeder Ausführung einer Erbkoordination die aktivitätsspezifische Erregung um einen bestimmten Betrag, der von der Intensität der ausgelösten Bewegung abhängig ist, herabgesetzt wird. Dieser Abfall der Erregung wird beobachtbar über ein "... Ansteigen des Schwellenwertes der auslösenden Reize." (Lorenz 1978, S. 95). Die Herabsetzung der aktivitätsspezifischen Erregung kann nach wiederholter Durchführung der zugeordneten Erbkoordination so weit gehen, daß der erforderliche Mindestwert an Erregung unterschritten wird, so daß die betreffende Erbkoordination auch bei Vorliegen der entsprechenden Umweltsituation nicht mehr ausgelöst werden kann. Im Rahmen der Lorenzschen Theorie wird dies als aktivitätsspezifische Ermüdung bezeichnet.
Aus der Annahme, daß die aktivitätsspezifische Erregung in Abhängigkeit von der Zeit, in der eine Erbkoordination nicht ausgelöst wurde, ansteigt und der weiteren Annahme, daß die Ausführung einer Erbkoordination mit einem Abfall an Erregung verbunden ist, resultieren gesetzmäßige Schwankungen der aktivitätsspezifischen Erregung. Daraus folgt, daß sie zu jedem Zeitpunkt einen bestimmten Wert annimmt. Mit Hilfe der gesetzmäßigen Veränderungen der Antriebsgröße glaubte Lorenz für Phänomene wie Appetenzverhalten, Schwellenwertänderungen gegenüber der auslösenden Situation und sogenannte Leerlaufhandlungen eine plausible Erklärung gefunden zu haben.
Es gibt Erbkoordinationen wie z.B. die Balzbewegungen, die im Leben eines Tieres nur selten ausgelöst, andere dagegen wie die der Lokomotion, die sehr häufig eingesetzt werden. Dem trägt Lorenz Rechnung, wenn er sagt, daß die Produktion aktivitätsspezifischer Erregung auch bei homologen Bewegungsweisen von Art zu Art verschieden sein kann. Wesentlich ist, daß die Produktion ausreichend ist, um den Einsatz der Bewegungsmuster entsprechend den Bedürfnissen einer jeden Art zu sichern. Eine Meise - so Lorenz - fliegt solange sie wach ist, fast ständig umher; sie hat eine fast unbegrenzte Menge an spezifischer Erregung für Flugbewegungen zur Verfügung. Bei einer Graugans dagegen, deren tägliche Flugzeit deutlich niedriger liegt, ist auch die Produktion an aktivitätsspezifischer Erregung entsprechend geringer und sie "... kann sehr wohl in eine Situation kommen, in der sie abfliegen 'möchte aber nicht kann'." (Lorenz 1978, S. 106). Im Prinzip vermag jede aktivitätsspezifische Erregung einer Erbkoordination Anlaß zu einem Suchverhalten geben; dabei gilt generell, daß Erbkoordinationen mit einer hohen

Erregungsproduktion häufiger ein Appetenzverhalten in Gang setzen als solche mit entsprechend langsamerem Anstieg der Erregung.
Einzelne Erbkoordinationen wie z.B. eine spezielle Nestbau-Verhaltensweise sind bei ausreichender Höhe der aktivitätsspezifischen Erregung nur in einer spezifischen Umweltsituation auslösbar. Andere Erbkoordinationen dagegen, so die Bewegungen der Lokomotion, können in den verschiedenen Funktionskreisen, d.h. unter sehr unterschiedlichen Antrieben eingesetzt werden. Ein Reh - so führt Lorenz aus - läuft, um einem Verfolger zu entgehen; unter dem Antrieb Hunger läuft es, um einen geeigneten Futterplatz zu finden, und im Zustand der Fortpflanzungsbereitschaft läuft es, um ein Weibchen zu treiben. Dies gilt nicht nur für die Lokomotionsbewegungen, sondern auch für Erbkoordinationen wie z.B. das Nagen bei Ratten und Mäusen, die unter verschiedenen Antrieben eingesetzt werden können. Lorenz spricht in diesem Zusammenhang von Mehrzweckbewegungen. Aber auch diese Erbkoordinationen, die im Dienste sehr unterschiedlicher Bereitschaften stehen, sind stets von einer aktivitätsspezifischen Erregung abhängig. "Daß derartige Bewegungsweisen einem Antrieb seitens höherer Instanzen des Zentralnervensystems unterstehen, besagt keineswegs, daß sie der Spontaneität entbehren. Ihre ständige Verfügbarkeit beruht ganz im Gegenteil auf einem ganz besonders hohem Maß von endogener Produktion aktivitätsspezifischer Erregung, was sich durch besonders rasche Schwellenerniedrigung bei Nichtgebrauch, sowie durch besonders starke Neigung zu Leerlauf-Aktivitäten kundtut." (Lorenz 1978, S. 99).
Auch diese Mehrzweckbewegungen, z.B. die der Lokomotion, können wie jede andere Erbkoordination aufgrund ihrer spezifischen Erregung zu einem Antrieb für den gesamten Organismus werden. "Selbst die am stärksten dem Antrieb von oben her unterstehenden Instinktbewegungen, nämlich die der Lokomotion, steuern durch ihre eigene aktive Reizproduktion zu der Bereitschaft des Organismus bei, das ganze System zu aktivieren." (Lorenz 1978, S. 175).

1.3 Der angeborene Auslösemechanismus

Als ein weiteres unabhängiges Teilelement des Grundbausteins des Verhaltens betrachtet Lorenz den angeborenen Auslösemechanismus, "... der dem Tier das 'angeborene Erkennen' einer biologisch relevanten Umweltsituation vermittelt, ..." (Lorenz 1978, S. 122). Beim angeborenen Erkennen, so führt Lorenz aus, müssen wir uns von der Vorstellung lösen, daß ein völlig unerfahrenes Tier seine unbelebte und belebte Umwelt, so z.B. den Artgenossen oder den Feind, mit allen Farb- und Formmerkmalen erfaßt. Es sind vielfach nur ganz bestimmte, aber das Objekt sehr gut kennzeichnende Merkmale, die das Tier angeborenermaßen erkennt. Diesen Merkmalen kommt, auch wenn sie ganz einfach gestaltet sind, ein hohes Maß einer generellen Unwahrscheinlichkeit zu, aus dem gleichen Grunde, aus dem man dem Barte eines Schlüssels eine möglichst unwahrscheinliche Form gibt. "Bestimmte Kombinationen von Reizen stellen sehr oft sehr spezifisch wirkende Schlüssel zu bestimmten Reaktionen dar; diese Reaktionen können dann auch durch sehr ähnliche Reizkombinationen nicht ausgelöst werden. Es besteht also zu bestimmten Schlüsselreizen ein rezeptorisches Korrelat, das etwa nach Art eines Kombinationsschlosses nur auf ganz bestimmte Zusammenstellungen von Reizeinwirkungen anspricht und damit die Instinkthandlung in Gang bringt." (Lorenz 1965 I, S. 299).

Nach Lorenz können bereits einfache Farb- oder Formmerkmale als Schlüsselreize wirksam sein. In der Regel sind sie jedoch - so Lorenz - komplexer gestaltet und setzen sich aus mehreren Teilkomponenten zusammen. Eine auslösende Wirkung kommt einem derartigen komplexen Schlüsselreiz jedoch nur bei vollständiger Präsenz der Teilelemente und deren spezifischer Anordnung zueinander zu. Lorenz spricht von Beziehungs- bzw. konfigurativen Schlüsselreizen. "Wenn man zwecks Herausgliederung der einzelnen Merkmale abbauende Attrappenversuche anstellt, so stößt man nicht allzu selten auf sehr einfache Kombinationen von Merkmalen, die *nicht weiter zerlegbar sind*, sondern ihre Wirksamkeit nur behalten, solange diese Merkmale in einer bestimmten Beziehung zueinander geboten werden. Das Rot an der Kehle des Stichlings muß unterseits sein, die Augen des Muttertieres von Haplochromis müssen waagerecht und symmetrisch am Kopf angeordnet sein, um eine spezifische auslösende Wirkung zu entfalten." (Lorenz 1965, S. 140)

Auch wenn ein konfigurativer Schlüsselreiz durchaus Komplexqualität besitzen kann, betont Lorenz: "Der AAM spricht also keineswegs auf die komplexe Gestalt des natürlichen Objektes an. Wohl aber kann man die einzelnen Reizkonfigurationen, die als Schlüsselreize wirken, als einfachste Gestalten auffassen. Nicht absolute Reizdaten, sondern Intervalle, Unterscheidungswahrnehmungen, sind für ihre Wirkung wesentlich, ... Auch alle akustischen Schlüsselreize, deren wir so viele kennen, sind stets Beziehungsmerkmale, d.h. einfache Melodien, bei denen die Tonintervalle und nicht die absolute Höhe maßgebend sind." (Lorenz 1978, S. 128).

Obwohl zumindest höhere Tiere aufgrund der Leistung ihrer Sinnesorgane in der Lage sind, komplexe Situationen zu erfassen, geht Lorenz davon aus, daß sie für das angeborene Erkennen auslösender Situationen nur einige wenige, die Situation aber relativ eindeutig kennzeichnende Merkmale nützen. Aufgrund dieser Annahme ist ein Mechanismus zu fordern, der die jeweils relevanten Merkmale - die Schlüsselreize - erkennt. Diesen rein theoretisch zu fordernden Mechanismus bezeichnet Lorenz als angeborenen Auslösemechanismus, als AAM [3].

Schlüsselreize können in verschiedenen Ausprägungen auftreten; ein Farbmuster kann mehr oder weniger kontrastreich, eine Duftkomponente unterschiedlich konzentriert sein. Die auslösende Wirkung eines Schlüsselreizes bezeichnet Lorenz als den ihr zukommenden Reizwert, wobei jedem Reiz, wie auch seinen Ausprägungen, ein konstanter Reizwert zugeordnet wird. Lorenz spricht von der "... konstanten auslösenden Wirkung der einzelnen Reizkonfigurationen." (Lorenz 1978, S. 94). Zusätzlich können verschiedene Schlüsselreize vom Tier auch unterschiedlich bewertet werden. Sind Duft und Temperatur die wirksamen Schlüsselreize, so kann

[3] Etwas merkwürdig mutet es an, wenn Lamprecht von der "auffälligen Übereinstimmung der Schlüsselreize mit dem auf sie ansprechenden Auslösemechanismus" (Lamprecht 1982, S. 94) spricht, da doch zuvor dieser Auslösemechanismus konstruiert wurde zur 'Erklärung' des selektiven Ansprechens auf Einzelmerkmale, d.h. auf Schlüsselreize.

ein Tier dem Merkmal Duft den höheren Reizwert zuordnen gegenüber dem Merkmal Temperatur.
Wird eine Umweltsituation vom Tier mit Hilfe mehrerer Schlüsselreize erkannt, so werden vom AAM - so die weitere Annahme von Lorenz - die Reizwerte der einzelnen Komponenten bzw. ihrer jeweiligen Ausprägungen zu einem Gesamtreizwert der aktuell vorliegenden Umweltsituation verrechnet, eine Vorstellung, die mit dem Begriff Reizsummation belegt wurde. "Nahezu alle bereits untersuchten AAM, bei denen überhaupt Beziehungsmerkmale eine Rolle spielen, bestehen aus mehreren summierbaren Schlüsselreizen." (Lorenz 1978, S. 128). Die Leistung des AAM besteht somit nicht nur darin, die Schlüsselreize zu erkennen, sondern darüber hinaus jeder Komponente den ihr zukommenden Reizwert zuzuordnen, um bei Beteiligung mehrerer Schlüsselreize bei der Auslösung einer Reaktion deren Reizwerte zu einem Gesamtreizwert dieser auslösenden Situation zu verrechnen (s. Abb. 1). Beim angeborenen Erkennen geht Lorenz davon aus, daß "... der Organismus nicht etwa auf ein gestaltetes Gesamtbild der adäquaten Umweltsituation anspricht, sondern auf eine Summe von ganz bestimmten, die Situation skizzenhaft, 'schematisch' kennzeichnenden Reizkombinationen." (Lorenz 1978, S. 122).

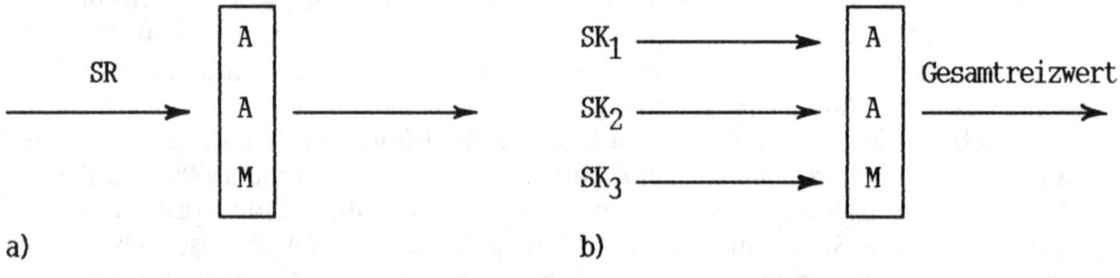

Abb. 1: Schema zur Funktionsweise des angeborenen Auslösemechanismus. AAM = angeborener Auslösemechanismus; SK = Schlüsselkomponente; SR = Schlüsselreiz; a) Schlüsselreiz (einfach oder konfigurativ); b) Summation der Reizwerte von Schlüsselkomponenten zu einem Gesamtreizwert

Ein Problem der Lorenzschen Terminologie besteht darin, daß er sehr unterschiedliche Annahmen dem Begriff Schlüsselreiz unterlegt. So kann ein angeborener Auslösemechanismus sowohl auf ein einzelnes Merkmal, das als Schlüsselreiz bezeichnet wird, ansprechen, als auch auf eine Kombination von Schlüsselreizen, die in ihrer Gesamtheit wiederum als Schlüsselreiz angesehen werden. Ein solcher 'zusammengesetzter' Schlüsselreiz kann aus Schlüsselmerkmalen bestehen, die nur konfigurativ und nicht einzeln wirksam sind, oder aus Schlüsselmerkmalen, die *unabhängig* voneinander eine Antwort auszulösen vermögen. Um diese Unterschiede auch begrifflich zu verdeutlichen, führe ich für die unabhängig voneinander wirksamen Schlüsselreize den Terminus Schlüsselkomponenten ein. Weder von Lorenz noch in der verhaltenskundlichen Literatur wird zwischen konfigurativen und damit nach Ansicht von Lorenz nicht weiter zerlegbaren Schlüsselreizen und einer Kombination *unabhängig* voneinander wirksamer Merkmale, den Schlüssel-

komponenten, unterschieden, obwohl - wie noch auszuführen sein wird - diese Annahmen erhebliche Konsequenzen für die empirische Forschung haben.
Die Unabhängigkeit der Schlüssel*komponenten* voneinander impliziert, daß für die Auslösung einer Reaktion nicht alle nachweislich auslösend wirkenden Komponenten repräsentiert sein müssen. Sind einzelne Merkmale nicht vertreten, so kommt es nicht zu einem Ausfall der Reaktion, sondern nur zu einer weniger intensiven Reaktion. Die Qualität der Antwort, d.h. der Ablauf der Erbkoordination, bleibt immer die gleiche, es ändert sich nur die Intensität der Antwort in Abhängigkeit von der Anzahl der beteiligten Schlüsselkomponenten. Der Begriff Reizsummation kann demnach sinnvoll auch nur im Schlüsselkomponenten-Konzept angewendet werden.
Der Erkennungsmechanismus, der AAM, so wie Lorenz ihn beschreibt, spricht entweder auf einen einfachen oder konfigurativen Schlüsselreiz an oder er zerlegt die für ein Tier relevanten Umweltsituationen in Schlüsselkomponenten, die von diesem Mechanismus unabhängig voneinander bewertet werden. In dieser Art der Bewertung der Umwelt, wie für den AAM dargestellt, sieht Lorenz den entscheidenden Unterschied zur Gestaltwahrnehmung, die "... selektiv auf Komplexqualitäten ..." (Lorenz 1978, S. 135) anspricht und bekanntlich zerbricht, ".... wenn einige ihrer wesentlichen Konfigurationen verändert werden oder wegfallen." (Lorenz 1978, S. 118). Lorenz meint zur Unterscheidung des 'angeborenen' vom erlernten Erkennen einer Situation eine Faustregel aufstellen zu können: "Spricht der Organismus auf eine Attrappe mit grob nachgeahmten Reizkonfigurationen an, so ist ein AAM am Werke. Muß dagegen die biologisch adäquate Situation so genau simuliert werden, wie dies mit einer Attrappe nur schwer möglich ist, so ist der Schluß berechtigt, daß die betreffende Verhaltensweise durch die erlernte Wahrnehmung einer komplexen Gestalt ausgelöst wird." (Lorenz 1978, S. 135). Zusammenfassend definiert Lorenz den AAM als einen zu fordernden physiologischen Apparat, der "... verschiedenen motorischen Antworten vorgeschaltet ist, die Kombination eintreffender Reize gewissermaßen filtert und nur ganz bestimmte Konfigurationen 'durchläßt' und an die einer bestimmten Verhaltensweise vorgesetzten Kommandostellen weiterleitet." (Lorenz 1978, S. 124).
Lorenz betont, daß "... das angeborene 'Erkennen' einer arterhaltend relevanten Umweltsituation und ... das angeborene 'Können' der in eben dieser Situation teleonomen Verhaltensweise ... zwei physiologisch völlig verschiedene Leistungen (sind)." (Lorenz 1978, S. 88). Damit sagt er, daß der Erkennungsmechanismus ständig und zwar unabhängig vom Verhalten aktiv ist; ihm obliegt es mit Hilfe von Merkmalen, den Schlüsselreizen bzw. -komponenten, die für ein Tier relevante Umwelt in Klassen z.B. für Beutetiere, für Feinde, für Artgenossen zu unterteilen. Welches Verhalten ausgelöst wird, hängt dann sowohl von der Höhe der spezifischen Bereitschaft als auch von der Höhe des Reizwertes der spezifischen Umweltsituation ab.
Alle bisher aufgeführten Begriffe der Lorenzschen Theorie sind theoretische Begriffe, d.h. daß sie nicht direkt beobachtbaren Phänomenen entsprechen, sondern ihre Bedeutung erst im Rahmen einer Theorie erhalten. Beobachtbar ist nur eine Verhaltensweise. Wird sie als Erbkoordination bezeichnet, so impliziert dies ihre Abhängigkeit von einer spezifischen Erregung und einer speziellen auslösenden Situation. Ebenso sind Schlüsselreize nicht beobachtbar, sondern nur eine vom

Experimentator vorgegebene, mehr oder weniger komplexe Umweltsituation. Allein über das Experiment kann einzelnen Merkmalen dieser Umwelt der Rang von Schlüsselreizen (bzw. -komponenten) zugeordnet werden. Die Annahme, daß ein Erkennen über kennzeichnende Merkmale erfolgt, impliziert einen Erkennungsmechanismus, den AAM, der diese spezifischen Merkmale, die Schlüsselreize (bzw. -komponenten), erkennt und bewertet. Als weitere theoretische Größe führte Lorenz die aktivitätsspezifische Erregung ein, um mit ihrer Hilfe eine eindeutige Beziehung zwischen Reiz und Reaktion zu formulieren, d.h. das beobachtete Verhalten zu 'erklären'. Eine solche 'Erklärung' ist rein formal und sagt nichts über physiologische Vorgänge, die diesem Verhalten zugrunde liegen könnten, aus.
In Anlehnung an Funktionsschaltbilder von Hassenstein (1987) läßt sich das theoretische Konzept von Lorenz auch in folgender Weise veranschaulichen:

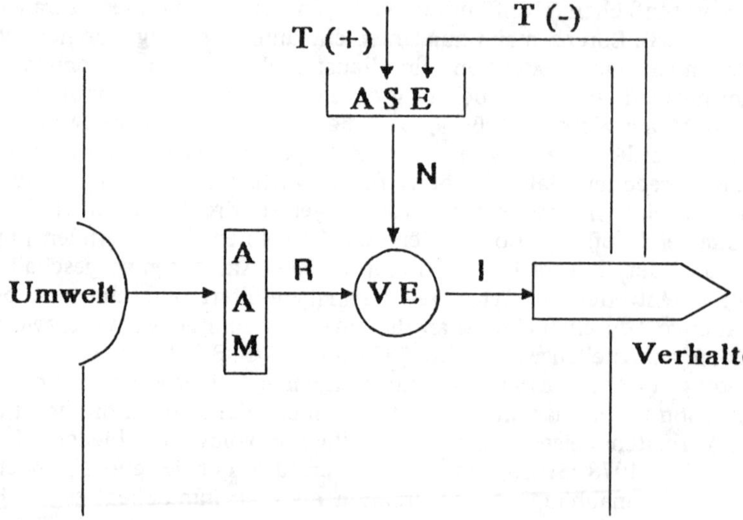

Abb. 2: Modell zu den Grundannahmen der Lorenzschen Theorie. AAM = angeborener Auslösemechanismus; ASE = aktionsspezifische Erregung; N = Niveau der ASE; R = Gesamtreizwert der Umweltsituation; VE = Verrechnungseinheit für die Werte N und R nach dem Prinzip der doppelten Quantifizierung. I = die sich aus der Verrechnung von N und R ergebende Intensität des Verhaltens; T(+) = endogener Aufbau der ASE; T(-) = Triebreduktion nach Durchführung der Verhaltensweise.

2. Das Prinzip der doppelten Quantifizierung

Das Kernstück der Lorenzschen Theorie ist das Prinzip der doppelten Quantifizierung. Dieses Prinzip besagt, daß die Intensität, mit der eine Erbkoordination beobachtbar ist, sowohl von der Höhe der aktionsspezifischen Erregung wie von dem Gesamtreizwert der aktuell vorliegenden Umweltsituation bestimmt wird. Dabei können sich beide Größen in Grenzen gegenseitig ersetzen, d.h. eine geringe Bereitschaft kann durch einen hohen Reizwert ausgeglichen werden und umgekehrt. Das bedeutet, daß die gleiche beobachtbare Intensitätsstufe einer Erbkoordination zum einen durch hohe Bereitschafts- und niedrige Reizwerte, wie auch durch hohe Reiz- und niedrige Bereitschaftswerte bedingt sein kann.
In seinem sogenannten psychohydraulischen Modell hat Lorenz das Prinzip der doppelten Quantifizierung veranschaulicht (s. Abb. 3).
Die Wassersäule im Tank soll die Höhe der Bereitschaft repräsentieren, die am Ventil angreifenden Gewichte den Reizwert der Umweltsituation [4], und die Stärke, mit der der Wasserstrahl aus dem Tank austritt, entspricht der Intensität der ausgelösten Erbkoordination, die an einer unterlegten Skala abzulesen ist. Lorenz schreibt zu diesem Modell: "Was das rätselhafte Etwas ist, dessen Kumulation die Bereitschaft und Fähigkeit zur Ausführung einer zentral koordinierten Bewegungsweise bestimmt, wissen wir nicht; wir wissen nur, daß die in den vorangegangenen Abschnitten besprochenen Funktionen aufladender [5] und auslösender Reize sich mit den Wirkungen einer von jeder Afferenz völlig unabhängigen endogenen Reizerzeugung in der Weise summieren, daß ein äußerlich gleicher, nicht unterscheidbarer Effekt sowohl bei starkem innerem Erregungsniveau und schwachem Außenreiz, als auch umgekehrt bei schwacher innerer Erregbarkeit und starkem Außenreiz zustandekommen kann. Die Qualität der ausgeführten Bewegungsweise bleibt immer die gleiche, nur die Intensität ihrer Ausführung wird von den verschiedenen äußeren und inneren Einwirkungen her beeinflußt, m.a.W., die Art der spezifischen Erregung bleibt immer die gleiche, welchen Anteil auch immer die endogene Reizerzeugung und die nach der Reiz-Summen-Regel summierbaren, ungemein verschiedenen Konfigurationen von Außenreizen zu ihrer Kumulierung beigetragen haben." (Lorenz 1978, S. 147). In der Theorie ist nicht festgelegt, ob den beiden Variablen, d.h. der Bereitschaft und dem Reizwert der Umweltsituation, der gleiche oder ein unterschiedlicher Einfluß zukommt. Dies führt fast unumgänglich zu widersprüchlichen Aussagen einzelner Autoren. So betont Lorenz die Bedeutung der Bereitschaft für die erreichte Intensitätsstufe, während Hinde (1959) der auslösenden Situation bei der Intensitätsfestlegung einer Erbkoordination das höhere Gewicht beimißt. Dem entgegnet Lorenz: "... muß dem ... Satz, daß die Intensität einer Verhaltensweise hauptsächlich von der Art der auslösenden Reize abhängig sei (wie Hinde annimmt, Anm. d. Verf.), energisch widersprochen werden." (Lorenz 1978, S. 170). Ein welch hohes Gewicht Lorenz der endogenen Variablen beimißt, wird auch daraus deutlich, daß in seiner Theorie

[4] In dem modifizierten Modell (s. S. 24) wird die Wirkung der Außenfaktoren nicht mehr über Gewichte, sondern über die Höhe der Tankfüllung dargestellt.

[5] Lorenz bezieht sich auf das modifizierte Modell, s. S. 24.

eine Leerlaufhandlung möglich ist, d.h. eine Erbkoordination allein durch die aktionsspezifische Energie in Gang gesetzt werden kann. Seine Theorie läßt dagegen nicht zu, daß eine Erbkoordination allein durch Umweltreize ausgelöst wird. Eine Mindestmenge an aktionsspezifischer Erregung ist nach Lorenz immer Voraussetzung für das Auftreten einer Erbkoordination.

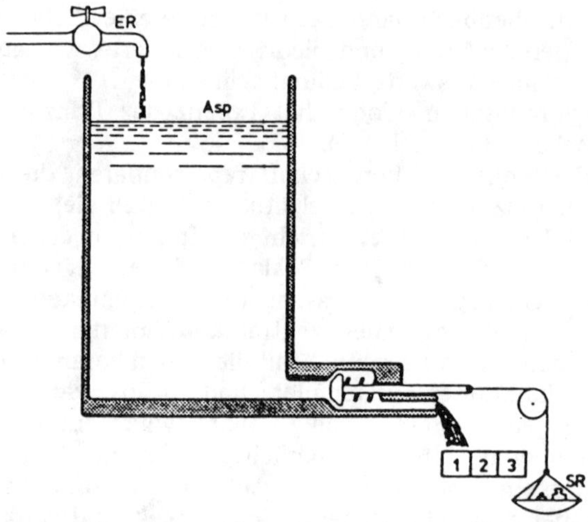

Abb. 3: Das psychohydraulische Modell nach Lorenz. ER = endogen automatische Erregungsproduktion; ASP = Aktionsspezifisches Potential[6]; SR = Schlüsselreiz; 1,2,3 = Intensitätsstufen des Verhaltens. Aus Lorenz (1978).

In dem psychohydraulischen Modell zur Veranschaulichung seiner Instinkttheorie stellt Lorenz den Antrieb als ein Flüssigkeitsreservoir dar, aus dem die Erbkoordination gespeist wird und dessen Inhalt bei Durchführung einer Erbkoordination über ein Ventil ausläuft. Diese Darstellungsweise kann leicht zu der Vorstellung führen, daß in dem Reservoir Stoffe kumuliert werden, eine Vorstellung, die Lorenz ursprünglich in Anlehnung an v. Holst auch vertrat. Wenn heute dieses Modell weiterhin benutzt wird, so ist es selbstverständlich, daß durch die jeweilige 'Tankfüllung' nur eine stärkere oder weniger starke Erregung eines Zentrums, das für die Erbkoordination zuständig ist, dargestellt werden soll. Die Vorstellung, daß jeder einzelnen Erbkoordination ein derartiges Erregungszentrum mit entsprechenden Schwankungen zukommt, hält Lorenz - wie ausgeführt - weiterhin aufrecht.

[6] Zum Begriff ASP:"... die Annahme einer Aktionsspezifischen Kumulation von spezifischer Verhaltensbereitschaft kann sicher nicht umgangen werden. Aktionsspezifisches Potential - ASP - scheint mir eine brauchbare und neutrale Bezeichnung." (Lorenz 1978, S. 148)

3. Appetenzverhalten und das Konzept der Endhandlung

In seiner Theorie hat Lorenz festgelegt, daß die aktivitätsspezifische Erregung in der Zeit, in der eine Erbkoordination nicht ausgelöst wird, kontinuierlich zunimmt. Dieses Ansteigen der Erregung äußert sich nicht nur in einer Schwellenerniedrigung gegenüber der auslösenden Situation, sondern "... setzt den Organismus als Ganzes in Unruhe und veranlaßt ihn, aktiv nach der auslösenden Reizsituation zu suchen." (Lorenz 1978, S. 120). Alle Verhaltensweisen, die notwendig werden, um die auslösende Situation für eine von innen so stark angetriebene Erbkoordination zu erstellen, werden unter dem Begriff Appetenzverhalten zusammengefaßt. Ein Löwe, bei dem z.B. der Antrieb 'Durst' ansteigt, wird nach einer Wasserstelle suchen. Alle Verhaltensweisen, die bei der Suche eingesetzt werden, wie unter Umständen Laufen, Klettern, Springen, sind dem Appetenzverhalten zuzuordnen, während das Trinken als die angestrebte Erbkoordination anzusehen ist.
Da das Appetenzverhalten nach der Vorstellung von Lorenz durch den Anstieg einer spezifischen Erregung ausgelöst wird, kann es folglich auch nur durch Herabsetzen der antreibenden Erregung zum Abschluß kommen. Da nach seiner Theorie die aktivitätsspezifische Erregung nur durch Agieren herabgesetzt wird, kann allein die Durchführung einer Verhaltensweise, die eine solche Antriebsverminderung zur Folge hat, die Einstellung des Appetenzverhaltens bewirken.
Auf dieser Vorstellung beruht das theoretische Konzept der Endhandlung. Als Endhandlung gilt eine Verhaltensweise dann, wenn ihre Durchführung zu einer Einstellung des Appetenzverhaltens führt. Dies ist mit der Vorstellung verbunden, daß mit ihrer Durchführung die das Appetenzverhalten antreibende Erregung herabgesetzt wird. Nach diesem Konzept müßte folgendes beobachtbar sein: ist durch das Appetenzverhalten die auslösende Situation für die Endhandlung gegeben, so wird - da das Ziel erreicht ist - das Appetenzverhalten eingestellt. Kann in dieser Situation die Endhandlung ausgeführt werden, so dürfte im Anschluß daran - wegen der durch die Durchführung bedingten Abnahme der Erregung - kein Appetenzverhalten mehr beobachtbar sein. Kann aus irgendeinem Grund die Endhandlung in der für sie auslösenden Situation nicht durchgeführt werden, so müßte anschließend - falls sich die Situation geändert hat - wieder Appetenzverhalten beobachtbar sein, da das Erregungsniveau nicht verändert wurde.
Für Lorenz ist das Appetenzverhalten stets Ausdruck einer ansteigenden spezifischen Erregung. Wenn er schreibt: "Wir kennen vorläufig nur sehr wenige Erbkoordinationen, bei denen nach längerem Entzug spezifisch auslösender Reizsituationen kein nach diesen suchendes Appetenzverhalten nachzuweisen wäre." (Lorenz 1978, S. 104), so ordnet er so gut wie jeder Erbkoordination ein spezifisches Appetenzverhalten zu. Wird das Appetenzverhalten durch die aktivitätsspezifische Erregung einer Erbkoordination angetrieben und ist nach ihrer Ausführung kein für diesen Antrieb charakteristisches Appetenzverhalten mehr beobachtbar, so kommt dieser Erbkoordination der Rang einer Endhandlung zu.
Ein Appetenzverhalten, das z.B. durch den Antrieb Hunger ausgelöst wird, umfaßt je nach Tierart eine unterschiedliche Anzahl von Erbkoordinationen und zwar alle diejenigen, die der Nahrungsbeschaffung dienen. Aber allein die Verhaltensweise, deren Durchführung dazu führt, daß das Appetenzverhalten nicht mehr gezeigt wird, gilt als Endhandlung. Beim übergeordneten Antrieb Hunger wären es die

Bewegungen des Herunterschluckens der Nahrung, die allein zu einem Herabsetzen des Antriebs führen und damit als Endhandlung anzusehen wären. Ehe aber eine hungrige Kröte die Endhandlung des Herunterschluckens von Beute ausführen kann, muß sie die auslösende Situation für die Schluckbewegung, d.h. die Situation 'ein geeignetes Beuteobjekt im Maul' erstellen. Hierfür stehen ihr eine Reihe von Erbkoordinationen zur Verfügung. Kommt z.B. eine Fliege in den Wahrnehmungsbereich einer auf Beute lauernden Kröte, so wird diese sich zunächst dem Beuteobjekt zuwenden, um sich ihm dann anzunähern, d.h. die Erbkoordination der Lokomotion zu zeigen. Hat sie auf diese Weise eine geeignete Position erreicht, so wird sie den Fangschlag, eine Erbkoordination, ausführen, um bei Erfolg dieser Aktion das Beuteobjekt herunterzuschlucken. Wenn nach mehrfacher Ausführung der Schluckbewegung kein für den Antrieb Hunger typisches Appetenzverhalten mehr beobachtbar ist, so wären diese Schluckbewegungen als Endhandlungen zu interpretieren. Eine mehrmalige Ausführung der Erbkoordination Fangschlag, die bei Mißerfolg, d.h. immer dann, wenn der Kröte das angepeilte Beuteobjekt entwischt ist, notwendig wird, hat nach diesem Konzept - da sie dem Appetenzverhalten zuzuordnen ist - keine Rückwirkung auf den übergeordneten Antrieb und kann, solange der Antrieb Hunger besteht, in der entsprechenden Situation immer wieder ausgeführt werden. Als Endhandlungen sind nur diejenigen Verhaltensweisen zu interpretieren, deren Ausführung zu einer Antriebsreduktion führt, als deren Folge das zugeordnete Appetenzverhalten nicht mehr beobachtbar ist.

Die Begriffe Appetenz und Endhandlung beziehen sich nicht auf abgrenzbare Verhaltenseinheiten, sondern sind nur funktionell zu definieren. Allein die antriebsvermindernde Wirkung, die zu einer Einstellung des Appetenzverhaltens führt, entscheidet, welche Verhaltensanteile als Endhandlung und welche als das ihr zugeordnete Appetenzverhalten zu interpretieren sind. Wird ein Appetenzverhalten durch die ansteigende Erregung einer Erbkoordination hervorgerufen, so gilt diese Erbkoordination, da durch ihre Durchführung das Appetenzverhalten eingestellt wird, als Endhandlung. Bei einem komplexen Appetenzverhalten, das durch einen übergeordneten Antrieb hervorgerufen wird und dem mehrere Erbkoordinationen zuzuordnen sind, gilt nur diejenige Erbkoordination als Endhandlung, deren Ausführung bewirkt, daß das Appetenzverhalten nicht mehr beobachtbar ist.

Es wird stets die Variabilität des Appetenzverhaltens betont und damit dessen Anpassung an die wechselnden Umweltbedingungen. Diese Variabilität besteht darin, daß zwar die Erbkoordinationen, die als Teilelemente des Appetenzverhaltens auftreten, entsprechend ihrer Formkonstanz in ihrem Ablauf unverändert bleiben, daß sie aber durch vorgeschaltete oder sie überlagernde Orientierungsbewegungen an die Umweltbedingungen angepaßt werden. Die Variabilität kann auch durch die wechselnde Aufeinanderfolge der einzelnen Erbkoordinationen bedingt sein, sowie dadurch, daß sie in unterschiedlichen, d.h auch erlernten, Situationen eingesetzt werden können.

Um das Ziel, d.h. die auslösende Situation für die vordringliche Endhandlung aufzufinden, können sehr unterschiedliche 'Mittel' eingesetzt werden. Sie alle dienen dazu, die Wahrscheinlichkeit für das Erreichen dieses Ziels zu erhöhen. Im einfachsten Fall kann sich Appetenzverhalten in Form ungerichteter Lokomotion äußern; bei lernfähigen Tieren kann es aber auch im Ablaufen eines erlernten Wegesystems bestehen. Bei einem Beutelauerer wie einem Frosch wird das Aufsuchen einer günstigen Warteposition und das reglose Verharren dort, sowie die Annäherung an die Beute und auch der Fangschlag als Appetenzverhalten angesehen. Ebenso wäre der Gesang des Grillenmännchens als Appetenzverhalten zu interpretieren, da er das Mittel ist, ein Weibchen anzulocken, um schließlich die Situation zu erstellen, in der die angestrebte Endhandlung, die Paarung, ablaufen kann. Immer dann, wenn ein Appetenzverhalten ohne erkennbare auslösende Reize beobachtbar ist, wird sein Auftreten allein auf den endogenen Antrieb zurückgeführt und als Ausdruck der 'Spontaneität' tierischen Verhaltens und somit auch als eine der stärksten Stützen für die Lorenzsche Theorie angesehen.

4. Das Zusammenwirken von Erbkoordinationen

In seiner Theorie geht Lorenz von einer Grundeinheit des Verhaltens, der Erbkoordination aus, die durch einen eigenen Antrieb und damit auch durch ein ihr zugeordnetes Appetenzverhalten charakterisiert ist. Aus diesen Grundbausteinen des Verhaltens sind nach Lorenz auch komplexe Verhaltensabläufe, wie sie beim Nestbau, bei der Balz, beim Nahrungserwerb zu beobachten sind, aufgebaut. In einer solchen Verhaltensfolge steht eine Erbkoordination im Dienste eines übergeordneten Antriebs, z.B. Verhaltensweisen der Balz im Dienste der Fortpflanzungsbereitschaft. Eine Erbkoordination bleibt aber durch den ihr zukommenden eigenen spezifischen Antrieb ein selbständiges Teilelement im Rahmen eines Verhaltensablaufs. "Wie schon gesagt, behält eine Erbkoordination auch dann den Charakter des vom Appetenzverhalten angestrebten Selbstzwecks, wenn sie in einer Kette von hierarchisch aneinandergereihten Gliedern das Appetenzverhalten nach einer weiteren auslösenden Reizkonfiguration darstellt. Diese Eigenappetenz kann so stark sein, daß sie quantitativ den von der nächst höheren Instanz herkommenden Antrieb ... übertrifft." (Lorenz 1978, S. 160).
Werden Graugänse an Land satt gefüttert, so ist der den Verhaltensweisen der Futtersuche übergeordnete Antrieb 'Hunger' befriedigt. Werden die Gänse anschließend auf einen Teich ohne Pflanzenbewuchs gelassen, d.h. einer Umwelt, in der sie normalerweise nicht nach Futter suchen, so fangen sie an zu gründeln. Das Gründeln ist eine Verhaltensweise der Futterbeschaffung, bei der die Gänse in einer Kopf-nach-unten-Stellung mit lang ausgestrecktem Hals am Boden des Gewässers nach Futter suchen. Unter diesen Bedingungen kann dieses Gründeln nach Lorenz nur durch den eigenen, dieser Erbkoordination zukommenden Antrieb und nicht durch Hunger ausgelöst worden sein. Lorenz spricht in diesem Zusammenhang von "... dem um seiner selbst willen ausgeführten Gründeln ...." (Lorenz 1978, S. 161).
Es stellt sich die Frage, wie die Grundbausteine des Verhaltens - die Erbkoordinationen - in einer Verhaltensfolge in teleonomer Weise miteinander verbunden sind. Zum einen kann dies in einer weitgehend festgelegten Reihung, zum anderen in einer wechselnden Folge der beteiligten Erbkoordinationen der Fall sein, wobei mit einer nicht festgelegten Aufeinanderfolge eine bessere Anpassung an wechselnde Anforderungen der Umwelt erreicht wird. Eine hierarchisch strukturierte

festgelegte Verhaltensfolge beginnt in der Regel mit Appetenzverhalten, das nach Auffinden einer spezifischen Reizsituation, die über einen AAM erkannt wird, von einer neuen Aktivität abgelöst wird. Diese Verhaltensweise kann eine Erbkoordination sein, die aber in einer Verhaltenskette noch nicht die letztlich befriedigende Endhandlung darstellt, sondern die Rolle des Appetenzverhaltens für eine weitere anzustrebende nachfolgende Verhaltensweise übernimmt, die dann bei einer entsprechenden Reizkonfiguration der Umwelt ausgelöst wird. "Bei solchen Handlungsfolgen kann eine Instinktbewegung eine doppelte Rolle spielen: Sie kann gleichzeitig die triebbefriedigende Endhandlung für ein vorangegangenes Appetenzverhalten darstellen, gleichzeitig aber selbst das Appetenzverhalten sein, das, meist mit Hilfe von Orientierungsreaktionen, nach der nächsten Auslösesituation strebt." (Lorenz 1978, S. 152). Demnach ist für Lorenz bei einer fest strukturierten hierarchischen Aufeinanderfolge von Erbkoordinationen jede einzelne Erbkoordination, da sie das ihr vorausgehende Appetenzverhalten abschaltet, eine Endhandlung.

Übernimmt eine Erbkoordination in einer Verhaltenskette die Rolle des Appetenzverhaltens für eine andere Erbkoordination, so wird sie von der Erregung dieser nachgeschalteten Erbkoordination angetrieben. "Wie wir gehört haben ... kann eine Instinktbewegung das Appetenzverhalten nach einer weiteren sein und kann daher einen Antrieb von dieser her erhalten. Es gehört, wie wir wissen, zu den Grundeigenschaften endogen automatischer und zentral koordinierter Bewegungsweisen, daß sie sowohl antreiben, wie angetrieben werden können." (Lorenz 1978, S. 172). Als Beispiel für eine derartige Verhaltenskette bringt Lorenz das Verhalten eines neugeborenen Kätzchens, das nach der Brustwarze der Mutter sucht um zu saugen. "Am Anfang der Verhaltenskette steht also hier der ungehemmte Ablauf einer erbkoordinierten Bewegung, der einer besonderen Auslösesituation nicht bedarf. Erst das Auffinden einer bestimmten Reizkonfiguration, die der Brustwarzenhof bietet, setzt den Suchautomatismus unter Hemmung und löst eine andere Bewegungsweise, nämlich das Schnappen nach der Zitze aus, die hierdurch erreichte Situation, die Zitze im Mund setzt die Bewegungsweise des Saugens in Gang, nämlich die des Schnauzestoßens und des 'Milchtritts', d.h. eines rhythmischen Stoßens mit Schnauze und Pfoten gegen die Brust der Mutter." (Lorenz 1978, S. 151). Eine solche Verhaltenskette kommt demnach nur dadurch zum Abschluß, daß es eine 'letzte' Erbkoordination gibt, die durch keine nachfolgende mehr angetrieben wird, was doch wohl nichts anderes bedeutet, als daß ein übergeordneter Antrieb, z.B. Hunger, durch Durchführung der 'letzten' Erbkoordination - die als Endhandlung für den übergeordneten Antrieb anzusehen ist - in einer solchen Kette herabgesetzt wird.

Von Lorenz werden aber auch komplexe Verhaltensabläufe beschrieben, bei denen die "... funktionelle teleonomische Zusammengehörigkeit der einzelnen Verhaltensmuster unbestreitbar, eine hierarchische Rangfolge indessen nicht nachzuweisen ist." (Lorenz 1978, S. 171). Beim Nestbau setzt ein Vogel eine Anzahl unterschiedlicher Bewegungsweisen ein, die einem gemeinsamen Antrieb unterstehen. Da sie - wie Lorenz schreibt - alle ein eigenes Appetenzverhalten und einen spezifischen AAM besitzen, sind sie als selbständige Erbkoordinationen anzusehen, die aber keine festgelegte Aufeinanderfolge erkennen lassen. Es ist nur zu vermuten, daß die Entscheidung, welche Erbkoordination eingesetzt wird, über spezielle

Umweltsituationen geregelt wird. Völlig unklar bleibt allerdings, wie der den Nestbaubewegungen übergeordnete Antrieb - der beim Nestbau von Lorenz vorausgesetzt wird - heruntergesetzt wird, da es bei dieser unregelmäßigen Aufeinanderfolge der einzelnen Bewegungsmuster keine 'letzte' Erbkoordination gibt. Es wäre auch denkbar, daß bei derartigen Verhaltensabläufen wie beim Nestbau jede der beteiligten Erbkoordinationen eine Rückwirkung auf den übergeordneten Antrieb hat. Hierzu macht Lorenz leider keine Angabe.
Alle an einer komplexen Verhaltensfolge beteiligten Erbkoordinationen behalten ihren eigenen Antrieb. Sie ermüden aber nicht, da sie 'von oben', d.h. von einem übergeordneten Antrieb gespeist werden, so daß sie - solange der Antrieb besteht - verfügbar bleiben. So "... kann doch zweifellos oft der Fall eintreten, daß eine bestimmte Instinktbewegung fast ausschließlich im Dienste anderer Appetenzen und fast nie um ihrer selbst willen ausgeführt wird. Besonders gilt dies für Mehrzweckbewegungen ..., wie die der Lokomotion. Ein Wolf muß in nahrungsarmen Gebieten sicher viel weiter laufen, als er es 'zum Vergnügen' täte." (Lorenz 1978, S. 161). An dieser Stelle wird bereits deutlich, daß über das Zusammenwirken von Erbkoordinationen in Verhaltensfolgen bisher nur sehr unklare Vorstellungen von Lorenz entwickelt wurden. Das ist um so erstaunlicher, da wir nur selten eine einzelne Erbkoordination, sondern in der Regel komplexe Verhaltensabläufe beobachten.

5. Die modifizierte Instinkttheorie

Lorenz hat sein ursprüngliches Triebmodell später (1978) durch Einführung einer weiteren Variablen, den motivierenden Außenreiz, erweitert. "Mein altes Denkmodell mit dem ständig ansteigenden Pegel aktions-spezifischer Energie und dem von außen gesteuerten Ventil wird der Tatsache nicht gerecht, daß das Eintreffen jedes nicht unmittelbar auslösenden Reizes Bereitschafts-steigernd wirkt." (Lorenz 1978, S. 142). Nach diesem modifizierten Modell haben Schlüsselreize nicht nur eine auslösende Wirkung, sondern es wird ihnen immer dann, wenn die aktuelle Höhe der aktionsspezifischen Energie für die Auslösung der Erbkoordination nicht ausreicht, zusätzlich eine die Bereitschaft heraufsetzende Wirkung zugesprochen. Lorenz hat auch diese erweiterte Theorie in einer dem psychohydraulischen Modell vergleichbaren Weise veranschaulicht. Der einzige Unterschied der modifizierten und der ursprünglich formulierten Theorie besteht - um das noch einmal hervorzuheben - nur darin, daß Schlüsselreize zusätzlich als aufladende Reize (AR) wirksam werden (s. Abb. 4).
Dieser Theorie liegt - und damit stimmt sie mit der ursprünglich formulierten überein - die Vorstellung zugrunde, daß eine Erbkoordination immer nur dann ausgelöst werden kann, wenn der Reizwert der aktuell vorliegenden Umweltsituation zusammen mit dem aktuellen Niveau der spezifischen Triebenergie einen Mindestschwellenwert überschreitet. Wird dieser Wert nicht erreicht, so wird zunächst die Erbkoordination nicht ausgelöst; durch die gleichzeitig erfolgende aufladende Wirkung der Schlüsselreize wird die aktionsspezifische Energie nach und nach angehoben, bis der Schwellenwert überschritten ist, und es zur Auslö-

sung der Erbkoordination kommt. Mit jeder noch so geringfügigen Erhöhung der aktionsspezifischen Energie durch die aufladende Wirkung von Schlüsselreizen erhöht sich für künftig eintreffende Schlüsselreize die Wahrscheinlichkeit, daß die ihnen zugeordnete Erbkoordination ausgelöst wird.

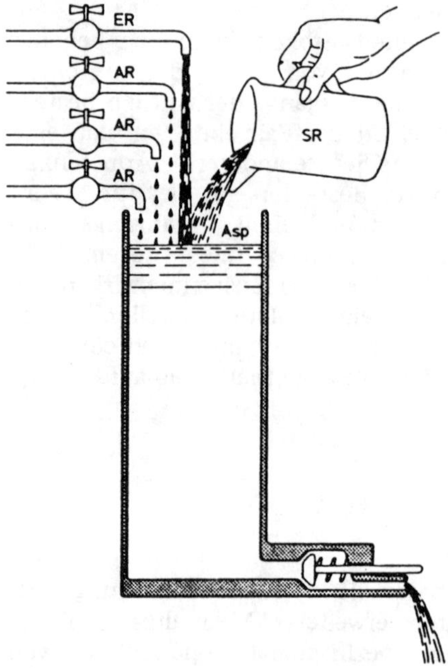

Abb. 4: Das modifizierte psychohydraulische Modell. ASP = Aktionsspezifisches Potential; AR = aufladende Reize; ER = endogen automatische Erregungsproduktion; SR = Schlüsselreiz. Aus Lorenz (1978).

Als ein Beispiel für die erweiterte Theorie führt Lorenz das Fluchtverhalten von Kleinvögeln an, an dem sich die unterschiedliche Wirkung von unmittelbar auslösenden und bereitschaftssteigernden Reizen besonders gut demonstrieren läßt. "Beobachtet man Scharen von Spatzen und Goldammern, die auf offener Straße Pferdemist fressen, der sie weit von jeder Deckung fortlockt, so sieht man, wie die Vögel in regelmäßigen Abständen von Panik ergriffen werden und den nächsten Gebüschen oder Bäumen zufliegen, nur um nach kurzer Pause zum Futter zurückzukehren. Die Reizkonfiguration des Deckungsmangels oder des Exponiertseins unter freiem Himmel entspricht nicht dem eigentlichen fluchtauslösenden Reiz, der durch eine sich gegen den Himmel abhebende Silhouette dargestellt wird, sie wirkt aber so stark Bereitschafts-steigernd, daß sie in kurzer Zeit die Fluchterregung bis zum Schwellenwert auflädt. Analoge Vorgänge sind selbstverständlich auch für die Tatsache verantwortlich, daß die Fluchtreaktion keinen konstanten Schwellenwert besitzt." (Lorenz 1978, S. 145).

Lorenz geht in seiner modifizierten Theorie davon aus, daß Schlüsselreizen nicht nur eine auslösende, sondern darüber hinaus eine die Bereitschaft steigernde Wirkung zukommt, wenn er schreibt: "Nach diesem Modell unterscheiden sich die unmittelbar auslösenden Reizkonfigurationen von den aufladenden nur durch die Schnelligkeit der Wirkung." (Lorenz 1978, S. 143). Nach dem angeführten Beispiel zu urteilen, sind die aufladenden Reize - wie Lorenz betont - keine Schlüsselreize, sondern Reize einer komplexen Umweltsituation, die er als 'Exponiertsein unter freiem Himmel' beschreibt. Während sich Merkmale, denen über das Experiment der Rang eines Schlüsselreizes zugesprochen wird, noch erfassen lassen, muß es völlig offen bleiben, welchen Reizen einer komplexen Umweltsituation mit einer unendlichen Menge an Merkmalen, eine die Bereitschaft steigernde Wirkung zukommt.

6. Allgemeine Bemerkungen zur Theorie von Konrad Lorenz

Wenn man - wie ich es versucht habe - die Theorie von Lorenz nur inhaltlich ohne die 'gewohnten' Beispiele darstellt, so gewinnt man den Eindruck, daß man nur Teile und nicht den 'ganzen' Lorenz erfaßt hat. Wenn enge Mitarbeiter berichten, wie *sie* Lorenz erlebten, wie *er* sie in seine Arbeit eingeführt hat, so klingt dies ganz anders. "Kein trockener Gelehrter stand einem gegenüber, sondern einer, dessen Gedankengebäude aus unzähligen Einzelerlebnissen mit selbstgehaltenen Tieren aufgebaut war, die er alle 'auf Abruf' im Gedächtnis hatte, ohne Notizen, ohne Tonband. Was diese oder jene ganz bestimmte Gans aus seiner großen Schar, was jener Kolkrabe, jene Dohle, jener Papagei, dieser Hund dann und wann getan hatte, war ihm präsent, konnte er bei irgendeinem Gespräch wie aus dem Computer hervorholen. ... Fotos zeigen ihn, wie er hinter seinen Enten oder Gänsen herschwamm, wie er beinahe mit seinen Gänsen wegflog, nichts war ihm zuviel, um noch einer Frage nachzugehen. Schon in seinen populären Büchern kann man sich davon überzeugen, im persönlichen Gespräch noch viel mehr." (M. Meyer-Holzapfel 1988, S. 111). Auch einer seiner ersten Assistenten Schleidt schreibt: "Mit der Sicherheit eines Magiers zog er unzählige, treffliche Beispiele aus seinem Ärmel und errichtete vor den Augen seiner erstaunten Hörer das gewaltige Bollwerk der 'breiten Induktionsbasis' für seine Lehre." (W. Schleidt 1988, S. 149). Auch die Art, wie er Verhalten beschreiben konnte, hat allseits Bewunderung erregt. "Wenn Konrad die Leerlauf-Beutefanghandlung seines Stars beschreibt oder das zögernde Umkehren seiner Gans Martina auf der Hallentreppe in Altenberg, dann sieht jeder die Situation leibhaftig vor sich, dank der Anschaulichkeit der Beschreibung, die Essentielles von Unwichtigem unterscheidet." (M. Schleidt 1988, S. 147).

Alle Schüler, die von Lorenz in die Ethologie eingeführt wurden und ihm wesentliche Anregungen verdanken, schreiben, daß sie am meisten von ihm gelernt haben, wenn er seine Beobachtungsobjekte, die Dohlen, Graugänse, Buntbarsche vorgeführt und sie auf die an ihnen beobachteten Phänomene hingewiesen hat. Mit ihm zusammen haben sie gelernt, mit seinen Augen zu sehen und seine Sprache zu sprechen. Dabei hat er ihnen *seine* Erfahrung, wie *er* die von ihm ge-

haltenen Tiere sieht und erlebt und wie *er* diese Erfahrungen in Begriffe gefaßt hat, vermittelt.
Ist die Weitergabe eines theoretischen Konzeptes so sehr an damit verknüpfte Beispiele und persönliches Erleben gebunden, so wird damit auch die starke Abhängigkeit eines solchen Konzeptes von der Erfahrung deutlich. Lorenz stützt sich auf langjährige Beobachtungen an sehr unterschiedlichen Lebewesen. Seine besondere Leistung besteht zum einen darin, daß er bei aller Verschiedenheit der Beobachtungsobjekte ihnen allen zukommende Gemeinsamkeiten erkannte, zum anderen darin, daß er diese Gesetzmäßigkeiten benannte, ihnen bisher nicht gebräuchliche Namen gab. Er führte Begriffe wie Leerlaufhandlung, Schwellenwertänderungen, Schlüsselreiz ein. Durch eine solche Namensgebung erhalten diese Vorgänge eine gewisse 'Eigenständigkeit', von nun an konnte man über sie sprechen. Die große Resonanz, die Lorenz fand, zeigt, wie gut er seine Begriffe gewählt hat. Eine ganze Fachdisziplin hat seine Begriffe angenommen und mehr oder weniger intuitiv ihre Inhalte erfaßt. Das hat aber auch dazu geführt, daß Autoren, deren Ergebnisse nicht sonderlich gut im Einklang mit der Theorie standen, trotzdem ihre Ergebnisse in der Sprache von Lorenz zu interpretieren suchten. Bisher hat keiner aufgrund abweichender Resultate eine eigene Begrifflichkeit entwickelt (oder sich damit nicht durchsetzen können!). So sah Lorenz sich immer wieder bestätigt.
Diese so anschauliche Theorie mit ihrer eingängigen Begrifflichkeit versucht mit einfachsten Mitteln sehr komplexe Verhaltensabläufe zu 'erklären'. Das hat zur Folge, daß aus dieser Theorie auch nur sehr allgemeine Aussagen ableitbar sind. Je allgemeiner eine Theorie jedoch gehalten ist, um so schwieriger ist es, sie zu überprüfen. Die Theorie von Lorenz müßte präzisiert werden, so daß aus ihr Vorhersagen in Form von präzisen Beobachtungsaussagen ableitbar sind. Lorenz hat sich stets verächtlich über eine quantitative Erfassung von Verhaltensphänomenen geäußert. "Sehr vieles Wahre wird verfälscht, sehr vieles Offensichtliche wird unsichtbar, wenn man sich auf das Quantifizierbare beschränkt." (Lorenz zit. n. Hediger 1988, S. 50 f.). Er hat insofern recht, als zu dem außergewöhnlichen Schritt, den er vollzog, nämlich gegen die herrschende Meinung ein neues theoretisches Konzept zu setzen, neben großer Erfahrung eine Begabung gehört, Wesentliches in den verschiedensten Ausprägungen zu erkennen, sowie die Intuition, diese Phänomene begrifflich zu fassen, so daß man über sie sprechen kann. Viele seiner Schüler und Mitarbeiter haben oft festgestellt, daß sie bestimmte Phänomene auch bereits gesehen hatten, aber erst durch die Sprache von Lorenz sei ihnen bewußt geworden, was sie eigentlich wahrgenommen haben.
Etwas anderes ist es, wie sich eine Theorie in der Überprüfung bewährt. Wenn Lorenz sich gegen ein Quantifizieren von Phänomenen wendet, so hat er vielleicht intuitiv geahnt, daß auf der experimentellen Ebene seine Theorie nicht anwendbar ist. Das Naturverständnis, so wie Lorenz es lehrt, ist eine andere Welt als die der Experimente. "Für den Erforscher tierischen Verhaltens ist der offene Blick für die Schönheit der organischen Schöpfung eine unentbehrliche Vorbedingung für jene Freude am Beobachten, die ihrerseits die Voraussetzung für *gutes* Beobachten ist. Ein schönheitsblinder, kalt quantifizierender Naturforscher ist *niemals* ein guter Beobachter." (Lorenz 1953, S. 57).

7. Das Neue der Lorenzschen Theorie

Die Bedeutung der von Konrad Lorenz entwickelten Gedanken für die Verhaltensforschung ist nur aus dem Kontext der Zeit, in der Lorenz diese Theorie entwickelte, zu ermessen, einer Zeit, die von dem Meinungsstreit der Vitalisten und Behavioristen beherrscht wurde. Zur Erklärung des 'zweckmäßigen' tierischen Verhaltens nahmen die Vitalisten einen außernatürlichen Faktor, den 'Instinkt', zu Hilfe, von dem sie aber annahmen, daß er einer weiteren Analyse nicht zugänglich sei. So schreibt Bierens de Haan, ein Vertreter des Vitalismus noch 1940: "Wir betrachten den Instinkt, aber wir erklären ihn nicht." (zit. n. Lorenz 1978, S.1) Im schärfsten Gegensatz hierzu stand die Lehrmeinung des Behaviorismus. Eine Erklärung tierischen Verhaltens unter Heranziehung außernatürlicher Faktoren wird von ihm als unwissenschaftlich abgelehnt, ihm gilt allein das kontrollierte Experiment als wissenschaftlich legitimer Weg zur Klärung der Ursachen des tierischen Verhaltens. Experimentell erfaßbar sind aber nach Meinung der Behavioristen allein Lernvorgänge. Vermutlich um sich stärker gegen die Vitalisten abzugrenzen und um die prinzipielle Bedeutung des Lernens hervorzuheben, wird von den Behavioristen die Annahme vertreten, Tiere würden als 'tabula rasa' geboren und somit über keinerlei angeborene Fähigkeiten verfügen. Alles, was Tiere im späteren Leben zeigen, mußte folglich erlernt sein. Diese 'wissenschaftliche Landschaft' fand Lorenz zu Beginn seiner Forschungstätigkeit vor. Ihr stellte er seine These entgegen, daß Tiere über angeborene Fähigkeiten verfügen, die - das ist das Entscheidende - durchaus einer kausalanalytischen Erforschung zugänglich sind. Er betont weiterhin, daß erst aufgrund der Kenntnis angeborener Fähigkeiten Lernvorgänge richtig eingeschätzt werden können.

Diese neue Entwicklung wurde nicht allein von Lorenz getragen, aber er war derjenige, der völlig unterschiedliche Ansätze aus fern voneinander liegenden Forschungsrichtungen für die sich ihm stellenden Probleme zu nutzen wußte. Wohl vertraut mit den Methoden der vergleichenden Morphologie lag es für Lorenz nahe, die Fragestellung dieses Fachgebietes auch auf das Verhalten von Tieren anzuwenden, ein für die damalige Zeit noch recht ungewöhnlicher Schritt. Bisher lagen auf diesem Gebiet des Vergleichs von Bewegungsmustern nahe verwandter Tierformen nur einzelne, noch dazu wenig beachtete Arbeiten wie die von Heinroth über das Verhalten von Entenvögeln (1910) und eine von C. O. Whitman (1898) über das Verhalten von Tauben vor. Durch diese Arbeiten fühlte sich Lorenz in seiner Meinung bestätigt, daß Tiere über Bewegungsmuster verfügen, die sich überindividuell als so invariant erwiesen, daß sie wie Organe und entsprechend den Methoden der vergleichenden Morphologie zur Aufklärung systematischer Zusammenhänge genutzt werden konnten. Da sich nur erblich festgelegte Merkmale zu einem solchen Vergleich heranziehen lassen, lag mit der Homologisierbarkeit von Bewegungsweisen die Annahme nahe, daß diese Bewegungen Ausprägungen eines genetischen Programms darstellen. Lorenz nannte derartige Bewegungsmuster Erbkoordinationen. Auch wenn Lorenz immer wieder betont, daß bereits vor ihm Charles O. Whitman (1898) formulierte: "Instinkte und Organe müssen von einem gemeinsamen Gesichtspunkt der phyletischen Abstammung erforscht werden." (zit. n. Lorenz 1969, S. 17), so ist er es doch gewesen, der diese Aussage der Nichtbeachtung und Vergessenheit wieder entrissen und durch

eigene Untersuchungen wie 'Vergleichende Bewegungsstudien an Anatiden' (1941) erst die ihr eigentlich zukommende Bedeutung aufgezeigt hat. Das Interesse von Heinroth und Whitman galt allein dem Vergleich dieser formkonstanten Bewegungsweisen, um Aufschluß über stammesgeschichtliche Zusammenhänge der von ihnen in Betracht gezogenen Tiergruppen zu erhalten, ohne aber die Frage nach der physiologischen Natur dieser Bewegungen zu stellen. Es ist der Verdienst von Lorenz, die Frage nach der Verursachung dieser speziellen Bewegungsmuster gestellt zu haben. Zunächst glaubte er - gemäß den damals geläufigen Vorstellungen -, daß komplexe Bewegungsabläufe Kettenreflexe seien, obwohl eine Reihe der von ihm beobachteten Phänomene wie Appetenzverhalten, Intensitätsschwankungen der Bewegungen, Schwellenwertänderungen gegenüber der auslösenden Situation und aktionsspezifische Ermüdung sich im Rahmen der Reflexkettentheorie nicht interpretieren ließen.
Eine Erklärung für diese Phänomene sah Lorenz in der von v. Holst vorgelegten Theorie der endogenen automatischen Erregungsproduktion, die dieser aufgrund seiner Untersuchungen zur Bewegungsphysiologie von Fischen aufgestellt hatte. In dieser Theorie geht v. Holst davon aus, daß die Koordination der Flossenbewegungen bei Fischen zentral erfolgt und daß sogenannte Automatismen, d.h. automatisch arbeitende Zellen, die notwendige Erregung für diese Bewegungen liefern, vergleichbar den 'Automatiezentren' des Herzmuskels. Lorenz sah in dieser zentralen Erregungsproduktion eine "Elementarleistung des ZNS" (Lorenz 1965 II, S. 208), und somit ist es verständlich, daß er eine solche spezifische Erregungsproduktion auch für komplexere Bewegungsabläufe, wie sie die Erbkoordinationen darstellen, annimmt. "Es bestehen so viele Parallelen zwischen der Instinkthandlung und den durch v. Holst analysierten rhythmischen Reizerzeugungsvorgängen mit zentraler Koordination der Impulse, daß es eine reichlich begründete und somit berechtigte Arbeitshypothese bedeutet, wenn wir folgendes annehmen: Überall, wo eine arteigene Bewegungsfolge Schwellenerniedrigung, Leerlaufreaktion und auf der anderen Seite reaktionsspezifische Ermüdbarkeit zeigt, spielen endogene Reizerzeugungsvorgänge eine Rolle." (Lorenz 1968, S. 28). Lorenz hält "Die Entdeckung, daß das Nervensystem *spontan* Energien erzeugt, die bestimmten, höchst spezifischen Bewegungsweisen zugeordnet sind ..." (Lorenz 1965 II, S. 211) für das bisher wichtigste Ergebnis der vergleichenden Verhaltensforschung.
Zum einen das Wissen um homologisierbare Bewegungsmuster, die - wie schon Heinroth betonte - nur durch ganz spezifische Umweltsituationen ausgelöst werden, zum anderen die Kenntnis der v. Holstschen Theorie und die Fähigkeit von Lorenz, die Bedeutung dieser Theorie für die Erklärung von Phänomenen wie Schwellenerniedrigung und aktivitätsspezifischer Ermüdung zu erkennen, waren die günstigen Voraussetzungen, die es Lorenz ermöglichten, zu einer Synopse der auf so unterschiedlichen Gebieten gewonnenen Erkenntnisse zu kommen, die er in Form der 'Physiologischen Theorie der Instinktbewegung' zur Diskussion stellte.
Warum erwies sich die Theorie als so attraktiv?
Die auf dem Lorenzschen Gedankengut aufbauende Verhaltensforschung fand nach der Unterbrechung durch den Zweiten Weltkrieg sehr rasch eine große Resonanz nicht nur in der Zoologie, sondern auch in anderen Disziplinen wie z.B. der Psychologie. Das mag zum einen darin begründet sein, daß die bestehende Kettenreflextheorie für viele beobachtbare Phänomene keine befriedigende Erklä-

rung bot, zum anderen durch den Anspruch der neuen Theorie, eine physiologische Erklärung für Teilelemente tierischen Verhaltens, die Instinktbewegungen, zu bieten.
Eine neue Theorie stellt immer dann eine Bereicherung dar, wenn sie in einem empirischen Fach wie der Verhaltensforschung auch empirisch überprüfbare Vorhersagen liefert. So bot die neue Theorie die Möglichkeit, für taxonomische Probleme zusätzlich zu den morphologischen Merkmalen auch spezielle Bewegungsmuster, die Erbkoordinationen, heranzuziehen. Auch konnten mit dieser Theorie neue Experimente über die Verursachung von Verhaltensabläufen geplant werden, z.B. hinsichtlich ihrer Abhängigkeit von spezifischen Umweltsituationen oder zur Frage, in welcher Weise sich die endogene Variable auf die Auslösbarkeit von Verhaltensabläufen auswirkt. Aus der Sicht dieser neuen Theorie, mit dieser neuen 'Brille', wurden plötzlich auch neue Phänomene wahrgenommen, wie z.B. Leerlaufhandlungen, Übersprungbewegungen, die bei Zugrundelegung einer anderen Theorie, d.h. ohne diese 'Brille', gar nicht gesehen werden. Mit dieser Theorie hat Lorenz viele Denkanstöße gegeben, die Anlaß zu zahllosen experimentellen Untersuchungen an verschiedenen Tiergruppen gegeben haben. Es war, als sei eine neue Tür zum Verständnis tierischen Verhaltens aufgestoßen worden, in die jetzt viele hineindrängten, die sich alle diese 'neue Brille' aufsetzten.
Für viele lag die Attraktivität der Theorie von Lorenz auch darin, daß sie plötzlich eigene Beobachtungen im Rahmen der Theorie meinten interpretieren zu können, wobei die Attraktivität in solchen Fällen weniger aufgrund der theoretischen Grundlagen, sondern eher auf einer gefühlsmäßigen Übereinstimmung mit den Überlegungen von Lorenz zustandegekommen sein mag. Natürlich hat zur Attraktivität dieser Fachrichtung nicht zuletzt die Persönlichkeit von Konrad Lorenz beigetragen, der es verstand, seine Erlebnisse mit Tieren in populärwissenschaftlichen Büchern nicht nur anschaulich darzustellen, sondern gleichzeitig seine theoretischen Überlegungen zu diesen Beobachtungen in einer Weise zu vermitteln, daß von ihm eingeführte Begriffe wie Leerlauf oder Prägung sehr bald Allgemeinwissen vieler am Verhalten von Tieren interessierter Leser wurde.
Eine besondere Anziehung übte diese Fachrichtung auch dadurch aus, daß Lorenz schon sehr früh dazu anregte, zu prüfen, ob seine Überlegungen zur Erklärung tierischen Verhaltens auch zum Verständnis menschlichen Verhaltens beitragen könnten. "Der Weg zum Verständnis des Menschen führt genau ebenso über das Verständnis des Tieres, wie ohne Zweifel der Weg zur Entstehung des Menschen über das Tier geführt hat." (Lorenz 1948, zitiert nach O. Koenig 1970, S. 16).

II. Kapitel

EINE KRITISCHE ANALYSE DER ANNAHMEN DER THEORIE

1. Allgemeine Bemerkungen zu einer Motivationstheorie

Physiologisch orientierte Biologen beschäftigen sich fast ausschließlich mit reaktivem Verhalten, d.h. mit einem Verhalten, das stets als Antwort auf äußere Reize angesehen werden kann. Diese Einstellung wurde begünstigt durch die Entdeckung der Reflexbewegung, bei der ein eindeutiger Zusammenhang zwischen einem spezifischen Umweltreiz und der Antwort erkennbar ist. Es war aber auch durchaus schon bekannt, daß Tiere 'spontan', d.h. ohne einen für den Beobachter erkennbaren äußeren Anlaß aktiv sind. Derartige Spontanaktivitäten - so die Annahme - werden aufgrund endogener Vorgänge in Gang gesetzt und sind stets auf ein Ziel gerichtet. Dabei wird vorausgesetzt, daß ein Tier das Ziel, das durch seinen inneren Zustand gegeben ist, kennt. Es wartet aber nicht passiv auf das Eintreten dieser Situation, sondern es sucht nach ihr. Die inneren Bedingungen, die ein solches Streben nach dem Ziel in Gang setzen, werden unter dem Begriff Motivation subsumiert. Eine spezifische Motivation ist immer auf ein spezielles Ziel gerichtet. Erst wenn dieses Ziel erreicht ist, kann sie befriedigt und das ihr zugeordnete Verhalten eingestellt werden.

In der Regel ist davon auszugehen, daß motiviertes Verhalten adaptives Verhalten ist mit dem evolutiven Ziel einer möglichst effektiven Weitergabe von Genen an die nachfolgenden Generationen, was sich mit dem Begriff 'Erhöhung der Fitness' ausdrücken läßt. Durch die Motivationen werden dem Organismus proximate Ziele vorgegeben, die er zu befriedigen sucht. So bewirkt die Motivation Hunger, daß ein Organismus nach Nahrung sucht und Nahrung aufnimmt. Über den Weg der Befriedigung der proximaten Ziele können die ultimaten Ziele eines Organismus wie Überleben, Fortpflanzungserfolg gesichert werden. Die ultimaten Ziele sind abstrakte Ziele, die in der Welt des Tieres nicht existent sind, allein die proximaten Ziele sind in der Wirklichkeit des Tieres von Bedeutung. Die proximaten und ultimaten Ziele liegen auf verschiedenen Ebenen; während die proximaten Ziele der Befriedigung der Motivationen entsprechen, lassen sich die ultimaten Ziele nur auf der Populationsebene als Zunahme der Fitness in der Generationenfolge beschreiben.

Es ist nicht zu erwarten, daß ein proximates Ziel mit dem zugrundeliegenden ultimaten Ziel völlig deckungsgleich ist. Das Verhalten eines Tieres als Ausdruck eines proximaten Zieles kann nicht für alle möglicherweise auftretenden Situationen im Hinblick auf das ultimate Ziel optimal sein. Wenn eine Mutter ihre Jungen verteidigt, so ist dieses Verhalten, bezogen auf den Fortpflanzungserfolg, als ultimates Ziel sicher adaptiv; in bestimmten Situationen kann dieses Verhalten aber auch dazu führen, daß sowohl die Mutter als auch die Jungen umkommen. Das bedeutet, daß dieses im Prinzip adaptive Verhalten sich unter bestimmten Umweltbedingungen als dysteleonom erweist. Ebenso wie viele Säugetiere, z.B. Pferde und Hunde, essen auch die Menschen gerne Zucker. Ursprünglich erhöhte dieses Bedürfnis nach Süßem die Überlebenschancen eines Organismus durch die Möglichkeit, im Körper Reserven anzulegen. In Situationen, in denen Nahrungsmittel im Überschuß vorhanden sind, kann sich dieses Bedürfnis - wie unter den heutigen Lebensbedingungen des Menschen - als höchst dysteleonom erweisen, wenn Übergewicht und daraus resultierende Krankheiten zu einer Verkürzung der Lebenszeit führen.

Die proximaten Substitute für die ultimaten Ziele können gar nicht so ausgefeilt sein, daß sie unter allen möglichen Umweltbedingungen für die ultimaten Ziele optimal sind; sie können nur als grobe Regeln, die im Prinzip im Einklang mit den ultimaten Zielen stehen sollten, angesehen werden. Aufgrund dieser inhärenten Diskrepanz zwischen proximaten Substituten und den ultimaten Zielen muß es notwendigerweise zu dysteleonomem Verhalten kommen. Die Motivationsstruktur eines Tieres, d.h. seine Antriebe und die Art ihrer Befriedigung, ist durch die Selektion entstanden; das läßt erwarten, daß sie so gut wie möglich an die Lebensbedingungen eines Tieres angepaßt ist. So gut wie möglich bedeutet, daß das aus der speziellen Motivationsstruktur resultierende Verhalten nicht optimal sein kann, daß aber das nicht auszuschließende dysteleonome Verhalten auf ein Minimum reduziert sein sollte.

Lebewesen haben nicht nur die Fähigkeit, ihre Aktivitäten auf bestimmte Ziele zu richten, sondern auch von einer Aktivität zur anderen zu wechseln und die Intensität ihrer Aktivitäten zu modulieren. Können derartige Veränderungen in den Aktivitäten eines Tieres nicht allein auf Umwelteinflüsse zurückgeführt werden, so wird zur 'Erklärung' die theoretische Größe Motivation herangezogen.

Die Motivation ist eine Instanz, die die Prioritäten im Verhalten eines Tieres setzt: sie legt fest, wann welches Verhalten in Gang gesetzt und wann es wieder abgeschaltet wird. Bietet die Umwelt einem Tier eine optimal auslösende Situation sowohl für das Verhalten 'Fressen' als auch für das Verhalten 'Trinken', so entscheidet die Höhe der Motivation, welcher der Verhaltensabläufe gezeigt wird. Auch die Intensität eines Verhaltens wird - bei konstanter Umwelt - durch die Motivation bestimmt.

Jede Motivationstheorie berücksichtigt mindestens drei Komponenten: den Zustand, die Umwelt und das Verhalten. Die Struktur der Theorie legt fest, wie diese drei Komponenten zusammenwirken. Soll die Theorie das Zusammenspiel zwischen Zustand und Umwelt beschreiben, so können sehr unterschiedliche Grundannahmen gemacht werden. Wird beobachtet, daß ein Tier auf ein und dieselbe Umweltsituation zu verschiedenen Zeitpunkten unterschiedlich reagiert, so bieten sich verschiedene 'Erklärungen' an. Zum einen kann sich ein Tier unterschiedlich verhalten, weil es die Umweltsituationen, die der Beobachter als identisch ansieht, anders strukturiert als der Beobachter. Zum anderen könnte es zu den verschiedenen Zeitpunkten, in denen es getestet wurde, unterschiedlich motiviert gewesen sein, d.h. sich in unterschiedlichen Zuständen befunden haben. Mit der Einführung einer Zustandsgröße soll allein Eindeutigkeit zwischen den vom Experimentator festgelegten Eingangs- und Ausgangsvariablen erreicht werden. Das bedeutet, daß eine solche 'Erklärung' rein formal ist und nichts über physiologische Vorgänge, die der Zustandsgröße und ihren Veränderungen zugrunde liegen könnten, aussagt. Wenn so unterschiedliche Grundannahmen zur 'Erklärung' be-

obachtbaren Verhaltens gemacht werden, dann ist zu fordern, daß durch die Motivationstheorie zum einen festgelegt werden muß, wie ein Tier seine Umwelt strukturiert und zum anderen, wie sich die vom Beobachter angenommene Zustandsgröße verhält. Jede Motivationstheorie muß Veränderungen der Zustandsgröße, der Motivation, zulassen, da sie nur unter dieser Voraussetzung eine 'Erklärung' unterschiedlichen Verhaltens in einer auch für den Organismus gleichen Umweltsituation geben kann.
Auf welche Verhaltenseinheit sich eine Motivationstheorie bezieht, kann sehr unterschiedlich sein. So kann eine Theorie von einer kleinen Anzahl von grundlegenden Motivationen ausgehen, um im Rahmen dieser von ihr festgelegten Grundbedürfnisse das Zusammenwirken der Komponenten - Umwelt, Motivation, Verhalten - sehr flexibel zu gestalten. Eine Theorie kann aber auch die Grundeinheit des Verhaltens sehr viel niedriger ansetzen und jeweils einem eng umgrenzten Verhaltenskomplex eine eigene Motivation zuordnen. Die Verhaltenseinheit, auf die eine Motivationstheorie angewendet werden soll, ist stets eine vom Konzipienten der Theorie u.U. aufgrund seiner Erfahrungen konstruierte Verhaltenseinheit. So unterlegt Leyhausen (1965) einzelnen Bewegungsweisen, die er beim Beutefangverhalten einer Katze meint gegeneinander abgrenzen zu können wie 'Anschleichen', 'Lauern', 'Fangen', 'Angeln', 'Anspringen', 'Biß', eine eigene Motivation. Er ordnet damit einer sehr kleinen Verhaltenseinheit eine eigene Motivation zu, woraus eine weitgehende Unabhängigkeit dieser Verhaltenseinheiten voneinander resultiert. Darüber hinaus legt er fest, daß allein die endogenen Bedingungen einen Einfluß auf die Motivation haben und zu Veränderungen führen. Im Gegensatz dazu könnte durch eine Motivationstheorie auch festgelegt sein, daß sowohl endogene als auch exogene Einflüsse sich auf die Motivation auswirken und entsprechende Veränderungen auslösen. In einem solchen Falle sollte die Motivationstheorie auch festlegen, wie die beiden Komponenten quantitativ zusammenwirken, d.h. ob beiden der gleiche Einfluß zukommt oder ob eine von beiden stärkere Veränderungen der Motivation bewirkt.
Die Schwierigkeiten, die sich bei der Überprüfung der Annahmen einer Motivationstheorie ergeben, sind in erster Linie methodischer Art, da bisher keine akzeptablen Meßverfahren zur Bestimmung spezifischer Motivationen zur Verfügung stehen. Mit Hilfe physiologischer Parameter wie Temperatur, Pulsfrequenz, Hautwiderstand ist nur eine allgemeine Erregung meßbar, aber nicht die spezifische Qualität, die einer spezifischen Motivation zukommt.

2. Die Besonderheiten der Motivationstheorie von Konrad Lorenz

Beeinflußt durch die Automatismentheorie von v. Holst entwickelte Lorenz die physiologische Theorie der Instinktbewegung. Diese sehr spezifische Motivationstheorie ist vor allem dadurch charakterisiert, daß jeder zentral vorprogrammierten Bewegung, d.h. jeder Erbkoordination, ein eigener Antrieb, eine spezifische Motivation zugeordnet wird. Da eine Motivation immer auf ein Ziel gerichtet ist, unterlegt Lorenz somit jedem Antrieb einer Erbkoordination ein eigenes Ziel. Woran kann ein Tier dieses Ziel erkennen? Die Zeit des Anstiegs der Triebenergie ist, vor

allem wenn es zu einem Triebstau kommt, stets mit einer Anspannung für das Tier verbunden. Das vom Tier angestrebte Ziel ist die Entspannung, die - im Rahmen dieser Theorie - nur durch Durchführung der Aktion und dem damit verbundenen Energieverbrauch erreicht werden kann.
Unter der Voraussetzung, daß motiviertes Verhalten adaptiv ist, wird durch eine spezifische Motivation jeweils ein proximates Ziel vorgegeben. Wie für jede Motivationstheorie gilt auch für die Lorenzsche Theorie, daß die ultimaten Ziele über die proximaten gesichert werden. Die Besonderheit dieser Theorie besteht darin, daß die Triebbefriedigung als proximates Ziel allein durch Agieren und den damit gekoppelten Abbau der spezifischen Energie erreicht wird und nicht durch die mittels der Aktion erstellten Situation. Kein Tier 'weiß', daß es sich fortpflanzen muß. Ein starker Antrieb, den Akt der Besamung als proximates Ziel durchzuführen, sichert die Fortpflanzung, das ultimate Ziel. Wenn einer Graugans das Mißgeschick passiert, daß ein Ei aus dem Nest rollt, dann ist das proximate Ziel, daß wieder alle Eier im Nest liegen. Für das Tier bringt - so Lorenz - das Abarbeiten der Triebenergie für die Erbkoordination des Eieinrollens die Befriedigung und nicht die Situation des vollständigen Geleges. Durch die Ausführung der Erbkoordination wird über das proximate Ziel hinaus auch das ultimate Ziel, möglichst keine für den Fortpflanzungserfolg wesentliche Ressource wie ein Ei zu verlieren, gesichert. Wenn Vogeleltern ihre Jungen füttern, dann ist das proximate Ziel, daß die Jungen satt werden. Dieses Ziel ist für die Eltern nach der Theorie von Lorenz erreicht, wenn ihre Triebenergie für die Fütterungsbewegung heruntergesetzt ist. Auf diese Weise ist aber auch das ultimate Ziel, Nachkommen aufzuziehen, sichergestellt. Diese Vorstellung, daß das Ziel motivierten Verhaltens das Abarbeiten der Triebenergie ist, kommt auch in der Vorstellung der sogenannten Leerlaufhandlung zum Tragen. Eine Leerlaufhandlung kann unter extremen Bedingungen wie Triebstau auftreten; allein ihre Durchführung führt zu einer Befriedigung des Triebes, ohne daß durch die Aktion etwas bewirkt wird.
Charakteristisch für die Lorenzsche Theorie ist in erster Linie die Annahme, daß die drei Grundkomponenten Motivation, Umwelt und Verhalten als eindimensionale Größen betrachtet werden. Diese Eindimensionalität der entscheidenden Größen der Theorie folgt aus den speziellen Annahmen zu den Grundkomponenten. So legte Lorenz fest, daß die Motivation nur an- und absteigen, d.h. sich nur entlang einer eindimensionalen Skala verändern kann. Ebenso stellen die Reizwerte der Schlüsselkomponenten, mit deren Hilfe ein Tier seine Umwelt bewertet, eindimensionale Größen dar. Für das Verhalten, die Erbkoordination, gilt, daß es nur in unterschiedlichen Intensitätsstufen auftreten kann, d.h. sich auch nur eindimensional verändern kann.
Betrachtet man das psychohydraulische Modell (auch das modifizierte), das als eine Veranschaulichung der Theorie anzusehen ist, so sind auch hierin die theoretischen Größen Reizwert, Erregung und Intensität des Verhaltens als eindimensionale Größen dargestellt. So ist über die Höhe des Wasserspiegels das Niveau der Erregung, über eine numerische Skala die Intensität der ausgelösten Bewegung und (im alten Modell) über Gewichte die Stärke des Reizwertes ablesbar. Eindimensionale Größen bieten zum einen den Vorteil der Anschaulichkeit, zum anderen daß sich unterschiedliche Werte dieser Größen leicht ordnen lassen. Mit der Annahme der Eindimensionalität dieser Größen hat Lorenz schon die wesentlichen

Komponenten seiner Theorie vorstrukturiert. Wenn die Reizwerte der Schlüsselkomponenten eindimensionale Größen sind, so ist z.B. die einfachste Denkmöglichkeit über das Zusammenwirken von Schlüsselkomponenten die Reizsummation. Von entscheidender Bedeutung für die Lorenzsche Motivationstheorie ist, daß die Umwelt als eindimensional beschrieben wird. Die Konsequenz daraus ist, daß der jeweilige Motivationszustand durch einen Schwellenwert, d.h. ebenfalls durch eine eindimensionale Größe, zu charakterisieren ist. Entscheidend für die Beschreibung *eines* Motivationszustandes ist die Abgrenzung derjenigen Umweltsituationen, die bei diesem Zustand auslösend sind, von der komplementären Menge der Umweltsituationen, die nicht auslösend sind. Sind die Umweltsituationen eindimensional angeordnet, so lassen sich diese beiden Mengen durch einen Wert, den man als Schwellenwert bezeichnen könnte, voneinander abgrenzen. Gehe ich davon aus, daß die Umweltsituationen, die oberhalb des Schwellenwertes liegen, auslösend sind, und die, die darunter liegen, als nicht auslösend definiert werden, so beschreibt der Schwellenwert eindeutig den Motivationszustand.
Wenn der Motivationszustand - wie in der Lorenzschen Theorie - eindimensional beschrieben wird, dann sind den möglichen Zustandsänderungen *enge* Grenzen gesetzt. Der Zustand kann nur ansteigen, was in der Lorenzschen Theorie mit Schwellenerniedrigung gegenüber der auslösenden Situation bezeichnet wird, oder er kann absinken, was einer Schwellenerhöhung entspricht. Diese starke Einschränkung der Zustandsänderungen hat McFarland (1981) bewogen, den Zustandsraum als mehrdimensionalen Vektorraum, d.h. mit mehr Freiheitsgraden, zu modellieren.
Ist Lorenz' Annahme der Eindimensionalität der wesentlichen Größen der Theorie nachvollziehbar? Zunächst ist es nicht einsichtig, wie eine komplexe, aus den verschiedenen Reizmodalitäten zusammengesetzte Umweltsituation sich auf eine eindimensionale Größe reduzieren läßt. Dieses Problem löst Lorenz mit der Annahme, daß die verschiedenen Umweltkomponenten vom Tier unabhängig voneinander bewertet werden, so daß der Reizwert der Gesamtsituation aus der Summe der Reizwerte der einzelnen Komponenten resultiert. Es ist auch nicht ohne weiteres nachvollziehbar, daß ein Motivationszustand, der durch zahlreiche endogene Komponenten beeinflußt wird, sich auf eine eindimensionale Größe zurückführen läßt. Doch Lorenz geht implizit davon aus, daß alle diese Einflüsse durch eine eindimensionale Größe - die Bereitschaft oder Motivation - repräsentiert werden können (s. Abb. 5).
Durch die Motivationstheorie ist auch festgelegt, wie Bereitschaft und Umwelt zusammenwirken. Im Prinzip der doppelten Quantifizierung hat Lorenz dies näher spezifiziert. Aus der Verrechnung des Reizwertes der Umwelt mit der Höhe der Bereitschaft ergibt sich die Intensität des ausgelösten Verhaltens; wobei vorausgesetzt wird, daß die Intensität bei gleicher Höhe der Bereitschaft um so größer ist, je höher der Reizwert ist. Bei gleichem Reizwert nimmt die Intensität des Verhaltens mit steigender Bereitschaft zu. Wenn sowohl Bereitschaft als auch Umwelt als skalare Größen beschrieben werden, dann liegt es nahe, auch das daraus resultierende Verhalten als eindimensionale Größe zu modellieren. So wird nach dem Prinzip der doppelten Quantifizierung zwei skalaren Größen - dem Gesamtreizwert wie dem Bereitschaftsniveau - eine neue skalare Größe, die Intensität der ausgelösten Bewegung, zugeordnet. Die Theorie vermittelt die Vorstellung, daß auch im

Tier 'natürliche Skalen' existieren, gemäß derer Reizwerte, Bereitschaft und Intensität des Verhaltens erfaßt werden. Für den Beobachter ergibt sich das Problem, daß er die 'natürlichen internen Skalen' eines Tieres nicht kennt, sondern sie nur indirekt mit den von ihm willkürlich festgelegten Skalen in Beziehung setzen kann.

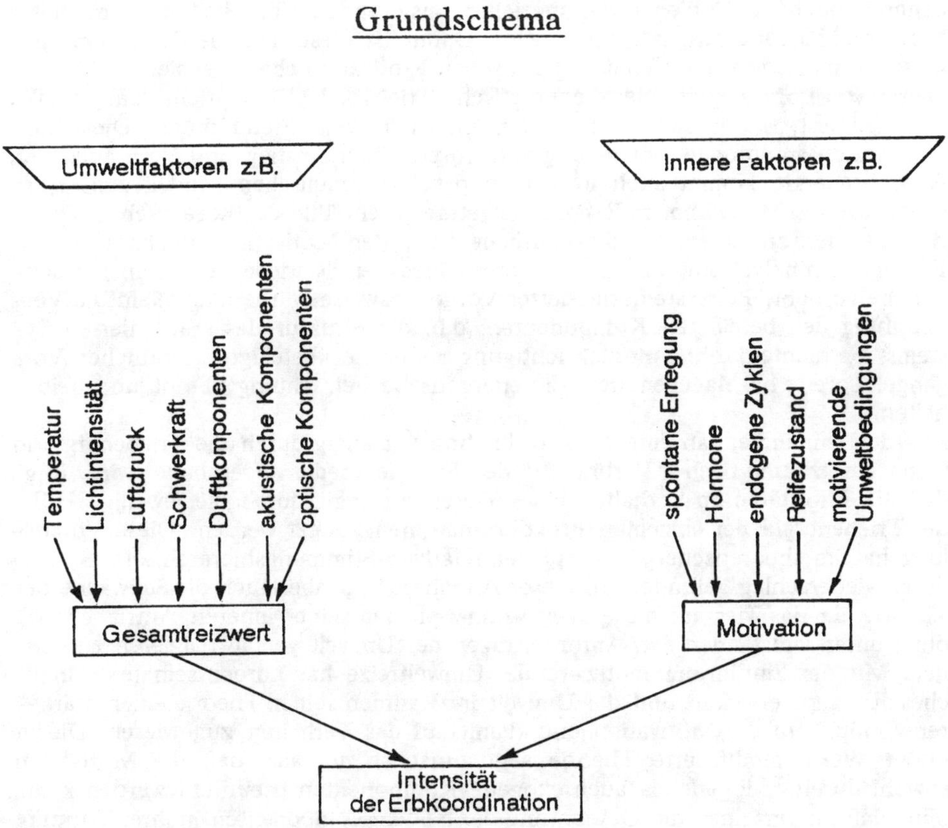

Abb. 5: Veranschaulichung der Vorstellung von Lorenz zur Eindimensionalität der Größen: Motivation, Umwelt (Gesamtreizwert) und Verhalten (Intensitätsstufen der Erbkoordination).

Die Verhaltenseinheit, auf die sich die Lorenzsche Motivationstheorie bezieht, ist die Erbkoordination. Es wird jeder Erbkoordination eine eigene spezifische Antriebsenergie unterlegt. Damit ist die Vorstellung verbunden, daß spezifische Triebenergie in spezielle motorische Aktivität umgesetzt wird, was allerdings nicht bedeutet, daß die für die Muskelkraft notwendige Energie von der Triebenergie geliefert wird. Ganz unabhängig vom Energieverbrauch der tätigen Organe wird die Triebenergie bei der Aktion ebenfalls 'verbraucht', um anschließend in einer Erholungsphase wieder aufgebaut zu werden. Spezifische Triebenergie ist die Voraussetzung für die Auslösung der Bewegung; der auslösende Umweltreiz gibt nur den Anstoß zum Ablauf der Bewegung. Das besondere Gewicht, das die Lorenzsche Theorie der Motivation zuschreibt, kommt auch darin zum Ausdruck, daß eine Erbkoordination allein durch den inneren Antrieb als sogenannte Leerlaufhandlung hervorgerufen werden kann, während eine Auslösung bei fehlender Triebenergie auch bei Vorliegen der speziellen auslösenden Umweltsituation in dieser Motivationstheorie ausgeschlossen wird. Damit ist diese Theorie durch eine gewisse Asymmetrie zugunsten der spezifischen Motivation charakterisiert.

Dieses von Lorenz konstruierte energetische Triebkonzept entspricht dem damaligen Zeitgeist, wie er sich auch in den Gedanken von Freud findet. Diese fast mechanisch anmutende Vorstellung von Lorenz über Anstieg und Verbrauch von Antriebsenergie kommt auch in seinem psychohydraulischen Modell zum Ausdruck. Dieses Modell hat m.E. dazu beigetragen, ein Bild der Lorenzschen Theorie entstehen zu lassen, das die stoffliche Basis der Motivation (Behälter, in den Flüssigkeit hineinströmt und nach Öffnen eines Ventils wieder ausströmt) besonders hervorhebt. Bei systemorientierter Vorgehensweise würde man allein die Verknüpfung der beteiligten Komponenten, d.h. die Struktur des konstruierten Systems, betrachten, ohne Berücksichtigung möglicher beteiligter stofflicher Vorgänge. Lorenz hat dagegen stets die energetische Betrachtung betont und beibehalten.

Aus der Annahme, daß eine Erbkoordination vorrangig durch die Triebenergie in Gang gesetzt und nach 'Verbrauch' der Energie wieder abgeschaltet wird, folgt, daß die Prioritäten im Verhalten eines Tieres vorrangig durch die jeweilige Höhe der Triebenergie der einzelnen Erbkoordinationen gesetzt werden. Diese Vorstellung hat im theoretischen Konzept der relativen Stimmungshierarchie (s. S. 231) ihren Niederschlag gefunden. In dieser Annahme liegt aber auch die Schwäche der Theorie, da das Tier auf diese Weise zum Spielball seiner inneren Antriebe wird, ohne unter Umständen den Anforderungen der Umwelt gemäß reagieren zu können. Mit der Einführung motivierender Umweltreize hat Lorenz sein ursprüngliches Konzept erweitert und der Umwelt im Rahmen seiner Theorie einen stärkeren Einfluß auf die Motivation und damit auf das Verhalten zugewiesen. Die in dieser Weise modifizierte Theorie sagt zunächst nur aus, daß die Motivation sowohl durch endogene als auch exogene Komponenten beeinflußt werden kann, ohne daß im einzelnen die Gewichtung der beiden Komponenten in ihrer Wirkung auf die Motivation festgelegt ist.

Eine weitere Schwäche der Theorie besteht vor allem darin, daß über das Verhalten der Antriebsenergie nur sehr allgemein ausgesagt wird, daß sie mit der Zeit ansteigt und durch 'Verbrauch' absinkt. So läßt Lorenz auch völlig offen, ab wann, d.h. bei welcher Höhe der Triebenergie, eine Leerlaufhandlung zu erwarten ist. Früher wurde von einer 'overflow activity' gesprochen. Diesem Begriff lag vermutlich die Vorstellung zugrunde, als könne die Triebenergie über die Begrenzung des Reservoirs ansteigen, um wie überkochende Milch über den Rand hinweg zu fließen. Im Gegensatz zu dieser Vorstellung könnte auch angenommen werden, daß bei bereits hohem Niveau der Triebenergie der Anstieg immer langsamer erfolgt, um schließlich - entsprechend einer Sättigungskurve - auf dem erreichten Niveau zu bleiben. Das würde bedeuten, daß keine Leerlaufhandlungen aufzutreten brauchen. Andererseits besteht auch keine Notwendigkeit anzunehmen, daß die Triebenergie auf Null absinkt mit der Folge, daß das entsprechende Verhalten nicht mehr auslösbar ist. Auch hier könnte ein Grenzwert angenommen werden, unter den die Bereitschaft nicht weiter absinkt, so daß bei hohem Reizwert der Umwelt das Verhalten immer noch auslösbar wäre. Doch gerade die Beobachtung, daß eine Erbkoordination nicht unbegrenzt oft hintereinander auslösbar ist, was von Lorenz als aktionsspezifische Ermüdung interpretiert wird, wie auch die Beobachtung, daß eine Erbkoordination ohne die sie auslösenden Schlüsselreize als sogenannte Leerlaufhandlung auftreten kann, gaben Lorenz den entscheidenden Anstoß, das energetische Triebkonzept zu entwickeln. In Kapitel III soll anhand einiger experimenteller Arbeiten, deren Bedeutung in der scientific community unbestritten ist, diskutiert werden, inwieweit dieses Konzept eine Bestätigung erfahren hat.

3. Die Schlüsselreiztheorie - ein einheitliches Konzept?

3.1 Das Schlüssel-Schloß-Konzept und das Schlüsselkomponenten-Konzept

Bei genauem Studium der Aussagen von Konrad Lorenz zum angeborenen Erkennen wird deutlich, daß er zwei völlig unterschiedliche theoretische Konzepte zur Arbeitsweise des angeborenen Auslösemechanismus entwickelt hat, ohne allerdings selbst eine klare Trennung vorzunehmen. So läßt sich das - wie ich vermute - ursprüngliche Schlüssel-Schloß-Konzept eindeutig gegen das - von mir so bezeichnete - Schlüsselkomponenten-Konzept abgrenzen, wobei ich (wie auf Seite 14 ausgeführt) als Schlüsselkomponente einen vom übrigen Kontext unabhängigen, auslösenden Reiz bezeichnen möchte. Lorenz selbst spricht nur von Schlüssel*reizen*, ohne allerdings auf die von ihm im Verlaufe der Zeit geänderte inhaltliche Bedeutung dieses Begriffes einzugehen.

Der Rang eines Schlüsselreizes kann - wie ausgeführt - sowohl einem relativ einfachen Merkmal, als auch einer Merkmalskombination zukommen, wobei für die Merkmalskombination gilt, daß sie nur bei vollständiger Repräsentanz und spezifischer Anordnung ihrer Teilelemente zueinander wirksam ist. Nach dem Schlüssel-Schloß-Konzept wird vom Tier die Umwelt nur daraufhin abgefragt, ob der Schlüsselreiz vorhanden ist oder nicht, ohne Berücksichtigung möglicher unterschiedlicher Ausprägungen des Reizes. Das bedeutet, daß über den angeborenen Auslösemechanismus allein die Entscheidung gefällt wird, ob die Antwort - bei ausreichender Höhe der spezifischen Motivation - ausgeführt wird oder nicht. Das Schlüssel-Schloß-Konzept läßt je nach Vorhandensein oder Nichtvorhandensein des Schlüsselreizes nur Ja- oder Nein-Entscheidungen zu. Das Schloß wird, um bei dem Vergleich von Lorenz zu bleiben, entweder aufgeschlossen oder nicht. Ein solcher Erkennungsmechanismus arbeitet wenig flexibel und entscheidet nur, ob eine Antwort erfolgt oder nicht.

Im Gegensatz zu dieser Vorstellung können - so Lorenz - die einzelnen Merkmale einer auslösenden Merkmalskombination *unabhängig* voneinander wirksam sein und sich somit gegenseitig ersetzen. Derartige Merkmale, die ich als Schlüssel-

komponenten bezeichne, vermögen allein oder in beliebiger Kombination mit einer oder mehreren anderen Komponenten die Antwort auszulösen, sofern die Reizwerte oberhalb der jeweiligen Auslöseschwelle liegen. Diese Vorstellung entspricht nicht mehr dem Schlüssel-Schloß-Konzept; mit ihr hat Lorenz sein ursprüngliches Konzept anscheinend unbemerkt von der Öffentlichkeit grundlegend modifiziert.
Das qualitativ Neue des Schlüsselkomponenten-Konzeptes gegenüber dem Schlüssel-Schloß-Konzept besteht außer in der Unabhängigkeit der Schlüsselkomponenten voneinander auch darin, daß ein Tier die Umwelt nicht nur auf Vorhandensein oder Nichtvorhandensein eines Schlüsselreizes abfragt, sondern daß es die unterschiedlichen Ausprägungen der Schlüsselkomponenten beachtet, um sie je nach Ausgestaltung zu bewerten. Dabei wird jeder Komponente, wie auch ihren Ausprägungen, ein konstanter Reizwert zugeordnet. Je nach der Menge der Ausprägungen einer Schlüsselkomponente, die vom Tier unterschieden werden, resultiert eine Menge unterschiedlicher Reizwerte. Sind wie üblich mehrere Schlüsselkomponenten an der Auslösung einer Reaktion beteiligt, so können sie nicht nur in unterschiedlichen Kombinationen, sondern - wie ausgeführt - jede von ihnen in unterschiedlicher Ausgestaltung vertreten sein, so daß sich für eine Situation nach dem Prinzip der Reizsummation eine beträchtliche Anzahl von Gesamtreizwerten ergeben kann.
Aus den Annahmen des Schlüsselkomponenten-Konzepts resultiert ein Erkennungsmechanismus, der wesentlich flexibler ist als ein AAM, der nach dem Schlüssel-Schloß Prinzip arbeitet. Durch die Unabhängigkeit der Schlüsselkomponenten voneinander stellt ein derartiger Erkennungsmechanismus keine so starre Vorgabe dar und ist dadurch möglicherweise leichter durch Lernvorgänge zu verändern. Wesentlich ist aber vor allem, daß die Anforderungen, die ein solcher Mechanismus an die Umwelt stellt, nach dem Prinzip der doppelten Quantifizierung von der jeweiligen Höhe der Bereitschaft abhängig ist. Ist die spezifische Bereitschaft niedrig, so sind nur Umweltsituationen mit hohem Gesamtreizwert auslösend. Je mehr Schlüsselkomponenten aber vom Tier genutzt werden, desto geringer ist die Wahrscheinlichkeit, daß eine Reaktion am inadäquaten Objekt erfolgt: ein hoher Gesamtreizwert entspricht einer relativ eindeutigen Charakterisierung der Umwelt. Umgekehrt ist es bei niedrigem Reizwert. Je weniger Schlüsselkomponenten vom Erkennungsmechanismus verwertet werden, desto größer ist die Wahrscheinlichkeit, daß die Charakterisierung der Umwelt fehlerhaft ist und das vorgefundene Objekt nicht mit dem 'Zielobjekt' der Reaktion übereinstimmt.
Da nur im Schlüsselkomponenten-Konzept den Ausprägungen einer Schlüsselkomponente eine Bedeutung zukommt und auch nur im Schlüsselkomponenten-Konzept die einzelnen Komponenten unabhängig voneinander wirksam sind, erhalten Begriffe wie Reizwert einer Komponente, Reizsummation und übernormale Wirkung einer Schlüsselkomponente nur in diesem Konzept einen Sinn.
Durch die Hinzunahme des Schlüsselkomponenten-Konzepts zum Schlüssel-Schloß-Konzept ist die Lorenzsche Theorie zum angeborenen Erkennen bedeutend erweitert worden. Gibt es überhaupt noch weitere denkbare Alternativen zum angeborenen Erkennen oder ist die Lorenzsche Theorie empirisch gehaltlos, da sie alle möglichen Erkennungsmechanismen umfaßt? Die folgende Analogie soll andeuten, daß dies keineswegs der Fall ist. Viele Biologen sind dann und wann mit dem Problem konfrontiert, eine Pflanze oder ein Tier zu 'bestimmen', d.h.

eindeutig identifizieren zu müssen. Zur Identifikation dienen dabei üblicherweise sogenannte 'Bestimmungsbücher'. Dabei kann nach zwei völlig unterschiedlichen Prinzipien vorgegangen werden: Das eine Prinzip ist in vielen neuen Bestimmungsbildbänden realisiert. Im beschreibenden Text wird meist versucht, ein Objekt anhand von vielen Einzelmerkmalen zu charakterisieren, welche mehr oder weniger gleichwertig miteinander aufgezählt werden. Das Prinzip, auf dem diese Bestimmungsbücher basieren, ist mit dem Lorenzschen Schlüsselkomponenten Prinzip vergleichbar, bei dem ja auch mehrere unabhängige Komponenten miteinander kombiniert werden. Viele ältere ('wissenschaftliche') Bestimmungsbücher verfahren hingegen nach einem völlig anderen, einem hierarchischen Prinzip. Zunächst wird nach einigen grob klassifizierenden Merkmalen gefragt (diese sind nicht immer wesentlich), um erst dann, wenn sie vorhanden sind, nach feiner klassifizierenden Merkmalen zu fragen. Es ist durchaus denkbar, daß auch ein angeborener Erkennungsmechanismus nach einem derartigen hierarchischen Prinzip arbeiten könnte (s. Abb. 6).

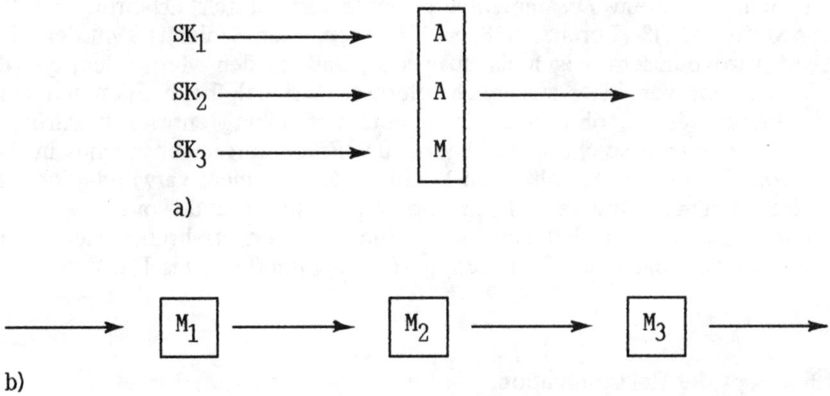

Abb. 6 Modelle zur Arbeitsweise angeborener Erkennungsmechanismen (AAM); SK = Schlüsselkomponente; M = Merkmale. a) Schlüsselkomponenten-Konzept - Prinzip der Reizsummation; b) Hierarchie-Prinzip der Abfrage der Merkmale

Anhand eines Beispiels möchte ich versuchen, diese unterschiedlichen Prinzipien zu veranschaulichen. Ein Schmetterling, dessen Raupen nur auf einer bestimmten Pflanze heranwachsen können, muß, um seinen Fortpflanzungserfolg zu sichern, diese Pflanze zur Eiablage sehr genau identifizieren können. Ist die Brennessel die zu erkennende Futterpflanze, so könnte der Schmetterling Farbe, Form und Zähnelung der Blätter und deren Besatz mit Brennhaaren als Schlüsselkomponenten nutzen, die ihm nach dem Prinzip der Reizsummation ein Erkennen ermöglichen. Ein Erkennungsmechanismus, der nach dem Hierarchie-Prinzip arbeitet, würde vielleicht zunächst die Alternative Stengel am Boden liegend oder aufrecht abfragen, um dann die Stellung der Blätter, ob grundständig oder am Stengel zerstreut, zu bewerten, dann deren Form prüfen und ob sie gezähnt oder ganzrandig sind und schließlich, ob sie mit Brennhaaren besetzt sind oder nicht. Bei dieser Vorge-

hensweise erhält erst nach Abfrage der ersten Komponente die nachfolgende eine Bedeutung. Das impliziert, daß bei Fehlen des ersten Merkmals das Objekt nicht erkannt werden kann, da sich die Merkmale nicht wie im Schlüsselkomponenten-Konzept gegenseitig ersetzen können. Denkbar ist allerdings, daß bei hoher Bereitschaft nur der erste Schritt für das Erkennen notwendig ist. Ohne diesen ersten Schritt kann ein Erkennungsmechanismus, der die Merkmale nacheinander abfragt, - wie schon erwähnt - nicht zum Ziel kommen.
Mit der obigen Überlegung sollte darauf hingewiesen werden, daß durchaus Alternativen zur Lorenzschen Theorie des angeborenen Erkennens denkbar sind. Anscheinend hat aber noch niemand versucht, experimentell zu überprüfen, ob und inwieweit angeborenes Erkennen gemäß der Lorenzschen Theorie strukturiert ist. Deshalb muß die Frage, ob angeborenes Erkennen tatsächlich über die Kombination gleichwertiger und unabhängiger Schlüsselkomponenten erfolgt, zunächst unbeantwortet bleiben.
Schließlich betont Lorenz noch, daß überall dort, wo ein differenzierteres Erkennen einer Umweltsituation für das Tier von Vorteil ist, Lernvorgänge zu erwarten sind. Er spricht in diesem Zusammenhang von einem "durch Erfahrung modifizierten AAM (EAAM)" (Lorenz 1978, S. 218 zitiert nach Schleidt). Mit dem Begriff EAAM wird nur sehr allgemein ausgesagt, daß zu den Merkmalen, auf die ein AAM anspricht, vom Tier zusätzlich erlernte Merkmale beim Erkennen einer Situation genutzt werden, ohne daß bisher eine Vorstellung entwickelt wurde, in welcher Weise sich eine solche Modifikation des Erkennungsmechanismus in Abhängigkeit von der Erfahrung vollziehen könnte. So ist es nicht verwunderlich, daß bisher zu diesem Thema nur sehr allgemeine empirische Befunde vorliegen, die eigentlich nur zeigen, daß ein mit einer speziellen Situation erfahrenes Tier in anderer Weise auf sie reagiert als ein in dieser Hinsicht unerfahrenes Tier.

3.2 Das Konzept der Reizsummation

Ist eine auslösende Situation durch mehrere Schlüsselkomponenten charakterisiert, so erhält der Organismus seine Information nicht in Form eines vereinfachten Gesamtbildes der spezifischen Umweltsituation, sondern über "Schlüsselreize, die summierbar sind, aber grundsätzlich unabhängig voneinander funktionieren. Das Gesamtbild des normalen Objektes wirkt nur bedingt und nur durch Summenwirkung der einzelnen Reizkonfigurationen stärker auslösend, als jede einzelne von diesen." (Lorenz 1978, S. 127 f.). Ebenso betont Eibl-Eibesfeldt: "Ein und dasselbe Verhalten kann oft durch mehrere Schlüsselreize ausgelöst werden. Diese Reize, die auch getrennt geboten auslösend wirken, addieren sich in ihrer Wirksamkeit, wenn man sie kombiniert. ... Dieses *Reizsummenphänomen* hat zuerst Seitz (1940) gesehen und benannt." (Eibl-Eibesfeldt 1987, S. 170 ff.). Mit dem von Eibl-Eibesfeldt so lapidar hingeschriebenen Satz wird der Eindruck erweckt, als sei Reizsummation eine vom Tier vorgenommene 'einfache' Verrechnung von Reizwerten einzelner Schlüsselkomponenten, um über die Reizsumme zu einer Bewertung einer speziellen Umweltsituation zu kommen. In dieser Form dargeboten, erscheint das theoretische Konzept der Reizsummation höchst einleuchtend

und vor allem unproblematisch. Ich möchte deshalb zunächst auf die kaum diskutierte Problematik dieses Konzeptes eingehen.
Lorenz geht bei seinen Überlegungen zur Summierbarkeit auslösender Reize davon aus, daß der Erkennungsmechanismus, der AAM, eine komplexe Umweltsituation in Schlüsselkomponenten zerlegt, denen er unabhängig voneinander Reizwerte zuordnet. Das theoretische Konzept der Reizsummation besagt, daß diese Werte vom Tier zu einem Gesamtreizwert der betreffenden Umweltsituation verrechnet werden. Der Begriff Reizsummation ist insofern irreführend, als er von vornherein an eine Addition der Reizwerte im mathematischen Sinne denken läßt. Wird die Reizsummation als Addition im mathematischen Sinne aufgefaßt, dann resultiert daraus ein sehr eingeengtes Verständnis dieses Begriffes. In diesem Sinne würde Reizsummation bedeuten: Ist eine Umweltsituation X für das Tier durch die Schlüsselkomponenten X_a, X_b, X_c, ..., X_n gekennzeichnet, so ergibt sich der Reizwert der Umweltsituation X = r(X) als Summe der Reizwerte der einzelnen Schlüsselkomponenten.

$$r(X) = r_a(X_a) + r_b(X_b) + r_c(X_c) + ... + r_n(X_n)$$

Von manchen Autoren wird der Begriff Reizsummation in diesem Sinne ausgelegt, ohne daß sie sich darüber im klaren zu sein scheinen, daß eine Addition der von ihnen gemessenen Reizwerte eine Skala voraussetzt, anhand derer sich Addition im mathematischen Sinne zeigen läßt.
Wenn Weidmann schreibt, daß "the separate effects of two stimuli summate arithmetically" (1958, S. 114), so ist zu vermuten, daß er seine Ergebnisse in diesem Sinne interpretiert. Er untersuchte - wie Eibl-Eibesfeldt (1987) berichtet - quantitativ die Wirkung der Schlüsselkomponenten, die das Bettelverhalten unerfahrener Lachmöwenküken auslösen. Dazu zählte er, wie oft die Küken innerhalb von 30 Sekunden gegen die ihnen vorgehaltene Attrappe picken, um die Anzahl der Pickbewegungen pro Zeitintervall als ein Maß für den Reizwert der jeweiligen Attrappe zu nehmen. So konnte er mit einer runden grauen Pappscheibe eine bestimmte Anzahl von Reaktionen bei den Küken auslösen, ebenso mit einem grauen Rechteck, bei dem die Antwortrate der Küken im Durchschnitt jedoch höher lag. Malte er beide Attrappen rot an, so erhöhte sich die Anzahl der Pickreaktionen gegenüber beiden Attrappen um den gleichen Betrag. Daraus schloß er nicht nur, daß dem Merkmal 'rote Farbe' in beiden Fällen der gleiche Reizwert zukommt, sondern darüber hinaus, daß der Reizwert dieses Merkmals zu dem Reizwert einer grauen Attrappe hinzu addiert wird. Dieser Interpretation der Ergebnisse liegt vermutlich die recht naive Vorstellung zugrunde, daß auch ein Tier bei der Verrechnung von Schlüsselkomponenten in dieser Weise verfährt.
Die meisten Autoren gehen über diesen Ansatz hinaus und vertreten die Ansicht, daß eine gewogene Addition besser dem Verrechnungsmechanismus eines Tieres entspricht, da oft intuitiv der Eindruck entsteht, daß ein Tier eine Schlüsselkomponente stärker gewichtet als eine andere. So schreibt Curio: "Danach ist sicher, daß ein AAM Reize gewogen additiv ohne jede Erfahrung mit der betreffenden Reizsituation verrechnen kann." (Curio 1969, S. 471).
Die Annahme von Lorenz, daß ein Tier die auslösende Wirkung einer Umweltsituation über einen Gesamtreizwert der beteiligten Schlüsselkomponenten mißt,

setzt einen entsprechenden Verrechnungsmechanismus voraus. Das Problem, vor dem wir stehen, ist, daß wir so gut wie keine Information darüber haben, wie ein Tier diesen Gesamtreizwert einer Umweltsituation ermittelt, d.h. wie eine solche 'innere Skala' eines Tieres aussieht. Es erscheint mir plausibel anzunehmen, daß ein Tier seine Umwelt nicht nur anders wahrnimmt als ein Beobachter, sondern wahrscheinlich auch die verschiedenen Umweltreize mit einer anderen Skala als der Experimentator 'mißt'. Als Beobachter quantifizieren wir die Reizwerte von Schlüsselkomponenten gemäß einer von uns jeweils vorgegebenen Skala. So messen wir Längen in Zentimetern, Flächen in Quadratzentimetern, Zeiten in Sekunden, Lichtintensitäten in Lux, Farben mit Hilfe von Wellenlängen. Letztlich sind alle diese Skalen willkürlich gewählt, d.h. es gibt keinen biologischen Grund anzunehmen, daß das Versuchstier Umweltsituationen gemäß denselben Skalen 'mißt'. Die 'wirkliche Skala', die das Tier anlegt, ist dem menschlichen Beobachter unbekannt. Stimmt die 'wirkliche Skala' im Tier mit der vom Beobachter eingesetzten Skala überein, so entspricht einer vom Beobachter gemessenen additiven Verrechnung tatsächlich eine additive Verrechnung im Tier, einer gemessenen gewogenen additiven Verrechnung eine gewogene additive Verrechnung im Tier und einer multiplikativen Verrechnung auch eine multiplikative Verrechnung im Tier. Stimmen aber diese beiden Skalen nicht überein - und davon ist in der Regel auszugehen - so sagt eine vom Beobachter gemessene additive Verrechnung noch nichts darüber aus, wie sich die Verrechnung im Tier vollzieht.
Einer vom Beobachter gemessenen Addition der Reizwerte im mathematischen Sinne kann durchaus eine gewichtete Addition oder sogar eine multiplikative Verrechnung im Tier zugrunde liegen. Umgekehrt kann eine Verrechnung im Tier eine Addition im mathematischen Sinne sein, die sich dem Beobachter - bei Einsatz seiner Skala - als gewichtete Addition oder Multiplikation darstellt. Damit will ich sagen, daß wir den Verrechnungsmechanismus, den das Tier benutzt, aus unseren Meßdaten nicht erschließen können, solange wir die 'wirkliche Skala', mit deren Hilfe im Zentralnervensystem Reizwerte verrechnet werden, nicht kennen.
Aus diesem Grunde ist auch die folgende Argumentation nicht schlüssig, die man häufig hinsichtlich einer multiplikativen Verrechnung von Reizwerten in der Literatur finden kann. Eine multiplikative Verrechnung wird deshalb ausgeschlossen, da immer dann, wenn eine Schlüsselkomponente fehlt, ihr Reizwert vom Beobachter = 0 gesetzt wird. Das bedeutet - so die weitere Argumentation - daß die betreffende Umweltsituation völlig unwirksam sein müßte, da ein Produkt = 0 ist, wenn einer seiner Faktoren = 0 ist. Da aber trotz Fehlens einer Schlüsselkomponente eine Reaktion des Tieres - wenn auch gemäß des niederen Reizwertes nur weniger intensiv - auslösbar ist, wird eine multiplikative Verrechnung ausgeschlossen. Diese Argumentation ist unzulässig, da die Autoren implizit voraussetzen, daß zumindest der Nullpunkt der 'Skala im Tier' dem Nullpunkt ihrer eigenen Skala entspricht. Mit anderen Worten: Es wird davon ausgegangen, daß eine fehlende Schlüsselkomponente, der vom Beobachter gemäß seiner Skala der Wert Null zugeordnet wird, auf der internen Skala des Tieres ebenfalls den Wert Null hat. Das muß nicht so sein. Von Rezeptoren im technischen Bereich wissen wir, daß dauernd eine gewisse Minimalspannung angelegt ist oder eine gewisse Minimalstromstärke fließt, auch dann, wenn der Rezeptor nicht aktiv ist. Ebenso be-

sitzen die natürlichen Rezeptoren eine sogenannte Spontanaktivität, die auf eine ständige Minimalaktivität des Rezeptors ($\neq 0$) schließen läßt.
Diese Überlegungen zeigen, daß das Reizsummenphänomen nicht durch einen spezifischen Verrechnungsmechanismus zu erfassen ist, sondern daß ihm davon unabhängige Gedanken zugrunde liegen. Entscheidend für das Verständnis dieses Phänomens ist - wie von Lorenz immer wieder hervorgehoben wird - daß die Schlüsselkomponenten unabhängig voneinander wirksam sind und immer dann, wenn eine Situation durch mehrere Schlüsselkomponenten gekennzeichnet ist, es zu einer Verstärkung der Gesamtreizwirkung kommt. "Die Wirksamkeit jeder Attrappe erwies sich als gleich der Summe der Wirkungen, die von den in ihr verwirklichten Merkmalen ausgingen. Die Einzelwirkung jeder der weiter oben erwähnten Reizkonfigurationen blieb die gleiche, in welcher Kombination mit anderen auch immer sie geboten wurde." (Lorenz 1978, S. 94).
Unabhängigkeit und *Verstärkung* sind somit die zentralen Begriffe der Reizsummenregel. Die Postulierung der voneinander unabhängigen Wirksamkeit von Schlüsselkomponenten impliziert, daß der Reizwert einer Schlüsselkomponente in verschiedenen Kontexten immer der gleiche sein muß. Unter Kontext einer Schlüsselkomponente ist in diesem Zusammenhang die Menge der Ausprägungen der übrigen, eine Situation kennzeichnenden Schlüsselkomponenten zu verstehen, d.h. alles das, was für ein Tier in dieser Situation bedeutsam ist. Wie kann die vom Kontext unabhängige Wirkung einer Schlüsselkomponente aufgezeigt werden? Dies möchte ich anhand eines konstruierten und nicht sehr realistischen Beispiels veranschaulichen. So gehe ich in diesem Beispiel davon aus, daß ein Fischweibchen das arteigene Männchen allein mit Hilfe der Schlüsselkomponenten Körpergröße, Grundfärbung des Männchens, Länge der Rückenflosse und einem charakteristischen Farbabzeichen auf der Schwanzflosse erkennt. Schlüsselkomponenten treten in unterschiedlichen Ausprägungen auf. So kann ein Farbabzeichen leuchtend oder matt, kräftig oder schwach ausgebildet sein, ebenso kann - um bei dem Beispiel zu bleiben - die Länge der Rückenflosse stark variieren. Nach der Theorie kommen den unterschiedlichen Ausprägungen einer Schlüsselkomponente unterschiedliche Reizwerte zu. Zunächst könnte ich die Reizwerte zweier unterschiedlicher Ausprägungen der Schlüsselkomponente 'Länge der Rückenflosse' in gleichem Kontext, d.h. bei Konstanthaltung der übrigen Schlüsselkomponenten wie Körpergröße, Grundfärbung und Farbabzeichen auf der Schwanzflosse, messen. Vorausgesetzt die beiden Ausprägungen der Schlüsselkomponente werden unterschiedlich vom Tier bewertet, so erhalte ich je einen Wert für die Ausprägung a der Länge der Rückenflosse, wie auch für die Ausprägung b. Anschließend teste ich die gleichen Ausprägungen dieser Schlüsselkomponente in einem anderen Kontext zum Beispiel bei abgeänderter Grundfärbung des Männchens. Ein weiterer Kontext könnte durch das Fehlen des Farbabzeichens auf der Schwanzflosse charakterisiert sein, während die übrigen Schlüsselkomponenten unverändert bleiben. Erziele ich in allen von mir getesteten Kontexten den gleichen Differenzwert für die beiden Ausprägungen a und b der Schlüsselkomponente 'Länge der Rükkenflosse', so würde für dieses Beispiel die Aussage von Lorenz, daß Schlüsselkomponenten unabhängig voneinander wirksam sind, gelten. Ganz generell läßt sich sagen: Ergeben sich für den Übergang der variablen Schlüsselkomponente von ihrer Ausprägung a zur Ausprägung b im Kontext X die gleichen Werte wie für

die Kontexte Y oder Z, so folgt daraus, daß den unterschiedlichen Ausprägungen einer Schlüsselkomponente in unterschiedlichen Kontexten die gleiche Wirkung zukommt. Unabhängigkeit einer Schlüsselkomponente bedeutet somit, daß ihr Reizwert unabhängig vom jeweiligen Kontext ist. Dies meinte auch Weidmann (s. S. 41) in seinen Versuchen mit Lachmöwenküken gezeigt zu haben. Mit dem von ihm eingesetzten Meßverfahren erhielt er für die Schlüsselkomponente 'rot' in unterschiedlichen Kontexten wie der rechteckigen bzw. der runden Pappscheibe die gleiche Anzahl von Reaktionen seiner Versuchstiere, ein Ergebnis, daß von ihm als gleicher Reizwert für die Schlüsselkomponente 'rot' interpretiert wurde.
In der Praxis wird die Wirkung einer Schlüsselkomponente, d.h. ihr Reizwert, immer in Bezug zu einem Vergleichswert, dem Standard, und somit als relativer Wert bestimmt. Der Standard entspricht einem vom Experimentator *willkürlich* festgelegten Nullpunkt einer von ihm an seine Daten angelegten Skala. In der Verhaltensforschung wird so gut wie immer die sogenannte 'natürliche Situation' als Standard für Reizwertbestimmungen gewählt. Wenn gilt, daß der Reizwert einer Schlüsselkomponente unabhängig vom jeweiligen Kontext ist, dann ist die Wahl eines beliebigen Vergleichswertes gerechtfertigt, da die Ergebnisse, die in einem Kontext z.B. dem Standard erzielt wurden, auf jeden anderen Kontext übertragbar sind, wobei unter Kontext in diesem Zusammenhang die Menge der Ausprägungen der übrigen, eine Situation kennzeichnenden Schlüsselkomponenten zu verstehen ist.
Wenn von der Gesamtwirkung von Schlüsselkomponenten ausgegangen wird, (Reizsummation), dann impliziert dies, daß eine Relation zwischen den Schlüsselkomponenten angenommen wird, allerdings ohne sie zu kennen. Die Essenz des theoretischen Postulats der Reizsummation wäre dann die Reizverstärkung voneinander unabhängiger Schlüsselkomponenten. Mit dem Begriff Verstärkung wird zunächst in diesem Zusammenhang nur ausgedrückt, daß die Richtung, in der die Wirkung einer Schlüsselkomponente von dem Vergleichswert in einem Kontext X abweicht, auch für alle anderen Kontexte gilt. Welche Verstärkungsregel zur Anwendung kommt, hängt - wie ausgeführt - von der Skala, die vom Beobachter den Meßwerten zugrundegelegt wird, ab. Dabei gilt - um das noch einmal hervorzuheben - daß die vom Experimentator für seine Daten gewählte Verstärkungsregel (Addition, gewogene Addition oder Multiplikation) noch nichts darüber aussagt, wie im Tier Reizwerte verrechnet werden.

4. Methodische Probleme

Bereitschaft und Reizwert sind theoretische Größen, die einer Beobachtung nicht zugänglich sind. Beobachtbar ist allein das Verhalten. Das bedeutet, daß die jeweilige Höhe sowohl der Bereitschaft, als auch des Reizwertes nur über Parameter des Verhaltens bestimmt werden kann. Zunächst erscheint es sehr plausibel, theoretische Größen wie Bereitschaft und Reizwert über Parameter des Verhaltens zu operationalisieren; die Problematik dieser Meßverfahren wird erst deutlich, wenn man Überlegungen darüber anstellt, welche Annahmen bei dieser Vorgehensweise

zugrundegelegt werden, Annahmen, die allerdings in keiner der Arbeiten, in denen derartige Messungen vorgenommen wurden, explizit aufgeführt sind.
Durch die Theorie ist festgelegt, daß sich Veränderungen der Verhaltenskomponente nur in Form von unterschiedlichen Intensitätsstufen äußern. Daraus folgt, daß im Prinzip bei allen Messungen aus der Intensität des Verhaltens auf die Höhe des Reizwertes bzw. auf das Niveau der Bereitschaft geschlossen wird. Dabei wird dreierlei vorausgesetzt:
1. die Gültigkeit der Theorie, d.h. daß der im Prinzip der doppelten Quantifizierung postulierte Zusammenhang zwischen Motivation, Reizwert und Intensität des ausgelösten Verhaltens besteht;
2. daß jeweils eine der Größen Reizwert oder Motivation während aller zu vergleichenden Messungen konstant gehalten werden kann. Voraussetzung für eine Bereitschaftsmessung ist die Konstanthaltung des Reizwertes der Umwelt, da andernfalls nicht auszuschließen ist, daß sich nach dem Prinzip der doppelten Quantifizierung die Umwelt in unkontrollierbarer Weise auf den gewählten Indikator für die Bereitschaftsmessung, d.h. die Intensitätsstufen des ausgelösten Verhaltens, auswirkt. Ebenso könnte eine Bestimmung des Reizwertes durch unterschiedliche Bereitschaftslevel während der Messungen verfälscht werden;
3. daß gut unterscheidbare Intensitätsstufen des Verhaltens, die als die eigentlichen Meßgrößen genutzt werden, erkennbar sind. Wird das Verhalten im Sinne von Lorenz als Erbkoordination interpretiert, so wird davon ausgegangen, daß die Intensität, mit der eine Erbkoordination unter konstanten Umweltbedingungen auftritt, ein-eindeutig der Höhe der Bereitschaft und bei konstanter Bereitschaft ein-eindeutig der Höhe des Reizwertes entspricht. Diese Aussage bildet die Grundlage für alle Messungen der theoretischen Größen Bereitschaft und Reizwert. Sie ist aber nur dann aus der Theorie abzuleiten, wenn die zuvor aufgeführten Voraussetzungen 2 und 3 erfüllt sind.

4.1 Konstanz der Umwelt, Konstanz der Bereitschaft

Einige Autoren gehen anscheinend von dem etwas naiven Ansatz aus, daß sie z. B. während aller von ihnen vorgenommenen Bereitschaftsmessungen die Umwelt eines Versuchstieres konstant halten können. Vom Experimentator werden in der Regel nur wenige Umweltbedingungen in das Protokoll aufgenommen und zwar nur diejenigen, die er für relevant für das von ihm beobachtete Verhalten hält und die er meint kontrollieren zu können. Denn es lassen sich ja auch nur die Umweltkomponenten konstant halten, die vom Experimentator kontrolliert werden können. In ihrer Untersuchung zur Wirkung von Außenreizen auf die Kampfbereitschaft eines Fisches geht Leong (1969) davon aus, daß fünfzehn geblendete Jungfische einer Art eine konstante Umwelt für den Versuchsfisch darstellen [1]. Ohne Zweifel kann Leong die Umweltkomponenten wie 'Anzahl der Jungfische'

[1] "... thus they (several small blinded fish) served as a constant stimulus to measure the 'attack readiness' of the adult fish." (Leong 1969, S. 33)

und 'Jungfische der gleichen Art' in all ihren Experimenten konstant halten. Es ist aber eine sehr restriktive Annahme, daß allein diese Faktoren sich auf die Intensität des Verhaltens des Versuchsfisches, das als Indikator für die Höhe der Bereitschaft genommen wird, auswirken. In *jedem* Experiment spielen weitere Einflußgrößen eine Rolle, die der Beobachter vernachlässigt, die aber für das Tier doch ihre Bedeutung haben können. In den Versuchen von Leong könnten weitere Faktoren wie z.B. das spezielle Verhalten der Jungfische, die Wassertemperatur, die Beleuchtung, die Wasserqualität, Duftkomponenten einen Effekt auf das Verhalten des Versuchsfisches haben, die sie als Experimentatorin aber unberücksichtigt läßt. Sie geht somit davon aus, daß sie keinen Einfluß auf die von ihr gemessene Intensität des Verhaltens des Versuchsfisches haben.
Üblicherweise werden zu ein und derselben Fragestellung zahlreiche Experimente durchgeführt, die dann nach Abschluß einer Versuchsreihe einer statistischen Analyse unterzogen werden. Jede statistische Analyse impliziert die grundlegende Annahme, daß sich die unkontrollierten Einflüsse, die in keinem Experiment vermeidbar sind, im Verlauf einer Versuchsreihe 'herausmitteln'. Diese Annahme ist nur gerechtfertigt, wenn folgende Bedingungen erfüllt sind:
1. Die unkontrollierbaren Umwelteinflüsse dürfen keinen systematischen Einfluß auf den Ausgang des Experimentes haben.
2. Die Werte dieser Umweltbedingungen sollten nicht zu weit um einen mittleren Wert schwanken und einer festen Verteilung unterliegen; das bedeutet, daß sich die Verteilung dieser Umwelteinflüsse im Verlaufe der Experimente nicht ändert und daß sie unabhängig von den jeweiligen Versuchsbedingungen ist. Mit anderen Worten: Die Verteilung der unkontrollierbaren Umwelteinflüsse darf durch die Experimente nicht systematisch verändert werden.
Es ist somit realistischer, davon auszugehen, daß die Umwelt eines Tieres niemals konstant ist, sondern höchstens als statistisch konstant angesehen werden kann. Unter 'statistisch konstanter Umwelt' ist zu verstehen, daß das Tier in jedem Experiment außer den vom Experimentator für den Ausgang des Experiments als relevant angesehenen Umweltbedingungen einer bestimmten Menge von unkontrollierten Umweltsituationen gegenübersteht. Dabei wird die Annahme unterlegt, daß sich ihr Einfluß über die Menge der durchgeführten Experimente 'herausmittelt', so daß sich diese Umweltbedigungen nicht auf die Ergebnisse der Experimente auswirken. Jedes einzelne Experiment ist dann *eine* Realisation aus der Menge der Umweltsituationen, auf die der Experimentator keinen oder nur einen begrenzten Einfluß hat.
Die Ergebnisse von Wiederholungsexperimenten können nur dann miteinander verglichen werden, wenn gezeigt werden kann, daß die Verteilung der unkontrollierten Umweltfaktoren, d.h. ihre Schwankungen um den Mittelwert, invariant ist. Jeder Experimentator, der Versuche wiederholt durchführt, um sie hinterher statistisch auszuwerten, macht implizit die Annahme, daß sich die von ihm unkontrollierten Umweltfaktoren 'herausmitteln'. Man muß sich bewußt machen, daß diese unvermeidbaren Einflüsse in jedes Experiment hereinspielen. Damit wird auch deutlich, wie schwierig es ist, im Stadium der Versuchsplanung *die* Umweltparameter, die als relevant für das zu untersuchende Verhalten des Versuchstieres anzusehen sind, festzulegen. Um schon bei der Planung Fehler zu vermeiden, sollte

durch Vorversuche die Relevanz von Umwelteinflüssen so weit wie möglich abgeklärt werden. Trotz aller Sorgfalt kann es zu Fehlern kommen.
Greife ich noch einmal die Versuche von Leong auf, so betrachtet sie die fünfzehn Jungfische einer Art als statistisch konstante Umwelt für den Versuchsfisch mit der impliziten, aber recht unrealistischen Annahme, daß die Bewegungen der Jungfische mit dem Verhalten eines idealen Gases zu vergleichen sind. Ist sowohl die Bedingung, daß die unkontrollierten Umweltbedingungen keinen systematischen Einfluß auf den Ausgang der Untersuchung haben, erfüllt, als auch sichergestellt, daß sich deren Schwankungen 'herausmitteln', dann kann *aus der Sicht des Experimentators* die Umwelt als statistisch konstant angenommen werden. Es stellt sich aber die Frage, ob eine derartige Beschreibung der Umwelt adäquat ist. Oder ob es - im Falle der Leongschen Versuche - nicht vielmehr sinnvoller ist, die relative Position des Versuchsfisches zu den Jungfischen mit einzubeziehen. Wenn man in dieser Weise verfährt, dann kommt zweifellos dem Verhalten des Versuchsfisches eine ganz entscheidende Bedeutung für die Art und Weise, wie *er* seine Umwelt erfährt, zu. Genau wie ein Mensch Windstille ganz anders beurteilt als Gegenwind, ist es plausibel davon auszugehen, daß sich für einen Versuchsfisch das ideale Gas, d.h. die Bewegung der Jungfische, ganz anders darstellt, je nachdem, ob er ruhig in einer Aquarienecke steht oder ob er zwischen den Jungfischen herumschwimmt. Ist aber das Verhalten des Versuchstieres von Bedeutung für '*seine*' Sicht der Umwelt, so kann von einer statistisch konstanten Umwelt nur dann ausgegangen werden, wenn dieses Verhalten keinen systematischen Einfluß auf das Ergebnis hat. Das aber müßte durch Vorversuche experimentell gezeigt werden, sonst wären die einzelnen Experimente mit unterschiedlichem Verhalten des Versuchsfisches nicht mehr vergleichbar.
Auch wenn in aufeinanderfolgenden Versuchen jeweils ein neuer Versuchsfisch in das Versuchsbecken eingesetzt wird, könnte sich in den Folgeversuchen durch Duftkomponenten, die von den vorangegangenen Versuchen zurückgeblieben sind, die Umwelt für das Versuchstier so verändert haben, daß auch hier die Vergleichbarkeit der Experimente nicht mehr gegeben ist. Immer dann, wenn eine Wechselwirkung zwischen einer zunächst unberücksichtigt gebliebenen Umweltkomponente mit dem Experiment erkennbar wird, z.B. in der Form, daß bestimmte Werte der Wasserqualität einen Einfluß auf das Ergebnis insgesamt haben, dann ist diese Komponente nicht der statistisch konstanten Umwelt zuzurechnen, sondern als ein für den Ausgang des Experimentes relevanter Umweltfaktor zu werten.
Sollen Reizwerte gemessen werden, so gehen die Autoren entsprechender Arbeiten davon aus, daß die Bereitschaft während aller zu vergleichenden Messungen konstant ist, so daß das Meßergebnis, d.h. die Intensität des Verhaltens, allein auf den Reizwert der zu testenden Umweltsituation zurückgeführt werden kann. Da bei Zugrundelegung der Lorenzschen Theorie weder angenommen werden kann, daß die Bereitschaft über einen längeren Zeitraum, zum Beispiel während der Dauer eines Experimentes, noch bei Wiederholungsexperimenten, unverändert bleibt, soll mit konstanter Bereitschaft - vermutlich - ausgedrückt werden, daß sie im Beobachtungszeitraum nicht allzusehr schwankt. Wie schon beim Thema 'Konstanz der Umwelt' erörtert, wäre es sinnvoller für die Bereitschaft von der Annahme einer allenfalls 'statistischen Konstanz' auszugehen. Das bedeutet, daß die Bereitschaft

eines Versuchstieres sowohl während eines Experimentes als auch in Wiederholungsexperimenten schwankt, diese Schwankungen aber nicht sehr ausgeprägt sind und sich über die Menge der Experimente 'herausmitteln'. Auch hier gilt - wie bei der Annahme einer statistisch konstanten Umwelt - daß diese Annahme nur berechtigt ist, wenn sich 1. die Schwankungen der Bereitschaft nicht auf den Ausgang des Experimentes auswirken und 2. die Schwankungen der Bereitschaft durch das Experiment selbst nicht systematisch verändert werden.

Es werden aber nicht nur die Ergebnisse aus Wiederholungsexperimenten mit *einem* Versuchstier verglichen, sondern in der Regel die Ergebnisse von Experimenten mit unterschiedlichen Individuen. In diesen Fällen ist die Annahme, daß sich Differenzen zwischen den Individuen 'herausmitteln', höchst problematisch. Eine Mittelwertbildung gibt nur dann eine Information über eine den Messungen zugrundeliegende Größe, wenn die Ereignisse, über die gemittelt wird, einen Normwert repräsentieren. In einem solchen Fall kann davon ausgegangen werden, daß die kumulierten Werte einen besseren Schätzwert für die zu messende Größe bieten als eine Einzelmessung, da auf diese Weise der Zufall als Einflußfaktor besser ausgeschaltet werden kann.

Die Motivation ist dagegen eine individuelle Eigenschaft. Wenn über den gemessenen Bereitschaftswerten von einzelnen Individuen gemittelt wird, so wird implizit angenommen, daß alle Individuen die gleiche oder zumindest doch eine sehr ähnliche Motivationsstruktur besitzen, und daß es so etwas wie einen 'Normwert' der Bereitschaft gibt. Es wird vorausgesetzt, daß die Dynamik der Bereitschaft - wie sie die Lorenzsche Theorie postuliert - bei allen Individuen gleich ist. Weiterhin wird vorausgesetzt, daß bei allen Individuen, die in den Versuch genommen werden, der gleiche 'Startwert' für die Bereitschaft gilt, d.h. daß alle Individuen mit einem ungefähr gleichen Bereitschaftswert den Versuch beginnen. Das ist eine recht unrealistische Annahme. Bei einem Individuum kann die Bereitschaft mehr oder weniger abgearbeitet, bei einem anderen gerade im Anstieg begriffen sein. Eine Mittelwertbildung über die Meßwerte aller Versuchstiere, wie sie in der Verhaltensforschung bei Bereitschaftsmessungen üblich ist, ergibt immer *einen* Wert, aber was sagt ein solcher Wert aus hinsichtlich der Bereitschaftshöhe einer Population von Versuchstieren? Eine Messung der Bereitschaft gibt nur einen Sinn für das einzelne Individuum. Erst durch einen Vergleich der Messungen von zahlreichen Individuen lassen sich Aussagen machen, wie die Größe Bereitschaft in dieser Population schwankt. Wenn es um die Erfassung einer individuellen Eigenschaft geht, die wie die Bereitschaft individuellen Veränderungen unterliegt, ist eine Mittelwertbildung unsinnig.

Fast ausnahmslos stellen die Werte, die bisher zur Messung von Bereitschaften (z.B. der Aggressionsbereitschaft oder sexuellen Bereitschaft) vorliegen, Mittelwerte dar, ohne daß die Autoren ihre Vorgehensweise begründen. Das zeigt, daß die Individualität eines Versuchstieres bisher vernachlässigt wurde und man implizit unter bestimmten Voraussetzungen (z.B. gleiches Alter, gleiches Geschlecht, gleiche Haltungsbedingungen) ein Versuchstier als Vertreter einer Norm dem anderen gleichsetzt. Wird über den Meßergebnissen von Individuen hinsichtlich der Größe Bereitschaft gemittelt, so resultiert ein reines Konstrukt, das vermutlich *die* Bereitschaft einer Population repräsentieren soll. Es ist in jedem Einzelfall zu prüfen, ob eine Mittelwertbildung sinnvoll ist, d.h. zu fragen, was ein ermittelter Wert hinsichtlich der zu erfassenden Größe noch auszusagen vermag.

4.2 Intensitätsstufen einer Erbkoordination

Sollen die theoretischen Größen Bereitschaft und Reizwert über die Intensität des Verhaltens gemessen werden, so setzt diese Vorgehensweise voraus, daß sich das beobachtbare Verhalten nach gut unterscheidbaren Intensitätsstufen ordnen läßt. Das sich dabei ergebende Problem ist, daß von den einzelnen Autoren sehr unterschiedliche Verhaltensphänomene als Intensitätsstufen einer Erbkoordination angesehen werden.
Lorenz legt einerseits fest, daß Intensitätsverschiedenheiten einer Instinktbewegung aufgrund von Veränderungen der Amplitude bei sonst gleichbleibendem Ablauf erkennbar sind. Diese Aussage ist eindeutig, solange unterschiedliche Amplituden einer Erbkoordination für den Beobachter voneinander abgrenzbar sind. Danach müßte bei der sogenannten Eieinrollbewegung bodenbrütender Vögel, bei der der Vogel mit dem Schnabel hinter das Ei greift und durch eine Krümmung des Halses versucht, das Ei in das Nest zurückzubefördern, bei hoher Intensität der Bewegung die Krümmung des Halses stärker, bei niedriger Intensität entsprechend schwächer ausgeprägt sein. Derartige Amplitudenunterschiede in dem Bewegungsablauf als Ausdruck unterschiedlicher Intensitätsstufen können aber nur für eine sehr begrenzte Anzahl von Bewegungen herangezogen werden, da vielfach die Bewegung selbst, wie z.B. das 'Trommeln' des Stichlingsmännchens, das er gegenüber einem Weibchen im Nest zeigt, keine Amplitudenunterscheidung zuläßt. So geht Lorenz andererseits davon aus, daß auch unterschiedliche Bewegungsmuster aufgrund ihrer gesetzmäßigen Aufeinanderfolge als Intensitätsstufen einer Erregung anzusehen sind, wobei er festlegt, daß das Verhalten, das am Anfang einer solchen Folge steht und als erstes beobachtbar ist, einer niedrigeren Intensität entspricht. So "können bei höheren Tieren sehr verschieden aussehende Bewegungskoordinationen den aufeinanderfolgenden Intensitäts-Stufen derselben Qualität endogener Erregung zugeordnet sein." (Lorenz 1978, S. 91). Woher nimmt Lorenz die Gewißheit, daß es sich bei einer Bewegungsfolge mit unterschiedlichen Bewegungsmustern um Intensitätsstufen einer Erregung handelt, woher weiß er, daß ihre Ordnung der, die er ihnen unterlegt, entspricht? Hinzu kommt, daß ein Fortschreiten von niedrigen zu höheren Intensitätsstufen bei Bewegungen, die einer Erregung zugeordnet werden, mit den Annahmen der Theorie nicht vereinbar ist. Demnach müßte ein Tier stets auf der niedrigen Stufe verharren, da die zugehörige Energie stets abgebaut, aber nicht heraufgesetzt wird. Nur durch Zusatzannahmen, die aber nicht im Einklang mit der Theorie stehen, ließe sich eine Interpretation aufeinanderfolgender Verhaltensweisen als Intensitätsstufen einer Erregung aufrechterhalten. Zum Beispiel mit der Zusatzannahme, daß der Abbau der Erregung geringer ist als der Aufbau im gleichen Zeitraum. Eine solche Zusatzannahme wird bei höheren Intensitätsstufen des Verhaltens, die nach der Theorie jeweils mit einem stärkeren Abbau der Erregung verbunden sind, noch problematischer.

Über die Annahmen von Lorenz hinaus betrachten einige Autoren die unterschiedliche Häufigkeit, mit der eine Verhaltensweise pro Zeitintervall auftritt, sowie ihre unterschiedliche Dauer, wie auch unterschiedliche Latenzzeiten, mit denen ein Tier reagiert, als Ausdruck unterschiedlicher Intensitätsstufen einer Erbkoordination. Mit dem Begriff 'Intensitätsstufen einer Erbkoordination' werden somit völlig unterschiedliche Verhaltensphänomene erfaßt. Ich will dies begründen. Lassen sich Intensitätsstufen einer Erbkoordination anhand ihrer Amplitudenhöhe erkennen, so kann der Beobachter zu jedem Beobachtungszeitpunkt festlegen, welche der für ihn unterscheidbaren Intensitätsstufen ausgelöst wurde. Er wird immer dann, wenn die Bewegungsweise beobachtbar ist, ihr eine Intensitätsstufe zuordnen können. Etwas ganz anderes liegt vor, wenn die Intensität einer Bewegung über die Häufigkeit, mit der diese Bewegung pro Zeitintervall auftritt, festgelegt werden soll. Der Beobachter kann zu jedem Beobachtungszeitpunkt immer nur feststellen, ob die Verhaltensweise aufgetreten ist oder nicht, ohne daß er zu einem bestimmten Beobachtungszeitpunkt etwas über die Intensität der Bewegung aussagen kann. Er verfügt nur über ein Protokoll mit Ja- oder Nein-Entscheidungen, d.h. die Verhaltensweise ist aufgetreten oder nicht aufgetreten. Da als Intensitätsstufen einer Verhaltensweise unterschiedliche Häufigkeiten pro Zeitintervall angenommen werden, muß ein Beobachter diese Unterschiede aufzeigen können. Derartige Veränderungen der Ja-Nein-Folgen lassen sich aber nur über den zeitlichen Verlauf eines Protokolls erkennen. Das bedeutet, daß Intensitätsstufen einer Erbkoordination, die über ihre Häufigkeit pro Zeitintervall festgelegt werden, nicht momentan beobachtbar sind, sondern nur durch das zeitliche Muster über einen bestimmten Zeitraum hinweg bestimmt werden können. Wird die Intensität einer Erbkoordination über die Dauer oder über die Latenzzeit bestimmt, so liegt dasselbe Prinzip zugrunde: Es werden über den zeitlichen Verlauf des Auftretens oder Nichtauftretens einer Verhaltensweise willkürlich Intensitätsstufen dieser Verhaltensweise konstruiert. Das ist bei der von der Theorie vorgegebenen Dynamik der einer jeden Erbkoordination zugeordneten Bereitschaft höchst problematisch.

Darüber hinaus werden stillschweigend Intensitätsstufen des Verhaltens, die momentan beobachtbar sind, wie z.B. die Amplitudenhöhe, die bei einer Eieinrollbewegung erreicht wird, gleichgesetzt mit Vorgängen, die sich nur anhand ihres zeitlichen Ablaufs erkennen lassen. Es ist aber notwendig sich klarzumachen, daß Intensitätsstufen einer Verhaltensweise, wie Lorenz sie postuliert, etwas gänzlich anderes sind als diejenigen, die nur über ein zeitliches Muster von Ja-Nein-Folgen erfaßt werden können. Obwohl Intensitätsstufen des Verhaltens in der experimentellen Verhaltensforschung zur Operationalisierung der theoretischen Größen eine so bedeutsame Rolle spielen, wurde diese Problematik bisher nicht thematisiert.

Es muß auch die Frage gestellt werden, mit welcher Berechtigung die unterschiedliche Häufigkeit, mit der eine Verhaltensweise pro Zeitintervall auftritt, ihre Dauer oder ihre Latenzzeit als Ausdruck unterschiedlicher Intensitätsstufen interpretiert wird. Warum gilt ein ausdauernd gezeigtes Verhalten oder eine längere Verweildauer bei einer auslösenden Situation als intensivere Reaktion gegenüber einer nur kurzen Antwort oder einer kurzen Verweildauer? Es kann nur vermutet werden, daß man sich bei der Postulierung derartiger Intensitätsstufen des Verhaltens auf die von Lorenz geforderten gesetzmäßigen Schwankungen der Bereitschaft mit folgender Argumentation stützt: Je höher das Niveau der aktionsspezifischen Erre-

gung zu Beginn der Beobachtung ist, um so ausdauernder kann die betreffende Verhaltensweise gezeigt werden, um so länger dauert es, bis die aktionsspezifische Erregung unter eine Schwelle, bei der die Verhaltensweise in einer statistisch konstanten Umwelt nicht mehr ausgelöst werden kann, abgesunken ist und als um so intensiver gilt die Reaktion. Ebenso gilt - bei statistisch konstanter Bereitschaft - die Verweildauer bei der auslösenden Situation als ein Maß für die Intensität der Antwort. Je länger ein Tier sich z.B. an einer Attrappe aufhält, als um so intensiver wird die Antwort gewertet. Eine Begründung für die Postulierung eines solchen Zusammenhanges vermag ich allerdings nicht zu sehen.
Es stellt sich auch die Frage, wie sich unterschiedliche Latenzzeiten als unterschiedliche Intensitätsstufen einer Erbkoordination im Rahmen der Lorenzschen Theorie begründen lassen. Ein Umweltreiz, der nicht sogleich die erwartete Antwort zur Folge hat, sollte - so Lorenz - dann auslösend wirken, wenn die aktionsspezifische Erregung einen bestimmten Schwellenwert überschreitet. Die Latenzzeit gilt dann als die Zeit des Anstiegs der aktionsspezifischen Erregung bis zum Erreichen der Auslöseschwelle. Je kürzer die Latenzzeit, als um so intensiver gilt die Reaktion des Tieres. Dieser Argumentation liegt wahrscheinlich folgende Annahme zugrunde: Je höher das Ausgangsniveau der aktionsspezifischen Erregung zu Beginn des Versuches war, um so schneller wird die Schwelle erreicht und um so kürzer ist die Latenzzeit. So schreibt Franck: "Die Zunahme der Handlungsbereitschaft ist mit einer Abnahme der Latenzzeit korreliert." (Franck 1985, S. 22). Mir scheint eine derartige Begründung der Annahme, daß unterschiedliche Latenzzeiten unterschiedlichen Intensitätsstufen des Verhaltens gleichzusetzen sind, ziemlich an den Haaren herbeigezogen, aber - lege ich die Lorenzsche Theorie zugrunde - fällt mir keine andere ein.
Werden unterschiedliche Häufigkeiten, mit der eine Erbkoordination pro Zeitintervall beobachtbar ist, als Intensitätsstufen dieser Verhaltensweise angesehen, so wird - vermutlich - die Annahme unterlegt, daß ein hohes Bereitschaftsniveau zu Beginn der Beobachtung häufigeres Agieren ermöglicht als eine entsprechend niedrige Bereitschaft. Dabei wird festgelegt, je häufiger ein Tier in dem vorgegebenen Zeitraum reagiert, als um so intensiver gilt seine Antwort.

4.3 Operationalisierung der Bereitschaft

Die Einführung einer theoretischen Größe ist in einem empirischen Fach nur dann sinnvoll, wenn angegeben werden kann, wie die Veränderungen dieser Größe erfaßt werden können, d.h. wie die Größe zu operationalisieren ist. In seinem Lehrbuch Verhaltensbiologie schreibt Franck zu diesem Problem: "Die Handlungsbereitschaft eines Tieres ist nicht direkt meßbar, sondern wird unter geeigneten und konstant gehaltenen Außenbedingungen aus den gemessenen Parametern der Handlung erschlossen, insbesondere aus der Intensität des Bewegungsablaufes, der Häufigkeit und Dauer der Einzelhandlungen oder der Latenzzeit." (Franck 1985, S. 22). Der Autor selbst gibt keinerlei Begründung für die von ihm vorgeschlagenen Meßverfahren für die Bereitschaft.

Die Operationalisierung einer theoretischen Größe über eine beobachtbare Größe, im vorliegenden Fall über beobachtbare Parameter des Verhaltens, stellt immer eine grundlegende Entscheidung im Forschungsprozeß dar. Da eine solche Entscheidung - wie jeder methodische Schritt - Konsequenzen für die Ergebnisse der jeweiligen Untersuchung hat, sollte sie explizit diskutiert und begründet werden. Bisher fehlt allerdings in der verhaltenskundlichen Literatur eine Rechtfertigung für den Einsatz der von Franck angegebenen Meßverfahren zur Operationalisierung der theoretischen Größe Bereitschaft. Es soll daher zunächst versucht werden, aufzuzeigen, wie diese Meßverfahren bei Zugrundelegung der Lorenzschen Theorie begründet werden *könnten*.

Die in der Verhaltensforschung eingesetzten Meßverfahren ergeben nur dann einen Sinn, wenn sich die unterschiedlichen Ausprägungen der drei Grundkomponenten - Motivation, Umwelt und Verhalten - ordnen lassen. Aufgrund der von Lorenz angenommenen Eindimensionalität dieser Größen ist diese Voraussetzung gegeben. Die Operationalisierung einer theoretischen Größe unter Einsatz einer beobachtbaren Variablen erfolgt - wie Kriz (1981) in einem Schema veranschaulicht hat - immer über eine doppelte Abbildung, d.h. es wird zum einen eine Beziehung zwischen der theoretischen und der beobachtbaren Größe in der Weise angenommen, daß sich das Verhalten der theoretischen über eine manifeste Größe beschreiben läßt (= Operationalisierung), zum anderen, daß sich das Verhalten der beobachtbaren Größe über numerische Werte erfassen läßt (= Messung), von denen angenommen wird, daß sie - in zu definierender Weise - das Verhalten der theoretischen Größe abbilden.

Dieses Schema von Kriz läßt sich ohne Einschränkung auf die in der Verhaltensforschung zur Messung der latenten Variablen Bereitschaft eingesetzten Meßverfahren übertragen (s. Abb. 7).

Das Schema verdeutlicht, daß aufgrund des theoretischen Konzepts, das einer Untersuchung unterlegt wird - im speziellen Fall der Lorenzschen Theorie -, von einer Beziehung zwischen der theoretischen Größe Bereitschaft und der beobachtbaren Größe 'Intensität der Verhaltensweise' in der Weise ausgegangen wird, daß Veränderungen der Bereitschaft über Veränderungen der Intensität der Antwort erfaßt werden können.

Ich habe bereits ausführlich erörtert, daß unter dem Begriff 'Intensitätsstufen des Verhaltens' sehr unterschiedliche Verhaltensphänome subsumiert werden, zwischen denen kein Zusammenhang besteht. Man kann nicht ein Phänomen, das momentan auftritt, mit einem Vorgang, der nur über eine zeitliche Dauer erfaßbar ist, vergleichen. Auch lassen sich Meßwerte, die über die Häufigkeit einer Aktion, ihre Dauer oder ihre Latenzzeit erzielt wurden, im Rahmen der Lorenzschen Theorie - wie zuvor begründet - nur 'gewaltsam' als Intensitätsstufen einer Erbkoordination interpretieren. Ließen sich im Sinne von Lorenz Intensitätsstufen einer Erbkoordination anhand ihrer Amplitudenhöhe gut unterscheiden, so wäre dies ein sehr fein abgestufter Indikator für die jeweilige Höhe der Bereitschaft, vorausgesetzt es besteht der von Lorenz postulierte Zusammenhang zwischen Höhe der Bereitschaft und Intensitätsstufen. Demgegenüber stellen Messungen, die nur über längere Zeiträume erkennbare Unterschiede ergeben, wie die Messungen zur Häufigkeit und zur Dauer einer Verhaltensweise, ein sehr viel gröberes Maß für Bereitschaftsänderungen dar. In der Anwendung werden dagegen diese Meßverfahren bevorzugt.

	Operationalisierung	Messung
theoretische Größe	beobachtbare Größe	Zahlen
Bereitschaft[2]	Intensitätsstufen des Verhaltens	
	a) Intensitätsstufen eines Bewegungsmusters b) Untersch. Bewegungsmuster, die als Intensitätsst. interpr. werden	1 - n
	c) Häufigkeit der Verhaltensweisen/Zeitintervall	Aktionen/min
	d) Dauer der Verhaltensweise e) Latenzzeit	s

Abb. 7: Operationalisierung der Größe Bereitschaft (Schema in Anlehnung an Kriz, 1981)

Obwohl eine momentan beobachtbare Intensitätsstufe einer Erbkoordination ein guter Indikator für die Bereitschaftshöhe sein könnte, ist mir keine Arbeit bekannt, in der zur Bestimmung des Bereitschaftsniveaus Amplitudenunterschiede im Bewegungsablauf als Intensitätsstufen genutzt wurden. Auch nur ausnahmsweise werden aufeinanderfolgende Bewegungsmuster, die als Intensitätsstufen einer Erregung interpretiert werden wie zum Beispiel die Verhaltensweisen des Kampfes, für eine Messung der theoretischen Größe Bereitschaft eingesetzt. In der Regel erfolgen diese Messungen über die Häufigkeit, mit der eine Verhaltensweise pro Zeitintervall auftritt, über ihre Dauer, wie auch über die Latenzzeit. Hier kommt m.E. die Faszination der Zahl ins Spiel. Häufigkeiten lassen sich zählen, Dauer und Latenzzeit ergeben über die Anzahl von Sekunden oder Minuten ebenfalls numerische Werte. Die entscheidende Frage ist, ob die auf diese Weise gewonnenen Zahlen überhaupt irgendetwas Sinnvolles auszusagen vermögen, d.h. ob sie sich im Rahmen der unterlegten Theorie überzeugend interpretieren lassen.
Zunächst möchte ich die Frage aufwerfen, was bei Einsatz dieser Meßverfahren überhaupt gemessen wird. Die Experimentatoren, die das Meßverfahren 'Dauer einer Verhaltensweise' einsetzen, gehen davon aus, daß sie auf diese Weise unter-

2 Anstelle der theoretischen Größe Bereitschaft kann die theoretische Größe Reizwert in das Schema eingesetzt werden, da für die Reizwertmessung die gleichen Meßverfahren genutzt werden.

schiedliche Intensitätsstufen einer Erbkoordination erfassen. Vorausgesetzt die von mir versuchte Begründung für diese Form unterschiedlicher Intensitäten entspricht der der Experimentatoren, dann messen sie *die* Zeit, die aufgrund des Verbrauchs an aktivitätsspezifischer Erregung verstreicht, bis die Auslöseschwelle unterschritten wird. Dabei gilt: Je ausdauernder eine Verhaltensweise von einem Tier gezeigt wird, als um so höher wird die Bereitschaft zu Beginn des Experimentes eingeschätzt. Wird als Meßverfahren die Latenzzeit eingesetzt, so wird die Zeit bis zum Überschreiten der Auslöseschwelle gemessen und als Ausdruck der Bereitschaftshöhe zu Beginn der Beobachtung interpretiert.

Bei der Messung der Bereitschaft mit Hilfe der Häufigkeit der Aktionen pro Zeitintervall wird - vermutlich - davon ausgegangen, daß je höher das Bereitschaftsniveau zu Beginn der Beobachtung lag, um so häufiger kann in einer statistisch konstanten Umwelt die zugeordnete Aktion ausgeführt werden, bis die Auslöseschwelle unterschritten wird. Unter statistisch konstanten Umweltbedingungen müßte schließlich das eintreten, was in der Theorie als aktionsspezifische Ermüdung bezeichnet wird, d.h. die betrachtete Verhaltensweise dürfte in der vorgegebenen Umwelt nicht mehr auftreten. Bei einer als so einfach angenommenen Beziehung zwischen der Häufigkeit, mit der eine Verhaltensweise pro Zeitintervall auftritt, und der Höhe der Bereitschaft, müßte sich die Dynamik der Bereitschaft - entsprechend der Theorie - sehr leicht erfassen und die von Lorenz geforderte Rhythmik einer Erbkoordination aufzeigen lassen.

Mit dem Meßverfahren Häufigkeit der Aktionen pro Zeitintervall wird in der Praxis versucht, die Bereitschaft über Minuten-, aber auch über Stundenintervalle abzuschätzen. Dabei wird implizit die Annahme unterlegt, daß sich die Bereitschaft über den Meßzeitraum, zum Beispiel auch über ein Stundenintervall , hinweg kaum verändert, so daß der über dieses Zeitintervall erzielte Häufigkeitswert als ein Maß für die Bereitschaft in diesem Zeitraum anzusehen ist. Die Problematik dieses Meßverfahrens liegt erstens in der restriktiven Voraussetzung, daß die Umwelt im gesamten Zeitraum der Messung konstant bzw. statistisch konstant ist, zum zweiten darin, daß durch das Meßverfahren 'Häufigkeit der Aktionen pro Zeitintervall' bei Zugrundelegung der Lorenzschen Theorie die Meßgröße selbst verändert wird, da durch Ausführung der Aktionen die zu messende Größe, die Bereitschaft, herabgesetzt wird. Um den Einfluß der von der Theorie vorausgesagten Bereitschaftsschwankungen (einerseits in Abhängigkeit von der Zeit, zum anderen in Abhängigkeit von der Anzahl der Aktionen) möglichst auszuschalten, sollte das Zeitintervall für die Messung der Häufigkeiten möglichst kurz gewählt werden. Je kürzer jedoch das Zeitintervall ist, desto größer wird die Rolle des Zufalls, um so geringer wird die Zuverlässigkeit des Meßwertes für die Bereitschaft. Wird als Zeitraster z.B. 1/10 Sekunde gewählt, so ist die Wahrscheinlichkeit, daß die zur Messung herangezogene Verhaltensweise auftritt, sehr gering. Bei der Wahl eines längeren Zeitintervalls tritt das ein, was ich bereits ausgeführt habe, daß durch das Meßverfahren selbst die Meßgröße in sehr wesentlicher Weise beeinflußt wird.

Bei dem Meßverfahren 'Häufigkeit der Aktionen pro Zeitintervall' wird vor allem dann, wenn es über zeitlich lang andauernde oder über eine Menge von aufeinander folgenden Intervallen eingesetzt wird, die Eigendynamik der aktivitätsspezifischen Erregung völlig vernachlässigt, während - im Gegensatz dazu - die Meß-

verfahren 'Dauer der Verhaltensweise' und 'Latenzzeit' nur mit Hilfe der Eigendynamik der aktivitätsspezifischen Erregung begründbar sind. Das führt zu der Frage, wie die unterschiedlichen Operationalisierungen ein und derselben theoretischen Größe zusammenhängen, wenn für die eingesetzten Meßverfahren von so unterschiedlichen Voraussetzungen ausgegangen wird. Zu diesem Problem hat sich keiner der Autoren, die zur Messung der Bereitschaft mehrere der hier aufgeführten Meßverfahren eingesetzt haben, geäußert. Und mir fällt dazu auch keine Lösung ein!
Bei jeder Messung der Bereitschaft mit Hilfe von Intensitätsstufen des Verhaltens wird davon ausgegangen, daß - bei statistisch konstanter Umwelt - die Intensitätsstufen mit der Höhe der Bereitschaft in irgendeiner Weise korreliert sind. Da keiner der Autoren, die diese Meßverfahren einsetzen, Angaben über die Art des Zusammenhanges macht, d.h. über welche Funktion eine solche Beziehung zu beschreiben wäre, stellt sich die Frage, was die durch die Messungen erhaltenen numerischen Werte hinsichtlich der zu messenden Größe Bereitschaft aussagen.
Wie ungenügend diese Zusammenhänge bisher durchdacht wurden, möchte ich anhand eines Beispiels aufzeigen. In einer Arbeit "Über den Einfluß sozialer Isolation auf die Rangordnungskämpfe männlicher Schwertträger (Xiphophorus helleri, Fische)" (Wilhelmi 1975) versucht der Autor, die theoretische Größe 'Angriffsbereitschaft' mit Hilfe von verschiedenen Verhaltensparametern zu operationalisieren. Als Meßverfahren setzt er sowohl die Häufigkeit der Aktionen pro Zeitintervall, die Dauer einer Verhaltensweise als auch die Latenzzeit ein. Aus der Menge der Verhaltensweisen, die ein Schwertträgermännchen während eines Kampfes in wechselnder Folge einsetzen kann, wählt er die Aktionen 'Drohen', 'Rammen', 'Kreisen' und 'Maulkampf' aus[3], da sie - so seine Begründung - für eine Quantifizierung besonders geeignet seien. Dabei werden für die einzelnen Verhaltensweisen unterschiedliche Meßverfahren eingesetzt. So wird die Intensität der Verhaltensweisen 'Drohen' und 'Kreisen' über die Dauer, die der Verhaltensweisen 'Rammen' und 'Maulkampf' über die Häufigkeit, mit der diese Verhaltensweisen auftreten, gemessen. Alle Messungen zur Dauer und Häufigkeit einer Aktion wurden über einen Zeitraum von einer Stunde gleichzeitig für alle vier Verhaltensweisen und für die beiden miteinander kämpfenden Tiere gemeinsam vorgenommen.
Bei Zugrundelegung der Lorenzschen Theorie, speziell des Prinzips der doppelten Quantifizierung, sind Messungen der Angriffsbereitschaft über Intensitätsstufen des Verhaltens nur in einer statistisch konstanten Umwelt sinnvoll, um auf diese Weise den Einfluß der Umwelt auf die Intensität auszuschalten. Da ein Schwertträgermännchen nur kämpft, wenn es einen Kampfpartner hat, betrachtet Wilhelmi vermutlich das Verhalten des Rivalen als statistisch konstant. Nur unter dieser Annahme können die Meßwerte als Repräsentanten unterschiedlicher Bereitschafts-

[3] Steht ein Fisch mit abgespreizten Flossen bei S-förmiger Körperhaltung neben seinem Rivalen, so wird dieses Verhalten vom Autor als 'Drohen' interpretiert. Als 'Rammen' gilt, wenn einer der Gegner den anderen mit der Schnauze in den Flankenbereich stößt. Das 'Kreisen', eigentlich ein 'Umkreisen', entwickelt sich aus dem Versuch der Gegner, sich gegenseitig zu beißen. Beim 'Maulkampf' verbeißen sich die Rivalen gegenseitig am Maul und versuchen einander wegzudrücken.

level angesehen werden. Wenn Wilhelmi das Verhalten des Gegners der statistisch konstanten Umwelt zuordnet, so sagt er damit, daß das Verhalten des Kampfpartners keinen systematischen Einfluß auf das Ergebnis der Experimente hat. Mit dieser, wie ich meine, ziemlich unsinnigen Annahme ist der Verlauf eines Kampfes allein abhängig von der jeweiligen Höhe der Bereitschaft der Kämpfenden. Da miteinander kämpfende Männchen - wie Wilhelmi selbst betont - sich so stark gegenseitig beeinflussen, daß sie eine Art 'Synchronverhalten' zeigen, fragt man sich, welcher der beiden Rivalen gilt als statistisch konstante Umwelt und bei welchem Fisch wird die Höhe der Angriffsbereitschaft gemessen. Wilhelmi bezieht aber seine Messungen auf beide Partner, damit wird beiden Kampfpartnern stets der gleiche Bereitschaftswert zugeordnet. Durch einen Kampf sollte immer eine Entscheidung herbeigeführt werden. Wenn allerdings die Rivalen - wie Wilhelmi annimmt - in einer statistisch konstanten Umwelt über eine gleich hohe Aggressionsbereitschaft verfügen, frage ich mich, wie es unter diesen Voraussetzungen zu einer Entscheidung kommen kann, d.h. wer Gewinner und wer Verlierer eines Kampfes ist.

Wilhelmi geht von der zweifellos richtigen Überlegung aus, daß Veränderungen der zu messenden Größe Aggressionsbereitschaft z.B. durch Isolation nur feststellbar sind, wenn von einem Vergleichswert, einem Normwert, ausgegangen werden kann. So unterlegt er seiner Untersuchung die Annahme, daß sich bei Männchen, die in einem Gemeinschaftsbecken leben und sich jederzeit mit Rivalen auseinandersetzen können, ein solches 'Normalniveau' der Angriffsbereitschaft einstellt. Um einen solchen Normwert zu ermitteln, bestimmte Wilhelmi an mehreren Rivalenpaaren aus einer Gruppenhaltung die Häufigkeiten bzw. die Dauer der vier von ihm ausgewählten Verhaltensweisen. Diese Meßergebnisse legte er für 18 Paare in Form einer Tabelle vor (s. Tab. 1).

Die entscheidende Frage ist, ob sich diese Meßdaten im Rahmen der der Arbeit unterlegten Theorie von Lorenz sinnvoll interpretieren lassen. Was bedeutet es, wenn ein Rivalenpaar im Verlaufe des Beobachtungszeitraumes von einer Stunde insgesamt 268 Sekunden die Verhaltensweise 'Kreisen' zeigt? Diesem Meßwert kann sehr unterschiedliches Verhalten zugrunde liegen. Es kann mehrfaches Kreisen von je 20 oder auch 50 Sekunden Dauer aufgetreten sein, oder auch von einmal 250 Sekunden Dauer und einmal 18 Sekunden Dauer. Ich wüßte nicht, wie ein solches wiederholtes Auftreten unterschiedlicher Intensitätsstufen einer Verhaltensweise (gemessen über die Dauer) im Beobachtungszeitraum als Maß für eine unterlegte Bereitschaft interpretiert werden kann. Welche miteinander kämpfenden Männchen haben die höhere Angriffsbereitschaft, diejenigen, die im betrachteten Zeitintervall von einer Stunde 0 x 'Maulkampf', 75 x 'Rammen', aber nur 4 Sekunden 'Kreisen' zeigen, gegenüber einem anderen Rivalenpaar, das in dem gleichen Zeitraum 268 Sekunden 'Kreisen', aber nur 27 x 'Rammen' ausführt? Was besagen diese Werte hinsichtlich der Bereitschaft? Wie sind solche Werte bezogen auf die Kampfbereitschaft zu interpretieren? Wilhelmi äußert sich nicht zu diesem Problem, eine vernünftige Begründung für diese Vorgehensweise dürfte auch kaum möglich sein.

Ich habe an anderer Stelle betont (s. S. 48), daß die Bereitschaft und ihre Veränderungen individuelle Eigenschaften darstellen, so daß Messungen dieser Größe nur für das Individuum einen Sinn ergeben. Allein aus einem Vergleich der Meßwerte einzelner Individuen lassen sich Erkenntnisse über die Schwankungen dieser Größe in der untersuchten Population gewinnen.

	Gesamtdauer des Kampfes		Maulkampf		Kreisen		Rammen		Drohen	
	α	ω	α	ω	α	ω	α	ω	α	ω
	2950	2834	9	8	256	433	17	31	126	86
	840	1359	0	2	15	84	30	33	156	121
	335	2566	0	19	0	468	6	24	82	83
	2344	824	0	7	112	248	31	15	171	84
	1106	1660	8	18	268	328	27	16	89	36
	433	880	0	2	0	116	8	10	61	54
	3240	3390	0	4	0	293	20	22	266	31
	1448	1620	0	4	4	112	75	26	143	30
	1540	2340	0	18	41	219	42	14	238	52
$\overline{x}$	1581,8	1941,4	1,9	9,1	77,3	255,7	28,4	21,2	148,0	64,1
Null-niveau	1586,9		4,2		145,0		23,3		102,2	

Tab. 1: Rangordnungsbedingte Unterschiede des Aggressionsverhaltens in den Nullversuchen für die vier untersuchten Verhaltensweisen. Die Werte für Drohen und Kreisen beziehen sich auf die Gesamtdauer (s) und für Rammen und Maulkampf auf die Gesamtanzahl. Die unter α aufgeführten Werte sind Ergebnisse von ♂♂, die vorher an der Spitze der Rangordnung standen, die ω-Werte dagegen beziehen sich auf ♂♂, die vorher allen anderen ♂♂ gegenüber unterlegen waren. Angaben nach Wilhelmi (1975).[4]

Die von Wilhelmi vorgelegten Meßdaten (s. Tab. 1) lassen völlig regellose Schwankungen erkennen. Sie verdeutlichen, wie unsinnig es ist, davon auszugehen, daß sie einen 'Normwert' der Angriffsbereitschaft repräsentieren. Aber nur unter dieser Annahme wäre eine Mittelwertbildung zu rechtfertigen. Der durch Mittelung über diese Meßdaten erzielte Wert ist ein Konstrukt, das hinsichtlich der zu

[4] Das sogenannte Nullniveau entspricht dem Mittelwert aus *allen* Versuchen, die über die in der Tabelle aufgeführten Versuche hinaus mit Männchen aus dem Gemeinschaftsbecken durchgeführt wurden. Dieses Nullniveau bildet die Vergleichsbasis, an der der Grad der Veränderung der Angriffsbereitschaft nach unterschiedlichen Versuchszeiten abgelesen wird.

messenden Größe Bereitschaft nichts aussagt[5]. Man muß sich vergegenwärtigen, daß eine solche inhaltslose Größe (das sogenannte Nullniveau) die Vergleichsbasis für alle übrigen 'Messungen' und damit für die Ergebnisse der Arbeit bildet. Damit ist der Wert dieser Arbeit charakterisiert.

Von einem völlig anderen Ansatz zur Bereitschaftsmessung geht Lamprecht aus, wenn er schreibt: "Die Angriffsbereitschaft eines Tieres gilt als um so größer, je wahrscheinlicher es auf einen bestimmten Reiz mit Kämpfen reagiert." (1982, S. 38). Hier wird implizit die Annahme gemacht, daß sich Bereitschaftsänderungen über Änderungen der Wahrscheinlichkeit, mit der eine Verhaltensweise auslösbar ist, d.h. über ihre Auslösewahrscheinlichkeit, erfassen lassen. Da Lamprecht keine weiteren Angaben zu diesem Meßverfahren macht, will ich versuchen aufzuzeigen, wie diese Vorgehensweise begründet werden könnte.

Wird dieses Modell der Bereitschaftsmessung zugrundegelegt, so ergibt es m.E. nur einen Sinn, wenn von einer für das Tier variablen Umwelt ausgegangen wird. Im Gegensatz zu der recht unrealistischen Annahme vieler Experimentatoren, daß die dem Versuchstier dargebotene Umwelt - auch aus der Sicht des Versuchstieres - konstant gehalten werden kann, halte ich die Annahme, daß ein Tier die ihm im Experiment gebotene Umwelt in anderer Weise als der Experimentator strukturiert, für plausibler. Ich gehe somit davon aus, daß in einer vom Experimentator dem Tier vorgegebenen Umwelt, die er als konstant bzw. realistischer als statistisch konstant ansieht, das Tier in Wirklichkeit einer Menge unterschiedlicher Umweltsituationen gegenübersteht, die es auch unterschiedlich bewertet. Während Leong - um noch einmal das zuvor bereits angeführte Beispiel aufzugreifen - 15 Jungfische einer Art als konstante Umwelt für den Versuchsfisch ansieht, würde ich in diesem Fall davon ausgehen, daß der Versuchsfisch die Jungtiere nicht als amorphe Masse betrachtet, sondern ihr Verhalten sehr differenziert aufnimmt, um entsprechend darauf zu reagieren. Zur Veranschaulichung meiner Vorstellung könnte man auch an eine Diaschau mit Bildern einer arktischen Landschaft denken. Ein Westeuropäer sieht in diesen Bildern immer die gleiche Landschaft, während ein Eingeborener drastische Unterschiede in der Schnee- und Eislandschaft wahrnimmt. Die Lorenzsche Theorie geht davon aus, daß mit ansteigender Bereitschaft immer mehr Umweltsituationen zu auslösenden Situationen werden, eine Annahme, die in der Sprache der Theorie als Schwellenerniedrigung bezeichnet wird. Das bedeutet, daß - in einer für das Tier variablen Umwelt - mit zunehmender Bereitschaft auch die Wahrscheinlichkeit ansteigt, daß die betrachtete Verhaltensweise in der aktuell vorliegenden Umweltsituation ausgelöst wird [6]. Es hängt somit von der Höhe der Bereitschaft des Versuchstieres ab, welche der Umweltsituationen in der dem Tier vorgegebenen Umwelt auslösend wirken und welche nicht und damit auch die Wahrscheinlichkeit, mit der die zu untersuchende

[5] Unsinnig ist es m.E. auch Meßwerte = 0 in eine Mittelwertbildung für die Größe Bereitschaft einzubeziehen. Hinsichtlich der Größe Bereitschaft zeigt das Nicht-Auftreten einer Verhaltensweise nur an, daß die Auslöseschwelle unterschritten ist, ohne daß etwas darüber ausgesagt werden kann, wie tief die Schwelle abgesunken ist.

[6] Mit der Annahme, daß ein Tier eine vom Experimentator für konstant erachtete Umwelt anders d.h. variabel strukturiert, steht dieses Meßverfahren auch nicht im Widerspruch zur unterlegten Theorie.

Verhaltensweise in dieser Umwelt ausgelöst wird. Die Auslösewahrscheinlichkeit läßt sich nicht beobachten, wohl aber anhand der Häufigkeit, mit der die betrachtete Verhaltensweise pro Zeitintervall auftritt, abschätzen. So wird die relative Häufigkeit einer Verhaltensweise pro Zeitintervall als ein Schätzwert für die Auslösewahrscheinlichkeit in diesem Zeitraum genommen. Einer hohen Bereitschaft entspricht somit eine hohe Auslösewahrscheinlichkeit, die ein häufiges Auftreten der betrachteten Verhaltensweise zur Folge hat, einer niedrigen Bereitschaft eine entsprechend niedrige Auslösewahrscheinlichkeit mit einer entsprechend niedrigen Rate der Verhaltensweise. Unter der Voraussetzung einer für das Tier variablen Umwelt wird von der Auslösewahrscheinlichkeit auf die aktuelle Höhe der Bereitschaft geschlossen. Mit diesem Meßverfahren wird versucht, von der relativen Häufigkeit einer Verhaltensweise pro Zeitintervall auf die in diesem Moment vorliegende Auslösewahrscheinlichkeit zu schließen, in der Hoffnung, auf diese Weise die Gesetzmäßigkeiten der Bereitschaftsänderung zu erfassen.
Dem Meßverfahren 'Häufigkeit einer Verhaltensweise pro Zeitintervall' liegen - wie ich versucht habe aufzuzeigen - sehr unterschiedliche Modelle zugrunde. Wird die Häufigkeit, mit der eine Verhaltensweise in einem Zeitraum beobachtbar ist, als Intensitätsstufe des Verhaltens angesehen, so werden die absoluten Häufigkeitswerte als Ausdruck der jeweiligen Bereitschaftshöhe interpretiert, allerdings ohne Angaben über die Art des Zusammenhanges zwischen diesen beiden Größen zu machen. In einem zweiten Ansatz wird die relative Häufigkeit, mit der eine Verhaltensweise pro Zeitintervall auftritt, als Schätzwert für die Auslösewahrscheinlichkeit für diesen Zeitraum genommen, um von der Auslösewahrscheinlichkeit auf die aktuelle Höhe der Bereitschaft zu schließen.
Damit wird die Häufigkeit, mit der eine Verhaltensweise beobachtbar ist, je nach dem dem Meßverfahren unterlegten Modell unterschiedlich interpretiert. Zum einen wird die Häufigkeit als Ausdruck der Intensität des Verhaltens angesehen, zum anderen wird die relative Häufigkeit im Sinne einer Ja-Nein-Entscheidung registriert, d.h. wie oft die Verhaltensweise pro Zeitintervall in einer für das Tier variablen Umwelt im Vergleich zu anderen Zeitintervallen ausgelöst wird. Während man in den Intensitätsstufen des Verhaltens - angenommen, es bestünde die eineindeutige Beziehung zwischen Intensität des Verhaltens und Bereitschaft - ein sehr feines Meßverfahren in der Hand hätte, um die Bereitschaft zu bestimmen, und auch nur wenige Messungen genügen müßten, um die von der Theorie vorausgesagten gesetzmäßigen Bereitschaftsänderungen zu erfassen, erfordert die Bereitschaftsmessung über die Auslösewahrscheinlichkeit nicht nur sehr viel mehr Messungen, um zu verwertbaren Aussagen zu kommen, sondern könnte auch nur gröbere Abschätzungen der Bereitschaftsänderungen liefern.

4.4 Operationalisierung von Reizwerten

In der Verhaltensforschung wird, entsprechend der Messung der theoretischen Größe Bereitschaft, versucht, über die zu beobachtende Größe 'Intensität der Antwort' auch den Reizwert einer Umweltsituation zu bestimmen. Nur unter der Voraussetzung einer statistisch konstanten Bereitschaft kann die Intensität der

ausgelösten Verhaltensweise als ein Maß für den Reizwert einer speziellen Umweltsituation genommen werden. Als Meßverfahren werden sowohl die Verweildauer bei der hinsichtlich ihres Reizwertes zu testenden Umweltsituation bzw. Attrappe genutzt, als auch die Latenzzeit, mit der das Tier auf die gebotene Umweltsituation anspricht. Darüber hinaus wird versucht, über die Häufigkeit, mit der eine Verhaltensweise pro Zeitintervall gegenüber der auslösenden Umweltsituation gezeigt wird, den Reizwert dieser Umweltsituation zu bestimmen. Bei Einsatz dieser Meßverfahren wird unter der Annahme einer statistisch konstanten Bereitschaft während der zu vergleichenden Messungen von einer ein-eindeutigen Beziehung zwischen Intensität der Antwort und Höhe des Reizwertes ausgegangen, ohne allerdings anzugeben, welche Annahmen über die Art des Zusammenhanges dabei zugrundegelegt werden.
Wird die Verweildauer an einer auslösenden Reizsituation als Maß für den Reizwert genutzt, so wird vermutlich davon ausgegangen, daß mit diesem Wert *die* Zeit gemessen wird, die ein Reizwert bei statistisch konstanter Bereitschaft eine Antwort aufrechtzuerhalten vermag. Dabei wird die Annahme unterlegt, daß der Reizwert der auslösenden Situation als um so höher gilt, je länger die Verweildauer ist, und umgekehrt, ohne daß ausgeführt wird, welcher Zusammenhang zwischen der Aufenthaltsdauer und der zu messenden Größe Reizwert zugrundegelegt wird. Was bedeutet eine Verweildauer von drei Sekunden gegenüber einer solchen von z.B. 30 Sekunden hinsichtlich des Reizwertes zweier unterschiedlicher Umweltsituationen? Ist der Reizwert in der einen Situation 10 mal höher oder nur höher?
Ebenso wird die Latenzzeit, mit der ein Tier auf eine gebotene Umweltsituation anspricht, als ein Meßverfahren zur Reizwertbestimmung eingesetzt, unter der - von mir vermuteten - Annahme, daß sich mit höherem Reizwert der gebotenen Umweltsituation die Reaktionszeit, mit der das Tier anspricht, verkürzt. Somit entspricht einem höheren Reizwert eine kürzere Latenzzeit und umgekehrt. Mit diesem Verfahren kann m.E. nur die motivierende Wirkung der Schlüsselkomponenten erfaßt werden, die - so die Annahme - um so höher ist, je schneller die Auslöseschwelle erreicht wird. Die motivierende Wirkung wird dann vermutlich dem Reizwert gleichgesetzt.
Soll mit Hilfe der Häufigkeiten der Aktionen pro Zeitintervall der Reizwert einer auslösenden Situation bestimmt werden, so wird vermutlich davon ausgegangen, daß bei überschwelliger Bereitschaft die Zahl der Antworten allein vom Reizwert abhängt, ohne daß die Bereitschaft durch die mehr oder weniger zahlreichen Aktionen - entgegen den Annahmen der Theorie - wesentlich beeinflußt wird. Eine hohe Antwortrate pro Zeitintervall wird als Ausdruck eines hohen Reizwertes der Umwelt angesehen, während einer niedrigen Antwortrate ein entsprechend geringer Reizwert zugeordnet wird. In welcher Beziehung die Häufigkeit der Antwort pro Zeit als Ausdruck der Intensität der Antwort zu der zu messenden Größe Reizwert steht, welches Modell für eine solche Zuordnung angenommen wird, wird nicht erläutert.
Alle diese Meßverfahren zur Reizwertbestimmung sollen eine Ordnung der Reizwerte der Schlüsselkomponenten ergeben, setzen aber bereits nach dem Prinzip der doppelten Quantifizierung eine Ordnung voraus. Die Meßverfahren liefern numerische Werte (Häufigkeiten, Zeitangaben in Sekunden oder Minuten), die sich immer ordnen lassen. Sie ergeben somit *zwangsweise* eine Ordnung, man weiß

nur im voraus nicht, wie eine solche Ordnung aussieht. Zu fordern ist allerdings eine Konsistenz dieser Ordnung über alle Messungen. Zudem setzen alle angeführten Meßverfahren zur Bestimmung des Reizwertes die Gültigkeit des Prinzips der doppelten Quantifizierung voraus. Abgesehen davon, daß Ergebnisse, die mit einem Meßverfahren gewonnen wurden, das die Gültigkeit der Theorie voraussetzt, keine große Stütze für diese Theorie darstellen, kommt darüber hinaus die Schwierigkeit hinzu, daß die Annahme einer statistisch konstanten Bereitschaft für alle Messungen im Rahmen der unterlegten Theorie, die von gesetzmäßigen Schwankungen der Bereitschaft ausgeht, schwer zu rechtfertigen ist.
Im Gegensatz zu den bisher angeführten Meßverfahren stellt der Zweifachwahlversuch ein von der Theorie unabhängiges Meßverfahren für die Reizwertbestimmung von Umweltsituationen dar. Bei diesem Meßverfahren wird - wenn es zur Reizwertbestimmung eingesetzt wird - angenommen, daß ein Versuchstier immer *das* Objekt mit dem höheren Reizwert bevorzugt. Vorausgesetzt, Schlüsselkomponenten lassen sich - wie die Theorie es vorhersagt - nach Reizwerten ordnen, dann müßte sich eine solche Ordnung, und zwar unabhängig von der jeweiligen Höhe der Bereitschaft, im Zweifachwahlversuch aufzeigen lassen. Bei dieser Vorgehensweise wird nicht die Intensität der Antwort gemessen, die immer von der Höhe der Bereitschaft mitbestimmt wird, sondern allein die Entscheidung des Tieres für eines der in Konkurrenz stehenden Objekte gewertet, eine Entscheidung, die - unter der Annahme, daß immer das höher bewertete Objekt präferiert wird - unabhängig von der Bereitschaft ist. Um die Aussage machen zu können, daß es sich um eine angeborene Bewertung der zu prüfenden Umweltsituationen durch das Tier handelt - und darum geht es bei der Reizwertbestimmung - darf mit jedem Versuchstier jeweils nur ein Versuch durchgeführt werden, da bei wiederholter Präsentation der zu prüfenden Umweltsituation nicht auszuschließen ist, daß Erfahrung mit dieser Situation und nicht allein der Reizwert die Wahlentscheidung des Tieres beeinflußt.
Unter Einsatz des Zweifachwahlversuches kann über die relative Häufigkeit der einmaligen Entscheidungen der insgesamt getesteten Tiere eine Aussage über die Ordnung der dargebotenen Objekte aufgrund von Reizwerten gemacht werden. Wählt die Mehrzahl der Versuchstiere in einem einmaligen Test zum Beispiel das Objekt A, so wird angenommen, daß dem Objekt A gegenüber dem Objekt B der höhere Reizwert zukommt und es aus diesem Grunde präferiert wird. Verteilen sich die Entscheidungen der Versuchstiere annähernd gleichmäßig auf die Alternativen A und B, so wird davon ausgegangen, daß die Versuchstiere die Objekte auf der Bewertungsebene nicht unterscheiden, d.h. daß sie ihnen etwa gleiche Reizwerte zuordnen. Läßt sich im Zweifachwahlversuch eine Rangordnung der zu testenden Objekte ermitteln, so hat diese nur Ordinalskalenniveau, d.h. daß über die Größe der Intervalle einer solchen Skala keine Aussage zu machen ist. Das bedeutet, daß Reizwerte nur hinsichtlich der Relationen gleich, ungleich, größer als und kleiner als zu ordnen sind.
Ließe sich unter Einsatz des Zweifachwahlversuches eine konsistente Ordnung der Schlüsselkomponenten einer auslösenden Situation aufstellen, so könnte darin eine Bestätigung der Annahme von Lorenz gesehen werden, daß verschiedenen Schlüsselkomponenten vom Tier unterschiedliche Reizwerte zugeordnet werden. Um die voneinander unabhängige Wirksamkeit von Schlüsselkomponenten nach-

zuweisen, müßte gezeigt werden, daß die Rangfolge der Schlüsselkomponenten auch in unterschiedlichen Kontexten erhalten bleibt.
Methodische Probleme, wie sie sich bei Zugrundelegung der Lorenzschen Theorie für die Reizwertbestimmung ergeben, finden in der Praxis der Verhaltensforschung wenig Beachtung. Dies läßt sich beispielhaft an einer Arbeit von E. und P. Kuenzer (1962)[7] aufzeigen, in der die Autoren versuchen, den Erkennungsmechanismus, den AAM, für die Nachfolgereaktion junger Zwergbuntbarsche zu analysieren und den Wirkungsgrad (= Reizwert) auslösender Situationen zu bestimmen. Die Jungen substratbrütender Zwergcichliden, zu denen auch die Versuchstiere von E. und P. Kuenzer gehören, bleiben in der ersten Zeit des Freischwimmens im Schwarm zusammen und werden von den Eltern oder allein vom Weibchen geführt. Die Weibchen der beiden von E. und P. Kuenzer untersuchten Arten tragen, solange sie Junge betreuen, ein Brutkleid. Die Grundfarbe ist bei beiden gelb, hinzu kommen für jede Art charakteristische schwarze Abzeichen.
Als Maß für den Wirkungsgrad einer Attrappe setzen E. und P. Kuenzer die Zeit vom Eintauchen der Attrappe in das Versuchsbecken bis zum Ankommen der Versuchstiere beim Objekt fest. Dabei wird von E. und P. Kuenzer vermutlich die Annahme unterlegt, daß eine kürzere Anschwimmzeit einem höheren Reizwert der Attrappe entspricht, allerdings ohne eine Begründung für diese Annahme zu geben. Es wurden von E. und P. Kuenzer in einem Versuch nicht einzelne Tiere, sondern jeweils Schwärme von 5 - 15 Jungfischen getestet. Die Anschwimmzeit wurde zunächst für jedes einzelne Tier bestimmt, um daraus einen Mittelwert für den Schwarm zu bilden. Durch eine weitere Mittelwertbildung über den Schwarmwerten, die mit einer speziellen Attrappe erzielt wurden, erhielten E. und P. Kuenzer letztlich für jede Attrappe *einen* Wert für den Vergleich mit entsprechenden Werten der anderen Attrappen.
Da für diejenigen Versuchstiere (wieviele?), die die Attrappe in dem vorgegebenen Versuchszeitraum von 10 Minuten nicht erreichten, keine Anschwimmzeit berechnet werden konnte, wurde in solchen Fällen die Zeit gemessen, in der diese Tiere eine bestimmte Strecke in Richtung auf die Attrappe zurückgelegt hatten, um daraus für jedes einzelne Versuchstier, d.h. für diejenigen, die die Attrappe erreichten, wie für die, die 'auf der Strecke geblieben waren', eine durchschnittliche Anschwimm*geschwindigkeit*, gemessen in cm/min, zu berechnen. Wie bei der Bestimmung der Anschwimm*zeit* wurde aus den Einzelwerten eine durchschnittliche Geschwindigkeit für den Schwarm ermittelt, um über allen Versuchen mit einer Attrappe einen weiteren Durchschnittswert zu bilden. Bei Berechnung der Anschwimmgeschwindigkeit beruhen die Werte, die zum Vergleich für die Wirksamkeit der einzelnen Attrappen herangezogen wurden, somit auf einer dreifachen Mittelwertbildung.
Wenn E. und P. Kuenzer das Meßverfahren Anschwimmzeit zur Reizwertbestimmung einsetzen, dann müßten sie m.E. - bei aller Problematik dieses Meßverfahrens im Rahmen der Lorenzschen Theorie - von der Voraussetzung ausgehen, daß die Anschwimmzeit allein durch den Reizwert der Attrappe, d.h. im speziellen Fall

[7] Kuenzer, E. u. P. (1962):" Untersuchungen zur Brutpflege der Zwergcichliden *Apistogramma reitzigi* und *A. borellii*"

durch ihre Musterung, bestimmt wird. E. und P. Kuenzer betonen aber, daß die Anschwimmzeit darüber hinaus vom Alter der Versuchstiere, wie auch durch die Anzahl der Versuche, die mit einem Jungfischschwarm hintereinander durchgeführt werden, mitbestimmt wird. So nimmt bei der einen von E. und P. Kuenzer getesteten Art, *Apistogramma reitzigi*, die mittlere Anschwimmzeit mit zunehmendem Alter der Jungfische ab. Während bei der zweiten untersuchten, nahe verwanden Art, *Apistogramma borellii*, der Prozeß gegenläufig ist, d.h. mit zunehmendem Alter der Jungfische nimmt die mittlere Anschwimmzeit zu. Dieser merkwürdig anmutende Befund wird von den Autoren nicht diskutiert, sondern als eine sich aus den Messungen ergebende 'Tatsache' dargestellt (s. Tab. 2 und 3).

Alter in Tagen	1 - 2	3 - 4	5 - 6	7 - 9	10 - 12
Mittlere Anschwimmzeit in Sek.	154,9 (15)	89,7 (43)	64,2 (36)	65,7 (26)	48,9 (15)

Tab. 2: Mittlere Anschwimmzeiten verschieden alter (erfahrener und unerfahrener) *A. reitzigi* auf bewegte gelbe Attrappen; Anzahl der Versuche in Klammern. Angaben nach E. und P. Kuenzer (1962).

Alter in Tagen	Mittlere Anschwimmzeit in Sek.			
	Unerfahrene Tiere		Erfahrene Tiere	
1 - 2	85,3	(14)		
3 - 4	54,5	(25)	61,3	(35)
5 - 6	126,1	(19)	128,4	(22)
7 - 8	151,2	(9)	118,5	(52)
9 - 10	163,6	(7)	173,3	(25)
11 - 12			202,7	(7)

Tab. 3: Mittlere Anschwimmzeiten verschieden alter erfahrener und unerfahrener *A. borellii* auf bewegte optimale Attrappen; Anzahl der Versuche in Klammern. Angaben nach E. und P. Kuenzer (1962).

Auch die Anzahl der mit einem Schwarm durchgeführten Versuche wirkt sich auf die Ergebnisse aus. So kommt es im Verlauf hintereinander durchgeführter Versuche mit einem Schwarm zu einer Herabsetzung der Anschwimmzeit. Trotzdem werden mit jedem Versuchsschwarm über einen Tag hinweg (manchmal auch 2 - 3 Tage hindurch) hintereinander Versuche gemacht, so daß eine weitere Fehlerquelle hinzukommt. Aus der mittleren Anschwimmzeit, die jeweils für eine getestete Attrappe angegeben wird und die den Reizwert dieser Attrappe repräsentiert, ist weder erkennbar, in welchem Alter die Versuchstiere mit der betreffenden Attrappe konfrontiert wurden, noch an welcher Position einer Versuchsfolge die betreffende Attrappe getestet wurde. So ist nicht auszuschließen, daß alle Differenzen in der Anschwimmzeit gegenüber den einzelnen Attrappen allein auf Altersunterschiede der Versuchstiere oder auf die Position des Versuchs in einer Serie zurückzuführen sind. Wie berechtigt diese Bedenken sind, zeigen auch folgende Angaben von E. und P. Kuenzer. Werden die Versuchsserien nach Altersgruppen aufgeschlüsselt, so sind Unterschiede zwischen zwei miteinander verglichenen Attrappen nicht mehr erkennbar und ergeben sich erst aus der Mittelung aller Ergebnisse, die mit dieser Attrappe erzielt wurden, ohne Berücksichtigung der Altersklassen. Zu dem Vergleich der stark und schwach gegliederten Attrappen schreiben die Autoren, daß "die bessere Wirksamkeit von stark gegliederten Mustern jetzt eindeutig gesichert ist." (E. und P. Kuenzer 1962, S. 69) (s. Tab. 4). Aber diese Eindeutigkeit ergibt sich nicht, wenn man ein bis drei Tage alte Tiere miteinander vergleicht (s. Tab. 5).

Muster	Mittlere Anschwimmzeit in Sek.	P
stark gegliedert	86,7 ± 5,9	**0,0009**
schwach gegliedert	136,1 ± 11,8	

Tab. 4: Mittlere Anschwimmzeiten 3-8 tägiger *A. borellii* auf stark und schwach gegliederte schwarz-gelbe Attrappenmuster; Mittelwerte von jeweils 46 Versuchen. Angaben nach E. und P. Kuenzer (1962).

Muster	1. - 3. Tag			4. - 6. Tag			7. - 8. Tag		
	Az	D	P	Az	D	P	Az	D	P
stark gegliedert	62,1 (14)	12,5	0,42	78,6 (13)	41,9	0,05	110,2 (19)	77,0	**0,001**
schwach gegliedert	74,6 (14)			120,5 (13)			187,2 (19)		

Tab. 5: Mittlere Anschwimmzeiten (Az) in Sek. auf stark und schwach gegliederte gelb-schwarze Attrappenmuster und Differenz (D) zwischen den Anschwimmzeiten auf diese Attrappenmuster für 3 verschiedene Altersstufen junger *A. borellii*; Anzahl der Versuche in Klammern. Angaben nach E. und P. Kuenzer (1962).

Eine Bevorzugung gelbgrundiger Attrappen mit schwarzen Mustern gegenüber schwarzgrundigen Attrappen mit gelber Musterung wurde als das wesentliche Ergebnis dieser Arbeit für die Jungfische von *A. borellii* herausgestellt. Eine solche Präferenz ließ sich aber nur für 7 Tage alte und ältere Versuchstiere statistisch absichern (Tabelle 6). Erst die Mittelung aller Ergebnisse, die mit 1 - 8 Tage alten Jungfischen erzielt wurden, ergab dann diese als so bedeutsam angesehene Präferenz (Tabelle 7).

Attrappe	1. - 3. Tag			4. - 6. Tag			7. - 8. Tag		
	Az	D	P	Az	D	P	Az	D	P
RG_{10} 	88,7 (15)	17,4	0,22	64,7 (8)	20,2	0,18	124,0 (14)	78,4	**0,002**
RG_{11} 	106,1 (15)			84,9 (8)			202,4 (14)		

Tab. 6: Mittlere Anschwimmzeiten (Az) in Sek. auf die Attrappen RG_{10} (schwarze Punkte auf gelbem Grund) und RG_{11} (gelbe Punkte auf schwarzem Grund) und Differenz (D) zwischen den Anschwimmzeiten auf diese beiden Attrappen für 3 verschiedene Altersstufen junger *A. borellii*; Anzahl der Versuche in Klammern. Nach Angaben E. und P. Kuenzer (1962).

Attrappe		Mittlere Anschwimmzeit in Sek.	P
RG_{10}		98,7 ± 9,3	**0,0003**
RG_{11}		137,9 ± 10,8	

Tab. 7: Mittlere Anschwimmzeiten 1-7 tägiger *A. borellii* auf die Attrappen RG_{10} (schwarze Punkte auf gelbem Grund) und RG_{11} (gelbe Punkte auf schwarzem Grund); Mittelwerte von jeweils 37 Versuchen. Angaben nach E. und P. Kuenzer (1962).

E. und P. Kuenzer gehen bei ihrer Untersuchung davon aus, daß sie Lernvorgänge sicher ausschließen können, wenn sie "mit je 5 - 15 Tieren nur einen Tag, manchmal auch 2 - 3 Tage lang Versuche machen." (E. und P. Kuenzer 1962, S. 62). Allerdings ist diese Annahme, daß Tiere bis zu einer bestimmten, willkürlich festgelegten Anzahl von Wiederholungsversuchen keine Erfahrung machen, etwas

ungewöhnlich und sollte m.E. empirisch belegt werden. Mit dieser Annahme, daß Erfahrung bei den von ihnen durchgeführten Wiederholungsversuchen auszuschließen ist, können E. und P. Kuenzer ihre Ergebnisse folgendermaßen interpretieren: "Zusammenfassend läßt sich sagen, daß die Bedingungen, die vom AAM an die auslösende Reizsituation gestellt werden, um so genauer erfüllt sein müssen, je älter die Tiere sind. Da in unseren Versuchen eine Erfahrungsbildung von vornherein ausgeschlossen war, kann es sich nur um einen Reifungsvorgang handeln." (E. und P. Kuenzer 1962, S. 78). Auch die zur Erklärung von Verhaltensänderungen gegenüber Attrappen eingeführte Zusatzannahme, daß der Erkennungsmechanismus Reifungsprozessen unterliegt, müßte zumindest begründet werden. In dieser Form dargeboten, ist der Begriff 'Reifung' nur ein Wort, das einen Inhalt vortäuscht. Die Theorie sagt über derartige Reifungsvorgänge jedenfalls nichts aus.
Vorausgesetzt man hält das Meßverfahren 'Anschwimmzeit' als geeignet für eine Reizwertbestimmung, dann muß gesichert sein, daß die Bereitschaft bei allen zu vergleichenden Messungen statistisch konstant ist, so daß die Dauer der Anschwimmzeit allein durch den 'Wirkungsgrad' (E. und P. Kuenzer) der Attrappe bestimmt wird. Aber diese Forderung ist in der hier zitierten Arbeit - wie von den Autoren selbst betont - nicht erfüllt.

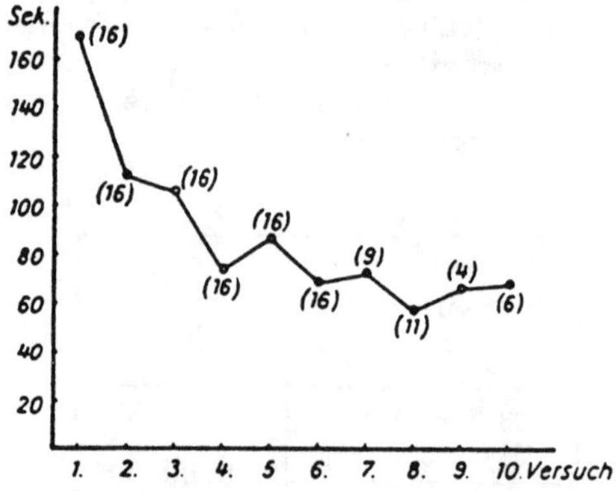

Abb. 8: Mittlere Anschwimmzeiten (Ordinate) auf optimale Attrappen, die jungen *A. borellii* in einer Serie von aufeinander im 10 Min.-Intervall folgenden Einzelversuchen (Abszisse) gezeigt wurden; jeweils in Klammern Zahl der Versuche, die dem jeweiligen Mittelwert zugrundeliegen. Aus E. und P. Kuenzer (1962).

So schreiben E. und P. Kuenzer: "Die Antwortbereitschaft ändert sich aber nicht nur mit dem Alter, sondern schwankt auch innerhalb einer Versuchsserie. Bei Pausen von je 10 Min. reagieren die Tiere von einem Einzelversuch zum nächsten immer besser; im jeweils ersten schwammen sie nur sehr langsam und zögernd, aber schon im zweiten bedeutend schneller auf die Attrappe zu (deshalb ließen wir den jeweils ersten Versuch einer Serie unausgewertet und begannen jede

Versuchsreihe mit einer anderen Attrappe)." (E. und P. Kuenzer 1962, S. 74) (s. Abb. 8)
Nach dieser Aussage wird die Intensität der Antwort, gemessen über die Dauer der Anschwimmzeit, die als Maß für die Wirksamkeit einer Attrappe eingesetzt wurde, durch Veränderungen der endogenen Variablen, der Bereitschaft, zumindest mitbestimmt, und damit ist die theoretische Forderung nach einer statistisch konstanten Bereitschaft für alle zu vergleichenden Messungen für eine Reizwertbestimmung nicht erfüllt. Wenn das Alter der Versuchstiere sowie die Anzahl der Wiederholungen der Versuche zu einer Veränderung der Bereitschaft führen und auch die Möglichkeit der Erfahrungsbildung bei wiederholten Versuchen das Meßverfahren 'Anschwimmzeit' in nicht überprüfbarer Weise beeinflussen, dann sind die vorgelegten Ergebnisse nur als Zufallsergebnisse zu interpretieren.
In einer Folgearbeit, in der untersucht werden sollte, durch welche Schlüsselreize die Nachfolgereaktion der Jungfische des Zwergcichliden *Nannacara anomala* ausgelöst werden kann, zeigte sich, daß mit dem Meßverfahren 'mittlere Anschwimmzeit' kein Unterschied in der Wirksamkeit zweier getesteter Attrappen erkennbar wird, der aber im Zweifachwahlversuch ganz deutlich hervortritt. Kuenzer bemerkt dazu: "... daß beim Fehlen einer Vergleichs- oder Wahlmöglichkeit auch nicht-optimale Attrappen sehr gut angeschwommen werden." (Kuenzer 1968, S. 273). Mit dieser Bemerkung hebt Kuenzer den Wert seines Meßverfahrens selbst auf, da er in der vorliegenden Arbeit die Attrappen immer einzeln, d.h. ohne Wahlmöglichkeit für die Versuchstiere getestet hat.
Für keines der Meßverfahren, die in dieser Arbeit zur Reizwertbestimmung zur Anwendung kamen, wird von den Autoren eine Begründung gegeben. Aufgrund meiner theoretischen Überlegungen zur Reizwertbestimmung ist auch keines in der Weise, wie hier vorgegangen wurde, anwendbar. Solange die mit diesen Meßverfahren erzielten 'Ergebnisse' nicht durch ein zulässiges Meßverfahren wie den Zweifachwahlversuch bestätigt werden können, sind sie als durch die Methode bedingte Forschungsartefakte anzusehen.
"Eine vorbildliche Analyse angeborener Auslösemechanismen" - schreibt Eibl-Eibesfeldt in seinem Lehrbuch der Verhaltensforschung - "verdanken wir E. und P. Kuenzer (1962). Die Nachfolgereaktion der Jungfische substratlaichender Cichliden wird durch die Bewegung und Färbung der Mutter ausgelöst. Form und Größenmerkmale sind ohne Bedeutung. Die Schlüsselreize für die Nachfolgereaktion sind artspezifisch und entsprechen dem Brutkleid der Weibchen. Jungfische von *Apistogramma reitzigi* schwimmen gelbe, solche von *A. borellii* kontrastreich schwarz-gelb gefärbte Attrappen an." (Eibl-Eibesfeldt 1987, S. 164). Damit übernimmt Eibl-Eibesfeldt - wörtlich - die wesentlichen Punkte der Zusammenfassung der zuvor diskutierten Arbeit, ohne anscheinend zu prüfen, wie diese Ergebnisse zustandegekommen sind, und ohne die Unzulänglichkeit der methodischen Vorgehensweise zu beachten. Auf diese Weise werden derartige 'Ergebnisse', die eigentlich leicht als Forschungsartefakte zu erkennen sind, tradiert, ohne daß ihre fehlerhafte Grundlage vom Leser erkannt werden kann.

5. Vorhersagen der Lorenzschen Theorie

5.1 Schwellenwertänderungen

Ob sich eine Theorie in der Empirie bewährt, testen wir anhand der Vorhersagen, die diese Theorie ermöglicht. Vorhersagen sind empirische Behauptungen, aufgrund derer wir unsere Experimente planen. Stehen die Ergebnisse dieser Experimente in Einklang mit den Vorhersagen der Theorie, so können sie als eine Bestätigung der Theorie angesehen werden. Entsprechen sie dagegen nicht den Vorhersagen der Theorie, so bedeutet dies, daß die Theorie keine 'Erklärung' für die beobachteten Phänomene bietet.
Von Lorenz wird betont, daß sich die gesetzmäßigen Schwankungen der aktivitätsspezifischen Energie in Form von Schwellenwertänderungen gegenüber der auslösenden Situation auswirken. Damit macht er klare Vorhersagen darüber, wie diese Änderungen der theoretischen Größe im beobachtbaren Bereich erkennbar werden. Eine empirische Überprüfung dieser Vorhersagen setzt allerdings voraus, daß sich die für die Auslösung einer Instinktbewegung relevanten Umweltsituationen nach Reizwerten der beteiligten Schlüsselkomponenten ordnen lassen. Nur wenn es gelingt, eine Rangordnung der Schlüsselreize aufzustellen, können Schwellenwertänderungen aufgezeigt werden. Eine Schwellenerniedrigung läge dann vor, wenn eine Erbkoordination in Abhängigkeit von der Zeit, in der sie nicht ausgelöst wurde (= 'Stauungszeit'), auf immer niedrigere Reizwerte der Reizwertskala anspricht. Bei einer Schwellenerhöhung dürften dagegen in Abhängigkeit von der Anzahl der Ausführungen einer Erbkoordination nur noch höhere Reizwerte auslösend sein (s. Abb. 9).
Obwohl Schwellenerniedrigung und Schwellenerhöhung vergleichbare Vorgänge mit nur umgekehrtem Vorzeichen sind, ergeben sich für eine experimentelle Überprüfung der Schwellenerhöhung zusätzliche Schwierigkeiten, die darin liegen, daß bei einer Untersuchung angeborener Verhaltensmechanismen gewährleistet sein muß, daß die gewonnenen Versuchsergebnisse nicht durch den Einfluß von Erfahrung mitbestimmt werden. Um eine Schwellenerhöhung aufzuzeigen, ist es in der Regel notwendig, mit dem gleichen auslösenden Objekt mehrere Versuche in Folge auszuführen, bis das Tier hierauf nicht mehr anspricht. In einem anschließenden Test müßte dann gezeigt werden, daß durch eine Umweltsituation mit höherem Reizwert die Verhaltensweise wieder ausgelöst werden kann. Bei dieser Vorgehensweise ist nicht auszuschließen, daß das Versuchstier mit dem mehrfach hintereinander gebotenen Objekt Erfahrungen macht, die sein Verhalten im nachfolgenden Test beeinflussen. So könnte das Ausbleiben der Reaktion nach mehrmaliger Auslösung der Erbkoordination anstatt durch aktionsspezifische Ermüdung auch durch den Lernvorgang der Gewöhnung bedingt sein, ein Vorgang, der vor allem bei Attrappenversuchen leicht eintritt, da das Tier durch ständige 'Mißerfolge' seine Reaktion gegenüber dem zunächst auslösenden Objekt einstellt. Wenn ein Test zum Nachweis einer Schwellenerhöhung im Rahmen der Theorie verwertbar sein soll, dann muß gesichert sein, daß die Entscheidung des Tieres allein von den Faktoren Reizwert und aktionsspezifischer Energie abhängt und nicht durch Erfahrung bedingt ist. Selbst für den Fall, daß das Versuchstier in

dem Test nur Objekte mit höherem Reizwert beantwortet, kann der Experimentator nicht entscheiden, ob das Tier in Abhängigkeit von einem niedrigen Erregungsniveau der Triebenergie in dieser Weise reagiert oder ob es aufgrund der Erfahrung, die es in den zuvor erfolgten Sukzessivversuchen machen konnte, über bestimmten Merkmalen der gebotenen Objekte generalisiert und damit ganz unabhängig von seinem aktuellen Energieniveau eine Entscheidung trifft.

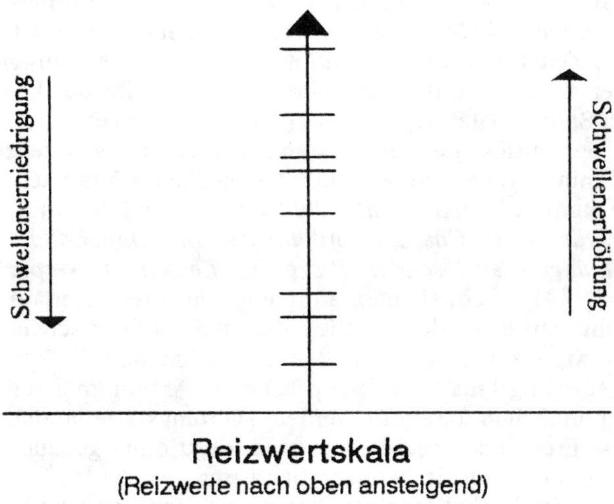

Abb. 9: Hypothetische Reizwertskala als Voraussetzung für den Nachweis von Schwellenwertänderungen

Weniger problematisch stellt sich eine Überprüfung des Phänomens der Schwellenerniedrigung dar. Hierbei ist von einer Ausgangssituation auszugehen, von der bekannt ist, daß das Versuchstier auf sie mit einer bestimmten Instinktbewegung antwortet. Bleibt diese Reaktion aus, so müßte gemäß der Vorhersage der Theorie nach einer mehr oder weniger langen Zeitspanne, in der die entsprechende Verhaltensweise nicht ausgelöst wird, auf die vorher nicht beantwortete Umweltsituation aufgrund der inzwischen erfolgten Aufstauung der spezifischen Energie eine Antwort erfolgen. Darüber hinaus sollte ein Zusammenhang zwischen der 'Stauungszeit' der Antriebsenergie und dem Grad der Schwellenerniedrigung - ablesbar an der Reizwertskala - erkennbar werden. Der Einfluß möglicher Erfahrung ist auch bei der Überprüfung der Schwellenerniedrigung nicht völlig auszuschließen, da aber zwischen den Tests zwangsweise mehr oder weniger lange Pausen eingeschaltet werden müssen, ist er zumindest nicht sehr wahrscheinlich.
Als empirisch überprüfbare Vorhersage der Theorie von Lorenz ergibt sich somit das beobachtbare Phänomen der Schwellenerniedrigung. Ließe sich experimentell eine Rangfolge auslösender Umweltsituationen aufgrund ihres Reizwertes aufstel-

len und ließe sich daran eine Schwellenerniedrigung in Abhängigkeit von der 'Stauungszeit' ablesen, so wäre dies eine große Stütze für die Theorie und geeignet, die gesetzmäßigen Schwankungen der Bereitschaft mit Hilfe eines beobachtbaren Phänomens aufzuzeigen.

5.2 Leerlaufverhalten und andere dysteleonome Konsequenzen der Theorie

Die Theorie macht über die Schwellenwertänderungen hinaus die Vorhersage, daß bei Fehlen der auslösenden Schlüsselreize die entsprechende Instinktbewegung nach einem bestimmten Zeitverlauf im *Leerlauf* auftreten sollte, hervorgerufen allein durch den Stau der aktionsspezifischen Energie. Lorenz mißt der Leerlaufaktivität als Ausdruck der Spontaneität des Verhaltens eine hohe Bedeutung zu. "Die Schwellenerniedrigung der auslösenden Reize kann insofern einen Grenzwert erreichen, als die lange hintangehaltene Reaktion schließlich *ohne* nachweisbaren Reiz zum Durchbruch kommt. *Man könnte sich kaum ein stärker in die Augen springendes und merkwürdigeres Charakteristikum der Instinkthandlung denken, als die Eigenschaft, mangels auslösender Reize im Leeren zu verpuffen, ...*" (Lorenz 1965 Bd. I, S. 301). Schwellenerniedrigung wie auch Leerlauf werden demnach auf die gleiche Ursache, den Anstieg der aktionsspezifischen Energie, zurückgeführt, und es wäre zu erwarten, daß mit zunehmender 'Stauungszeit' über die Schwellenerniedrigung hinaus die entsprechende Aktion im Leerlauf auftritt. In der verhaltenskundlichen Literatur werden allerdings Leerlaufhandlungen als einmalig auftretende Ereignisse beschrieben, noch dazu ohne genaue Angaben über die Bedingungen, unter denen sie beobachtbar waren.

Allgemein bekannt dürfte das Verhalten eines Stares sein, den Lorenz als Gymnasiast in seinem Zimmer hielt und der, ohne daß ein noch so kleines Beuteobjekt im Zimmer für Lorenz erkennbar war, das für Stare so typische Verhaltensrepertoire des Fliegenfangens zeigte. "Von einer hohen Warte aus blickte der Vogel gespannt nach der weißen Decke des Zimmers empor, als ob dort Insekten flögen, flog dann ab, schnappte in der Luft zu, kehrte auf seine Warte zurück, vollführte die Bewegung des Totschlagens von Beute, schluckte und verfiel danach in Ruhe." (Lorenz 1978, S. 102).

Auch vom Blutschnabelweber (*Quelea quelea*) berichtet Lorenz, daß er eine komplizierte Bewegungsfolge, die er normalerweise zum Befestigen eines Halmes an einem Ast einsetzt, bei Fehlen von Nistmaterial im Leerlauf zeigt. Wie häufig eine solche Bewegung unter gleichen Bedingungen und in welchem zeitlichen Abstand voneinander beobachtbar war, wird nicht berichtet. "Die Häufigkeit, mit der eine Instinktbewegung im Leerlauf auftritt, steht in einem deutlichen Verhältnis zu der Häufigkeit, mit der sie normalerweise gebraucht wird." (Lorenz 1978, S. 103). Diese Aussage ist allein eine Konsequenz der Theorie. Lorenz geht bekanntlich davon aus, daß bei einer Verhaltensweise, die häufig vom Tier eingesetzt wird, der Anstieg der aktionsspezifischen Energie entsprechend schnell verläuft, was dann bei Nichtgebrauch dieser Verhaltensweise in kürzeren Abständen zu Schwellenerniedrigung und Leerlaufverhalten führen müßte.

Am Beispiel der Leerlaufhandlung, die als Ausdruck der Spontaneität tierischen Verhaltens angesehen wird, läßt sich exemplarisch aufzeigen, daß allein das unterlegte theoretische Konzept die Interpretation der Beobachtung bestimmt. Die Theorie von Lorenz sagt: Ein Tier reagiert auf die spezifische, durch Schlüsselreize gekennzeichnete Umwelt dann und nur dann, wenn die aktivitätsspezifische Energie für die Handlung gegeben ist. Das bedeutet, daß immer dann, wenn eine Erbkoordination beobachtbar ist, auf das Vorhandensein der aktivitätsspezifischen Energie geschlossen werden kann. Folgerichtig wird eine Instinktbewegung, die ohne spezifische Schlüsselreize auftritt, als 'spontan' angesehen und allein auf den Einfluß der Zustandsgröße zurückgeführt. Eine solche 'spontan' auftretende Verhaltensweise wird von Lorenz als Leerlaufhandlung interpretiert.
Geht ein Beobachter von anderen theoretischen Überlegungen aus, z.B. davon, daß ein Verhalten dann und nur dann auftreten kann, wenn die Bereitschaft *und* die spezifische Umweltsituation gegeben sind, so müßte er bei einer derartigen Beobachtung, d.h. dem Auftreten der Verhaltensweise, *ohne* daß die von ihm als spezifische auslösende Situation festgelegte Umweltsituation gegeben ist, Überlegungen darüber anstellen, ob er die auslösende Situation nur unvollständig beschrieben hat (s. Schema, S. 72).
Je nachdem, welches theoretische Konzept ein Beobachter seinen Untersuchungen unterlegt, ergeben sich unterschiedliche Konsequenzen für die Interpretation der Ergebnisse. Bei Anwendung der Lorenzschen Theorie sagt ein Beobachter möglicherweise sehr rasch, daß es sich um eine Leerlaufhandlung handelt. Derjenige, der das hier angeführte zweite theoretische Konzept seiner Arbeit zugrundelegt, muß weiter nach relevanten Umweltfaktoren suchen, bis er die Umwelt derart genau beschrieben hat, daß das erwartete Verhalten ausgelöst wird. Es geht somit nicht darum, ob es ein 'spontanes' Verhalten wie die Leerlaufhandlung gibt oder nicht; es sollte lediglich deutlich gemacht werden, daß allein das jeweils unterlegte theoretische Konzept, das die logische Beziehung der drei Größen Reiz, Reaktion und Zustand festlegt, bestimmt, ob ein beobachtetes Verhalten als Leerlauf, d.h. als 'spontan' interpretiert wird, oder ob man die auslösende Umweltsituation als unvollständig beschrieben betrachtet. Die Leerlaufhandlung ist somit eine Konsequenz, aber keine Stütze der Theorie, obwohl sie stets als solche, speziell der 'Spontaneität' tierischen Verhaltens, angesehen wird.
Ebenso wie die Leerlaufhandlung einen Grenzwert der Schwellenerniedrigung darstellt, muß die aktivitätsspezifische Ermüdung als ein entsprechender Extremwert für die Schwellenerhöhung angesehen werden. Da nach Lorenz die spezifische Antriebsenergie einer jeden Erbkoordination durch Agieren verbraucht wird, müßte ein Tier, nachdem es eine Erbkoordination mehrfach hintereinander durchgeführt hat, unter konstanten Umweltbedingungen als Ausdruck einer aktivitätsspezifischen Ermüdung aufhören zu agieren. Nach einer für jede Erbkoordination charakteristischen Zeitspanne müßte die betreffende Verhaltensweise erneut auslösbar sein, so daß für jede Erbkoordination die nach der Theorie zu fordernde Rhythmik erkennbar würde. Lorenz spricht von Instinktbewegungen, "die dazu neigen, sich rhythmisch zu wiederholen." (Lorenz 1978, S. 5). Der Nachweis einer Rhythmik als Ausdruck der Schwankungen der Triebenergie setzt nicht nur eine Unabhängigkeit der Erbkoordination zumindest über einen gewissen Zeitraum vom

übrigen körperlichen Geschehen voraus, sondern auch, daß das Tier in der betreffenden Situation keinerlei Erfahrungen macht, aufgrund derer es sein Verhalten ändert. Es kommt hinzu, daß ein Experimentator wohl kaum in der Lage ist, eine konstante Umwelt für das Versuchstier aufrecht zu erhalten, da das, was er als konstant erachtet, für das Versuchstier bereits eine Menge unterschiedlicher Umweltsituationen beinhalten kann. So ist es nicht verwunderlich, daß bisher weder ein eindeutiger Nachweis für eine aktivitätsspezifische Ermüdung erbracht werden konnte, noch eine Bestätigung für die von der Theorie zu fordernde Rhythmik einer einzelnen Erbkoordination.

Schema: Darstellung der logischen Verknüpfung der Größen Reiz, Reaktion und Bereitschaft in unterschiedlichen theoretischen Konzepten und die sich daraus ergebenden Konsequenzen für die Postulierung einer Leerlaufhandlung.

Theoretisches Konzept I (entspricht der Theorie von Lorenz)

Lorenz geht in seiner Theorie von folgender logischen Verknüpfung der drei Größen Reiz (S), Reaktion (R) und Bereitschaft (B) aus:

$$(S \rightarrow R \equiv B) \wedge (\neg B \rightarrow \neg R)$$

Nach der Theorie von Lorenz gilt, daß eine Reaktion dann und nur dann auftreten kann, wenn die Bereitschaft gegeben ist, d.h. 'B' ist notwendige Bedingung für das Auftreten der Reaktion.

Logische Möglichkeiten	Folgerungen für B
$S \wedge R$	B
$S \wedge \neg R$	$\neg B$
$\neg S \wedge R$	B Leerlauf
$\neg S \wedge \neg R$	$B \vee \neg B$

Theoretisches Konzept II

Legt das theoretische Konzept fest, daß eine Instinktbewegung nur dann auftritt, wenn die Bereitschaft *und* die auslösende Situation gegeben sind, so entspräche das folgender logischen Verknüpfung der drei Größen Reiz (S), Reaktion (R) und Bereitschaft (B):

$$B \wedge S \equiv R$$

Logische Möglichkeiten	Folgerungen für R
$\neg B \wedge S$	$\neg R$
$B \wedge \neg S$	$\neg R$
$\neg B \wedge \neg S$	$\neg R$
$B \wedge S$	R

Bei Zugrundelegung des theoretischen Konzeptes II 'gibt' es keine Leerlaufhandlung.

Kennzeichnend für die Lorenzsche Motivationstheorie ist, daß jeder Erbkoordination ein eigener Antrieb zukommt mit einer wiederum für jede Erbkoordination charakteristischen Eigendynamik. In dieser Annahme liegt aber auch die Schwäche

der Theorie, da nach Lorenz dieser Dynamik ein entscheidender Einfluß auf das Verhalten eines Tieres zukommt. So kann es unter bestimmten Umweltbedingungen zu einer Stauung der aktivitätsspezifischen Energie kommen, die bewirkt, daß ein Tier auf inadäquate Objekte reagiert. Bei extremer Stauung kann sogar Leerlaufverhalten auftreten, dem keinerlei biologischer Sinn zukommt, außer dem, daß das Tier - so die Theorie - die Möglichkeit hat, seine Triebenergie abzureagieren. Als Leerlaufbewegungen dürften nur Erbkoordinationen auftreten, aber nicht die sie ausrichtenden Taxien, da sie - nach Lorenz - rein reaktiv sind, somit weder ermüdbar sind, noch einer Aufstauung unterliegen. Das bekannteste Beispiel für eine Leerlaufhandlung ist der von Lorenz beobachtete Star, der eine nicht vorhandene Fliege fängt, d.h. alle Bewegungen des Fliegenfangens zeigt, ohne daß der Beobachter ein zu diesem Bewegungsablauf passendes Objekt erkennen konnte. Der Star zeigt nach der Beschreibung von Lorenz alle Orientierungsbewegungen; so fixierte er die Zimmerdecke und flog auch gezielt dorthin. Gemäß der Theorie dürfte er nur die Erbkoordinationen des Schnappens und Totschlagens der Beute, sowie die Schluckbewegung, die allein einer Aufstauung der Triebenergie unterliegen, zeigen. Daß auch Taxien im Leerlauf, d.h. ohne das sie auslösende Objekt auftreten, ist ein Vorgang, den die Lorenzsche Theorie nicht zu erklären vermag.
Umgekehrt kann der Abbau der aktivitätsspezifischen Energie durch Agieren zu einer aktionsspezifischen Ermüdung führen. Sie hat zur Folge, daß ein Tier nicht mehr gemäß den Erfordernissen der Umwelt reagieren kann. Speziell aufgrund der Annahmen zur Dynamik der Triebenergie kann ein Tier zu einem Spielball seiner inneren Antriebe werden, ohne an die Anforderungen der Umwelt angepaßt zu sein. Ein solcher Fall könnte eintreten bei Anwendung der Theorie auf Vermeidungsreaktionen wie Flucht, die von Lorenz als Erbkoordination angesehen wird. Lebt ein Tier in einer so günstigen Umwelt, daß es vor Feinden nicht zu fliehen braucht, so gerät es in einen Zustand des Triebstaus und müßte dementsprechend Appetenzverhalten und auch Schwellenerniedrigung zeigen. Appetenzverhalten würde in diesem Zusammenhang bedeuten, daß ein Tier nach einer auslösenden Situation suchen müßte, d.h. nach einem Feind, um vor ihm flüchten zu können. Bei Schwellenerniedrigung flieht es vor völlig inadäquaten Objekten, um umgekehrt bei Schwellenerhöhung als Folge häufiger Flucht auch vor adäquaten Objekten kein Fluchtverhalten mehr zu zeigen.
Diese Schwierigkeit sieht auch Lorenz, und auch er hält dieses "Fluktuieren der Schwelle (bei Vermeidungsreaktionen, Anm. d. Verf.) (für) oft ausgesprochen unzweckmäßig, 'dysteleonom'." (Lorenz 1978, S. 104). Doch seine Beobachtungen an freifliegenden Graugänsen scheinen zu bestätigen, daß die gesetzmäßigen Schwankungen der aktivitätsspezifischen Erregung und die daraus resultierenden Schwellenwertänderungen die Auslösung des Fluchtverhaltens bestimmen. So berichtet er: "Das eine Mal kann eine im Winde dahertreibende Flaumfeder bei einer ganzen Gänseschar überstürzte Flucht auslösen, das andere Mal ruft selbst eine 'überoptimale' Raubvogelattrappe, wie sie ein über die Gänseschar dahinbrausender Drachenflieger darstellt, nur ein paar aufwärts gerichtete Blicke, aber weder Warnen, noch Flucht hervor." (Lorenz 1978, S. 104 f.). Das bedeutet sinnlose Flucht vor völlig harmlosen Objekten bei Schwellenerniedrigung und extreme Gefährdung bei entsprechender Schwellenerhöhung. Wie wird Lorenz mit dieser Schwierigkeit fertig? Er geht davon aus, daß der von ihm postulierte

Grundbaustein des Verhaltens so universell ist, daß davon auch in den Fällen, in denen das daraus aufgebaute Verhalten sich als unangepaßt erweist, nicht abgewichen werden kann. So schreibt Lorenz: "..., daß es der Evolution augenscheinlich unmöglich ist, einen Auslösemechanismus hervorzubringen, der mit konstanter Schwelle auf die Reizkonfiguration antwortet, die den einzigen fliegenden Freßfeind der Gänse, den Seeadler, kennzeichnet." (Lorenz 1978, S. 105).
Die gleichen Überlegungen wie für Flucht gelten auch für Kampfverhalten, dem nach Lorenz ebenfalls ein eigener Antrieb zukommt. Ein Tier, das in einer Umwelt ohne Konkurrenz lebt, müßte aufgrund eines Triebstaus Appetenzverhalten zeigen, d.h. nach einem Rivalen Ausschau halten, mit dem es sich im Kampf messen kann. Bei Schwellenerniedrigung müßte es auf inadäquate Objekte mit Kampf reagieren. So wird vom Indischen Buntbarsch berichtet, daß ein hinsichtlich seines Kampfverhaltens schwellenerniedrigtes Männchen sein eigenes Weibchen umbringt. Als dysteleonom wäre auch eine aktionsspezifische Ermüdung des Kampftriebes anzusehen, da ein Tier in einem solchen Zustand nicht mehr auf die Erfordernisse der Umwelt z.B. bei Revier- oder Jungenverteidigung in sinnvoller Weise antworten könnte.
Auch aus der von Lorenz postulierten Abhängigkeit der Lokomotionsbewegungen von einem spezifischen endogenen Erregungsvorgang könnten Vorgänge resultieren, die als nicht angepaßt an die Anforderungen der Umwelt angesehen werden müssen. So schreibt Lorenz: "Die Gans *will* fliegen, sie 'versucht sich in Abflugstimmung zu versetzen', der Zeitpunkt, an dem sie fliegen wird, ist für den Kenner nach der Intensität der Intentionsbewegungen gut voraussagbar; er ist aber nicht von der Willkür, sondern von dem Aktualspiegel reaktionsspezifischer Erregung abhängig." (Lorenz 1939, S. 35; Hervorhbg. v. Verf.). Lorenz schließt allerdings nicht aus, daß ein zusätzlicher Außenreiz den notwendigen Antrieb zum Abflug liefern kann, "doch hat der Vogel trotz Situationseinsicht nicht die Möglichkeit, von zentral her jenen Impuls aufzubringen, den wir Menschen bei uns selbst als einen 'Entschluß' bezeichnen würden." (Lorenz 1978, S. 107).
Wie verhält sich Lorenz gegenüber diesen Schwierigkeiten? Er sieht zwar auch, daß der von ihm postulierte Grundbaustein des Verhaltens, die Instinktbewegung, und die sich aus ihrer Verursachung ergebenden Konsequenzen für das Auftreten dieser Bewegung nicht für alle möglichen Situationen optimal sein kann, trotzdem hält er daran als allgemein gültigem Erklärungsprinzip fest. Da Lorenz von der Annahme ausgeht, daß die Produktion von aktivitätsspezifischer Erregung für eine spezielle Erbkoordination an die Häufigkeit, mit der eine Erbkoordination vom Tier eingesetzt wird - d.h. an den 'Bedarf' - angepaßt ist, sind für ihn Situationen, in denen Schwellenwertänderungen zu dysteleonomem Verhalten führen, nur die Ausnahme und - so ist mein Eindruck - für ihn eher eine Bestätigung der Allgemeingültigkeit der Gesetzmäßigkeiten, denen eine Erbkoordination unterliegt, da selbst in *den* Fällen, in denen sich das daraus resultierende Verhalten als unangepaßt erweist, in der Evolution an diesem Grundbaustein festgehalten wird.

6. Der Begriff 'angeboren' in der Theorie von Konrad Lorenz

Lorenz geht in seiner Theorie davon aus, daß Tiere - wie er sagt - über 'angeborene' Fähigkeiten verfügen, die von ihm im motorischen Bereich mit dem Begriff Erbkoordination, im sensorischen Bereich mit dem Begriff angeborener Auslösemechanismus benannt wurden.
In der Verhaltensforschung wird vielfach die Frage gestellt, "Welche Teile (des tierischen Verhaltens, Anm. d. Verf.) angeboren und welche im Kontakt mit der Umwelt erworben wurden ..." (Lamprecht 1982, S. 11); es wird somit eine Unterscheidung zwischen angeborenen und erworbenen Verhaltensanteilen hinsichtlich ihrer Verursachung getroffen. Mit dem Begriff angeboren soll wohl ausgedrückt werden, daß einer mit diesem Begriff belegten Fähigkeit eine genetische Basis zukommt, und daß diese Fähigkeit mit dem Erbgut von den Eltern an die Kinder weitergegeben wird. Beobachtbar ist allein der Phänotyp, im speziellen Fall das Verhalten. Die Frage, die sich stellt, ist, welche Vorstellungen in der Verhaltensforschung darüber entwickelt wurden, wie die Umsetzung der im Genom vorliegenden Informationen in den Phänotyp erfolgen könnte. Unumstritten ist, daß die Ausprägung eines jeden phänotypischen Merkmals (M) aus dem Zusammenwirken der genetischen Information (g) und den ontogenetischen Umweltbedingungen (u) resultiert.

$$\mathbf{M = f(g, u)}$$

Die im Genom gespeicherte Information könnte als genetisches Programm interpretiert werden, dem es obliegt, Anweisungen zu geben, wie auf die unterschiedlichen Umweltbedingungen zu reagieren ist.
Immer dann, wenn trotz unterschiedlicher ontogenetischer Umweltbedingungen ein im wesentlichen einheitlicher Phänotyp resultiert, kann daraus geschlossen werden, daß das dem Verhalten zugrundeliegende genetische Programm durch die Umweltbedingungen nur wenig beeinflußt wird. Man könnte eine solche Beobachtung in der Weise interpretieren, daß durch das spezielle genetische Programm für die Umsetzung in den Phänotyp eine starre Regel vorgegeben ist, die trotz unterschiedlicher Umweltbedingungen beibehalten wird. Führen unterschiedliche ontogenetische Umweltbedingungen zu einer großen Variabilität der sich entwikkelnden Phänotypen, so ist anzunehmen, daß diesem Verhalten ein genetisches Programm zugrundeliegt, das sehr empfindlich auf die Umweltbedingungen anspricht. Immer dann, wenn deutlich wird, daß die Individualgeschichte wesentlich in die Ausgestaltung des Phänotyps eingeht, muß von einem solchen flexiblen genetischen Programm ausgegangen werden.
"Wenn also eine Pflanze unter ungünstigen Lichtverhältnissen stark in die Länge wächst, wenn ein Mensch in sauerstoffarmer Höhenluft eine größere Anzahl roter Blutkörperchen bekommt, oder das Fell eines Hundes in kaltem Klima dichter wird, so sind diese teleonomen Veränderungen zwar durch äußere Einwirkungen ausgelöst, sind aber die Verwirklichung eines stammesgeschichtlich gewordenen, eingebauten Programms, das im Genom jeder der genannten Arten für jede der genannten Umweltveränderungen vorgesehen ist. Die Information, die der im Beispiel gebrauchten Pflanze genetisch gegeben ist, würde in Worte gefaßt etwa

lauten: bei ungenügendem Lichteinfall muß der Stengel so lange in der Lichtrichtung in die Länge gezogen werden, bis ein ausreichender Lichteinfall auf die Blätter erreicht wird. ... Von den vorgesehenen Möglichkeiten eines offenen genotypischen Programms wird diejenige verwirklicht, die den das Individuum umgebenden Umweltbedingungen am besten gerecht wird. Die ontogenetische Verwirklichung einer bestimmten unter den durch das Programm vorgegebenen Möglichkeiten ist somit ein Vorgang der *Anpassung*." (Lorenz 1978, S. 207 f.).

Da *jeder* Merkmalsausprägung ein genetisches Programm zugrundeliegt, ist die entscheidende Frage nicht, ob ein Merkmal angeboren ist, sondern wie die Umsetzung der genetischen Information in den Phänotyp erfolgt, d.h. in welcher Weise sich der Einfluß der Umwelt auf die spezifische Ausgestaltung des Merkmals auswirkt. In diesem Sinne entspräche dem Begriff angeboren - bezogen auf Verhaltensweisen - ein genetisches Programm, das weitgehend unabhängig von den Umweltbedingungen in den Phänotyp umgesetzt wird und somit zu einer großen Übereinstimmung im Verhalten der Phänotypen führt. Als erworben gälte ein Verhalten, dem ein genetisches Programm zugrundeliegt, das sehr flexibel auf die ontogenetischen Umweltbedingungen anspricht und eine Variabilität der Phänotypen zur Folge hat. Bei dieser Interpretation wird deutlich, daß das Begriffspaar 'angeboren - erworben' keinen Gegensatz beinhaltet, sondern nur auf graduelle Unterschiede hinsichtlich des Einflusses der ontogenetischen Umwelt auf die Umsetzung der genetischen Information in den Phänotyp hinweist, d.h. auf Unterschiede der Flexibilität des dem Verhalten zugrundeliegenden genetischen Programms gegenüber den ontogenetischen Umweltbedingungen (s. Abb. 10).

Unter dem Begriff ontogenetische Umweltbedingungen wird stets eine unendliche Menge von Komponenten, die sich einzeln oder im Zusammenspiel auf die zu prüfende Merkmalsausprägung auswirken können, zusammengefaßt. In Abhängigkeit von der einer Untersuchung zugrundegelegten Fragestellung werden über diesen Bedingungen Klassen gebildet. So könnte bei Pflanzen, die sowohl im Hochland als auch im Flachland gedeihen, die aber unter diesen verschiedenen Umweltbedingungen unterschiedliche Phänotypen entwickeln, zwischen einer Hochland- und einer Flachlandform unterschieden werden, wobei mit dem Begriff Hochland bzw. Flachland eine Menge unterschiedlicher Umweltkomponenten zu einer Klasse zusammengefaßt werden. Das ist zulässig, wenn sich die Fragestellung auf eine sehr allgemein gehaltene Beschreibung der Phänotypen, die unter diesen unterschiedlichen Umweltbedingungen heranwachsen, bezieht. Soll dagegen geprüft werden, welche spezifischen ontogenetischen Umwelteinflüsse sich unter den Bedingungen des Hoch- oder Flachlandes auf einzelne Merkmalsausprägungen der Phänotypen auswirken, so müßten spezifischere Umweltbedingungen erfaßt werden. Es hängt somit von der Fragestellung des Beobachters ab, wie grob oder fein er eine Einteilung in Klassen der von ihm für relevant gehaltenen ontogenetischen Umweltbedingungen vornimmt. Soll eine solche Klassenbildung sinnvoll sein, so erfordert sie die Kenntnis der Umweltfaktoren, die für die Ausbildung der zu prüfenden Merkmale relevant sind. Der Begriff ontogenetische Umwelt ist nicht beschränkt auf frühe Entwicklungsstadien, sondern gilt für den gesamten Lebensablauf eines Organismus. Bekannt ist, daß dem Prozeß des Alterns, wie auch manchen erst im Alter manifest werdenden Stoffwechselstörungen, genetische Programme zugrunde liegen, die erst in diesen Lebensstadien in Abhängigkeit von Umweltbedingungen zur Auswirkung kommen.

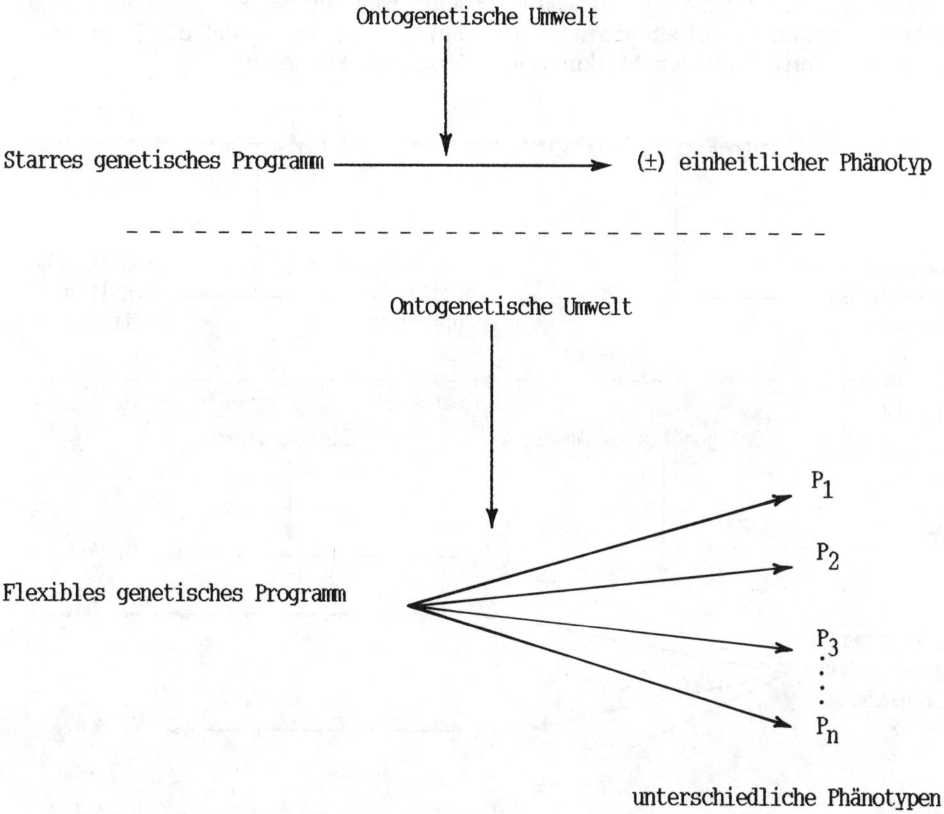

Abb.10: Veranschaulichung der Vorstellung zur Umsetzung eines genetischen Programms in phänotypische Merkmale (P).

Nur in wenigen Fällen konnten bisher die spezifischen Einflüsse, die zu einer Variabilität der Phänotypen hinsichtlich eines oder mehrerer Merkmale führen, aufgedeckt werden. So ist von der chinesischen Primel, *Primula chinensis*, bekannt, daß die Ausprägung der Blütenfarbe allein von der Temperatur in einer bestimmten ontogenetischen Entwicklungsphase abhängig ist. Während in der Regel die verschiedenen Blütenfarben einer Pflanzenart auf verschiedene Gene oder Allele zurückzuführen sind, werden bei der chinesischen Primel beide Blütenfarben, weiß oder rot, vom gleichen Allel bestimmt. Allein der Umweltfaktor Temperatur entscheidet, welche der beiden Möglichkeiten realisiert wird. Pflanzen, die bei Temperaturen um 15 °C aufgezogen wurden, blühen rot, solche, die bei über 30 °C aufwuchsen, bilden keine Blütenfarbstoffe mehr und blühen weiß. Der Temperaturreiz ist nur während einer kurzen sensiblen Periode und zwar im frühen Knospenstadium wirksam. Bringt man eine Pflanze während der Zeit der Blütenbildung, d.h. während der sensiblen Periode, aus einem Warm- in ein Kalthaus, so entwikkelt die gleiche Pflanze sowohl weiße als auch rote Blüten. Bei gleichem genetischem Programm führt ein spezieller Umweltfaktor, in diesem Fall die Temperatur, zu einer unterschiedlichen Merkmalsausprägung am Phänotyp.

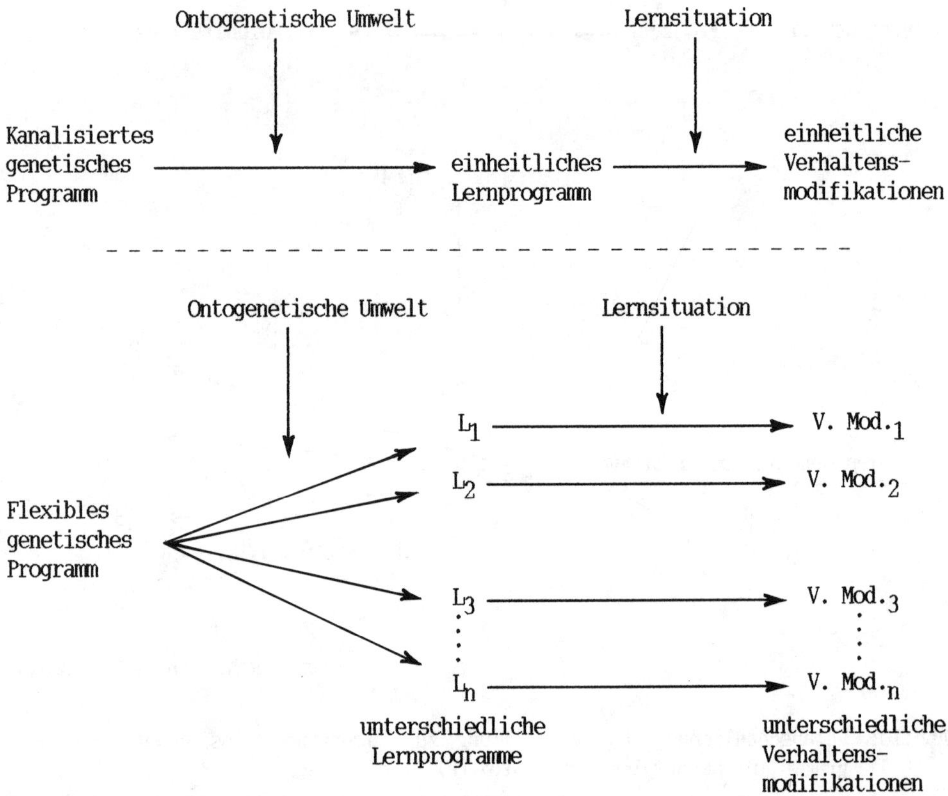

Abb. 11: Veranschaulichung der Vorstellung, wie ein genetisch vorgegebenes Lernprogramm sich auf die Lernfähigkeit eines Tieres auswirken kann.

In den Verhaltenswissenschaften kommt der Begriff 'erlerntes Verhalten' hinzu. Wie ist dieser Begriff in die bisher entwickelte Vorstellung einzubeziehen? Werden Lernvorgänge ganz allgemein als 'adaptive Modifikation' des Verhaltens angesehen, so lassen sie sich ohne Schwierigkeiten in das zuvor skizzierte Schema einordnen. Im Gegensatz zu Entwicklungsprozessen, bei denen in der Regel eine einmal erreichte Anpassung erhalten bleibt, sind Lernvorgänge jedoch reversibel. In Anpassung an sich ändernde Umweltbedingungen kann etwas Neues gelernt werden, d.h. das Verhalten kann korrigiert werden. Aufgrund dieser Flexibilität kann erlerntes Verhalten als ein Spezialfall des erworbenen Verhaltens betrachtet werden. Stellt man unter dieser Annahme die Frage, wie ein dem Lernen zugrundeliegendes genetisches Programm in das beobachtbare Verhalten umgesetzt werden könnte, so erfordert dies eine Erweiterung des Schemas. "Die unbestreitbare ... Tatsache, daß jeder Verbesserung des Verhaltens durch Lernen ein ad hoc in der Phylogenese entstandener neuraler Apparat zugrundeliegen muß, schließt von vorneherein aus, daß derartige Apparate in unendlicher Zahl vorhanden seien, wie es der Fall sein müßte, wenn Lernen an beliebiger Stelle des Verhaltensinventars eines Tieres angreifen könnte." (Lorenz 1965 II, S. 318). Wenn Lorenz davon ausgeht, daß Lernvorgänge an die Ausbildung bestimmter neuraler Mechanismen gebunden sind, so könnte ein solcher sich im Verlaufe der Phylogenese in Anpassung an die Anforderungen der Umwelt herausdifferenzierender neuraler Mechanismus als ein weiteres Programm, ein Lernprogramm, interpretiert werden. Ein solches Lernprogramm entscheidet darüber, wie Auseinandersetzungen mit bestimmten Umweltsituationen bewertet werden.

Ein genetisches Programm kann unterschiedliche Lernprogramme induzieren. Ist das genetische Programm stark 'kanalisiert', d. h. wenig beeinflußt durch die ontogenetische Umwelt, so resultiert daraus ein einheitliches Lernprogramm; reagiert es flexibel auf die ontogenetischen Umweltbedingungen, so können sich unterschiedliche Lernprogramme entwickeln. Je nachdem, wie ein Lernprogramm auf die Lernsituation anspricht – starr oder flexibel – kommt es zu einheitlichen oder unterschiedlichen Verhaltensmodifikationen (s. Abb. 11).

Angeborene Bewegungsmuster

In seiner Theorie der Instinktbewegung betont Lorenz, daß Tiere über angeborene Bewegungsmuster verfügen, die ihnen in bestimmten Situationen ihres Lebens wie Werkzeuge zur Verfügung stehen. Lorenz geht somit von der Annahme aus, daß bei der Realisierung des genetischen Programms für eine Instinktbewegung der Einfluß der Umwelt nur gering ist, so daß es zu dieser einheitlichen Ausprägung eines solchen Bewegungsmusters, die als Formkonstanz beschrieben wird, kommt. Wie läßt sich diese Annahme von Lorenz stützen? Nur wenn sich zeigen läßt, daß trotz unterschiedlicher ontogenetischer Umweltbedingungen die Übereinstimmungen im betrachteten Bewegungsablauf erhalten bleiben, ist die Aussage erlaubt, daß es durch die Unabhängigkeit des genetischen Programms von den Umweltbedingungen zu der einheitlichen Ausgestaltung des Merkmals kommt. Vor allem durch unterschiedliche Aufzuchtbedingungen wird in der Verhaltensforschung versucht, die für einen solchen Nachweis zu fordernde Variabilität der Umwelt zu erreichen, wobei die unterschiedlichen Aufzuchten in sehr verschiedener Weise realisiert werden können.

Um zu prüfen, ob Tauben über die Bewegungskoordination des Fliegens angeborenermaßen verfügen, wurden nestjunge Tauben in engen Kästen aufgezogen, in denen sie nicht einmal die Flügel abspreizen konnten, während ihre Geschwister in offenen Nestern groß wurden. Da die in Holzkästen gehaltenen Jungtauben zu dem Zeitpunkt, zu dem ihre normal aufgewachsenen Nestgeschwister ausflogen, trotz der unterschiedlichen Aufzuchtbedingungen die gleiche Bewegungskoordina-

tion der Flügel beim Flug wie die Nestgeschwister zeigten, wurde daraus der berechtigte Schluß gezogen, daß das Bewegungsmuster der Flügelbewegungen vorwiegend genetisch festgelegt und der Einfluß der Umwelt gering ist.
Welche Überlegungen der Vorgehensweise 'Aufzucht unter verschiedenen Umweltbedingungen' zugrunde liegen, soll anhand eines Schemas noch einmal erläutert werden:

```
              ┌── Aufzuchtbedingung a ┐
              │                       │
              ├── Aufzuchtbedingung b ├ = Erbkoordination X tritt auf
genet. Progr. ┤                       │
              ├── Aufzuchtbedingung c ┘
              │
              └── Aufzuchtbedingung d   = Erbkoordination X nicht
                                          beobachtbar
```

Wenn unter den unterschiedlichen ontogenetischen Umweltbedingungen a, b, c die zu untersuchende Erbkoordination X unverändert auftritt, so ist es zulässig zu sagen, daß das genetische Programm für dieses Bewegungsmuster X streng kanalisiert ist und seine Umsetzung in ein beobachtbares Merkmal durch die geprüften Umweltbedingungen kaum beeinflußt wird. Wird unter der Aufzuchtbedingung d das genetische Programm nicht am Phänotyp realisiert, so kann daraus nur die Schlußfolgerung gezogen werden, daß unter diesen - möglicherweise extremen - Umweltbedingungen eine Realisierung des genetischen Programms nicht möglich ist, da für diese Umweltbedingung im genetischen Programm keine Anweisung vorhanden ist. Wenn unter der Aufzuchtbedingung 'enge Holzkiste ohne Bewegungsmöglichkeit der Flügel' die Flugbewegungen der Taube nicht aufgetreten wären, so würde das nur bedeuten, daß das genetische Programm unter dieser Umweltbedingung nicht in Form des erwarteten Merkmals zur Ausgestaltung kommt. Es wäre aber nicht berechtigt, aufgrund einer solchen Beobachtung zu folgern, daß die Bewegungskoordination des Fliegens erlernt werden müßte.
Um die Aussage, daß ein Verhaltensmuster angeboren ist, empirisch zu stützen, wird in der Verhaltensforschung in der Regel der Isolationsversuch (bekannt unter dem Namen Kaspar-Hauser-Versuch) durchgeführt. Ein Tier wird isoliert von seinen Artgenossen aufgezogen unter der Annahme, daß dem Tier auf diese Weise die Möglichkeit genommen wird, Verhaltensweisen, die es an Artgenossen wahrnimmt, nachzuahmen, d.h. zu erlernen. Man kann so die Erfahrung, die ein Tier im Umgang mit Artgenossen macht, und deren Auswirkung auf das Verhalten ausschließen, jedoch nicht den Einfluß weiterer Umweltbedingungen auf die Realisierung des genetischen Programms für ein Verhaltensmerkmal negieren. Es sei denn, man geht davon aus, daß die unterschiedlichen sozialen Umwelten schon eine ausreichende Variabilität der Umwelt darstellen, um bei Übereinstimmung im Verhalten unter diesen unterschiedlichen Umweltbedingungen sagen zu können, daß der Einfluß der Umwelt auf die Umsetzung des genetischen Programmes für nur gering erachtet wird. Die Problematik dieser Vorgehensweise liegt darin, daß man nicht weiß, in welcher Weise sich welche Umweltbedingungen auf die Realisierung von Verhaltensmerkmalen auswirken und somit willkürlich bestimmte Um-

weltbedingungen als Einflußfaktoren auf die Merkmalsausprägung festgelegt werden.
Der Kaspar-Hauser-Versuch läßt nur eine Aussage darüber zu, wie flexibel oder wie starr das genetische Programm speziell auf die im Experiment gebotenen unterschiedlichen ontogenetischen Umwelten - Aufwachsen im sozialen Verband oder isoliert - zu antworten vermag. Er erlaubt somit nur eine - noch dazu sehr begrenzte - Aussage über den mehr oder weniger starken Einfluß der sozialen Umwelt während der Ontogenese auf die Ausgestaltung eines Merkmals, aber nicht eine Untcrtcilung der Antworten in 'erworbene' oder 'angeborene' Reaktionen, da alle im Versuch gezeigten Reaktionen auf die Anweisungen des genetischen Programms, wie auf die unterschiedlichen Umwelten zu reagieren ist, zurückzuführen sind. Tritt nach einem Isolationsversuch das zu testende Verhaltensmerkmal auf, so läßt dies die Aussage zu, daß das dem Verhalten zugrundeliegende Programm gegenüber den geprüften Umweltbedingungen wenig sensibel ist, so daß es trotz unterschiedlicher Aufzuchtbedingungen zu einer einheitlichen Ausprägung des Bewegungsmusters kommt. Wäre das Verhaltensmuster in einer von der Form abweichenden Ausprägung beobachtbar, so bedeutet dies, daß das genetische Programm flexibel auf unterschiedliche Umweltbedingungen reagiert, was - wie ausgeführt - zu einer Variabilität der Phänotypen führen kann. Tritt das Verhaltensmuster bei isolierter Aufzucht nicht auf, so kann eine solche Beobachtung nur so interpretiert werden, daß im genetischen Programm für die gebotene ontogenetische Umweltbedingung keine für den Beobachter erkennbare Antwort vorgesehen ist.
In der verhaltenskundlichen Lehrbuchliteratur wird aber immer noch davon ausgegangen, daß die Ergebnisse des Kaspar-Hauser-Versuches eine Unterscheidung in 'angeborene' und 'erworbene' Anteile des Verhaltens zulassen. Tritt die zu prüfende Verhaltensweise nach einem Isolationsversuch auf, so gilt sie als 'angeboren', konnte sie unter diesen Versuchsbedingungen nicht beobachtet werden, so erhielt sie das Etikett 'erworben'. "Die Ethologen sind der Ansicht, daß man die Frage nach den angeborenen und erworbenen Anteilen im tierischen Verhalten beantworten kann, indem man ein Tier von Artgenossen isoliert aufzieht, so daß es kein soziales Vorbild nachahmen kann, und indem man ihm überdies noch die Möglichkeit nimmt, die fragliche Verhaltensweise durch Selbstdressur zu lernen." (Eibl-Eibesfeldt 1987, S. 54). Auch Lamprecht vertritt diese Meinung, wenn er schreibt: "Der Kaspar-Hauser-Versuch, die Aufzucht unter spezifischem Erfahrungsentzug, erlaubt, zwischen 'angeborenen' und 'erworbenen' Verhaltenselementen zu unterscheiden." (Lamprecht 1982, S. 87). Genau das leistet dieser Versuch nicht. Es ist aufgrund des Ergebnisses eines Kaspar-Hauser-Versuches nur die Aussage erlaubt, wie flexibel oder wie starr das genetische Programm speziell auf die geprüften Umweltbedingungen - Aufzucht im sozialen Verband oder isoliert - zu reagieren vermag.
Im Kaspar-Hauser-Versuch wurden nicht nur Lokomotionsbewegungen wie Fliegen und Laufen hinsichtlich ihrer Verursachung, d.h. unter der Frage angeboren oder erworben, getestet, sondern auch Verhaltensweisen, die auf eine spezifische Situation gerichtet sind, wie z.B. Balz- oder Drohbewegungen. Soll nach einer isolierten Aufzucht der Versuchstiere eine Verhaltensweise, die der spezifischen Auslösung bedarf, getestet werden, so ist eine Voraussetzung für ihr Auftreten die

Präsentation der spezifischen auslösenden Situation. Das setzt wiederum die Kenntnis dieser Situation und ihre Realisierung in der Testsituation voraus. Wie leicht Fehler bei der Erstellung einer adäquaten Testsituation auftreten können, die dann zu einer Fehlinterpretation der Ergebnisse führen , mögen exemplarisch die Untersuchungen des Amerikaners Riess an Ratten (1954) zeigen. Er legte seinen Versuchen die Annahme zugrunde, daß Rattenweibchen die Bewegungen, die sie als adulte Tiere beim Nestbau einsetzen, während ihrer Jugendphase durch Hantieren mit beliebigen Gegenständen erlernen müssen. Wird jungen Ratten während der Zeit des Heranwachsens die Möglichkeit, Objekte in die Vorderpfoten zu nehmen und damit herumzuprobieren, vorenthalten, so - seine Hypothese - beherrschen sie als erwachsene Tiere nicht die für den Nestbau typischen Bewegungskoordinationen. Aufgrund dieser Hypothese plante er seine Experimente. Riess zog junge Ratten von Geburt an so auf, daß sie keinerlei Möglichkeit hatten, mit irgendwelchen Gegenständen zu hantieren. Sie lebten ohne Nistmaterial in Drahtkäfigen und erhielten nur pulverisiertes Futter. Unter diesen Haltungsbedingungen fanden sich im Käfig keine Objekte zum Hantieren. Nach Erreichen der Geschlechtsreife und Verpaarung der Versuchstiere wählte er für die Tests trächtige Weibchen aus, da von ihnen mit großer Wahrscheinlichkeit zu erwarten ist, daß sie ein Nest bauen. In der Testsituation bot er den Weibchen in besonderen Testkäfigen Nistmaterial in Form von schmalen Papierstreifen, die von den Käfigwänden herunterhingen. In der Testzeit von insgesamt einer halben Stunde baute keines der Tiere ein Nest, ein Verhalten, das Riess als eine Bestätigung seiner Hypothese deutete, daß die Verhaltensweisen des Nestbaues während der Jugendphase durch Hantieren mit festen Gegenständen erlernt werden müssen; sie somit dem Tier nicht angeborenermaßen zur Verfügung stehen.

Diese Versuche von Riess wurden von Eibl-Eibesfeldt (1963) unter gleichen Bedingungen wiederholt mit dem einzigen Unterschied, daß Eibl-Eibesfeldt die Versuchsweibchen nicht in ihnen fremden, sondern in den ihnen vertrauten Käfigen testete. Ein großer Teil dieser Rattenweibchen zeigte sogleich die typischen Bewegungen, die Ratten beim Hantieren mit Nistmaterial einsetzen gegenüber den als Nistmaterial angebotenen Papierstreifen. Für die übrigen Weibchen, die nicht sogleich mit dem Nestbau begannen, wurde der Käfig durch eine niedrige Trennwand unterteilt, so daß ein Nestplatz abgetrennt wurde. Daraufhin zeigten auch diese Weibchen die für Ratten so typischen Nestbaubewegungen wie Eintragen, Ablegen und Zerspleißen von Nistmaterial. Das Ergebnis von Eibl-Eibesfeldt, daß trotz so ungewöhnlicher Aufzuchtbedingungen die beteiligten Erbkoordinationen des Nestbaues unverändert auftraten, spricht für ein - zumindest hinsichtlich der getesteten Umweltbedingungen - wenig zu beeinflussendes genetisches Programm für die Ausprägung dieser Bewegungsmuster.

Wie konnte es zu den sich widersprechenden Ergebnissen von Riess und Eibl-Eibesfeldt kommen? Es ist bekannt, daß auch erfahrene Ratten, die schon mehrfach Junge aufgezogen haben, in einer ihnen fremden Umgebung zunächst nur ein Erkundungsverhalten zeigen. Erst nach einer längeren Periode des Erkundens, vermutlich wenn sie mit der neuen, ihnen fremden Umgebung vertraut sind, beginnen sie z.B. zu fressen oder auch ein Nest zu bauen. Um in den fremden Testkäfigen eine solche Vertrautheit zu erlangen, war die Versuchszeit von einer halben Stunde für die Versuchstiere von Riess anscheinend zu kurz. Die Rattenweibchen, die

Eibl-Eibesfeldt in der ihnen vertrauten Umgebung testete, zeigten keine derartige Erkundungsphase und begannen, wenn sie einen Nestplatz im Käfig gefunden hatten, mit dem Nestbau unter Einsatz der arttypischen Bewegungsmuster, auch ohne daß sie zuvor mit festen Gegenständen hantieren konnten. Riess ist eine unzureichende Berücksichtigung dieser Zusammenhänge bei der Prüfung seiner Versuchstiere vorzuwerfen.
Die Ergebnisse der Versuche von Riess und Eibl-Eibesfeldt wurden noch ganz unter dem Tenor, ob ein Verhaltensmerkmal erlernt oder angeboren sei, d.h. im Sinne einer völlig gegensätzlichen Verursachung, diskutiert. Die sich über Jahre hinziehende, kontrovers geführte Diskussion führte aber dann doch zu der Einsicht, daß mit den Begriffen 'angeboren-erlernt' nur künstlich ein Gegensatz konstruiert wurde, der zu völlig falschen Vorstellungen über die Realisierung genetischer Programme führen mußte. Eine weitgehende Übereinstimmung der Ausprägungen eines Merkmals wurde bisher als Kriterium für angeboren angesehen, und die Variabilität der Ausprägung eines Merkmals bzw. seine 'Nicht-Ausprägung' galt als Indiz für ein zu 'erlernendes Merkmal'. Heute wird dagegen sowohl von behavioristischer als auch ethologischer Seite gesehen, daß die Ausgestaltung eines Verhaltensmerkmals auf die Flexibilität bzw. die Starrheit, mit der das zugrundeliegende genetische Programm auf die unterschiedlichen Umweltbedingungen anspricht, zurückzuführen ist.

Angeborenes Erkennen

Lorenz geht in seiner Theorie auch davon aus, daß Tiere für sie relevante Situationen ohne Vorangehen irgendeiner Erfahrung, somit - wie er sagt - angeborenermaßen, erkennen. Er unterlegt damit die Annahme, daß dieses angeborene Erkennen von einem genetischen Programm abhängig ist. Die Ausprägung dieser Fähigkeit, die wir nur über das Experiment erkennen können, wird - wie es für jedes andere erbliche Merkmal gilt - durch die Anweisungen des genetischen Programms, wie auf die ontogenetischen Umweltbedingungen zu reagieren ist, bestimmt. Das bedeutet, daß auch für das angeborene Erkennen gezeigt werden müßte, ob und in welcher Weise sich unterschiedliche Umweltbedingungen während der Ontogenese auf die Ausprägung dieser Fähigkeit auswirken.
Erkennen einer Situation bedeutet immer ein Wiedererkennen. Für die Fähigkeit des angeborenen Erkennens wird demnach angenommen, daß an zentraler Stelle Merkmale oder Merkmalskonfigurationen gespeichert sind, die mit der Umwelt abgeglichen werden, um bei mehr oder minder guter Übereinstimmung eine Reaktion auszulösen, was als ein Erkennen der Situation gewertet wird. Ein Experimentator kann ein angeborenes Erkennen einer Situation durch das Tier nur über eine für ihn beobachtbare spezifische Reaktion des Tieres feststellen. Für ein in diese Richtung zielendes Experiment wird somit stets eine feste Verknüpfung zwischen der zu prüfenden Situation und der ihr zugeordneten Antwort vorausgesetzt, was nach der Theorie durch den AAM gewährleistet ist. Nur über das spezifische Antwortverhalten des Versuchstieres kann eine Aussage über das angeborene Erkennen einer Situation gemacht werden.
Soll geprüft werden, ob ein angeborenes Erkennen für eine spezifische Situation vorliegt, so wird in der Regel die Annahme gemacht, daß es genüge, dem Ver-

suchstier während des Heranwachsens spezielle Erfahrungen mit der zu testenden Situation vorzuenthalten. Zeigt ein Tier trotz der mangelnden Erfahrung mit der Situation die spezifische Antwort, so wird dieses Verhalten als ein angeborenes Erkennen gewertet. Ein Ausbleiben der Antwort wird als ein 'Nicht-Erkennen' interpretiert. Ein solches Ergebnis wird als ein Hinweis aufgefaßt, daß die für das Erkennen der Testsituation kennzeichnenden Merkmale vom Tier erlernt werden müssen. Nur im Sinne eines Hinweises deshalb, weil nicht auszuschließen ist, daß zusätzliche Bedingungen (ohne zu erörtern, welche) ein Ausbleiben der Antwort zur Folge haben könnten.

Bei dieser Vorgehensweise wird dem Tier nur die Möglichkeit genommen, spezielle Erfahrungen mit dem Testobjekt zu machen; es wird aber nicht geprüft, ob und in welcher Weise unterschiedliche Umweltbedingungen, die während der Ontogenese auf das Tier einwirken, die Ausprägung des Erkennungsmechanismus beeinflussen. Diese Frage wurde bisher kaum aufgegriffen. Zu nennen wären in diesem Zusammenhang die Untersuchungen von Gilbert Gottlieb (1975 a,b,c), der für eine Analyse des Erkennungsmechanismus unerfahrener Entenküken für den arteigenen Gluckenlaut seine Versuchstiere noch während der Embryonalentwicklung unterschiedlichen Versuchsbedingungen unterwarf. Gottlieb konnte zeigen, daß frischgeschlüpfte, unerfahrene Küken der Pekingente (einer domestizierten Form der Stockente) den Lockruf einer Stockentenmutter, den diese beim Verlassen des Nestes äußert, von den Lockrufen andersartiger Entenmütter, z.B. der Brautente, zu unterscheiden vermögen. Die Küken zeigten nur gegenüber den arteigenen Lauten die für sie typischen kindlichen Verhaltensweisen wie Nachlaufen und Äußern der Zufriedenheitslaute. Im Versuch liefen die Küken zu der für sie unsichtbaren Lautquelle, aus der der Lockruf der Stockente ertönte, und folgten dieser Lautquelle, wenn sie sich entfernte.

Gottlieb ging bei seinen Untersuchungen von der Annahme aus, daß diese Fähigkeit der Erkennung des arteigenen Rufes nicht allein durch eine ererbte Information erreicht wird, sondern daß erst bestimmte Umweltbedingungen während der Embryonalentwicklung zur endgültigen Ausprägung dieser Fähigkeit beitragen. Nach Gottlieb erkennen die unerfahrenen Küken den arteigenen Lockruf der Mutter, mit dem sie ihre Jungen vom Nest lockt, in erster Linie an der Wiederholungsrate der Silben, die bei diesem Ruf bei 4 Silben pro Sekunde liegt. Diese Fähigkeit, den arteigenen Lockruf der Mutter zu erkennen, entwickeln die Küken aber nur, wenn sie während der Embryonalentwicklung ihre eigenen Laute oder die Laute der Geschwister wahrnehmen können. Am 24. Entwicklungstag, wenn die Embryonen mit dem Schnabel in die Luftblase stoßen, d.h. 2 - 3 Tage vor dem Schlüpfen, beginnen sie Laute zu produzieren, die sogenannten Zufriedenheitslaute, die ebenfalls eine Wiederholungsrate von 4 Silben pro Sekunde aufweisen. Um diese akustische Erfahrung der Küken während der Embryonalentwicklung im Ei, die für die Spezifität des Erkennungsmechanismus so bedeutsam ist, auszuschalten, unterzog Gottlieb die Embryonen am 24. Entwicklungstag im Ei einem operativen Eingriff. Die Membran der Syrinx wurde durch eine Art Gewebekleber unbeweglich gemacht, um die Embryonen - noch bevor sie eigene Laute produzieren konnten - auf diese Weise stumm zu machen. Anschließend wurden die Küken einzeln in schallisolierten Räumen aufgezogen, so daß sie keinerlei Erfahrung mit eigenen oder Geschwisterlauten machen konnten.

In den Tests, die mit diesen akustisch erfahrungslosen Tieren im Alter von 16 - 24 Stunden durchgeführt wurden, einem Alter, in dem sie bei normaler Aufzucht zusammen mit der Mutter das Nest verlassen, zeigte sich, daß die stummen Küken den arteigenen Lockruf mit anderen Lockrufen, die eine andere Wiederholungsrate von z.B. 2,3 Silben pro Sekunde hatten, verwechselten. Diese Minderung hinsichtlich der Spezifität des Erkennungsmechanismus konnte Gottlieb wieder ausgleichen, wenn er diese künstlich stumm gemachten Küken noch vor dem Schlupf mit den arteigenen Zufriedenheitslauten beschallte. Diese Küken zeigten dann wieder die gleiche Leistung beim Erkennen des arteigenen Lockrufes wie die normal aufgewachsenen Tiere. Die Beschallung mit anderen Rufen wie z.B. dem Verlassenheitsruf der Küken oder mit weißem Rauschen hatte keine vergleichbare Wirkung auf den Erkennungsmechanismus. Aufgrund dieser Experimente kommt Gottlieb zu dem Schluß, daß zwar eine genetische Anlage für das Erkennen arteigener Laute gegeben sei, daß aber nur durch das Hören der arteigenen Zufriedenheitslaute oder der entsprechenden Laute der Geschwister oder durch Beschallung mit diesen Lauten dieser Erkennungsmechanismus auch postnatal voll zur Entwicklung kommt. Fehlt dieser Einfluß während der Embryonalphase, so treten Abweichungen beim Erkennen auf.

Die Ergebnisse der Versuche von Gottlieb lassen sich so interpretieren, daß spezifische akustische Einflüsse während der Embryonalentwicklung sich auf die Ausprägung des Erkennungsmechanismus in erkennbarer Weise auswirken [8]. Das bedeutet, daß im Einzelfall geprüft werden müßte, ob und wie sensibel ein genetisches Programm, das für einen Mechanismus wie den AAM angenommen wird, auf unterschiedliche Einflüsse der Umwelt während der Embryonalentwicklung reagiert.

Nur in Ausnahmefällen ist im strengen Sinne geprüft worden, ob und in welcher Weise sich unterschiedliche ontogenetische Umweltbedingungen auf die Ausgestaltung angeborener Verhaltensmerkmale auswirken. Bei Bewegungsmustern, den Erbkoordinationen, geht man aufgrund der Einheitlichkeit der Merkmalsausprägungen (der sog. Formkonstanz) davon aus, daß das einem solchen Verhaltensmerkmal zugrundeliegende genetische Programm weitgehend unabhängig von den ontogenetischen Umweltbedingungen ist; obwohl nicht auszuschließen ist, daß auch bei einem flexibel auf die Umwelt ansprechenden genetischen Programm die gleichen ontogenetischen Umweltbedingungen zu einheitlichen Phänotypen führen. Erst durch eine Prüfung unter unterschiedlichen Aufzuchtbedingungen kann die Flexibilität eines genetischen Programms zum Ausdruck kommen.

Es ist selbstverständlich, daß bei der Komplexität der möglichen Einwirkungen auf ein genetisches Programm nicht im Einzelfall getestet werden kann, welche ontogenetischen Umweltbedingungen welchen Einfluß auf die Ausprägung eines Ver-

[8] "Just how highly specific such organism-environment interactions might necessarily be in the development and evolution of species-specific perception has not been appreciated. ... We have assumed that we already know the unidirectional developmental pathway of 'innate' behaviour: genetic activity ⟶ neural maturation ⟶ species-typical behavior. ... the newly emerging view of species-typical behavioral development calls for the interpolation of experience as well as the bedirectionality of influences: genetic activity ⟷ neural maturation ⟷ experience ⟷ species-typical behavior." (G. Gottlieb 1980, S. 584).

haltensmerkmals haben. Wenn allerdings die Begriffe angeboren und erworben weiterhin benutzt werden sollen, dann nur in dem hier aufgezeigten Sinne, d.h. daß sie nur auf graduelle Unterschiede hinsichtlich der Umsetzung des genetischen Programmes in den Phänotyp hinweisen.

III. Kapitel

WAS WISSEN WIR NUN WIRKLICH? EINE KRITISCHE ANALYSE EMPIRISCHER BEFUNDE

"... Wissenschaft ist leichter zu betreiben als zu verstehen."
C. F. von Weizäcker (1979)

In diesem Kapitel möchte ich die Frage aufgreifen, inwieweit die empirische Forschung bisher die Annahmen und Aussagen der Theorie zu stützen vermochte. Aus der Vielzahl der experimentellen Untersuchungen habe ich in erster Linie die Arbeiten ausgewählt, die von der scientific community stets als Bestätigung der Annahmen der Theorie angesehen werden. Bei der Analyse ging es mir vorrangig darum, Begründungen für die Vorgehensweise des Autors im Rahmen der unterlegten Theorie zu finden, um erst aufgrund dieser Überlegungen die Frage zu stellen, ob und inwieweit die vorgelegten Ergebnisse einer Arbeit akzeptiert werden können. Ich erhoffe mir von dieser Vorgehensweise zum einen, daß sie es dem Leser ermöglicht, sich ein eigenes Urteil über die zur Diskussion stehenden Arbeiten zu bilden, zum anderen, daß sie dazu beiträgt, den Leser kritikfähiger gegenüber manchen Aussagen der empirischen Forschung zu machen.

1. Die Erbkoordination

Als wesentliches Kennzeichen einer Erbkoordination gilt ihre *Formkonstanz*. Damit wird gesagt, daß der Ablauf eines solchen Bewegungsmusters in sich so wenig veränderlich ist, daß es für den Beobachter als Verhaltenseinheit wiedererkennbar ist. Die sogenannte Formkonstanz des Bewegungsablaufes schließt nicht aus, daß eine Erbkoordination in verschiedenen *Intensitätsstufen* auftreten kann. Darüberhinaus kommt einer Erbkoordination eine eigene *Motivation* zu: die aktionsspezifische Energie mit einer für jede Erbkoordination charakteristischen Eigendynamik.

1.1 Die Formkonstanz

Die Erbkoordination gilt als eine zentral koordinierte Bewegungsweise, die - einmal ausgelöst - in ihrem Ablauf durch Umweltreize nicht weiter beeinflußt wird [1]. Aus beiden Annahmen resultiert eine Invarianz des Bewegungsablaufes, die von

[1] Es sei denn, eine extreme Umweltbedingung erzwingt einen Abbruch.

Lorenz als Formkonstanz bezeichnet wird. Sie wird besonders deutlich bei spezifischen Bewegungsmustern, wie wir sie z.B. von der Körperpflege, vom Nestbau oder vom Beutefang kennen. Will sich ein Kiebitz am Kopf kratzen, so spreizt er - wie übrigens alle Singvögel - den Flügel etwas seitlich ab, um das Bein über den Flügel hinweg an den Kopf zu bringen. Eine Ente läßt bei dem gleichen Vorhaben den Flügel in den Flügeltaschen und hebt das Bein auf dem kürzesten Weg an den Kopf. Es wird einem Dompteur weder gelingen, eine Ente dazu zu bringen, daß sie sich wie ein Kiebitz am Kopf kratzt, noch im umgekehrten Fall ein Kiebitz wie eine Ente. Damit soll gesagt werden, daß ein solches spezifisches Bewegungsmuster - einmal ausgebildet - im Laufe des Lebens nicht mehr verändert werden kann.

Als klassisches Beispiel für die Formkonstanz einer Erbkoordination wird stets die Eieinrollbewegung bodenbrütender Vögel zitiert. Findet eine brütende Graugans ein Ei dicht neben dem Nest, so steht sie auf, greift mit dem Schnabel hinter das Ei und versucht, durch eine immer stärkere Halskrümmung das Ei in die Nestmulde zurückzuholen. Bei dieser Verhaltensweise konnte Lorenz auch sehr eindrucksvoll die Unabhängigkeit des Bewegungsablaufes von Umwelteinflüssen zeigen. Dazu nahm Lorenz das Ei immer in dem Augenblick fort, in dem die Gans zu der Bewegung angesetzt, d.h. mit dem Schnabel hinter das Ei gefaßt hatte. Trotzdem führte die Gans die Bewegung des Eieinrollens bis zu ihrem Ende durch. Bei einem solchen Bewegungsablauf ohne das auslösende Objekt fehlen nur die steuernden Ausgleichsbewegungen mit dem Schnabel, die Taxien, die ein Wegrollen des Eies verhindern sollen.

Auch aus dem Bereich Beutefang sind sehr spezifische Bewegungsmuster bekannt, die als Beispiele für die Invarianz eines Bewegungsablaufes angesehen werden können. Die Larvenstadien unserer heimischen Libellen leben im Wasser und ernähren sich von Insekten und Würmern. Sie fangen sie durch Vorschnellen des Labiums, der zur Fangmaske umgebildeten Unterlippe. Der Ablauf dieser Bewegung ist stereotyp immer der gleiche, nur durch Orientierungsbewegungen wie z.B. durch seitliche Auslenkung oder durch mehr oder weniger weites Vorstrecken der Fangmaske wird eine Anpassung an Lage und Form der Beute erreicht. Nicht alle Verhaltensweisen, die der Nahrungsaufnahme dienen, sind hoch spezialisiert. Pflanzenfresser wie die Gänse rupfen Blätter und Gras vom Boden ab, Vögel pikken nach Körnern und dergleichen; insektenfressende Fleder- und Spitzmäuse beißen in ihre Beute hinein, um sie nach und nach in sich hineinzukauen. Jede einzelne Rupf- oder Pickbewegung entspräche dann einer Erbkoordination. Ebenso werden Trink- und Schluckbewegungen den Erbkoordinationen zugerechnet.

Auch aus dem Funktionskreis Nestbau kennen wir sowohl hoch spezialisierte Bewegungsmuster als auch solche, die sehr vielfältig in verschiedenen Situationen eingesetzt werden können und keinerlei Spezialisierung aufweisen. Der einheimische Pirol, der wie die Webervögel sein Nest aus trockenen Grashalmen baut, flicht beim Befestigen eines Halmes an einem Zweig einen regelrechten Knoten mit einer mehr oder weniger stereotypen Bewegung. Wenn sich allerdings ein Grashalm als zu sperrig für den Knoten erweist, kann der Vogel an jeder beliebigen Stelle des Bewegungsablaufes abbrechen. Für eine solche Bewegung gilt demnach nicht, daß sie - einmal begonnen - bis zu ihrem Ende durchgeführt werden muß. Andere Nestbaubewegungen lassen keine derartige Spezialisierung erkennen. So trägt der Kleiber im Schnabel Rindenstücke ein, die er in der Nesthöhle ablegt; mit der gleichen Bewegung transportiert er Futterbrocken im Schnabel, um sie an bestimmten Stellen zu verstecken. Das Aufnehmen eines Gegenstandes mit dem Schnabel entspräche dann einer vielseitig verwendbaren Erbkoordination (Lorenz spricht in diesem Zusammenhang von 'Mehrzweckbewegungen').

Auch die verschiedenen Lokomotionsbewegungen wie Fliegen, Schwimmen, Laufen gelten als Erbkoordinationen, wobei niemals festgelegt wurde, welche Einheit beim Schwimmen oder Laufen als eine Erbkoordination anzusehen ist. Die ursprüngliche Definition, daß eine Erbkoordination - einmal angestoßen - ohne weiteren Einfluß von außen bis zu ihrem Ende abläuft, ist hier nicht anwendbar. Lorenz geht vermutlich davon aus, daß eine auf-ab-Bewegung eines Flügels - als rhythmisches Teilelement - eine Erbkoordination darstellt, die dann in Abhängigkeit von der Höhe der ihr zukommenden Triebenergie beliebig oft wiederholt werden kann. Das gleiche müßte für den Flossenschlag eines Fisches oder einen Schritt z.B. eines Säugetieres gelten. Aus dieser Annahme, daß ein solches Teilelement der Bewegung wie ein einzelner Flügelschlag als eine Erbkoordination anzusehen ist, ergeben sich weitere Probleme zur Koordination dieser einzelnen Erbkoordinationen zu dem für jede Art typischen komplexen Bewegungsablauf. Hierzu bleiben viele Fragen offen, z.B. auch die, was bei einer Blindschleiche, die sich bekanntlich schlängelnd bewegt, als eine Erbkoordination aufzufassen ist.

Abschließend ist zu sagen, daß die Formkonstanz einer Erbkoordination als recht gut bestätigt angesehen werden kann. Als unbefriedigend muß dagegen ihre Abgrenzung als Teilelement komplexer Bewegungsabläufe gelten.

1.2 Die Erbkoordination in ihrer Abhängigkeit von einer spezifischen Motivation

Die Theorie macht die Annahme, daß jeder Verhaltenseinheit, die als Erbkoordination gilt, ein eigener Antrieb, die aktionsspezifische Energie, zukommt. Welches sind die Argumente, mit denen Lorenz diese sehr grundlegende Annahme meint stützen zu können? Zum einen geht er davon aus, daß - von wenigen Ausnahmen abgesehen - jede Erbkoordination ein eigenes Appetenzverhalten entwickelt mit dem alleinigen Ziel, die spezifische auslösende Situation für diese Verhaltensweise zu suchen, um ihre Durchführung zu ermöglichen. Zum anderen sind es die unterschiedlichen Intensitäten, mit der eine Erbkoordination beobachtbar ist, die nicht allein auf die Reizsituation zurückführbar sind. Das bedeutet, daß eine Zustandsgröße, die spezifische Motivation, für ihre Ausgestaltung mitverantwortlich ist.

Das 'spontane' Appetenzverhalten wird durch die Triebenergie einer Erbkoordination in Gang gesetzt, verbraucht aber selbst keine Triebenergie. Diese Annahme ist rein intuitiv verständlich, da anderenfalls bei ausdauerndem Appetenzverhalten die Triebenergie aufgebraucht sein könnte, ehe das Ziel des Appetenzverhaltens, die auslösende Situation für die Erbkoordination, erreicht ist. Es könnte auch eintreten, daß die auslösende Situation zwar noch durch die Appetenz erreicht würde, daß aber dann nicht mehr ausreichend aktionsspezifische Energie zur Durchführung der angestrebten Erbkoordination als Endhandlung vorhanden wäre. Insofern erscheint es sinnvoll festzulegen, daß Appetenzverhalten keine aktionsspezifische Energie verbraucht.

Aus dieser Annahme ergeben sich eine Reihe von Problemen. So wird in der Theorie nichts darüber ausgesagt, wie das Appetenzverhalten durch die spezifische Energie einer Erbkoordination angetrieben werden kann. Setzt sich das Appetenzverhalten aus einer oder mehreren Erbkoordinationen zusammen, so verbrauchen sie - im Gegensatz zu der Erbkoordination, in deren Diensten sie eingesetzt sind - weder eigene Triebenergie, noch die der Erbkoordination, durch die sie angetrieben werden. Ist eine dieser Erbkoordinationen das Ziel der Appetenz, so verbraucht sie dagegen Triebenergie. Somit gibt es zweierlei Erbkoordinationen, je nachdem, welche Funktion ihnen vom Beobachter zugewiesen wird. Wird eine Erbkoordination als zugehörig zum Appetenzverhalten interpretiert, so kann sie ohne Einschränkung beliebig lange ausgeführt werden. Gilt sie als Ziel des Appetenzverhaltens, so unterliegt sie den Restriktionen, die die Theorie vorgibt, wie Triebstau und aktionsspezifische Ermüdung. Es entsteht der Eindruck, daß man sich mit einer rein phänomenologischen Beschreibung dieser Zusammenhänge zufrieden gegeben hat, ohne die Konsequenzen einer solchen willkürlichen Festlegung, welcher Erbkoordination eine Rückwirkung auf den Antrieb zukommt und welcher nicht, im Rahmen der Theorie zu bedenken.

Wie steht es um das zweite Argument von Lorenz, mit dem er die Abhängigkeit einer Erbkoordination von einem eigenen spezifischen Antrieb zu stützen sucht? Nach dem Prinzip der doppelten Quantifizierung wird die beobachtete Intensität einer Erbkoordination sowohl von der Höhe der spezifischen Antriebsenergie als auch vom Reizwert der aktuell vorliegenden Umweltsituation bestimmt. Aus dieser Annahme folgt, daß - bei Gültigkeit dieses Prinzips - die unterscheidbaren Intensitätsstufen einer Erbkoordination in einer statistisch konstanten Umwelt die jeweilige Höhe der Motivation repräsentieren. Unter derartigen Umweltbedingungen bestünde die Möglichkeit, die von Lorenz postulierten gesetzmäßigen Schwankungen der Antriebsenergie in ihren Auswirkungen auf das beobachtbare Verhalten empirisch zu überprüfen.

An einer Erbkoordination, die nur selten vom Tier eingesetzt werden muß, da die sie auslösende Situation nur gelegentlich auftritt, sollten die aus der Dynamik der aktionsspezifischen Energie resultierenden Phänomene wie Intensitätsstufen, aber auch aktionsspezifische Ermüdung und Leerlauf beobachtbar sein. Allerdings nur unter der Voraussetzung, daß Produktion und 'Verbrauch' der Triebenergie - wie Lorenz sagt - an den Bedarf angepaßt sind. So darf man wohl zu recht annehmen, daß einer brütenden Graugans nur selten ein Ei aus dem Nest rollt, höchstens wenn sie sich beim Verlassen des Nestes ungeschickt verhält. Es wäre zu erwarten, daß die der Erbkoordination 'Eieinrollen' zugrundeliegende Triebenergie nur langsam ansteigt und schnell ermüdbar ist. Da in diesem Fall auch die für die Auslösung der Bewegung relevante Umweltsituation im Experiment konstant gehalten werden kann, indem das Ei als auslösendes Objekt immer an derselben Stelle plaziert wird, müßte es relativ leicht zu zeigen sein, wie sich die Intensität, mit der die Bewegung ausgeführt wird, in Abhängigkeit von den Veränderungen der spezifischen Triebenergie durch Anstieg oder Verbrauch verändert. Es müßte sich darüber hinaus feststellen lassen, wie oft hintereinander eine Graugans bereit ist, ein Ei einzurollen, d.h. nach wievielen Aktionen eine aktionsspezifische Ermüdung eintritt, und in welchem Zeitraum sich der erneute Aufbau der Energie vollzieht. Bei fehlender Gelegenheit zum Eieinrollen sollte diese Erbkoordination als Leerlaufhandlung zu beobachten sein. Aus derartigen Versuchen könnte Einblick in die Dynamik der aktionsspezifischen Energie einer Erbkoordination gewonnen werden. Derartige Experimente wurden, obwohl sie ohne besonderen Aufwand durchführbar gewesen wären, bedauerlicherweise nicht gemacht.

Der Bau eines Spinnennetzes wird als eine Folge von Erbkoordinationen angesehen. Auch in diesem Falle wäre die günstige Voraussetzung gegeben, daß der Experimentator die Umwelt konstant halten kann, indem er der Spinne nur einen bestimmten Rahmen für den Netzbau bietet. Wird das Tier für einige Zeit daran gehindert, ein Netz zu bauen, so müßte mit Ansteigen der spezifischen Motivation das Netzbauverhalten intensiver ausgeführt werden. Wie stellt sich die höhere Intensität des Netzbauverhaltens, die unter diesen Versuchsbedingungen allein auf die aktionsspezifische Energie zurückzuführen ist, dar? Baut die Spinne ein größeres Netz, baut sie es schneller, setzt sie mehr Spinnbewegungen ein? Leider wurden unter dieser Fragestellung keine entsprechenden Versuche durchgeführt, obwohl sie für das Problem, inwieweit die Intensität, mit der ein Verhalten gezeigt wird, die Höhe der Bereitschaft repräsentiert, so bedeutsam wären.

Unter dem Begriff 'Intensitätsstufen' einer Erbkoordination werden - wie ich bereits ausgeführt habe - sehr unterschiedliche Verhaltensphänomene subsumiert. So definiert Lorenz, daß durch die Konstanz der "... Phasenbeziehungen und die Größenrelation der Bewegungsausschläge" (Lorenz 1978, S. 119) die verschiedenen Intensitäten einer Erbkoordination zu charakterisieren sind. Wie könnten nach dieser Definition Intensitätsstufen von Erbkoordinationen der Körperpflege, des Nestbaues oder der Brutpflege, z.B. das Füttern der Jungen, aussehen? Bei derartigen Bewegungen erscheint es mir wenig sinnvoll, wenn sie bei ansteigender Triebenergie mit höherer Amplitude ausgeführt werden. Angemessener ist es, wenn diese Bewegungen mit zunehmender Intensität schneller oder auch ausdauernder gezeigt würden. Wenn bettelnde Jungvögel im Nest für ihre Eltern immer die gleiche auslösende Situation bieten, wie sieht dann ein intensiveres Füttern der Eltern aus? Stopfen sie das Futter schneller in die Schnäbel oder tiefer hinein, oder holen sie bei der Bewegung der Futterübergabe weiter aus? Wir wissen es nicht. Für Verhaltensweisen des Nestbaues nimmt Lorenz an, daß sie mit zunehmender Intensität schneller ausgeführt werden; bei Abnahme der Intensität wird ein Nest nicht fertiggestellt, was - falls Nistmaterial vorhanden ist - nur auf eine aktionsspezifische Ermüdung der einzelnen, am Nestbau beteiligten Erbkoordinationen zurückzuführen wäre. Auch für Verhaltensweisen der Lokomotion wie Laufen, Schwimmen, Fliegen, die als Erbkoordinationen gelten, wird rein intuitiv angenommen, daß 'schneller laufen' oder 'schneller fliegen' höheren Intensitäten dieser Erbkoordinationen entsprechen als eine langsamere Ausführung dieser Bewegungen. Wenn die Rede davon ist, daß Nestbaubewegungen intensiver, d.h. schneller, ausgeführt werden, dann ist darunter zu verstehen, daß sowohl die einzelne Bewegung in kürzerer Zeit durchgeführt wird, als auch, daß die Aufeinanderfolge der einzelnen Erbkoordinationen in kürzeren Abständen erfolgt. Gehe ich von einer statistisch konstanten Umwelt aus, so müßten sich aus dem Grad der Schnelligkeit einer Bewegung oder deren Aufeinanderfolge Rückschlüsse auf die

Höhe der Triebenergie ziehen lassen. Da aber bisher kein Modell über einen solchen Zusammenhang entwickelt wurde (s. S. 55), ist mein Eindruck, daß derartige Intensitätsschwankungen in erster Linie rein phänomenologisch betrachtet werden, ohne Überlegungen darüber anzustellen, ob und wie sie im Rahmen der Theorie 'erklärt' werden können[2].
Von Lorenz werden darüber hinaus auch sehr unterschiedliche Bewegungsmuster, unter der Voraussetzung, daß sie in gesetzmäßiger Weise aufeinanderfolgen, als Intensitätsstufen *einer* Erregung interpretiert. Er geht somit davon aus, daß die Ordnung dieser Intensitätsstufen allein durch die Triebenergie vorgegeben ist. Es ist schwer nachzuvollziehen, warum Lorenz von seinem ursprünglichen Konzept, das die Autonomie einzelner Erbkoordinationen betont, abweicht, um nunmehr sehr unterschiedliche Verhaltensmuster, die deutlich gegeneinander abgrenzbar sind, als Einheit, d.h. von ein und derselben Erregung abhängig, betrachtet. "Ein Raubvogel oder ein Reiher, in dem die Motivation des Fortfliegens aufzuquellen beginnt, macht zielende Kopfbewegungen, tritt auf seiner Unterlage hin und her, duckt sich ein wenig wie zum Absprung und lüftet die Flügel." (Lorenz 1978, S. 88). Beim Abflug eines Vogels ist eine solche gesetzmäßige Aufeinanderfolge von Bewegungskomponenten durchaus einsichtig, da ein Vogel vermutlich auf andere Weise gar nicht abzufliegen vermag. Es ist nur zu fragen, warum ein solcher Bewegungsablauf in Intensitätsstufen unterteilt wird und nicht als einheitliche komplexe Erbkoordination angesehen wird wie z.B. die komplizierte Knüpfbewegung eines Webervogels beim Nestbau. Als Schwierigkeit kommt hinzu, daß die Theorie davon ausgeht, daß durch Agieren Triebenergie verbraucht wird; bei der Interpretation komplexer Verhaltensabläufe als Intensitätsstufen einer Erregung wird dagegen die Annahme unterlegt, daß die Triebenergie trotz Agierens ansteigt. Zu diesem Widerspruch zu einer der zentralen Annahme seiner Theorie äußert sich Lorenz nicht. Dieses modifizierte Konzept mit der Interpretation unterschiedlicher Bewegungsmuster als Intensitätsstufen einer Erregung gilt in erster Linie für komplexe Verhaltensabläufe wie sie bei Kampf- und Balzverhalten beobachtbar sind. Aufgrund dieser Annahme müßten Kämpfe, wie auch das Werbeverhalten, durch eine starre Aufeinanderfolge der beteiligten Bewegungsmuster gekennzeichnet sein. Das konnte aber bisher in keinem Fall nachgewiesen werden. So berichtet Seitz (1940), daß ein Buntbarschmännchen, nachdem es vor einer Männchenattrappe mehrmals gebalzt hat, "unvermittelt heftigste(!) Rammstöße" (Seitz 1940/41, S. 52) gegen diese Attrappe ausführt, d.h. sofort die höchste Intensitätsstufe des Kampfverhaltens einsetzt, ohne - wie es zu fordern ist - die vorhergehenden Intensitätsstufen zu durchlaufen.
In seiner Arbeit zum Balzverhalten des männlichen Guppys gehen Baerends und Mitarbeiter (1955) - in Übereinstimmung mit Lorenz - davon aus, daß die einzelnen Verhaltensweisen, die ein Männchen während der Balz einsetzt, Intensitätsstufen der sexuellen Bereitschaft entsprechen. Bei Anwesenheit eines sogenannten 'neutralen Weibchens', das zwar die Balz des Männchens auszulösen vermag, aber sonst - so Baerends - keinen Einfluß auf den weiteren Verlauf der Balz hat,

[2] Eine Zunahme der Intensität in Form einer schnelleren Aufeinanderfolge der Erbkoordinationen ließe sich nur über das Modell der Auslösewahrscheinlichkeit in einer für das Tier variablen Umwelt 'erklären' (s. S. 58).

müßten sich die Intensitätsstufen in ihrer gesetzmäßigen Aufeinanderfolge aufzeigen lassen. Baerends hat seine Ergebnisse in Form einer Graphik dargestellt (s. Abb. 40, S. 183), die die Vielfalt der Möglichkeiten des Verlaufs der Balz eines Guppymännchens deutlich macht. Die Beobachtungen von Baerends und Mitarbeitern sind nicht geeignet, die Annahme von Lorenz, daß es sich bei den Verhaltensweisen der Balz um Intensitätsstufen einer Erregung mit gesetzmäßiger Aufeinanderfolge handelt, zu stützen.

Abschließend sei angemerkt, daß es sich für viele Erbkoordinationen - erstaunlicherweise - als äußerst schwierig erwies, Intensitätsstufen gegeneinander abzugrenzen[3]. Darüber hinaus fehlen systematische Untersuchungen in statistisch konstanter Umwelt, durch die allein die Frage nach dem Zusammenhang zwischen Höhe der Motivation und Ausprägung einer Intensitätsstufe einer Erbkoordination, wie es die Theorie postuliert, hätte beantwortet werden können. Es muß somit gesagt werden, daß eine empirische Bestätigung der gesetzmäßigen Schwankungen der aktivitätsspezifischen Energie einer Erbkoordination bisher nicht erbracht werden konnte.

Lorenz hat wiederholt betont, daß die spezifische Motivation einer Erbkoordination zur Antriebskraft für den Gesamtorganismus werden kann. Aus dieser Annahme wird deutlich, welches Gewicht er der Unabhängigkeit einer Erbkoordination und damit auch ihrem Einfluß auf das Gesamtverhalten eines Tieres zuspricht. So ist er der Ansicht, daß es weniger die Gewebebedürfnisse sind, wie sie sich z.B. im Hunger äußern, die ein Tier aktiv werden lassen. Vorrangig ist es die aktivitätsspezifische Energie einer Erbkoordination der Nahrungsaufnahme, die über das ihr zugeordnete Appetenzverhalten ein Tier zur Nahrungssuche antreibt und darüber hinaus die Aufnahme einer ausreichenden Nahrungsmenge sichert. Ein Beispiel mag diese Vorstellung verdeutlichen.

So verfügt der einheimische Star zur Futtersuche über eine spezifische Erbkoordination, die Zirkelbewegung. Hierbei steckt der Vogel den Schnabel in eine Ritze oder in den weichen Boden, öffnet den Schnabel, um so Einblick in den auf diese Weise eröffneten Raum zu gewinnen. "Wenn eine Art, wie der Star es tut, nahezu ihre gesamte Nahrung mit Hilfe einer einzigen Instinktbewegung erwirbt, so genügt offenbar die endogene Motivation der Bewegungsweise, um eine genügende Intensität des Nahrungserwerbs zu sichern und es bedarf nur wenig eines Antriebes durch die Gewebebedürfnisse des Hungerzustandes." (Lorenz 1978, S. 108).

In vergleichbarer Weise wird für das Trinkverhalten menschlicher Säuglinge ein solcher Zusammenhang zwischen der Anzahl der Saugbewegungen und der Bedürfnisbefriedigung angenommen. "Wenn die Säuglinge eine bestimmte Menge 20 Minuten saugend aufgenommen hatten, schliefen sie befriedigt ein. Hatten die Sauger jedoch eine zu große Öffnung, so daß sie die gleiche Menge oder sogar 50% mehr in 5 Minuten ersogen, dann blieben sie unbefriedigt. Sie sogen im Leerlauf weiter und begannen zu schreien. Gab man ihnen die leere Flasche, so sogen sie daran weitere 10 bis 15 Minuten und zeigten sich dann befriedigt." (Eibl-Eibesfeldt 1987, S. 102). Diese Beobachtung wird in der Weise interpretiert, daß - auch wenn das zugrundeliegende Bedürfnis Hunger durch eine ausreichende

[3] Eine Ausnahme bilden die Erbkoordinationen, die als Verständigungsweisen dienen (s. S. 96).

Milchmenge gestillt sein sollte - die aktivitätsspezifische Energie einer bei der Nahrungsaufnahme beteiligten Erbkoordination durch Agieren, im speziellen Fall durch die Saugbewegungen, herabgesetzt werden muß, um den Organismus zu befriedigen. Lorenz vertritt weiterhin die Meinung, daß die Menge an aktivitätsspezifischer Energie einer Erbkoordination an den Bedarf angepaßt ist, so daß beim Saugen an der mütterlichen Brust - der adäquaten Situation - die Motivation für die Saugbewegung so eingestellt ist, daß die Anzahl der möglichen Saugbewegungen eine ausreichende Milchmenge garantiert. Ebenso wird ein Experiment des russischen Physiologen Pawlow als Bestätigung der Annahme angesehen, daß sich die Durchführung von Trinkbewegungen antriebsvermindernd auswirkt. Er operierte einem Hund einen Zweiweghahn in die Speiseröhre, der es ermöglichte, daß das vom Tier geschluckte Wasser entweder nach außen oder in den Magen geleitet wurde. Zunächst ließ er das Tier dursten, um dann zu messen, wieviel Wasser es bei unterschiedlicher Hahnstellung aufnahm. Es zeigte sich, daß das Tier stets die gleiche Menge Flüssigkeit trank, ganz gleich, ob das Wasser in den Magen oder nach außen ablief. Es hörte nach einer bestimmten Anzahl von Schluckbewegungen auf zu trinken. Diese Beobachtung wurde von der Verhaltensforschung so interpretiert, daß allein die Durchführung der Trinkbewegung den Antrieb zu reduzieren vermag. Allerdings begann das Tier nach erfolglosem Trinken sehr schnell wieder Wasser aufzunehmen, was bedeutet, daß der Antrieb Durst kaum beeinflußt worden war. Wurde dem Hund im umgekehrten Versuch der Magen künstlich mit Wasser angefüllt, so führte das Tier nur wenige - allerdings auch wieder erfolglose - Trinkbewegungen aus. Dieser Versuch spricht dafür, daß die Magenfüllung den wesentlichen präresorptiven Abschaltmechanismus darstellt und nicht die Durchführung der Trinkbewegung[4]. Es sollte deutlich geworden sein, daß dieses Beispiel nicht sonderlich gut in das Lorenzsche Konzept einzuordnen ist, da die 'abschaltende' Erbkoordination zum einen keine Rückwirkung auf den Antrieb Durst hat, zum anderen weil sie gar nicht eingesetzt wird, wenn der präresorptive Abschaltmechanismus - die Magenfüllung - auf andere als natürliche Weise wirksam geworden ist.

Obwohl es in den von mir angeführten Beispielen in beiden Fällen um die Abschaltung des Trinkverhaltens geht, sowohl bei dem Versuchshund von Pawlow, als auch bei den Beobachtungen am menschlichen Säugling, entsprechen sich die Beispiele nicht. Wenn der Magen eines Hundes künstlich mit Wasser gefüllt wurde, so zeigt ein solcher Hund - wie Pawlow berichtet - kaum noch Trinkbewegungen, während im Gegensatz dazu der menschliche Säugling bei ausreichender Milchmenge im Magen das Bedürfnis zeigt, eine (vorgegebene?) Menge an Saugbewegungen durchzuführen. Demnach scheinen beim Hund - nach dieser Darstellung - Magenfüllung und Anzahl der durchgeführten Schluckbewegungen gleichwertige präresorptive Abschaltmechanismen zu sein, während beim menschlichen Säugling die Magenfüllung allein nicht ausreicht, um ihn zu befriedigen;

[4] Derartige präresorptive Abschaltmechanismen sind für die Nahrungsaufnahme zu fordern. Ehe es zu einem Ausgleich des Nahrungs- und Wasserdefizits im Körper kommt, können Stunden vergehen. Die Meldung über den Ausgleich des Fehlbetrages käme zu spät, mit der Folge, daß das Tier in der Zwischenzeit zu viel gefressen oder getrunken hätte.

erst durch Herabsetzen der Triebenergie für die Saugbewegung durch andauerndes Saugen wird eine Befriedigung erzielt.
Für Lorenz ist die Abarbeitung der spezifischen Triebenergie einer Erbkoordination, z.B. der Zirkelbewegung des Stars oder auch der Schluckbewegung, der entscheidende Schritt für die Triebbefriedigung bei der Nahrungsaufnahme. Andere Autoren wie z.B. Hassenstein (1980) gehen davon aus, daß die Schluckbewegung eine Endhandlung in dem Sinne ist, daß sie nicht die eigene Triebenergie aufzehrt, sondern ausschließlich eine Rückwirkung auf den übergeordneten Antrieb Hunger hat, d.h. ihn herabsetzt. Generell wird die Schluckbewegung als Erbkoordination angesehen, die zum einen durch den übergeordneten Antrieb Hunger, zum anderen durch die spezifische Triebenergie angetrieben werden kann. Aus dieser Annahme, daß eine Erbkoordination sowohl von einem übergeordneten Antrieb 'gespeist' werden kann, aber gleichzeitig ihre Autonomie bewahrt, d.h. von einer spezifischen Energie abhängig ist, müssen sich zwangsweise Unstimmigkeiten hinsichtlich der Triebreduzierung ergeben, je nachdem, welchem Reduzierungprozeß - d.h. dem Verbrauch der spezifischen oder dem der übergeordneten Energie - der Vorrang eingeräumt wird. An dieser Stelle wird deutlich, daß es Lorenz nicht gelungen ist, aus dem von ihm postulierten, weitgehend unabhängigen Grundbaustein des Verhaltens, der Erbkoordination, komplexe Verhaltensstrukturen aufzubauen, ohne daß es zu Widersprüchen hinsichtlich der Triebreduzierung kommt.
Die gleichen Probleme ergeben sich bei Verhaltensabläufen, wie wir sie bei der Körperpflege beobachten können. Vielfach wird eine übergeordnete Putzbereitschaft angenommen, der die einzelnen Verhaltensweisen der Körperpflege untergeordnet sind. Wir stehen wieder vor der Frage, welche dieser Verhaltensweisen eine Rückwirkung auf die Putzbereitschaft hat, oder setzen sie sie alle gleichermaßen herab? Wie ist erkennbar, ob die Putzbereitschaft abgearbeitet ist? Verfügen in einem solchen Falle die einzelnen Erbkoordinationen des Putzens über eigene spezifische Triebenergien, die zusätzlich abgearbeitet werden können? Selbst bei so einfachen Verhaltensmustern wie denen der Körperpflege ergeben sich aus der Annahme, daß es sich bei ihnen um Erbkoordinationen im Lorenzschen Sinne handelt, eine Reihe von Fragen, die durch empirische Befunde bisher nicht beantwortet werden konnten.
Lorenz glaubte, mit der Postulierung einer Verhaltenseinheit wie der Erbkoordination und den sie kennzeichnenden Eigenschaften ein für Lebewesen allgemein gültiges Prinzip aufgedeckt zu haben. Bei näherem Hinsehen zeigt sich jedoch, daß es nicht gelingt, das beobachtbare Verhalten eines Tieres auf eine so kleine, weitgehend autonome Verhaltenseinheit wie die Erbkoordination zurückzuführen. Die Modelle über das Zusammenwirken von Erbkoordinationen in komplexen Verhaltensabläufen, die in Kapitel IV besprochen werden, lassen die Grenzen der Lorenzschen Theorie noch deutlicher werden. Dagegen suggerieren die Lehrbücher der Verhaltensforschung, als seien die Annahmen von Lorenz hinsichtlich der Unabhängigkeit wie auch hinsichtlich der gesetzmäßigen Schwankungen der aktivitätsspezifischen Energie einer Erbkoordination gesichertes Wissen, das immer wieder experimentell bestätigt werden konnte. "Demnach *gibt* es beim Stichling für die Erbkoordinationen Eierfächeln, Eiersammeln usw. getrennte Handlungsbereitschaften. ... Jede untergeordnete Bereitschaft fluktuiert bis zu einem gewissen

Grade selbständig ..." (Franck 1985, S. 229; Hervorhbg. v. Verf.). Genau das konnte aber bisher in keinem Fall gezeigt werden. Es liegen keine experimentellen Befunde vor, die dafür sprechen, daß eine Erbkoordination ein weitgehend selbständiges Verhaltenselement ist, das in der von Lorenz angenommenen Weise von einem spezifischen Antrieb abhängig ist. Wenn wir den Begriff Erbkoordination im Lorenzschen Sinne, d.h. mit seinen Annahmen zur Eigendynamik der ihr zukommenden spezifischen Motivation und deren Auswirkungen auf das beobachtbare Verhalten, beibehalten, dann stützen wir uns weiterhin auf eine Hypothese von Lorenz, die durch empirische Befunde bisher nicht bestätigt werden konnte.

1.3 Erbkoordinationen als Verständigungsweisen

Ein großer Teil der Erbkoordinationen dient der inner- und zwischenartlichen Kommunikation; ihnen kommt somit eine Signalfunktion zu. Sie können vom Adressaten nur verstanden werden, wenn sie ihm in immer gleicher Form präsentiert werden. Bei wechselndem Ablauf könnten sie kaum ihre Funktion als Übermittler einer bestimmten Information erfüllen. Als Beispiele wären Bewegungsweisen zu nennen, die der Verständigung der Paarpartner bei der Balz dienen, Verhaltensweisen des Kampfes oder auch der Brutpflege. Für Lorenz ist die Formkonstanz einer Erbkoordination ein wesentliches Postulat seiner Theorie, das er durch die Erfahrung immer wieder bestätigt sah. Eine alternative Theorie, die nicht die inhärente Formkonstanz voraussetzt, könnte davon ausgehen, daß die Invarianz sich im Dienste der Signalfunktion dieser Gesten herausgebildet hat. Wenn beide Theorien die Formkonstanz 'erklären' können, dann stellt die Invarianz einer Erbkoordination, die im Dienste der Kommunikation evolviert wurde, keine tragfähige Stütze für die Lorenzsche Theorie dar.
Bei Verständigungsgesten sind im Gegensatz z.B. zu Erbkoordinationen, die im Dienste der Körperpflege oder des Nestbaues eingesetzt werden, auch für den menschlichen Beobachter recht auffällige Intensitätsunterschiede erkennbar. Ein Buntbarsch, der seinen Gegner bedroht, wölbt die Kiemenhaut mehr oder weniger weit nach unten; ebenso kann er einen Rammstoß nur andeuten oder ihn mit voller Kraft ausführen. Ein Vogel kann in einer für ihn bedrohlichen Situation das Nackengefieder mehr oder weniger weit aufstellen. Ein Hund, der gegenüber einem Konkurrenten die Zähne fletscht, kann z.B. bei weiterer Annäherung des Gegners diese Geste verstärken, indem er die Zähne noch weiter entblößt.
Werden diese Verständigungsweisen als Erbkoordinationen interpretiert, dann sind sie von einer Triebenergie mit ihren gesetzmäßigen Schwankungen abhängig und unterliegen damit den durch diese Annahmen gegebenen Restriktionen. So könnte bei wiederholter Darbietung einer Bewegungsweise eine aktionsspezifische Ermüdung eintreten mit der Folge, daß das betreffende Verhalten nicht mehr gezeigt werden könnte, d.h. die Kommunikation unterbrochen würde, unter Umständen zum Nachteil dessen, dem die Triebenergie fehlt. Schwellenerniedrigung würde dazu führen, daß gegenüber einem 'falschen', z.B. einem artfremden, Partner agiert würde mit möglicherweise negativen Folgen für denjenigen, der das Signal gesendet hat. Eine Leerlaufhandlung entspräche in diesem Zusammenhang einer

Mitteilung ohne Adressaten und könnte bei einer auffälligen Bewegung zu einer Gefährdung des Tieres führen.

Bei der Kommunikation unter Einsatz von Erbkoordinationen stößt die Lorenzsche Theorie an ihre Grenzen. Es resultieren aus den Annahmen der Theorie so viele dysteleonome Situationen, daß sie nicht als Ausnahmen eines - wie Lorenz meint - sonst gut bewährten Konzeptes angesehen werden können. Eine Kommunikationstheorie sollte flexibler sein, d.h die Signale sollten für das Tier frei verfügbar sein und je nach den Anforderungen der Umwelt eingesetzt werden können. Das könnte mit der Annahme erreicht werden, daß Erbkoordinationen, die der Verständigung dienen, nicht einer spezifischen Bereitschaft unterstehen, sondern in Abhängigkeit von der Situation gezeigt werden. Dadurch wird ein Tier in die Lage versetzt, jederzeit gemäß den Anforderungen der Umwelt, d.h. gegenüber dem Partner, mit dem es sich verständigen muß, zu reagieren. Das bedeutet weiterhin, daß die Intensität, mit der die Bewegungen gezeigt werden, allein von der aktuell vorliegenden Umweltsituation und eventuell von der Erfahrung des Tieres mit dieser Umweltsituation abhängig ist.

Bei Tieren, deren Fortpflanzung einer jahreszeitlichen Rhythmik unterworfen ist, sind die Verständigungsweisen, die im Dienste der Fortpflanzung wie z.B. der Balz eingesetzt werden, in der Regel von einer übergeordneten Fortpflanzungsbereitschaft in der Weise abhängig, daß sie nur bei Vorliegen dieser Bereitschaft auftreten. Ist sie gegeben, so können die ihr zugeordneten Verständigungsweisen situationsabhängig, d.h. in Abhängigkeit vom Verhalten des Partners gezeigt werden. Mit dieser Annahme kann die Variabilität in der Aufeinanderfolge der einzelnen Verhaltensweisen, wie sie z.B. bei der Balz eines Guppymännchens oder eines Erpels zu beobachten ist, ohne Schwierigkeit erklärt werden.

Bewegungsmuster, die sich im Verlauf der Stammesgeschichte als Verständigungsweisen herausdifferenziert haben, werden in der Verhaltensforschung als Auslöser und der Vorgang dieser Differenzierung als Ritualisation bezeichnet. In der Regel sind es Erbkoordinationen aus einem bestimmten Funktionskreis wie z.B. der Futteraufnahme, der Körperpflege usw., die im Dienste ihrer Signalfunktion eine besondere Ausdifferenzierung, vielfach - wie Lorenz sagt - eine mimische Übertreibung, erfahren haben. Zudem wird einer ritualisierten Bewegungsweise eine vom unritualisierten Vorbild unabhängige eigene Motivation zugesprochen; sie erhält damit den "Charakter einer autonomen Instinktbewegung" (Lorenz 1983, S. 160). Diese durch den Vorgang der Ritualisation entstandene Verständigungsweise kann wie jede andere Erbkoordination den Organismus als Ganzes in Unruhe versetzen, um nach der sie auslösenden Situation zu suchen. Lorenz ordnet somit jeder derartigen Verständigungsweise ein eigenes Appetenzverhalten zu. Das würde bedeuten, daß ein Tier, das z.B. längere Zeit keine Gelegenheit hatte, die artgemäße Begrüßungsgeste zu zeigen, nach der auslösenden Situation für diese Geste suchen müßte. Genau dies nimmt Lorenz für die charakteristische, durch Ritualisation entstandene Begrüßungsgeste der Stockente - das sogenannte 'Hetzen' - gegenüber dem mit ihr verpaarten Erpel an. Lorenz geht so weit zu behaupten, daß allein die Appetenz, d.h. die Suche nach der auslösenden Situation für die Bewegungsweise des Hetzens, ein Stockentenweibchen veranlaßt, den Erpel aufzusuchen und daß dies *der* Mechanismus ist, der das Zusammenbleiben der Partner gewährleistet.

Für einige Verständigungsweisen gilt, daß sie ihre spezifische Ausgestaltung verschiedenen, sich überlagernden Antrieben verdanken. So wird den sogenannten Drohbewegungen eine 'Mischmotivation' aus Flucht- und Aggressionstrieb unterlegt. "Bei sehr vielen Tieren superponieren sich Bewegungsweisen der Flucht und des Angriffs, alle Drohbewegungen sind aus dem Konflikt dieser beiden Motivationen entstanden." (Lorenz 1978, S. 195). Als klassische Beispiele hierfür gelten die Hundemimik des Drohens und das Imponiergehabe der Lachmöwe. "Wenn nur zwei voneinander unabhängige Motivationsquellen verschiedener Qualität miteinander in Konflikt geraten, so kann sich aus den rein quantitativen Verschiedenheiten beider eine schwer übersehbare Fülle verschiedener Bewegungsformen ergeben, die doch nur auf zwei Erregungsqualitäten zurückzuführen sind." (Lorenz 1978, S. 91). Eine Drohbewegung gilt als ritualisierte Bewegungsweise, d.h. daß ihr eine eigene, vom unritualisierten Vorbild unabhängige Motivation zugesprochen wird. Als unritualisierte Vorbilder der Drohbewegung gelten Intentionsbewegungen des Angriffs und der Flucht. Damit wird gesagt, daß in diesem Fall die ursprünglichen Motivationen erhalten bleiben, eine Interpretation, die mit den Annahmen zum Vorgang der Ritualisation nicht im Einklang steht.
Es ist auch zu fragen, ob die Vorstellung einer Mischmotivation mit dem energetischen Triebkonzept vereinbar ist. Wenn von spezifischen Energien für jede Erbkoordination ausgegangen wird, dann müssen entweder qualitative Unterschiede der Energien angenommen werden oder Energiespeicher an verschiedenen Orten. Die Theorie sagt aber nichts darüber aus, wie spezifische Energien 'gemischt' werden können, und wie durch eine solche 'Mischmotivation' eine Erbkoordination gesteuert werden kann. Man macht es sich zu leicht, wenn man allein von einer Mischung spricht. Die Theorie müßte präzise und überprüfbare Aussagen darüber machen, wie aus dem Zusammenwirken sehr gegensätzlicher Motivationen *ein* Antrieb für eine Erbkoordination resultiert. An dieser Stelle werden die Grenzen der Theorie sehr deutlich, die wohl auch Lorenz gesehen hat, da er selbst seine Theorie auf Verständigungsweisen nicht konsequent anwendet.

2. Der angeborene Erkennungsmechanismus

2.1 Komplexqualität oder Merkmalserkennung

Eine für den Fortgang der experimentellen Verhaltensforschung wesentliche Erkenntnis von Lorenz besagt, daß ein Tier beim 'angeborenen' Erkennen nur wenige, aber für die Erkennung der Situation genügend eindeutige Merkmale verwertet. Damit bot sich die Möglichkeit, mit Hilfe von Attrappen nach derartigen Merkmalen zu suchen.
In den Lehrbüchern der Verhaltensforschung werden zahlreiche Beispiele angeführt, die belegen sollen, daß ein agierendes Tier nicht auf die Komplexqualität des adäquaten Zielobjektes, sondern auf einzelne Merkmale anspricht. Im Lehrbuch von Eibl-Eibesfeldt ist zu lesen: "So löste D. Lack (1943) vollintensive Kampfhandlungen beim Rotkehlchen aus, indem er ein Büschel der roten Kehlfe-

dern im Revier eines Männchens befestigte. Ein ausgestopfter Jungvogel ohne rote Federn wurde dagegen ignoriert. Das berechtigt zu dem Schluß, das Verhalten der Revierverteidigung werde beim Rotkehlchen allein schon durch die roten Brustfedern ausgelöst. Ähnliches fand Peiponen (1960) beim Blaukehlchen, bei dem die blauen Brustfedern der Auslöser sind." (Eibl-Eibesfeldt 1987, S. 162) Nach dieser Beschreibung wären allein die roten Federn der Schlüsselreiz zur Auslösung der Antwort. Das adäquate Zielobjekt des Rotkehlchens, der Rivale, hat durchaus Komplexqualität, doch genügt angeblich bereits eine Teilkomponente - die roten Federn -, um die vollständige Reaktion auszulösen. Trifft diese Beobachtung zu, so wäre sie ein starkes Indiz für eine Merkmalserkennung.
Eine in diesem Sinne zu interpretierende Beobachtung liegt auch von Immelmann (1959) vor. Werden die schwarzen Schnäbel junger Zebrafinken rot übermalt, so daß sie den Schnäbeln der erwachsenen Tiere gleichen, werden die Jungvögel trotz intensiven Bettelns von den Eltern nicht mehr gefüttert. Auch in diesem Fall reagieren die Eltern aufgrund eines Merkmals, der Schnabelfärbung, ohne weitere Aspekte wie das Verhalten oder die übrigen Farbmerkmale der Jungvögel zu beachten. Nehmen sie die schwarzen Schnäbel der Jungvögel wahr, so füttern sie; fehlt dieses Merkmal, so erfolgt keine Reaktion der Eltern. Auch diese Beobachtung könnte so interpretiert werden, daß der angeborene Auslösemechanismus auf Merkmale und nicht auf Komplexqualitäten anspricht [5].
Auslösende Merkmale brauchen nicht immer so einfach gestaltet zu sein wie in diesen Beispielen, sondern können als konfigurative Schlüsselreize durchaus Komplexqualität besitzen. Von der oft aus komplizierten Farbmustern bestehenden Rachenzeichnung nestjunger Prachtfinken wird angenommen, daß sie dem Erkennen der arteigenen Jungen und damit auch der Auslösung der Fütterungsreaktion der Eltern dient. In einem solchen Falle spräche der AAM auf eine Teilkomponente des zu erkennenden Objektes an; der Teilkomponente selbst kommt jedoch, da sie aus Einzelelementen in bestimmter Anordnung zusammengesetzt ist, durchaus Komplexqualität zu.
Aber nicht nur in der Lorenzschen Motivationstheorie geht man von einer Merkmalserkennung beim 'angeborenen' Erkennen aus. Auch in anderen Bereichen der Biologie bildet diese Annahme die Grundlage der Untersuchungen, so in der Neuroethologie, wie auch in der Verhaltensökologie, insbesondere im Kontext der sexuellen Selektion.
Der Neuroethologe Ewert analysierte den Erkennungsmechanismus für die Orientierungsbewegung der Erdkröte (*Bufo bufo*) speziell beim Beutefang. Er testete sehr merkmalsarme Attrappen und zwar aus schwarzer Pappe ausgeschnittene Rechtecke, Quadrate und kreisförmige Scheiben unterschiedlicher Abmessungen. Die Versuchstiere befanden sich in einer kaum strukturierten Versuchsanlage; die Attrappen wurden ihnen in einer bestimmten Entfernung mit immer der gleichen Geschwindigkeit geboten. Anhand der Häufigkeit, mit der eine Erdkröte sich der gebotenen Attrappe innerhalb einer Minute zuwendete (= Taxiskomponente), be-

5 Ich habe diese Beispiele nur zur Verdeutlichung der hier angeschnittenen Frage herangezogen, ohne etwas zu ihrer empirischen Relevanz zu sagen. Es erscheint mir persönlich sehr unwahrscheinlich, daß ein adulter erfahrener Vogel in einer für ihn relevanten Situation allein auf ein statisches Merkmal anspricht.

stimmte er deren auslösende Wirksamkeit. Da Erdkröten durch Bewegungsreize auf Beuteobjekte aufmerksam werden, untersuchte er die Form einer Attrappe immer in Bezug zu ihrer Bewegungsrichtung. Als maximal wirksam erwies sich dabei ein schwarzer Streifen von 2,5 mm Höhe und einer Länge von 20-40 mm, der in horizontaler Richtung bewegt wurde. Wurde der gleiche Streifen hochkant, d.h. auf seine Schmalseite gestellt und horizontal bewegt, so war kaum noch eine Hinwendung beobachtbar; manche Tiere zeigten Anzeichen der Furcht, sie erstarrten oder wendeten sich ab. Mit Quadraten mit einer Kantenlänge von 10 mm und kreisförmigen Scheiben von 5-10 mm Durchmesser waren noch Reaktionen auslösbar, aber deutlich weniger häufig als mit dem horizontal bewegten Streifen. Von Ewert wurden diese Ergebnisse so interpretiert, daß die Konfiguration 'schmaler Streifen horizontal bewegt' einem optimalen Beutesignal entspricht. Sie wurde von ihm als 'Wurm Konfiguration' bezeichnet, während der hochkant in horizontaler Richtung bewegte Streifen als 'Antiwurm Konfiguration' angesehen wird, d.h. als ein Reiz, der nicht Beute signalisiert, sondern eher eine Bedrohung darstellt. Andererseits werden die Reaktionen der Erdkröte auf Quadrate und kreisförmige Scheiben von Ewert nicht in dieser Weise interpretiert, d.h. nicht in das Beuteerkennungssystem einbezogen. Werden die Attrappen zusammen mit dem Duft von Mehlkäferlarven, ihren Futtertieren, geboten, so wird die Wirksamkeit auch von solchen Mustern erhöht, "die zuvor kaum oder überhaupt nicht in das 'Beuteschema' paßten." (Ewert 1976, S. 81) Das gilt z.B. für kreisförmige Attrappen und die 'Antiwurm Konfiguration'. Nach Ewert ist in diesen Fällen "die Trennschärfe des Auslösemechanismus ... herabgesetzt." (Ewert 1976, S. 81) Näherliegend ist die Annahme, daß der Beuteduft eine zweite wesentliche Komponente zur Auslösung der Orientierungsbewegung darstellt, und daß in diesem Kontext dem optischen Reiz nicht mehr die ihm zuvor zugewiesene Bedeutung zukommt. Die Versuchsergebnisse von Ewert zeigen zwar, daß die Hinwendebewegung der Erdkröte mit Hilfe einfachster Attrappen auslösbar ist; es stellt sich aber doch die Frage, ob die Wendereaktion ein guter Indikator für die Analyse des Beuteschemas ist, da eine Erdkröte sich auch anderen bewegten Objekten zuwenden sollte, um sie zu beachten und ihr weiteres Verhalten danach auszurichten. Auch die Beschränkung der Auswertung auf im wesentlichen zwei Konfigurationen engt zwangsweise die Interpretation der Ergebnisse ein. Gegen das von Ewert in Form der 'Wurm Konfiguration' postulierte Beuteschema wenden Roth und Nichikawa (1987) ein, daß die bevorzugte Nahrung der Erdkröte nicht wurmförmige, sondern kleine kompakte Beuteobjekte wie z.B. Ameisen sind. Für die Spezialisierung auf kleine Beutetiere spricht auch die bei der Erdkröte extrem weit herausschnellbare Zunge. Es hätte somit nahegelegen, eine den natürlichen Beuteobjekten entsprechende Konfiguration in ihrer Wirkung gegenüber der 'Wurm Konfiguration' zu testen.

Die Verhaltensökologie geht davon aus, daß ein Individuum stets bestrebt sein sollte, sein Verhalten so auszurichten, daß es seinen Fortpflanzungserfolg maximiert. Mit diesem Ansatz liegt die Frage nahe, wie es einem Tier gelingt, nicht nur den Geschlechtspartner als solchen zu erkennen, sondern darüber hinaus dessen Qualität im Hinblick auf den eigenen Reproduktionserfolg einzuschätzen. Ebenso sollten miteinander rivalisierende Männchen die Kampfkraft eines Konkurrenten taxieren können, um sich - wenn möglich - nur bei Aussicht auf Erfolg in eine kämpferische Auseinandersetzung einzulassen. Dabei wird von der Annahme aus-

gegangen, daß Tiere zum Bewerten derartig komplexer Situationen Merkmale nutzen.
Mit Beginn der Fortpflanzungszeit finden sich die Männchen der Kreuzkröte (*Bufo calamita*) in großer Anzahl in den Laichgewässern ein. Um eine exklusive Zone für sich aufrecht zu erhalten, versuchen die Männchen, wie Arak (1983) berichtet, rufende Rivalen aus ihrer Nähe zu vertreiben. Es sind in der Regel die größeren Männchen, die einen Rivalen anschwimmen, ihn umklammern bis er aufgibt und seinen Rufplatz verläßt. Es stellt sich die Frage, wie die Männchen die Körpergröße und damit die Kampfkraft eines Rivalen einzuschätzen vermögen. Die Grundfrequenz der Rufe der Männchen schwankt bei den einzelnen Individuen zwischen 1200 bis 1800 Hertz. Bei der Kreuzkröte sind Körpergröße und Frequenz miteinander korreliert; je größer ein Männchen ist, um so tiefer ist - in den vorgegebenen Grenzen - die Trägerfrequenz seiner Rufe. Die größten Männchen rufen somit mit der tiefsten Frequenz. Mit Hilfe synthetischer Laute unterschiedlicher Frequenz konnte Arak zeigen, daß die Männchen die Tonhöhe der Rufe der Rivalen zur Einschätzung ihrer Größe nutzen. Aus dem Vergleich der Tonhöhe der eigenen Laute und zu der der Rivalen können die Männchen erkennen, ob der Konkurrent größer und damit vermutlich stärker ist. Liegt die Frequenz der Rivalen höher als die eigene, so sollte er angegriffen und aus der Nähe vertrieben werden; liegt sie tiefer als die eigenen Rufe, so sollte ein solcher Angriff besser unterbleiben. Mit Hilfe eines konfigurativen Merkmals aus einem komplexen Schallereignis gelingt es den Männchen, die Kampfkraft eines Rivalen einzuschätzen.
Die angeführten Beispiele lassen erkennen, daß Tiere auf Attrappen, die nur Teilkomponenten des realen Objektes aufweisen, die erwartete Reaktion zeigen [6]. Rotkehlchen bekämpfen ein rotes Federbüschel, Erdkröten zeigen gegenüber einem schwarzen horizontal bewegten Streifen eine Orientierungsbewegung, die von Ewert als erste Sequenz des Beutefangverhaltens angesehen wird. Kreuzkröten nutzen allein die Frequenz eines Rufes zur Einschätzung der Kampfkraft eines Rivalen. In den Lehrbüchern der Verhaltensforschung begnügt man sich in der Regel mit derartigen Beispielen und bezeichnet die auslösenden Teilkomponenten einer komplexen Situation als Schlüsselreize. Aus derartigen Beobachtungen ist aber nur ableitbar, daß die Teilkomponente ein auslösendes Merkmal ist. Damit ist nur *eine* Komponente des Schlüsselreizkonzeptes erfaßt. Soll eine Teilkomponente als Schlüsselreiz im Lorenzschen Sinne interpretiert werden, dann müßte gezeigt werden, daß dieser Teilkomponente unabhängig vom Kontext die gleiche auslösende Wirkung wie dem realen Objekt zukommt.

6 Weitere Beispiele werden ausführlich in den Fallstudien behandelt.

2.2 Die Kontextunabhängigkeit

Wenn ein Tier - wie Lorenz sagt - nur auf einige Merkmale des zu erkennenden Objektes anspricht, so sind alle übrigen Gegebenheiten dieses Objektes ohne Bedeutung für das Erkennen. Diese Annahme beinhaltet, daß Schlüsselreize - bei Vorliegen der spezifischen Motivation - in jeder beliebigen Umwelt, d.h. unabhängig vom Kontext, wirksam sein sollten. Diese zweite Komponente des Schlüsselreizkonzeptes, die zu fordernde Kontextunabhängigkeit der auslösenden Merkmale, ist bisher nur unzureichend thematisiert worden.

Greife ich das Beispiel vom Rotkehlchen noch einmal auf, so müßte in diesem Fall gezeigt werden, daß die als auslösend erkannte Teilkomponente, die roten Federn, in ihrer Wirksamkeit unabhängig vom Kontext ist. Das würde bedeuten, daß ein Büschel roter Kehlfedern eines Rotkehlchens eine äquivalente Antwort auszulösen vermag, ganz unabhängig davon, ob es an einem Draht befestigt ist oder sich an der Brust eines realen Artgenossen befindet. Zu fordern ist auch, daß diese Übereinstimmung in allen Motivationszuständen beobachtbar ist und nicht nur bei extrem hoher Motivationslage. Bedauerlicherweise ist die Kontextunabhängigkeit in diesem Fall nie geprüft worden. Aber erst wenn sie nachgewiesen ist, kann dem Merkmal 'rotes Federbüschel' der Rang eines Schlüsselreizes zuerkannt werden.

Die oft sehr charakteristische artspezifische Ausbildung der Schnabelwülste, wie auch die der Rachenzeichnung nestjunger Vögel gelten als Schlüsselreiz für die Auslösung der Fütterungsreaktion der Eltern. Damit wird gesagt, daß von den Eltern nur diese Merkmale zum Erkennen der eigenen Jungen genutzt werden, "... auf die übrigen Einzelheiten (Hals, Bauch, Flügel, Beine des Jungvogels) kommt es gar nicht an." (Wickler 1968, S. 182). Wenn es so wäre, müßte eine aus Pappe ausgeschnittene Schnabelattrappe, die entsprechend ausgestaltet ist, im Nest oder auch außerhalb des Nestes gleich intensiv gefüttert werden wie die eigenen Jungen. Ein derartiger quantitativer Vergleich zwischen der Wirkung der Attrappe und dem realen Objekt liegt nicht vor; es wurde meines Wissens bisher noch nicht einmal systematisch geprüft, ob eine Schnabelattrappe im Nest überhaupt gefüttert wird, geschweige denn außerhalb des Nestes. Hinzu kommt, daß ein um Futter bettelnder Jungvogel bekanntlich für die Art sehr typische Bettelbewegungen ausführt, ohne die das Fütterungsverhalten der Eltern - wie auch schon Lorenz betont - nicht ausgelöst wird. Die Antwort der Eltern ist demnach an eine sehr viel komplexere Situation gebunden, da zumindest die Bewegung als weitere Schlüsselkomponente hinzukommen müßte. Schnabelwulst und Rachenzeichnung könnten nur dann als Schlüsselreize gelten, wenn sich diese Merkmale als *kontextunabhängig* erweisen, d. h., daß allein durch sie bei jeder Motivationslage der Versuchstiere eine gleich intensive Antwort ausgelöst werden kann wie mit dem realen Objekt.

Wenn Lorenz sagt: "Das Rot an der Kehle des Stichlings muß unterseits sein, die Augen des Muttertieres von Haplochromis müssen waagerecht und symmetrisch am Kopf angeordnet sein, um eine spezifische auslösende Wirkung zu entfalten" (Lorenz 1965 II, S. 140), so hebt er die Abhängigkeit dieser Merkmale von den übrigen Gegebenheiten des Objektes, die für den Erkennungsmechanismus eigent-

lich ohne Bedeutung sein sollten, hervor und betont somit deren Kontextabhängigkeit.
Auch bei akustisch wirksamen Schlüsselreizen, die leichter als Farb- und Formmerkmale isoliert dargeboten werden können, zeigte sich bei genauerer Betrachtung deren Kontextabhängigkeit. Mit Hilfe von synthetischen Lauten, d.h. akustischen Attrappen, wurde versucht, Erkennungsmechanismen, die auf akustische Reize ansprechen, zu analysieren. Froschlurche, die selbst zur Lauterzeugung befähigt sind, waren neben Insekten bevorzugte Foschungsobjekte. Die Männchen der einheimischen Rotbauchunke (*Bombina bombina*) lassen sich nicht nur durch die Paarungsrufe anderer artgleicher Männchen zur Rufabgabe stimulieren, sondern neigen auch dazu, mit anderen rufenden Männchen der eigenen Art zu alternieren. Dieses Verhalten der Männchen nutzte Walkowiak (1988), um mit Hilfe synthetischer Laute den Erkennungsmechanismus der Männchen für die arteigenen Laute zu analysieren. Er konnte zeigen, daß die Grundfrequenz der Rufe, die bei 500 Hertz liegt, der entscheidende Parameter ist, mit dessen Hilfe ein Unkenmännchen den Ruf eines Artgenossen zu erkennen vermag, während die Zeitstruktur der Laute, d.h. Dauer oder Wiederholungsrate, ohne Bedeutung ist. Doch läßt sich das Antwortverhalten der Männchen mit dem synthetischen Laut im Freiland sehr viel leichter auslösen als unter Laborbedingungen (persönliche Mitteilung von Herrn Walkowiak), obwohl im Labor mit bereits eingewöhnten Tieren gearbeitet wurde. Damit wird gezeigt, daß dem synthetischen Laut mit dem relevanten Parameter eine sehr unterschiedliche Wirkung zukommt, je nachdem in welcher Umwelt er geboten wird, d.h. seine Wirkung ist kontextabhängig.
Männchen der Rotbauchunke wie auch der Chinesischen Rotbauchunke (*Bombina orientalis*), die zunächst nicht auf synthetische Laute antworten, können durch künstlich erzeugte Oberflächenwellen zur Rufabgabe stimuliert werden [7] (Walkowiak, Münz 1985). In diese Richtung weisen auch weitere, unveröffentlichte Beobachtungen von Walkowiak. Ein für die Ableitung eines Myogramms der Kehlkopfmuskeln vorbereitetes Männchen der Rotbauchunke, das sich nicht mit Hilfe eines synthetischen Lautes zur Rufabgabe stimulieren ließ, antwortete, wenn es in dieser Situation mit einem Rivalen konfrontiert wurde. Es zeigte dann das für Unken typische Drohverhalten und antwortete auf die ihm vorgespielten synthetischen Laute. Wenn durch optische Einflüsse oder über Eingänge in das Seitenliniensystem die Reaktion eines Unkenmännchens auf den eigentlich auslösenden Parameter, die Grundfrequenz der eigenen Laute, in der beschriebenen Weise beeinflußt werden kann, so wird damit die Kontextabhängigkeit dieses Parameters deutlich.
Es wurde zwar immer wieder gezeigt, daß auch sehr merkmalsarme Attrappen eine Reaktion auszulösen vermögen. Es fehlt aber der quantitative Vergleich zwischen einer derartigen Attrappe und dem realen Objekt. Nur wenn gezeigt werden kann, daß die Teilkomponenten *qualitativ* wie *quantitativ* die gleiche Wirkung haben wie das reale Objekt, kann von einer Kontextunabhängigkeit der Teilkomponenten ausgegangen werden. Ist dies nicht der Fall, so müßte zunächst geprüft werden,

[7] Es müßte geprüft werden, ob es sich bei den Oberflächenwellen um eine weitere auslösende Komponente handelt, durch die es zu einer Verstärkung der Reizwirkung der auslösenden Situation kommt.

ob nicht weitere, bisher unberücksichtigt gebliebene Teilkomponenten bei der Auslösung der Reaktion wirksam sind.
Von einer Bestätigung des Schlüssel-Schloß-Konzeptes bzw. des Schlüsselkomponenten-Konzeptes kann erst dann ausgegangen werden, wenn der quantitative Vergleich eine Übereinstimmung in der Wirkung von Attrappe und realem Objekt, und zwar bei allen Motivationszuständen, ergibt. Dieser Nachweis fehlt aber bisher. Bei fehlender Übereinstimmung zwischen der relevanten Teilkomponente und dem realen Objekt hinsichtlich der Intensität der Antwort, ist nicht auszuschließen, daß ein Tier in diesem Fall doch auf Komplexqualitäten anspricht. Unter einer solchen Annahme würde die Attrappe eine Minimalanforderung, die ein Tier an die Komplexität der Umwelt stellt, repräsentieren.

2.3 Schlüsselreiz oder Schlüsselkomponente

Auch wenn die Lehrbücher der Verhaltensforschung den Eindruck vermitteln, daß unser Wissen über den angeborenen Auslösemechanismus gut abgesichert ist, müssen bei genauer Betrachtung der empirischen Befunde Zweifel aufkommen. Ein grundlegendes Problem ergibt sich bereits daraus, daß der zentrale Begriff Schlüsselreiz nicht eindeutig definiert ist. Als Schlüsselreiz werden von Lorenz sowohl ein konfigurativer Reiz, der als eine mehr oder weniger komplexe Merkmalskombination aufgefaßt wird, als auch voneinander unabhängig wirksame Merkmale bezeichnet, ohne zu erkennen, daß diese Annahmen zwei unterschiedlichen theoretischen Konzepten entsprechen. Da auch in der scientific community diese zu fordernde Unterscheidung bisher nicht vorgenommen wurde, aber beide Konzepte nebeneinander genutzt werden, gibt es bisher keine Überlegungen, mit Hilfe welcher Experimente eine Einordnung der Befunde in eine der beiden Kategorien möglich ist. So ist in jedem einzelnen Fall zu fragen, ob es sich bei einem als relevant erkannten Merkmal um einen Schlüssel*reiz* oder um eine Schlüssel*komponente* handelt.
Bisher gelang es vor allem bei chemischen und akustischen Signalen, die der innerartlichen Verständigung dienen, auslösende Merkmale aus jeweils komplexen Reizsituationen zu analysieren. Die Kommunikation mit Hilfe chemischer Signale ist besonders eingehend an Insekten untersucht worden. Bekannt ist, daß z.B. paarungsbereite Nachtfalterweibchen spezifische Duftsignale aussenden, die die Männchen aus mehreren hundert Metern Entfernung anzulocken vermögen. Nachdem es gelungen war, den Duftstoff des Weibchens des Seidenspinners (*Bombyx mori*), das Bombycol, zu analysieren (Butenandt 1955), konnte mit Hilfe von Verhaltensexperimenten und elektrophysiologischen Methoden gezeigt werden, daß die Geruchsrezeptoren auf den Antennen des Seidenspinnermännchens hoch spezifisch sind und nur auf das Bombycol und einige wenige analoge chemische Verbindungen antworten. Mit dieser spezifischen Empfindlichkeit wird erreicht, daß ein Seidenspinnermännchen ein Weibchen wahrzunehmen und zu lokalisieren vermag, ohne durch andere Gerüche der Umwelt, die es aufgrund der Spezialisierung seiner Rezeptoren gar nicht wahrzunehmen vermag, abgelenkt zu werden.

Etwas Vergleichbares kennen wir aus dem Bereich der akustischen Kommunikation. So lokalisieren die Männchen der Stechmücke *Aedes aegypti* die Weibchen mit Hilfe eines akustischen Signals und zwar dem Laut, der durch die Flügelbewegung der Weibchen entsteht. Der maximale Empfindlichkeitsbereich des Gehörorgans der Männchen entspricht diesem Flügelton, während der Flügelton des Männchens mit einer höheren Frequenz bereits über der Hörschwelle des Rezeptors liegt und somit nicht mehr gehört wird. Diese Befunde können als Beispiele für Schlüsselreize im Lorenzschen Sinne angesehen werden. Sie sind aber eigentlich trivial, da von den jeweils zuständigen Rezeptoren keine weiteren Duftstoffe bzw. akustischen Reize wahrgenommen werden können. Das 'Erkennen' erfolgt in diesen Fällen aufgrund der Leistungsbeschränkung der Empfänger bereits auf der Ebene der Rezeptoren.
Vor allem bei Insekten, die selbst zur Lauterzeugung befähigt sind wie Grillen und Heuschrecken, wurde versucht, aus komplexen Schallereignissen akustische Schlüsselreize zu isolieren. Auf unseren mitteleuropäischen Wiesen lassen im Sommer die Männchen von zehn oder mehr Feldheuschreckenarten ihre Gesänge, die der Anlockung der Weibchen dienen, hören. Für ein Heuschreckenweibchen kommt es darauf an, aus diesem 'Zirpkonzert' den Gesang des arteigenen Männchens zu erkennen und nur ihn zu beantworten. Feldheuschrecken produzieren die Laute, indem sie mit den Hinterbeinen an den Vorderflügeln entlangstreichen. Aufgrund der Konstruktion der schallerzeugenden Organe entsteht ein Gesang, der aus einzelnen 'Versen' besteht, die wiederum aus rasch aufeinanderfolgenden Lautelementen - den Silben - aufgebaut sind (s. Abb. 12).

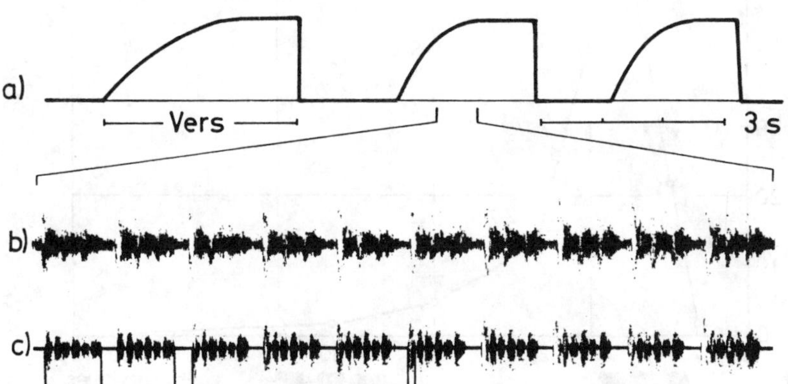

Abb. 12: Gesang eines Männchens von *Chorthippus biguttulus*; a) Schematische Darstellung der Verse eines typischen Gesanges; b) Ausschnitt aus einem Vers eines intakten Männchens und c) eines Männchens, das nur ein lauterzeugendes Bein besaß; beide Gesänge wurden bei einer Temperatur von 35 °C aufgenommen; aus D.v. Helversen (1972)

Es stellt sich die Frage, anhand welcher Merkmale die Weibchen den Laut der arteigenen Männchen erkennen. Mit Hilfe von Lautattrappen, d.h. synthetischen Lauten, konnten D. und O. v. Helversen (1981) für die Feldheuschrecke *Chorthippus biguttulus* zeigen, daß der entscheidende Parameter für die Erkennung eine bestimmte Relation von Silbendauer zur Dauer der Silbenpause ist, während Rhythmus und Anzahl der Verse, wie auch die Feinstruktur der Silben, d.h. das Pulsmuster, ohne Bedeutung für den Erkennungsmechanismus sind.
Da Heuschrecken als wechselwarme Tiere in ihrem Verhalten sehr stark von der Umgebungstemperatur beeinflußt werden, hängt auch die Schnelligkeit, mit der die Beine beim Singen auf- und abbewegt werden, von der Temperatur ab. Das hat zur Folge, daß sich sowohl die Silben- als auch die Pausendauer je nach Außentemperatur verändern. Da aber die Veränderungen dieser beiden Parameter nach der gleichen Gesetzmäßigkeit erfolgen, bleibt die Relation dieser beiden Größen zueinander konstant. Der angeborene Auslösemechanismus eines Weibchens von *Chorthippus biguttulus* greift somit aus der komplexen Lautstruktur des Gesanges eines Männchens ein Merkmal - die Silben-Pausendauer-Relation - heraus, das bei allen Außentemperaturen, bei denen das Männchen noch singt, unverändert bleibt.

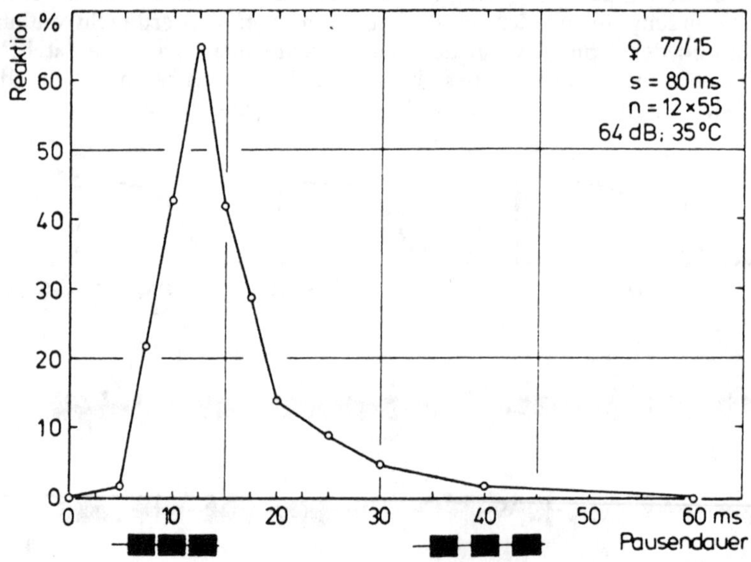

Abb. 13: Reaktion eines Weibchens der Heuschrecke *Chorthippus biguttulus* auf Lautattrappen aus einfach periodisch getastetem Rauschen. Die Silbendauer wurde mit s = 80 ms konstant gehalten, die Pausendauer (Abszisse) wurde variiert; aus O. v. Helversen (1979)

Bei einer Temperatur von 35 °C und einer Silbendauer von 80 Millisekunden liegt das Maximum der Antworten eines Weibchens eindeutig bei einer Pausendauer von 12,5-15 Millisekunden. Darüberhinaus konnte gezeigt werden, daß bei einer

Veränderung der Konfiguration die Weibchen kaum noch antworten. Wird z.B. bei einer konstanten Silbendauer von 80 Millisekunden die Pausendauer um 10-15 Millisekunden in beiden Richtungen variiert, so fällt die Antwortrate eines Weibchens steil ab (s. Abb. 13). Bei einem so eng umgrenzten Antwortbereich der Weibchen kann davon ausgegangen werden, daß der Erkennungsmechanismus der Weibchen auf einen, in diesem Fall konfigurativen Schlüsselreiz anspricht.
In diesem Beispiel ist die Kommunikation zwischen Männchen und Weibchen auf je eine Reaktion der Partner beschränkt. Wenn das Weibchen auf den Gesang des Männchens antwortet, dann immer in der gleichen Weise mit einem gegenüber dem Männchen etwas leiseren Gesangsvers. Das Männchen kann auf dieses Signal des Weibchens nur mit Hinwendung reagieren. Da Männchen wie auch Weibchen keine andere Antwortmöglichkeit haben, kann ein Beobachter nur registrieren, ob die erwartete Antwort des Partners erfolgt oder nicht. Die Resultate aus einem so wenig flexiblen Kommunikationssystem lassen eigentlich nur eine Interpretation im Rahmen des Schlüssel-Schloß-Konzeptes zu.
Wie D. v. Helversen untersuchten auch Pollack und Hoy (1979) die Frage, anhand welcher Merkmale ein Weibchen der Grille *Teleogryllus oceanicus* den Gesang der artgleichen Männchen erkennt. Der Gesang der *Teleogryllus*-Männchen besitzt eine für die Art sehr charakteristische Zeitstruktur aus Silben und Intervallen. Die Autoren gingen von der Annahme aus, daß ein Weibchen nicht auf den komplexen Laut anspricht, sondern auf Teilelemente. So stellten sie künstliche Laute her, in denen die Proportionen der Pulsintervalle denen des normalen Gesanges entsprachen, nur ihre Reihenfolge war nach dem Zufallsprinzip verändert. Trotz der Mischung der Grundkomponenten haben die Weibchen einen solchen 'shuffled song' erkannt. Aus diesen Ergebnissen kann gefolgert werden, daß die Weibchen auf die voneinander unabhängigen Grundkomponenten reagieren und nicht auf eine festgelegte Aufeinanderfolge dieser Teilelemente. Wenn darüber hinaus gezeigt werden kann, daß die relevanten Komponenten beim Weibchen eine äquivalente Antwort auslösen und zwar unabhängig davon, ob sie im normalen Gesang des Männchens oder in Form des 'shuffled song' geboten werden, können sie als Schlüsselkomponenten im Sinne von Lorenz interpretiert werden.
Weitere Analysen von angeborenen Auslösemechanismen, die auf akustische Reize ansprechen, liegen speziell für Froschlurche vor. So gingen Walkowiak und Brzoska (1982) der Frage nach, anhand welcher Parameter ein Grasfroschmännchen (*Rana t. temporaria L.*) den Ruf eines artgleichen Rivalen erkennt. Sie führten ihre Versuche im Freiland durch. Nur wenn die Grundfrequenz und die Wiederholungsrate der Impulse des synthetischen Lautes mit dem natürlichen Ruf übereinstimmte, konnten sie eine Antwort des Männchens auslösen. In diesem Fall setzt sich der wirksame Reiz aus zwei Teilelementen zusammen, die aber nur gemeinsam auslösend sind.
Entsprechende Untersuchungen wurden auch am amerikanischen Ochsenfrosch *Rana catesbeiana* durchgeführt (Capranica 1965). Die Paarungsrufe der Männchen weisen zwei Energiemaxima in ihrem Frequenzspektrum auf. Eines liegt bei circa 300 Hertz, ein weiteres bei 1400-1500 Hertz. Nur ein Signal, das beide Energiemaxima besitzt und das in seinem zeitlichen Aufbau dem des arteigenen Rufes entspricht, wird vom Artgenossen erkannt und löst eine Rufantwort aus. Frequenzzusammensetzung und zeitliche Feinstruktur sind die entscheidenden Para-

meter, die den wirksamen Reiz bilden. Da alle relevanten Merkmale vorhanden sein müssen, um eine Antwort auszulösen, scheinen diese Beispiele, so wie sie dargestellt sind, dem Schlüssel-Schloß-Konzept zu entsprechen. Aber erst wenn gezeigt werden kann, daß mit den synthetischen Lauten, die nur die als relevant erkannten Merkmale enthalten, eine gleich intensive Reaktion ausgelöst werden kann wie mit dem natürlichen, d.h. von einem Artgenossen abgegebenen Ruf, wäre auch die Kontextunabhängigkeit gegeben, und die Merkmale könnten als konfigurative Schlüsselreize interpretiert werden.

Obwohl man vor allem in den Anfangsjahren der Verhaltensforschung bemüht war, optisch wirksame Schlüsselreize aufzudecken, sind die Ergebnisse, wenn man genauer hinsieht, speziell auf diesem Gebiet bisher recht unbefriedigend. Das ist auch dadurch bedingt, daß optische Merkmale nicht so leicht zu isolieren sind wie z.B. akustische, da Farb- und Formmerkmale in irgendeiner Weise immer gekoppelt sind und sehr häufig auch eine Bewegungskomponente nötig ist, um eine Antwort zu erhalten. Bei der Suche nach optisch wirksamen Schlüsselreizen hat man - verständlicherweise - stets auffällige optische Merkmale auf eine solche Wirkung hin geprüft. So wurden Farbmuster, wie sie von vielen Tieren zur Fortpflanzungszeit zur Schau gestellt werden, wie z.B. die rote Kehle eines Stichlingsmännchens, auf ihre auslösende Wirkung getestet, wie auch Farbabzeichen, denen man nicht so ohne weiteres eine Funktion zuweisen konnte, wie z.B. dem roten Fleck am Unterschnabel einer adulten Silbermöwe.

Farbig auffällige Zeichnungsmuster sind besonders häufig bei taglebenden Insekten zu beobachten. Bei stechenden Insekten wie Wespen und Hornissen gelten sie als Warnsignale an potentielle Räuber. In neuerer Zeit stellten sich Roper und Cook (1989) und Roper (1990) die Frage, wie sich unerfahrene Tiere gegenüber Warnfarben, speziell der Wespenzeichnung, verhalten, d.h. ob sie dieses Warnzeichen erlernen müssen oder ob sie es bereits angeborenermaßen als solches erkennen.

Sie boten ungefütterten und im Dunkeln gehaltenen und somit hinsichtlich Futter unerfahrenen Küken Mehlwürmer mit aufgemalter schwarz-gelber Bänderung und einer weiteren Kükengruppe zur Kontrolle olivgrün bemalte Mehlwürmer. Wie schon Schuler und Hess (1985) zeigen konnten, meiden unerfahrene Küken gelbschwarz gebänderte Beute. Eine mögliche Erklärung für dieses Verhalten wäre, daß die Abneigung der Küken durch die Farbkomponenten und nicht durch das spezifische Muster der Bänderung bedingt ist. Aufgrund dieser Überlegung boten die Autoren den Küken völlig schwarze und einheitlich gelb bemalte Mehlwürmer an. Während die schwarzen Objekte gemieden wurden, ergab sich für die gelben gegenüber den olivgrünen Kontrollen eine Präferenz. Wenn - so die Argumentation der Autoren - die Ablehnung schwarz-gelber Beute aus der starken Abneigung gegen schwarze und einer leichten Bevorzugung gelber Beuteobjekte resultiere, dann müßte sie auch bei Beuteobjekten, die zur Hälfte gelb und zur Hälfte schwarz angemalt waren, beobachtbar sein. Das war aber nicht der Fall. Auch das Merkmal Bänderung allein kann nicht ausschlaggebend sein, da rot-gelb gestreifte, ebenso wie rot-schwarz gebänderte Beute gegenüber den Kontrollen bevorzugt wurde. Roper und Cook kommen zu dem Schluß, daß die spezifische schwarzgelbe Bänderung das entscheidende Merkmal ist, das die unerfahrenen Küken veranlaßt, derartig gezeichnete Beuteobjekte zu meiden. Wenn sich zudem die

Kontextunabhängigkeit in der Weise zeigen ließe, daß jedes beliebige, hinsichtlich der Größe annehmbare Objekt mit der charakteristischen schwarz-gelben Streifung von den Küken gemieden würde, dann könnte dieses Merkmal als konfigurativer Schlüsselreiz gelten. Allerdings haben die Untersuchungen auch ergeben, daß schwarze wie auch rote Beuteobjekte abgelehnt werden, während schwarz-rot geringelte Objekte bevorzugt werden, obwohl eine schwarz-rote Bänderung auch als Warnfarbe gilt. Demnach ist davon auszugehen, daß doch wohl eine nicht so einfache Beziehung zwischen den in der Natur vorkommenden Warnfarben und einer 'angeborenen Aversion' gegenüber derartigen Mustern besteht.

Die oft sehr weit gehende Anpassung von Brutparasiten an Merkmale der Wirtsjungen oder an die Eier der Wirte wurde als Hinweis genommen, daß den Merkmalen, durch die diese Übereinstimmung erreicht wird, die Funktion von Schlüsselreizen zukommt, d.h. daß sie von den Wirteltern für das Erkennen der arteigenen Jungen oder Eier genutzt werden.

Bei unserem einheimischen Kuckuck weisen die Eier in Färbung und Musterung eine auffallende Übereinstimmung mit den Eiern der jeweiligen Wirtsart auf. Hätten Veränderung von Farbe und Sprenkelung eine Ablehnung des Kuckuckeies durch die Wirtsvögel zur Folge, so wäre dies ein Hinweis, daß die Musterung von den Wirtsvögeln zum Erkennen der arteigenen Eier genutzt wird. Ließe sich dies empirisch zeigen, so könnte von einem konfigurativen Schlüsselreiz gesprochen werden. Davies und Brooke (1991) berichten, daß die Eier, die Kuckucksweibchen in die Nester von Heckenbraunellen legen, sich deutlich von denen der Wirtsart unterscheiden. Während das Ei der Heckenbraunelle einheitlich blaugrün gefärbt ist, ist das des Kuckucks in diesem Fall blass hellbraun gesprenkelt. Trotz dieser Abweichung von den eigenen Eiern wird das Kuckucksei von der Heckenbraunelle bebrütet. Diese Beobachtung spricht nicht gegen das Schlüssel-Schloß-Konzept, sondern zeigt nur, daß es von Art zu Art sehr unterschiedlich sein kann, auf welche Merkmale reagiert wird.

Wie zuvor ausgeführt, besitzen nestjunge Prachtfinken eine für jede Art charakteristische Rachenzeichnung, die in der Regel aus verschiedenen Elementen wie z.B. farbigen Punkten in einer bestimmten Anordnung besteht. Die Vermutung liegt nahe, daß ein solches Muster einem konfigurativen Schlüsselreiz entspricht. Aber erst wenn gezeigt werden kann, daß das Fehlen eines Teilelementes oder eine Veränderung der Konfiguration bewirken, daß der betreffende Jungvogel mit der veränderten Rachenzeichnung nicht mehr gefüttert wird, wäre der Nachweis erbracht, daß der AAM der Eltern für das Fütterungsverhalten auf diesen komplexen konfigurativen Schlüsselreiz anspricht. Indirekt wird diese Annahme jedoch gestützt durch die Beobachtung, daß nestjunge Witwenvögel, die als Brutparasiten in den Nestern von Prachtfinken zusammen mit deren Jungen aufwachsen, in ihrer Rachenzeichnung wie auch dem Bettelverhalten eine so weitgehende Übereinstimmung aufweisen, daß sie von den Wirtsjungen nicht zu unterscheiden sind. Die jungen Brutparasiten sind aber nicht nur in diesen Merkmalen den Wirtsjungen ähnlich, sondern gleichen ihnen in ihrem gesamten äußeren Erscheinungsbild. Eine so weitgehende Anpassung der parasitierenden Jungen an die Jungen der Wirte läßt vermuten, daß nicht allein die Rachenzeichnung von den Eltern zum Erkennen der Jungen genutzt wird, sondern doch das komplexe Erscheinungsbild. In diesem Fall müßte untersucht werden, ob und inwieweit Abweichungen in einzelnen Merkmalen wie Gefieder- oder Schnabelfärbung dazu führen, daß der Brutparasit als fremd erkannt und aus dem Nest geworfen wird. Eine ganz andere Situation liegt beim einheimischen Kuckuck vor. Er sitzt ohne Konkurrenz allein im Nest und wird, obwohl er im Aussehen keinerlei Ähnlichkeit mit den Jungen der Wirtseltern hat - wie z.B. der Heckenbraunelle oder dem Teichrohrsänger -, von den Wirtseltern intensiv gefüttert. Dieses Verhalten der Eltern könnte im Sinne von Lorenz so interpretiert werden, daß der Erkennungsmechanismus der Wirtseltern nur auf einige wenige Schlüsselkomponenten anspricht, die der junge Kuckuck mit den eigenen Jungen gemeinsam hat, wie z.B. Schnabel- und Rachenfärbung. Wäre dies der Fall, so zeigt das Kuckucksbeispiel, wie stark die Wirtseltern vom Kontext abstrahieren. Ihr AAM spräche lediglich auf die Schlüsselkomponenten an und nähme die übrigen großen Unterschiede zwischen dem jungen Kuckuck und den arteigenen Jungen nicht wahr. Allerdings müßte eine entsprechend gestaltete Attrappe mit den relevanten Merkmalen gleich intensiv gefüttert werden wie der junge Brutparasit. Dieser Nachweis steht noch aus.

Rein intuitiv erscheint die Lorenzsche Theorie zum 'angeborenen Erkennen' recht plausibel. Wenn ein unerfahrenes Tier adaptiv auf eine Umweltsituation reagieren muß, so ist es meines Erachtens die einfachste Denkmöglichkeit, daß es auf einzelne, das Zielobjekt genügend eindeutig kennzeichnende Merkmale, die Schlüsselreize, anspricht. Das Schlüssel-Schloß-Konzept scheint aber nur in solchen Fällen nachweisbar zu sein, in denen das Tier in der Testsituation nur über eine Antwort verfügt und ihm somit nur eine Ja-Nein Entscheidung abverlangt wird. Je variabler das Verhaltensrepertoire einer Art ist, um so eher ist zu erwarten, daß der Erkennungsmechanismus nach dem flexibleren Schlüsselkomponenten-Konzept arbeitet. Doch gilt für beide Konzepte, daß von einer Merkmalserkennung im Sinne von Lorenz erst dann ausgegangen werden kann, wenn der Nachweis der Kontextunabhängigkeit der relevanten Merkmale erbracht werden konnte. Ein solcher Nachweis erfordert - wie zuvor ausgeführt - sehr exakte Messungen der Intensität der Antwort auf merkmalsarme Attrappen im Vergleich zum realen Objekt. Dem stehen grundlegende methodische Schwierigkeiten bei Intensitätsbestimmungen von Verhaltensweisen entgegen, auf die ich im Kapitel II (s. S. 49 ff.) ausführlich eingegangen bin. Solange wir über keine im Rahmen der Theorie hierfür zulässigen Meßverfahren verfügen, bleiben alle derartigen Messungen unzulänglich; das bedeutet auch, daß eine Bewertung des Schlüssel-Schloß- wie auch des Schlüsselkomponenten-Konzeptes vorerst gar nicht vorgenommen werden kann.

Bei allen Untersuchungen zur Analyse von Erkennungsmechanismen wird eine Tendenz zur Kontrastbetonung deutlich. In der Regel werden Rufe mehrfach wiederholt, wodurch sie auffälliger werden. Das gilt auch für Bewegungen, denen Signalfunktion zukommt. So wird das 'Rütteln' eines balzenden Buntbarschmännchens mehrfach hintereinander ausgeführt, ebenso wird beim sogenannten Zickzacktanz eines Stichlingsmännchens das ruckartige Hinundherschwimmen mehrfach wiederholt. Galapagos-Echsen drohen, indem sie auffällig und wiederholt mit dem Kopf nicken; Spechte trommeln, d.h. setzen rhythmische Signale zur gegenseitigen Verständigung ein. Bei Farb- und Formmerkmalen wird von den Beobachtern ebenfalls immer wieder darauf hingewiesen, daß der Kontrast gegen Untergrund und Umgebung ein relevanter Faktor für das Erkennen und damit für die

Entscheidung eines Tieres ist. Attrappen, die sich deutlich vom Hintergrund abheben, sind oft besonders wirksam, ohne daß ihre Ausgestaltung mit dem natürlichen Objekt übereinstimmen muß. Nach Tinbergen und Perdeck (1951) geben Silbermöwenküken einem runden roten Fleck, der durch einen weißen Ring unterteilt war und somit einer rot-weiß-roten Kokarde glich, den Vorrang gegenüber einem einheitlichen roten Fleck, wie er am realen Objekt, dem Schnabel des Altvogels, ausgebildet ist und dem bekanntlich der Rang eines Schlüsselreizes zukommt. Die Männchen der einheimischen Leuchtkäferart *Phausis splendidula* präferierten Attrappen, die heller leuchten und eine größere Leuchtfläche besitzen als das arteigene Weibchen (Schaller und Schwalbe 1961). Zebrafinkenmännchen und -weibchen werden, wenn sie rote Ringe an den Beinen tragen, vom anderen Geschlecht gegenüber ringlosen Artgenossen bevorzugt (Burley 1986). Für Wachteln, die auf weißfiedrige Artgenossen geprägt waren, sind adulte Tiere mit besonders vielen schwarzen Abzeichen,. die sich deutlich vom weißen Brustgefieder abheben, attraktiver als solche ohne Abzeichen, obwohl die Wildform keine derartigen Abzeichen besitzt (Ten Cate und Bateson 1989).
Gehe ich davon aus, daß das Gehirn, das für die Verarbeitung von Umweltreizen zuständige Organ, im wesentlichen vergleichend arbeitet, so wird eine Bevorzugung auffälliger Objekte durchaus verständlich. Bei einer solchen Arbeitsweise müssen die relevanten Eigenschaften besonders hervorgehoben werden, und eine Möglichkeit, um dies zu erreichen, ist die Kontrastverschärfung. Ein Handicap bleibt weiterhin, daß wir bisher sehr wenig darüber wissen, wie Tiere ihre Umwelt strukturieren und wie sie die durch Rezeptoren aufgenommenen Umweltreize verarbeiten.

2.4 Bewegungsweisen als auslösende Komponenten

Die Ergebnisse von Attrappenversuchen führten insgesamt zu einer Überbetonung der auslösenden Wirkung von Farb- und Formmerkmalen, wie auch in den Lehrbüchern der Verhaltensforschung anhand der dort aufgeführten Beispiele deutlich wird. Das mag damit zusammenhängen, daß es einfacher ist, Attrappen für Farb- und Formmerkmale zu konstruieren, als Bewegungsweisen nachzuahmen. Auch fällt es uns leichter, statische Merkmale zu erkennen und zu beschreiben im Vergleich zu Bewegungsmerkmalen. Als besonders schwierig erweist es sich, Bewegungsmerkmale gegeneinander abzugrenzen und sie zu klassifizieren. Doch dürfen diese Schwierigkeiten nicht dazu führen, Bewegungskomponenten in ihrer Bedeutung für das Erkennen von Zielobjekten zu unterschätzen. Bei genauer Durchsicht der Literatur findet man erstaunlich viele Hinweise, die zeigen, daß spezifischen Bewegungsweisen bei der Auslösung einer Antwort ein höherer Rang zukommt als Farb- und Formmerkmalen.
So hebt auch Seitz in seiner Arbeit zur Paarbildung bei einigen Buntbarschen (Cichliden) die Bedeutung charakteristischer Bewegungsweisen für die Erkennung des Partners und die Auslösung der aufeinander bezogenen Verhaltensweisen hervor. In einer abschließenden Zusammenfassung schreibt er: "Bewegungsmerkmale lösen stärker aus als Farbmerkmale; ... Der symbolische Inferiorismus und die Nachfolgereaktion des Weibchens sind eindeutige, unbedingt erforderliche Si-

gnale seiner Bereitschaft zur Paarbildung. Aufrechterhalten des weiblichen Imponiergehabens versperrt den Weg zur Paarbildung und löst den normalen Kampfkomment aus wie zwischen gleichstarken Männchen." (Seitz 1943, S. 100). Das bedeutet nichts anderes, als daß die Bewegungsweisen des Weibchens die jeweilige Antwort bestimmen, und wenn daraus derartig gegensätzliche Reaktionen des Männchens resultieren - Kampf oder Balz -, dann kann dem Farbkleid des Weibchens wohl kaum eine entscheidende Bedeutung für die Auslösung des Verhaltens des Männchens zukommen. Lorenz schreibt hierzu: "Der AAM, mit dem ein 'Astatotilapia'-Männchen auf ein Weibchen anspricht, besteht, wie Attrappenversuche von A. Seitz zeigten, aus ganz wenigen als Schlüsselreize wirksamen Konfigurationen. Das Objekt muß die ungefähre Größe eines Artgenossen haben, sich langsam auf das Männchen zu bewegen, seinem erregten Balzverhalten standhalten und ihm anschließend beim Führungsschwimmen langsam zur Nestgrube folgen. ... Die genetische Information, die der Fisch mitbekommen hat, würde also in Worten gefaßt etwa folgendermaßen lauten: Ein Weibchen ist ein Artgenosse, der sich in der oben beschriebenen Weise verhält." (Lorenz 1978, S. 138).

Die auslösende Wirkung speziell von spezifischen Bewegungsmustern wird durch viele Experimente und Beobachtungen gestützt. So berichtet Allen (1934) vom Nordamerikanischen Haselhuhn, daß die Männchen nicht nur mit Weibchen, sondern auch mit gleichgeschlechtlichen Artgenossen kopulieren, wenn diese eine ähnliche Stellung wie eine zur Begattung auffordernde Henne einnehmen. Tinbergen bemerkt dazu: "Die Tatsachen zeigen nur, daß in der die Kopulation auslösenden Situation die geduckte Haltung der paarungswilligen Henne wichtiger ist als alle morphologischen Merkmale. ... die Kopulation wird durch Verhaltensmerkmale ausgelöst, nicht durch Farb- und Formunterschiede." (Tinbergen 1952 a, S. 35).

Vergleichbares berichtet Lorenz von Graugänsen. Die auslösende Reizkonfiguration für das Kopulationsverhalten von Gantern "besteht darin, daß der Partner nahe der Wasseroberfläche eine breite horizontale Fläche darbietet, ähnlich wie dies die zur Paarung auffordernde weibliche Gans tut." (Lorenz 1978, S. 130). Diese Unspezifität bringt es mit sich, daß auch der im Wasser schwimmende Pfleger bei mit ihm vertrauten Gänsen regelmäßig Kopulationsversuche von Männchen, aber merkwürdigerweise auch von Weibchen auslöst. Eibl-Eibesfeldt (1987) berichtet, daß ein Erdkrötenmännchen zur Fortpflanzungszeit auf der Suche nach einem Weibchen sich jedem bewegten Gegenstand nähert, um an ihm Umklammerungsversuche auszuführen. In diesem Falle ist nicht einmal ein spezifisches Bewegungsmuster für die Auslösung notwendig, sondern nur das sehr allgemeine Merkmal Bewegung. "Der angeborene Auslösemechanismus ist in diesem Fall sehr unselektiv, er genügt jedoch, da sich zur Paarungszeit ja fast nur Erdkröten im Tümpel bewegen." (Eibl-Eibesfeldt 1987, S. 164). Eine Analyse der auslösenden Situation für den Balzanflug des Samtfaltermännchens ergab, "daß weder Farbe, Größe noch Form viel bedeuten, sondern daß die bestmögliche Abhebung vom lichten Himmel (optimal wirkte Schwarz), die Art der Bewegung ('Flugform') und der Abstand gemeinsam den Wirkungsgrad bestimmen." (Tinbergen 1952 a, S. 38). Für Jungfische gilt, daß sie ihre Eltern in erster Linie anhand typischer Bewegungsweisen erkennen. Bei maulbrütenden Buntbarschen übernimmt ein Elternteil, in der Regel das Weibchen, allein die Brutpflege. Es nimmt beim Laichakt die Eier ins Maul und behält sie dort, bis die ausgeschlüpften Jungen frei schwimmen können. In den ersten Tagen nach dem Entlassen aus dem mütterlichen Maul werden die Jungen bei Gefahr und über Nacht wieder in das Maul aufgenommen, wobei die Jungen aktiv auf die Mutter - speziell auf das Maul der Mutter - zuschwimmen. An mehreren maulbrütenden Arten wurde die Frage untersucht, mit Hilfe welcher Schlüsselreize die Jungen die Mutter erkennen. Alle Autoren kommen übereinstimmend zu dem Ergebnis, daß nahezu alle Attrappen von den Jungfischen angeschwommen werden, wenn sie langsam bewegt werden, sich vom Hintergrund abheben und die Größe eines adulten Fisches nicht wesentlich überschreiten. Unbewegte Attrappen werden nicht beachtet. Das entscheidende Merkmal für den Erkennungsmechanismus der Jungfische ist die langsame Bewegung eines Objektes; bei schnellen Bewegungen, auch der Mutter, fliehen sie. Da sich Fische in der Regel schnell bewegen und nur brutpflegende Eltern am Ort stehen und sich nur langsam über kleine Entfernungen hinweg bewegen, ist es trotz der so allgemeinen Information höchst unwahrscheinlich, daß die Jungfische auf ein ungeeignetes Objekt zuschwimmen. Die Abhebung vom Hintergrund ist notwendige Bedingung, um ein Objekt überhaupt wahrzunehmen. Wenn von den Autoren - auch wieder übereinstimmend - betont wird, daß durch ein beliebiges Muster eine Attrappe für die Jungfische anziehender wirkt, so ist das vermutlich darauf zurückzuführen, daß die Auffälligkeit der Attrappe und damit ihre Abhebung vom Hintergrund durch das Muster erhöht wird, ohne daß typische Artmerkmale wirksam werden.

In einer der ersten Arbeiten zu diesem Thema meinte Peters (1937) hinsichtlich der Anordnung schwarzer Punkte an der Attrappe, die den Augen des Muttertieres entsprechen sollten, ein konfiguratives Merkmal aufgezeigt zu haben. "Sie (die Jungfische, Anm. d. Verf.) versuchen auch, in einfache Attrappen des mütterlichen Kopfes einzudringen, wobei sie sich nach der Stellung der Augen richten und einen Punkt zwischen diesen ansteuern. Liegen nun die Augenflecke horizontal auf einer Ebene, so ist die Attrappe wirksamer, als wenn je ein Auge oben und unten ist." (Eibl-Eibesfeldt 1987, S. 166). Kuenzer griff die Fragestellung von Peters mit der gleichen Versuchstierart erneut auf mit dem Ergebnis: "Es kommt neben der Bewegung immer vorwiegend auf die Dunkelstufe der Attrappe an; Größe und Form haben dagegen eine weit geringere Bedeutung. ... Die bisher für die Auslösung der 'Eindringreaktion' für wichtig erachteten Merkmale der Fischgestalt, sowie die Zahl und die Anordnung der Augen (Peters 1937) spielen keine Rolle." (Kuenzer 1975, S. 538).

Noch ein weiteres Beispiel verdeutlicht die Bedeutung der Bewegung für das Erkennen der Situation. Bei nestjungen Amseln konnte Tinbergen die Sperrbewegung (nicht deren Richtung!) durch Attrappen auslösen, die eine Ausdehnung von 3 mm haben und oberhalb der Augen bewegt werden mußten. Jedes Objekt, das die Mindestgröße von 3 mm hat oder sie übertrifft und das von oben auf die Jungen zubewegt wird, löst diese Bettelbewegung der Jungen, das Sperren, aus, während Farb- und Formmerkmale in dieser Situation ohne Bedeutung sind.

Durch die Betonung von Farb- und Formmerkmalen und ihre Hervorhebung als allein relevante auslösende Komponenten kann leicht ein falsches Bild entstehen. So ging man ursprünglich davon aus, daß die 'Eiflecke', die die Männchen einiger maulbrütender Buntbarscharten auf der Afterflosse tragen, notwendige

Schlüsselreize seien, um eine Besamung der Eier zu erreichen. Bei einigen Maulbrüterarten nehmen die Weibchen die Eier nach der Ablage so schnell ins Maul auf, daß die Männchen sie in der Laichgrube nicht mehr besamen können. Man stellte die Hypothese auf, daß die Afterflossenflecke der Männchen eine Nachahmung der arteigenen Eier seien, durch die sich die Weibchen täuschen ließen und versuchten, sie ins Maul aufzunehmen. Bei diesen Versuchen nehmen sie die vom Männchen abgegebenen Spermien auf, so daß es zu einer Befruchtung der Eier im Maul der Weibchen kommt. Die Eiflecken galten als ein Beispiele für 'innerartliche Mimikry' (Wickler 1973), für die charakteristisch ist, daß Vorbild (die Eier), Nachahmer (die Flecken auf der Afterflosse) und Signalempfänger (das Weibchen) zur gleichen Art gehören. Einer experimentellen Überprüfung durch Mitarbeiter von Wickler (Hert, E. 1989; Hottinger, P. 1989) hielt diese Hypothese jedoch nicht stand. Männchen, denen die Eiflecken künstlich entfernt wurden, erzielten die gleiche Befruchtungsrate wie Männchen mit Eiflecken. Diese Beobachtung zeigt, daß die Eiflecken für den Besamungsvorgang nicht notwendig sind. In diese Richtung wiesen auch bereits Beobachtungen an maulbrütenden Buntbarscharten, bei denen die Männchen keine Eiflecken besitzen und doch bei gleichem Ablaichmodus die Eier erfolgreich besamen.
Bei diesen 'eifleckIosen' Arten stoßen die Weibchen während der Balz mit dem Maul gegen die Afterflosse des Männchens und nehmen hierbei die Spermien in gleicher Weise auf wie Arten, deren Männchen Eiflecke tragen. Diese für den Besamungsvorgang wichtige Bewegungsweise des Weibchens ist somit nicht von einem speziellen Farbmuster auf der Afterflosse des Männchens abhängig. Inwieweit Männchen *mit* gegenüber Männchen *ohne* Eiflecken auf der Afterflosse von den Weibchen als Balzpartner bevorzugt werden, wird für die beiden Arten (*Haplochromis elegans* und *Pseudotropheus zebra*), die bisher hinsichtlich dieser Frage untersucht wurden, unterschiedlich beantwortet. Während die Weibchen von *Haplochromis elegans* Männchen mit besonders vielen Flecken auf der Afterflosse bevorzugten, zeigten im Gegensatz dazu die Weibchen von *Pseudotropheus zebra* keine derartige Präferenz. Bei dieser Art scheint der Fortpflanzungserfolg der Männchen in erster Linie von ihrer Balzaktivität abzuhängen.
Die Frage scheint berechtigt, ob sich überhaupt Beispiele dafür finden lassen, daß ein bestimmtes Farbmerkmal unabhängig von dem Verhalten des Tieres eine auslösende Wirkung besitzt. Oder kommt den Farb- und Formmerkmalen nur die Bedeutung zu, Bewegungsabläufe auffälliger zu machen, daß aber ein Erkennen der Situation auch ohne sie möglich ist. Um diese Frage zu klären, könnten Wahlversuche bei gleichem Bewegungsablauf und unterschiedlicher Ausprägung der jeweiligen Farb- und Formmerkmale durchgeführt werden. Möglicherweise bieten dann die unterstützenden Farb- oder auch Formmerkmale einen Vorteil für das damit ausgestattete Tier.
Bei allen Attrappenversuchen zur innerartlichen Kommunikation oder zum Beutefang, über die hier berichtet wurde, blieben unbewegte Objekte unbemerkt. Wenn ein Objekt sich bewegt, so ist dies zunächst ein Kriterium dafür, daß es lebt. Eine spezifische Bewegung wie z.B. das 'Rütteln' eines balzenden Buntbarschmännchens oder auch die Richtung der Bewegung liefern dann weitere Informationen. Auffallend ist auch, daß sich die Farb- und Formmerkmale als vielfach sehr unspezifisch erwiesen haben. So ist oft der Kontrast zum Hintergrund ausreichend,

ohne daß besondere Farbwerte oder Muster, wie sie am Original vertreten sind, notwendig wären. Das gleiche gilt für Formmerkmale. Hier ist häufig allein die Größenrelation, z.B. nicht zu groß zur Eigengröße, ein hinreichendes Kennzeichen.
Lassen sich die Ergebnisse der in diesem Kapitel kurz skizzierten Attrappenversuche in das Schlüsselkomponenten-Konzept einordnen? Vor allem für die auslösend wirksamen Bewegungsabläufe gilt, daß die Analyse nie so weit getrieben wurde, daß sich wirksame Schlüsselkomponenten isolieren ließen; es ist auch zu fragen, ob sich komplexe Bewegungsabläufe überhaupt weiter zerlegen lassen, ohne ihre Wirkung zu verlieren. So kann die zuvor gestellte Frage für Bewegungsweisen zunächst gar nicht befriedigend beantwortet werden.

2.5 Eine Fallstudie zur relativen Bedeutung von Schlüsselkomponenten: Balz- und Kampfverhalten des Stichlings

Als gewissermaßen 'klassisches' Objekt, an dem die ersten Analysen eines angeborenen Auslösemechanismus durchgeführt wurden, muß der Stichling angesehen werden. In den Lehrbüchern der Verhaltensforschung werden die Ergebnisse von Attrappenversuchen mit dem Stichling vielfach so dargestellt, als genügten einfache, d.h. wenig strukturierte Farb- und Formmerkmale zum Erkennen adäquater Zielobjekte wie Rivalen oder Geschlechtspartner. "Beim Stichling ist der rote Bauch ein kampfauslösendes Merkmal; eine plumpe Wachswurst, die unterseits rot ist, sonst aber alle Fischmerkmale, wie etwa Flossen, entbehrt, wird sogleich bekämpft, während viel stichlingsähnlichere Attrappen ohne Rotfärbung keinerlei Kampf auslösen. Wichtig ist jedoch, daß die Bauchseite rot ist; drehen wir die Attrappe um, verliert sie ihre kampfauslösende Wirkung. Weibchen werden von den Stichlingsmännchen an ihrem vom Laich aufgetriebenen Bauch erkannt, der ihnen außerdem in bestimmter Weise präsentiert wird. Man kann Laichbauch und Stellung mit einfachen Attrappen nachmachen und damit Balzverhalten auslösen." (Eibl-Eibesfeldt 1987, S. 164) Geht man auf die ursprünglichen Arbeiten zur Analyse des AAM beim Stichling zurück, so wird man erkennen, daß von Eibl-Eibesfeldt wie auch von anderen Lehrbuchautoren ein völlig verzerrtes Bild der Ergebnisse wiedergegeben wird. Doch haben meines Erachtens derartige, grob vereinfachende Darstellungen dazu beigetragen, bei Verhaltensforschern und Laien die Vorstellung zu verfestigen, daß ein AAM auf höchst einfache Teilkomponenten komplexer Umweltsituationen anspricht. Jedem, der sich, und wenn auch nur sehr oberflächlich , mit Verhaltensforschung beschäftigt hat, sind - so meine Erfahrung - diese Befunde vertraut und werden, was ich für gravierender ansehe, als repräsentativ für die Arbeitsweise eines AAM angesehen. Es erscheint mir daher wichtig, die in diesem Zusammenhang wesentlichen Arbeiten wenigstens in groben Zügen anzuführen, um dem Leser die Möglichkeit zu geben, sich selbst ein Bild über die wissenschaftliche Relevanz der oben angeführten Befunde zu machen.

Im Rahmen eines ethologischen Praktikums versuchten ter Pelwijk und Tinbergen (1937)[8] zusammen mit Studenten, die Merkmale herauszufinden, die bei einem fortpflanzungsbereiten Stichlingsmännchen Kampf- und Balzverhalten auszulösen vermögen. Als Attrappen verwendeten sie in diesen Versuchen nicht nur tote Stichlinge, Männchen wie Weibchen, sondern auch tote Elritzen und Schleien. Die Attrappen wurden wie Marionetten an Drähten geführt. Ter Pelwijk und Tinbergen arbeiteten auch mit lebenden Stichlingsmännchen, die allerdings durch Darbieten in einer engen Glasröhre in ihrer Bewegung stark eingeschränkt waren.

Hat ein Stichlingsmännchen mit Beginn der Fortpflanzungszeit ein Revier abgegrenzt, so ist zu beobachten, daß es sowohl Männchen als auch laichbereite Weibchen, die in sein Revier einschwimmen, angreift, mit Ausnahme nur *der* laichbereiten Weibchen, die eine bestimmte Bewegungsweise, die sogenannte Aufforderungsstellung, zeigen. Diese Beobachtung wird von den Autoren so interpretiert, daß "als Auslöser für die männlichen Handlungen, die das Weibchen zum Nest führen, die Bewegungsweise des balzenden Weibchens weit wichtiger als das so auffällige Formmerkmal seines dicken Bauches (ist)". So entscheidend ist die Bewegungsweise, daß es den Autoren gelang, "das Männchen dazu zu bringen, eine 'balzende' tote Schleie, Elritze und sogar tote Stichlingsmännchen zum Nest zu führen. Diese durften schwach rot sein;" (ter Pelwijk & Tinbergen 1937, S. 198).

Als kampfauslösende Bewegungsweise wird von ter Pelwijk & Tinbergen das 'Drohen' beschrieben, bei dem der Rivale mit dem Kopf nach unten fast senkrecht im Wasser steht und den Bauchstachel zum Gegner hin abspreizt. Mit welcher Attrappe diese Bewegungsweise auch nachgeahmt wurde - ob totem Weibchen oder blassem toten Männchen -, die Autoren erzielten mit einer derart geführten Attrappe immer eine Reaktion von "größtmöglicher Heftigkeit". Damit ist - so ter Pelwijk & Tinbergen - die "Wirksamkeit von Bewegungsweisen als Merkmale auslösender Reizsituationen" (ter Pelwijk & Tinbergen 1937, S. 194 [9]) nachgewiesen. "Mit all diesen Attrappen (tote Schleien, Elritzen und tote Stichlingsmännchen, Anm. d. Verf.) war es möglich, durch abwechselndes Balzen und Drohen nach Belieben Führen (des Weibchens zum Nest, Anm. d. Verf.) oder Angriff auszulösen." (ter Pelwijk & Tinbergen 1937, S. 198)

Diese Aussagen zeigen, daß ter Pelwijk & Tinbergen aufgrund ihrer Versuchsergebnisse den Bewegungsweisen bei der Verständigung der Partner bei Balz und Kampf eine stärkere auslösende Wirkung zusprechen als Farb- und Formmerkmalen, wie z.B. der roten Kehle des Männchens oder dem angeschwollenen Leib des laichbereiten Weibchens. Wird eine Attrappe weibchengemäß bewegt, so reagiert das Männchen darauf mit Balz, wird mit der gleichen Attrappe eine für Männchen typische Bewegungsweise ausgeführt, so erfolgt ein Angriff, auch wenn den Attrappen die für Weibchen oder Männchen typischen morphologischen

[8] ter Pelwijk, J.J. und Tinbergen N. (1937) "Eine reizbiologische Analyse einiger Verhaltensweisen von *Gasterosteus aculeatus L.*"

[9] Über die Wirksamkeit einzelner Attrappen wird nur sehr allgemein mitgeteilt, daß sie heftiger angegriffen wurden oder daß heftiger auf sie reagiert wurde, ohne daß der Arbeit zu entnehmen ist, woran eine intensivere Reaktion erkennbar ist.

Merkmale fehlen. Für das Weibchen scheint dies nach ter Pelwijk & Tinbergen nicht zuzutreffen, es folgt einer Attrappe zum Nest nur nach, wenn diese eine rote Unterseite aufweist [10].

In einer späteren Arbeit (1948) betont Tinbergen erneut die Bedeutung spezifischer Bewegungen für die Auslösung von Kampf- und Balzverhalten eines Stichlingsmännchens. Mit ein und derselben Attrappe - so Tinbergen - kann in 'Kopf-nach-oben-Stellung' die Balz, und in 'Kopf-nach-unten-Stellung' der Kampf eines Männchens ausgelöst werden [11]. In dieser Arbeit testet Tinbergen auch die Wirksamkeit von Farb- und Formmerkmalen, so die der roten Unterseite, durch die ein fortpflanzungsbereites Männchen ausgezeichnet ist, wie ebenso den angeschwollenen Leib eines laichbereiten Weibchens. Als Attrappen verwendete er die naturbelassene Form (tote Stichlinge), die in ihrer Färbung einem Männchen außerhalb der Brutzeit, d.h. ohne rote Kehle, entsprachen. Außerdem benutzte er länglich-elliptisch bis rhombisch geformte Nachbildungen aus Plastillin, die keinerlei Struktur wie z.B. Flossen oder Stacheln, dafür aber alle eine nach oben scharf begrenzte rote Unterseite aufwiesen. Tinbergen führt in dieser Arbeit nur sehr allgemein aus, daß die Attrappen mit roter Unterseite viel intensiver angegriffen wurden als Attrappen ohne das Rot [12]. Versuche, in denen den Weibchen die Attrappen dargeboten wurden, ergaben, daß das Nachfolgen eines Weibchens nur mit Attrappen mit roter Unterseite auszulösen war, vor den toten Stichlingsmännchen ohne rote Kehle schwammen die Weibchen davon [13].

Tinbergen konstruierte auch Weibchenattrappen von grober Fischform, aber mit dem für ein laichreifes Weibchen charakteristischen geschwollenen Abdomen. In Konkurrenz dazu bot er ein totes Stichlingsmännchen. Die getesteten Männchen umwarben die dickbäuchige Attrappe, während sie das tote Stichlingsmännchen nur selten beachteten[14]. Da der Arbeit nicht zu entnehmen ist, ob und in welcher Weise diese Weibchenattrappen jeweils bewegt wurden, obwohl doch der spezifi-

[10] Da über die Art und Weise, wie die Attrappen bewegt wurden, nichts mitgeteilt wird, lassen die Befunde nicht erkennen, welche Bedeutung den Bewegungsweisen eines Männchens für das Nachfolgen des Weibchens zukommt, und das obwohl für das Männchen gilt, daß Balz- und Kampfverhalten in erster Linie durch die Bewegungsweisen des Partners bestimmt werden. Bekannt ist auch, daß Weibchen, die kurz vor dem Ablaichen stehen, zum Nest schwimmen, ohne vom Männchen umbalzt und geführt zu werden. Damit will ich sagen, daß bei Attrappenversuchen der Zustand der Laichbereitschaft eines Weibchens berücksichtigt werden muß, da er mit Sicherheit die Entscheidung eines Weibchens, welcher Attrappe es nachfolgt, beeinflußt.

[11] "The great importance of the type of movement or posture is well illustrated by the fact, that it has been possible to induce either fighting or leading with the same model simply by presenting it either head down (which induces fighting) or head up (which induces leading)." (Tinbergen 1948, S. 11)

[12] "Models with a red belly were attacked much more intensely than neutral models." (Tinbergen 1948, S. 3)

[13] "The females reactions were tested by trying to induce them to follow a model. In this we succeeded only when playing the models of series R (mit roter Unterseite, Anm. d. Verf.), no reaction, except occasional avoidance, was obtained with series N (ohne rote Kehle, Anm. d. Verf.)." (Tinbergen 1948, S. 10).

[14] "Males invariably courted the 'pregnant' dummy while the dead stickleback affected them little." (Tinbergen 1948, S. 12).

schen Bewegung von Tinbergen ein so großes Gewicht beigemessen wird, sagen die in dieser Weise mitgeteilten Ergebnisse nicht viel aus.
Später hat Schramm (1985) noch einmal die Frage aufgegriffen, welche Merkmale eines laichreifen Weibchens beim Männchen Balzverhalten auszulösen vermögen. Methodisch ist er so vorgegangen, daß er eine Attrappe zunächst in der für laichreife Weibchen typischen Aufforderungsstellung bot, um sie dann - wenn das Männchen 'Führungsschwimmen zum Nest' zeigte - nachfolgen zu lassen. Erst wenn das Männchen der Attrappe gegenüber mit der Verhaltensweise 'Nestzeigen' antwortete, eine Verhaltensweise, die eindeutig der Balz zuzuordnen ist, wurde diese Attrappe als balzauslösend bewertet. Es zeigte sich, daß ein Männchen auf rechteckige, quadratische und ovale Attrappen in den Farben grau, beige, schwarz, gelb und grün (einfarbig und gemustert) mit Nestzeigen reagierte. Auch Attrappen mit einer roten Unterseite, die somit im Aussehen einem Stichlingsmännchen glichen, wurde der Nesteingang präsentiert. Selbst rechteckige Attrappen mit einer Kantenlänge von 3,5 cm, die hochkant dargeboten wurden, wie auch Quadrate mit einer Kantenlänge von 1,5 cm lösten - wenn sie dem Verhalten eines Weibchens entsprechend bewegt wurden - Nestzeigen aus. Keine der Attrappen wies eine der Abdomenschwellung eines laichreifen Weibchens entsprechende Anschwellung auf. Allerdings dürfen Attrappen flächenmäßig nicht größer als ein Stichlingsmännchen sein, sonst bewirken sie - ganz unabhängig davon, wie sie farblich ausgestaltet sind - Flucht des Männchens. In Übereinstimmung mit den Ergebnissen aus Tinbergens frühen Arbeiten konnte auch Schramm die Bedeutung der Bewegungsweisen für die Auslösung des Balzverhaltens eines Männchens aufzeigen. Eine Wirksamkeit der Form - sofern eine besteht - tritt völlig dahinter zurück.
Zu dem Merkmal 'Dickbäuchigkeit' eines Weibchens ist anzumerken, daß es allein noch nichts über die Laichwilligkeit eines Weibchens aussagt. Während des Heranreifens der Eier - ein Vorgang, der sich über mehrere Tage erstreckt - sind die Weibchen bereits an ihrem geschwollenen Abdomen zu erkennen. Sie bieten somit über Tage hinweg dieses Merkmal dar, ohne allerdings auf das auf sie gerichtete Balzverhalten des Männchens zu reagieren. Erst wenn ein Weibchen auf das Anschwimmen des Männchens mit der sogenannten 'Aufforderungsstellung' antwortet, steigt die Wahrscheinlichkeit, daß es dem Männchen zum Nest folgt. Die Aufforderungsstellung des Weibchens ist somit für das Männchen ein viel besserer Indikator für die Laichwilligkeit eines Weibchens als das angeschwollene Abdomen[15].
Um die Angaben von Tinbergen hinsichtlich der auslösenden Wirkung von Farb- und Formmerkmalen beim Stichling zu überprüfen, wurden bis in neuere Zeit wiederholt Attrappenversuche durchgeführt. So prüfte Muckensturm (1967) in Sukzessivtests die kampfauslösende Wirkung von rundlichen Attrappen, die entweder dem natürlichen Vorbild - dem Männchen im Hochzeitskleid - entsprechend bemalt waren oder eine Farbkombination aus violett und gelb aufwiesen. Als Meß-

[15] Ob es zum Ablaichen kommt, hängt allerdings von weiteren Faktoren ab. Häufig stecken die Weibchen nur die Schnauze in den Nesteingang, um dann wieder fortzuschwimmen und sich eventuell von einem anderen Männchen anbalzen und zum Nest führen zu lassen. In diesem Zusammenhang wird diskutiert, daß die Weibchen die Nester der Männchen bewerten, um je nach 'Güte' des Nestes eine Auswahl unter den Männchen zu treffen.

verfahren für die auslösende Wirkung einer Attrappe setzte sie die Häufigkeit von Bissen/Zeitintervall ein. Die Tests ergaben, daß die einem Stichlingsmännchen im Hochzeitskleid entsprechend gefärbte Attrappe die geringste Anzahl an Bissen erhielt, insgesamt nur 50% der Bisse, die gegen jede der anderen Attrappen gerichtet wurden. In späteren Attrappenversuchen (Muckensturm 1968; Chauvin-Muckensturm 1976) verglich sie fischförmige Attrappen, die unterseits entweder rot, violett, gelb oder grau gefärbt waren. Wurden die Daten aller Versuchsfische zusammen ausgewertet, so erhielt die Attrappe mit der violetten Unterseite die höchste Bißrate. Die zweite Position nahm die Attrappe mit gelber Unterseite ein, und mit deutlichem Abstand folgte an dritter Position die Attrappe mit roter Unterseite. Die einheitlich graue Attrappe erhielt die wenigsten Antworten. Nach Ansicht der Autorin sagen die Ergebnisse nichts darüber aus, anhand welcher Merkmale ein Rivale erkannt wird. Sie geben eher Aufschluß darüber, wie stark fremde Objekte je nach ihrer Ausgestaltung die Aufmerksamkeit der Testfische auf sich zu ziehen vermögen. Sie interpretiert somit das Verhalten der Versuchsfische - gegen ein Objekt gerichtete Bisse - als eine Form des Erkundungsverhaltens. Muckensturm testete auch Attrappen mit einem roten Bauch gegen solche mit rotem Rücken. Insgesamt ergab sich bei großen individuellen Unterschieden keine Präferenz gegenüber einer der beiden Attrappen.

Weitere Attrappenversuche mit Stichlingsmännchen wurden von Peeke, Wyers und Herz (1969) durchgeführt. In ihrer Arbeit sollte vorrangig der Vorgang der Reizgewöhnung untersucht werden. Die von den Autoren in diesem Rahmen durchgeführten Attrappenversuche sind aber auch für das hier angeschnittene Problem, der Wirksamkeit von Schlüsselkomponenten beim Erkennen des Rivalen, aufschlußreich. Sie benutzten spindelförmige Attrappen mit unterschiedlichen Rotanteilen (rote Kehle, roter Bauch, dreiviertel rot und ganz rot), wie auch solche ohne Rotfärbung. Sie ließen die Modelle - in immer gleicher Weise - vor einem territorialen Stichlingsmännchen kreisen und bewerteten die Anzahl der Bisse auf eine Attrappe als Maß für ihre Wirksamkeit. Aufgrund der Bißraten ließ sich keine Präferenz der Testfische gegenüber einer der Attrappen erkennen. Die Stichlingsmännchen antworteten auf eine nicht rote Attrappe ebenso häufig wie auf eine rotbäuchige oder auch ganz rote Attrappe.

Die Ergebnisse von Muckensturm und Peeke et al. stehen in deutlichem Widerspruch zu den Angaben von Tinbergen, der zumindest in seinen späteren Arbeiten (1952) die Bedeutung der roten Unterseite eines Stichlingsmännchens für die Auslösung des Kampfverhaltens besonders hervorhebt. Diese Inkonsistenzen veranlaßten Rowland & Sevenster (1984), die Frage nach wirksamen Schlüsselreizen beim Stichling erneut aufzugreifen. Als Attrappen verwendeten sie Abgüsse von toten Stichlingsmännchen und -weibchen, jedoch ohne Flossen und Stacheln. Sie wurden im Zweifachwahlversuch einem Männchen, das bereits ein Nest besaß, unbewegt dargeboten. Auf diese Weise testeten sie einfarbige silberne Männchenattrappen gegen solche, die eine leuchtend rote Unterseite besaßen. Die Weibchennachbildungen, die ebenfalls einheitlich silbern bemalt waren, unterschieden sich nur hinsichtlich der Stärke der Anschwellung des Abdomens. Um die Bedeutung der von Tinbergen angegebenen Bewegungsmerkmale zu prüfen, boten sie Männchen- wie Weibchenattrappen in drei verschiedenen Positionen an: in Kopf-nach-oben-, horizontaler und Kopf-nach-unten-Stellung (s. Abb. 14).

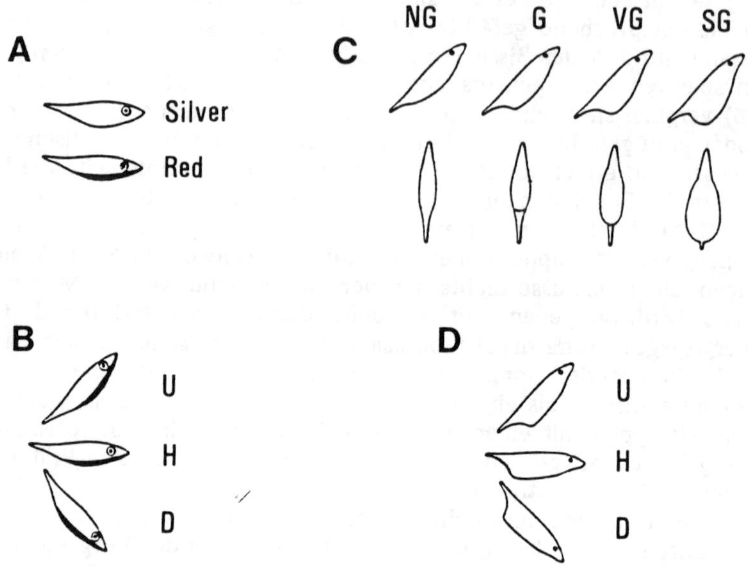

Abb. 14: Zusammenstellung der von Rowland & Sevenster verwendeten Attrappen; getestet wurden A) die Färbung des Männchens, B) die Position des Männchens, C) die Form des Weibchens, D) die Position des Weibchens. Aus Rowland & Sevenster (1984).

Die Wirksamkeit einer Attrappe maßen auch sie über die Häufigkeit der Bisse gegenüber einem 'Rivalen' sowie über die Häufigkeit des Zickzacktanzes gegenüber den Weibchenattrappen. Insgesamt wurde die einfarbig silberne Männchenattrappe häufiger angegriffen als die rotbäuchige. Auch erzielte die horizontale Stellung einer Attrappe in Konkurrenz zu einer Kopf-abwärts Position eine höhere Bißrate. Beide Ergebnisse stehen im Widerspruch zu den Angaben von Tinbergen. Rowland & Sevenster vertreten die Ansicht, daß sowohl die rote Farbe, als auch die Kopf-nach-unten Position einen einschüchternden Effekt auf den Testfisch ausüben, was eine Senkung der Bißrate zur Folge hat [16]. Sie begründen diese Annahme damit, daß sie speziell vor diesen Attrappen häufiger ein Zurückweichen beobachten konnten, ein Verhalten, das sie als 'gehemmten Angriff' interpretieren. Auch wenn man diese 'Erklärung' akzeptiert, bleibt es weiterhin unklar, warum sich in früheren Arbeiten beide Merkmale als so effektiv hinsichtlich der Auslösung von Kampfverhalten erwiesen.

[16] Diese Annahme ist nicht sehr plausibel, da der Testfisch in allen Versuchen ein Nest besaß, d.h. als Revierbesitzer anzusehen ist. In dieser Position sollte er sich durch diese Merkmale nicht einschüchtern lassen, wenn er sein Revier gegen einen Rivalen erfolgreich verteidigen will. Baerends hat in einem Modell zur Wirkungsweise des AAM die Annahme von Rowland & Sevenster aufgegriffen (s. S. 167).

Für die Weibchenattrappen ergab sich, daß diejenigen mit einer übernormal ausgeprägten Anschwellung des Abdomens häufiger in Form des Zickzacktanzes angeschwommen wurden als solche, die der Form eines natürlichen laichreifen Weibchens ähnlicher waren. Rowland & Sevenster sprechen in diesem Zusammenhang von einem 'übernormalen' Schlüsselreiz. Bei den unterschiedlichen Positionen der Weibchenattrappen erwies sich die horizontale Stellung als besonders wirksam, sie wurde häufiger 'angebalzt' (gemessen über die Häufigkeit des Zickzacktanzes) als die Kopf-nach-oben Position (entspricht der 'Aufforderungsstellung' des Weibchens) oder die Kopf-nach-unten-Haltung. Auch dieses Ergebnis entspricht nicht den Aussagen von Tinbergen.
Übereinstimmend stellten alle Autoren eine aufgrund der Literatur nicht zu erwartende große individuelle Variabilität hinsichtlich der Antwortraten auf die mit Hilfe von Attrappen dargebotenen Reize fest. Ein Ergebnis, d.h. Differenzen in den Antwortraten interpretiert als unterschiedliche Wirksamkeit der Attrappen, konnte nur durch Aufsummierung aller Einzelmessungen erzielt werden. Die so widersprüchlichen Befunde der einzelnen Autoren sind meines Erachtens durch die Unzulänglichkeit des Meßverfahrens bedingt. Mit Hilfe der Häufigkeiten der Aktionen pro Zeitintervall lassen sich bei Zugrundelegung der Lorenzschen Theorie keine Reizwerte bestimmen. Abschließend ist zu sagen, daß die Angaben von Tinbergen zur kampfauslösenden Wirkung der roten Unterseite eines Stichlingsmännchens bisher nicht bestätigt werden konnten. Aus den zahlreichen Versuchsserien von Rowland & Sevenster mit sehr unterschiedlich geformten Attrappen in verschiedenen Positionen konnte nur in einer Versuchsreihe, in der sich eine Weibchenattrappe mit übernormal angeschwollenem Abdomen als wirksamer erwies als die Nachbildungen eines nicht laichtragenden Weibchens, in der Tendenz Übereinstimmung mit Tinbergen erzielt werden. Da dieses 'Ergebnis' auch nur mit Hilfe eines unzulässigen Meßverfahrens und durch Summierung aller Einzelmessungen erreicht wurde, muß es - ehe es nicht unter Einsatz eines adäquaten Meßverfahrens bestätigt werden kann - als zufällig zustandegekommen angesehen werden.
Obwohl viele Untersuchungen zur Analyse der Erkennungsmechanismen beim Stichling vorliegen, können die grundlegenden Fragen, ob der Geschlechtspartner oder der Rivale - wie es die Theorie annimmt - mit Hilfe von Merkmalen erkannt und wenn ja, welchen Merkmalen der Rang von Schlüsselkomponenten zukommt, bisher nicht beantwortet werden. Während Tinbergen für die Auslösung von Kampf- und Balzverhalten beim dreistachligen Stichling den entsprechenden Farb- und Formmerkmalen die entscheidende Bedeutung beimißt[17], aber gleichzeitig auch die Wirkung spezifischer Bewegungsmuster betont, entsteht aufgrund der Sekundärliteratur der Eindruck, als seien allein Farb- und Formmerkmale bei der Auslösung des entsprechenden Verhaltens wirksam. Die Sicherheit, mit der speziell diese Aussagen von Tinbergen anhand von Lehrbüchern weiter vermittelt werden, ist um so erstaunlicher, da seine Angaben aufgrund methodischer Schwächen seiner Arbeiten empirisch nicht abgesichert sind. Auch seine so allgemein gehaltenen Angaben zur vergleichenden Bewertung der Attrappen sind nicht im-

[17] Zumindest in seinem Lehrbuch 'Instinktlehre' (1952 a)

stande, seine Aussagen zu stützen. Hinzu kommt, daß spätere Untersuchungen auch nicht zur Klärung der von Tinbergen aufgeworfenen Fragen führten, sondern eher weitere Verwirrung stifteten. Dessen ungeachtet blieben die Aussagen von Tinbergen nun schon über 40 Jahre hindurch aufrechterhalten und finden sich auch weiterhin in den neuesten Ausgaben der Lehrbücher wieder: "Beispielsweise hat ein Männchen des Dreistachligen Stichlings während der Fortpflanzungszeit einen charakteristischen roten Bauch, der als Signalreiz Aggressionsverhalten bei benachbarten territorialen Männchen auslöst. Es reichen schon grobe Attrappen aus, um diese Angriffe auszulösen, vorausgesetzt die Attrappe besitzt eine rote Unterseite. Im Gegensatz dazu löst ein gerade getöteter Stichling ohne roten Bauch keine Angriffe anderer Männchen aus." (McFarland 1989, S. 332).
Generationen von Schülern und Studenten sind diese Ergebnisse von Tinbergen als gesichertes Wissen vermittelt worden. Hinzu kommt, daß diese fast historisch zu nennenden Aussagen inzwischen so populär geworden sind, daß es immer schwieriger werden wird, sie durch empirisch besser abgesicherte zu ersetzen. "Die Fehlerfortpflanzung durch die endlosen Übernahmen von Lehrbuch zu Lehrbuch ist schon an sich eine ärgerliche und gleichzeitig amüsante Geschichte - eine Vererbung von Defekten, die beinahe eigensinniger sind als angeborene genetische Defekte." (Stephen Jay Gould 1989, S. 12).
Ich habe an anderer Stelle bereits betont, daß auch in der modernen evolutionsbiologischen Richtung der Verhaltensforschung, der Verhaltensökologie, von einer Merkmalserkennung ausgegangen wird. Vor allem im Kontext der sexuellen Selektion werden entsprechende Untersuchungen durchgeführt. In diesem Zusammenhang griffen Milinski und Bakker (1990) erneut die Frage nach der Bedeutung der roten Kehle des Stichlingsmännchens für das laichbereite Weibchen auf. Für ein Stichlingsweibchen, das seine Eier dem Männchen bekanntlich zur Brutpflege überläßt, hängt der Reproduktionserfolg wesentlich davon ab, ob das Männchen die Brut sorgfältig pflegt und verteidigt. Woran kann ein Weibchen die Eignung eines Männchens für diese Aufgaben erkennen? McLennan und McPhail (1989) haben darauf aufmerksam gemacht, daß sich fortpflanzungsbereite territoriale Stichlingsmännchen vor allem in der Intensität der Rotfärbung der Kehle unterscheiden. Sie vermuten, daß die unterschiedliche Ausprägung dieses Merkmals ein Indikator für die Eignung eines Männchens als Brutpfleger sein könnte. Wenn diese Vermutung zutrifft, dann sollten laichbereite Weibchen, um ihren Reproduktionserfolg zu maximieren, Männchen mit einer intensiv rot gefärbten Kehle gegenüber schwächer ausgefärbten bevorzugen. Milinski und Bakker haben entsprechende Wahlversuche durchgeführt. Die Männchen wurden aufgrund der Ausprägung der Rotfärbung ihrer Kehle zehn verschiedenen Intensitätsstufen zugeordnet. Darüber hinaus wurde für jedes Männchen ein Konditionsfaktor bestimmt. Dieser Konditionsfaktor basiert auf der Annahme, daß ein Fisch von höherem Gewicht bei gleicher Körperlänge die bessere Kondition besitzt. Beide Größen sind nach Milinski und Bakker signifikant positiv korreliert. Für einen Wahltest wird ein laichbereites Weibchen für die Dauer von fünf Minuten mit jeweils zwei Männchen, die sich hinsichtlich der Rotfärbung ihrer Kehle unterscheiden, konfrontiert. Das Weibchen und die beiden Männchen befanden sich in voneinander getrennten Glasbehältern. Gemessen wurde die Zeit, die ein Weibchen in der sogenannten Aufforderungsstellung vor einem Männchen stand. Als

Präferenz für eines der beiden Männchen wurde gewertet, wenn das Weibchen ausdauernder ihm gegenüber die Kopf-nach-oben Stellung zeigte. Obwohl die beiden dem Weibchen präsentierten Männchen eines Paares sich in der Intensität der Rotfärbung oft nur geringfügig unterschieden, bevorzugten die Weibchen das intensiver gefärbte. Diese Präferenz war um so deutlicher, je größer die Intensitätsunterschiede in der Rotfärbung waren. Die Versuche wurden unter Grünlicht, bei dem die Intensitätsunterschiede der Rotfärbung nicht mehr wahrgenommen werden konnten, mit dem Ergebnis wiederholt, daß die Präferenz für das jeweils intensiver gefärbte Männchen nicht mehr erkennbar war. Würden sich die Weibchen nach der Intensität des Balzverhaltens der Männchen, das unter den unterschiedlichen Lichtverhältnissen im Mittel gleich blieb, richten, dann dürften derartige Unterschiede im Wahlverhalten der Weibchen im normalen Weißlicht gegenüber dem Grünlicht nicht auftreten. Dies ist nach Meinung der Autoren ein Hinweis darauf, daß sich die Weibchen bei ihrer Wahl nach der Intensität der Rotfärbung der Männchen und nicht nach der Intensität des Balzverhaltens richten. Da sich jede körperliche Beeinträchtigung eines Männchens wie z.B. eine Parasitierung mit *Ichthyophthirius multifiliis* auf die Intensität der Rotfärbung auswirkt, haben Weibchen, die ein Männchen mit intensiv roter Kehle bevorzugen, so die Autoren, die Sicherheit, ein starkes Männchen ausgewählt zu haben, das die Chance bietet, die Fortpflanzungsperiode zu überleben. Möglicherweise entscheiden sie sich mit einer solchen Wahl auch für ein Männchen, das eine genetisch bedingte Resistenz gegenüber Parasiten besitzt. Dagegen ist die Intensität des Balzverhaltens nach Meinung der Autoren kein geeigneter Indikator für die physische Kondition des Partners. Ein Männchen, das dem Weibchen gegenüber mehr oder weniger intensiv balzt, zeigt dem Weibchen damit nur an, daß es fortpflanzungsbereit ist.

Zur Bestimmung der Präferenz wird von Milinski und Bakker der Zweifachwahlversuch eingesetzt. Die Präferenz selbst wird aber über die Dauer der Aufforderungsstellung eines Weibchens gegenüber einem der in Konkurrenz stehenden Männchen getestet, obwohl im Zweifachwahlversuch die erste Wahlentscheidung ausschlaggebend sein sollte. Es ist allerdings nicht auszuschließen, daß beide Parameter - Erstwahl und Dauer der Aufforderungsstellung - das gleiche Ergebnis erbringen. Das sollte aber gezeigt werden. Für gravierender erachte ich, daß sich die Interpretation der Ergebnisse auf die Aussage stützt, daß die Intensität der Rotfärbung der Männchen mit der Kondition eines Männchens positiv korreliert ist. Dieser Zusammenhang wurde unter Einsatz der Regressionsstatistik berechnet und ergab die Regressionsgerade $y = 1{,}93 + 0{,}056x$. Das Modell der Regression setzt intervallskalierte Größen voraus; diese Annahme des Modells trifft weder auf Farbintensitäten noch für den Konditionsfaktor zu, auch wenn die Stärke dieses Faktors in numerischen Werten angegeben wird. Bei Einsatz des Modells der Regression wird von einem linearen Zusammenhang zwischen den beiden Größen ausgegangen. Das ist kein Ergebnis, sondern ein Postulat des Modells. Für den Zusammenhang zwischen ordinalskalierten Größen wie Farbintensität und Kondition ist eine solche Annahme wenig realistisch. Hinzu kommt, daß eine Korrelation noch nichts über einen ursächlichen Zusammenhang aussagt; der kann sich allein aus den inhaltlichen Annahmen über die beteiligten Größen ergeben.

Auch aus dieser neueren Arbeit wird deutlich, daß die methodischen Probleme zur Bestimmung von Präferenzen nicht befriedigend gelöst wurden und daß darüber hinaus statistische Modelle eingesetzt wurden, ohne zu prüfen, ob die Voraussetzungen dieser Modelle erfüllt sind. So bleibt die Frage, welche Bedeutung der roten Kehle eines fortpflanzungsbereiten Stichlingsmännchens für das Weibchen zukommt, weiterhin offen.

2.6 Eine Fallstudie zur Reizwertbestimmung: Das Bettelverhalten von Silbermöwenküken

In seiner Theorie zum angeborenen Erkennen geht Lorenz davon aus, daß die relevanten Merkmale, die Schlüsselkomponenten und deren Ausprägungen, vom Tier unterschiedlich bewertet werden. Wenn diese Annahme zutrifft, müßten sie sich im Experiment unter Einsatz zulässiger Meßverfahren gemäß ihrem unterschiedlichen Wirkungsgrad ordnen lassen. Einen entsprechenden Versuch hat Tinbergen unternommen. Im Rahmen seiner sich über mehrere Jahre erstreckenden Beobachtungen an Silbermöwen ging Tinbergen auch der Frage nach, woran junge, gänzlich unerfahrene Silbermöwenküken den sie fütternden Altvogel erkennen. In seiner Arbeit "On the Stimulus Situation releasing the Begging Response in the newly hatched Herring Gull Chick (*Larus argentatus argentatus Pont.*)" (Tinbergen und Perdeck 1951)[18] berichtet er, daß junge Silbermöwenküken, wenn sie um Futter betteln, nach dem Schnabel des Altvogels picken. Der Schnabel ist gelb gefärbt und trägt an der Spitze des Unterschnabelecks einen roten Fleck. Tinbergen kommt zu dem Ergebnis, daß allein der sogenannte 'Katzenruf', mit dem die Altvögel die Küken zum Futterplatz locken, und der rote Fleck am Unterschnabel des Altvogels Auslöser im Lorenzschen Sinne sind [19]. Er meint darüber hinaus eine Rangfolge der von ihm getesteten Attrappen hinsichtlich ihrer Reizwerte aufzeigen zu können. Testete er Attrappen mit unterschiedlichen Schnabelfarben, so erwies sich z.B. ein roter Schnabel wirksamer als ein grüner; prüfte er den auslösenden Wert des Merkmals Schnabelfleck, so ergab sich ein um so höherer Reizwert einer Attrappe, je stärker sich der Schnabelfleck von der Grundfarbe des Schnabels abhob. Das gilt für den roten Fleck auf gelbem Grund ebenso wie für einen weißen oder schwarzen Fleck auf grauem Grund.
Um die optisch wirksamen Merkmale herauszufinden, benützte Tinbergen zweidimensionale Pappattrappen von sehr unterschiedlicher Farbe und Form. Eine aus Pappe ausgeschnittene Attrappe, die in Größe, Form und Färbung dem Kopf einer adulten Silbermöwe entsprach, wird von Tinbergen als Standardattrappe bezeichnet. Als Meßverfahren für die Wirksamkeit einer Attrappe wählte er die Anzahl der Pickbewegungen, die junge Silbermöwen in einem Zeitintervall von 30 Se-

[18] Im Text werde ich nur Tinbergen zitieren.

[19] "As far as we can see, only the mew call and the red patch can claim this title (social releaser, Anm. d. Verf.) because so far we know the realising function is their only, or at least their main function." (Tinbergen & Perdeck 1951, S. 38)

kunden gegen die ihnen jeweils bewegt vorgehaltene Attrappe ausführten (s. Abb. 15). Über die Art der Bewegung macht Tinbergen nur sehr ungenaue Angaben; auch betont er, daß eine mehr oder weniger unbewußte Beeinflussung des Versuchstieres dabei nicht auszuschließen ist[20].

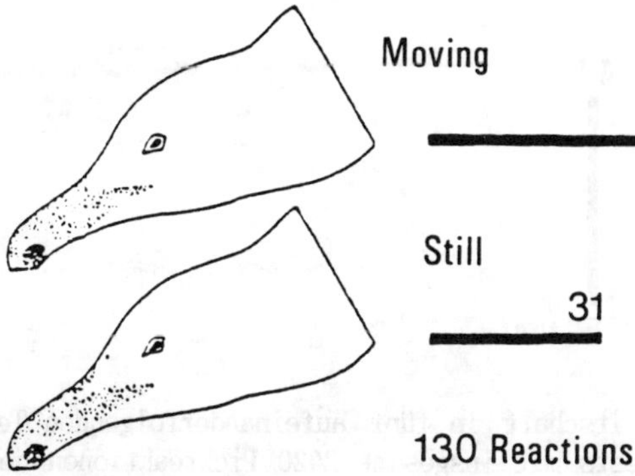

Abb. 15: Der Einfluß der Bewegung auf die Häufigkeit, mit der Küken auf eine Attrappe reagieren. Aus Tinbergen & Perdeck (1951).

Tinbergen geht bei Einsatz dieses Meßverfahrens davon aus, daß die Intensität der Antwort eines Kükens von dem Reizwert der Attrappe bestimmt wird. Je häufiger ein Küken pro Zeitintervall mit einer Pickbewegung auf die Attrappe reagiert, als um so intensiver gilt seine Reaktion und als um so höher wird der Reizwert der Attrappe eingeschätzt. Tinbergen wendet die Sukzessivmethode an, d.h. er bietet jedem Versuchstier dieselbe oder auch unterschiedliche Attrappen mehrfach hintereinander an. Dabei ergab sich für ihn folgendes Problem: Je öfter einem Küken Attrappen in Folge hintereinander angeboten wurden, um so stärker nahm die Intensität der Antwort - gemessen über die Häufigkeit der Pickreaktionen pro vorgegebenem Zeitraum - ab und zwar unabhängig von der Ausgestaltung der Attrappe. Tinbergen interpretiert dieses Verhalten seiner Versuchstiere als Ausdruck einer abnehmenden Antwortbereitschaft (s. Abb. 16).
Spielt sich dieser Vorgang nach wiederholter Darbietung gegenüber ein und derselben Attrappe, z.B. dem sogenannten Standard ab, so ist für ihn die Abnahme der Intensität der Antwort Ausdruck einer negativen Konditionierung des Kükens speziell gegenüber dieser Attrappe, da es trotz wiederholten Bettelns keine Belohnung in Form einer Futtergabe erhält.

[20] "Whereas we had always, more or less unconsciously, been using movement as an incentive, moving the dummies in a roughly standardized way ..." (Tinbergen & Perdeck 1951, S. 31)

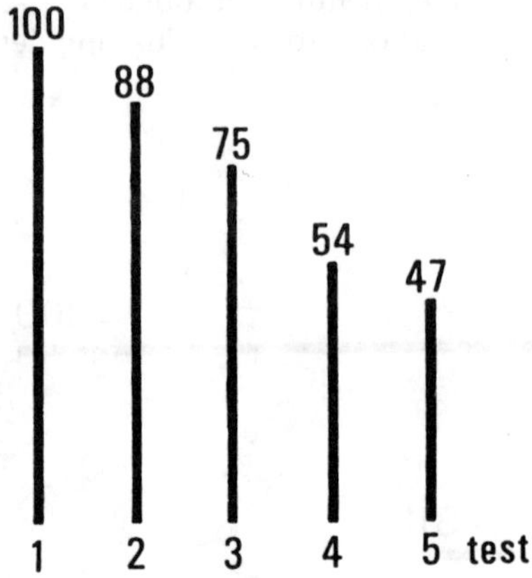

Abb. 16: Abnahme der Antwortbereitschaft in fünf aufeinanderfolgenden Testserien (Mittelwerte aus 357 Tests mit insgesamt 2420 Pickreaktionen der Küken; Angaben in %). Aus Tinbergen & Perdeck (1951)

Als einer der wenigen Autoren thematisiert Tinbergen die Probleme, die sich aus seiner methodischen Vorgehensweise ergeben. Er glaubt beide Probleme - Abnahme der Antwortbereitschaft und negative Konditionierung - lösen zu können, indem er jedem Versuchstier alle in einer Versuchsserie zu testenden Attrappen in bestimmter Aufeinanderfolge und gleich häufig darbietet. Das Anfangsglied dieser festgelegten Reihenfolge der Attrappen ist für jedes Tier ein anderes. Das hat zur Folge, daß jede der zu testenden Attrappen einmal in 1., 2. oder n-ter Position dem Küken angeboten wird (s. Abb. 17).

	Attrappenfolge		
Küken-Nr.	1.	2.	3.
1	A	B	C
2	B	C	A
3	C	A	B

Abb. 17: Schematische Darstellung der Vorgehensweise von Tinbergen. Nach Eypasch (1983).

Welche Annahmen Tinbergen dieser Vorgehensweise unterlegt, ist, da er sie nicht explizit anführt, nur zu vermuten. So könnte er davon ausgehen, daß eine festgelegte Reihenfolge der Attrappen mit wechselnden Anfangspositionen dazu führt, daß jede Attrappe in gleicher Weise von dem Absinken der Bereitschaft betroffen ist. Dem ist entgegenzuhalten, daß die Antwortraten der Küken auf die einzelnen Attrappen sehr unterschiedlich sind. Nach der Lorenzschen Theorie müßte sich eine besonders intensive Reaktion des Kükens mit einer hohen Pickrate für das gemessene Intervall in den ersten Tests stärker auf die Antwortbereitschaft des Kükens auswirken als eine niedrige Antwortrate. Hinzu kommt, daß je nach Anzahl der in einer Versuchsserie zu testenden Attrappen die Pausen, die sich für das einzelne Versuchstier zwischen den Attrappendarbietungen ergeben, unterschiedlich lang sind, so daß es in diesen Pausen zu einer unterschiedlichen Erholung der Bereitschaft kommen könnte. Das bedeutet, daß auch unter diesen Versuchsbedingungen nicht von einer statistisch konstanten Bereitschaft als Voraussetzung für einen Vergleich der Messungen ausgegangen werden kann. Aber nur unter dieser Voraussetzung wäre ein Vergleich der unterschiedlichen Antwortraten zulässig. Da diese Voraussetzung nicht gegeben ist, kann jede Antwortrate - nach dem Prinzip der doppelten Quantifizierung - auch durch das jeweilige Niveau der aktivitätsspezifischen Erregung mitbestimmt sein, ohne daß erkennbar wird, wie hoch der Anteil des Reizwertes an der Intensität der Antwort ist.

Um eine Konditionierung bei dieser Vorgehensweise auszuschließen, unterlegt Tinbergen vermutlich folgende Annahme: Werden alle Attrappen gleich häufig geboten, so muß sich die Erfahrung, die ein Tier mit ihnen macht, auf alle gleich auswirken. Diese nicht sehr realistische Annahme setzt voraus, daß eine negative Konditionierung sich bei allen noch so unterschiedlichen Mustern in übereinstimmender Weise vollzieht. Es ist bei dieser Vorgehensweise auch nicht auszuschließen, daß die Küken gegenüber der gesamten Versuchssituation negativ konditioniert werden, da sie - trotz wiederholten Bettelns - nie gefüttert werden und somit an allen Attrappen nur Mißerfolge erleben. Eine derartige Konditionierung würde sich ebenfalls in immer niedrigeren Antwortraten und zwar ganz unabhängig von der Ausgestaltung der Attrappen ausdrücken. Um einen Lernvorgang sicher auszuschließen, hätte Tinbergen immer nur die erste Entscheidung eines Kükens für eine der in Konkurrenz dargebotenen Attrappen werten dürfen. Ganz generell gilt, daß bei der Sukzessivmethode, bei der dem Versuchstier ein und dieselbe oder auch verschiedene Attrappen mehrfach hintereinander angeboten werden, die Auswirkung von Erfahrung auf die Wahlentscheidung nicht ausgeschlossen werden kann. Für den Attrappenversuch, bei dem es darum geht, die relevanten Merkmale einer komplexen Situation, die Schlüsselkomponenten, aufzuzeigen, ist zu fordern, daß mit Tieren gearbeitet wird, die hinsichtlich der zu prüfenden Versuchssituation unerfahren sind. Es ist offensichtlich, daß diese Forderung bei der Sukzessivmethode niemals erfüllt ist.

Zur Auswertung seiner Daten faßt Tinbergen alle Antwortraten zusammen, die eine Attrappe in allen mit ihr in einer Brutsaison durchgeführten Versuche erzielte. Mit dieser Vorgehensweise gibt Tinbergen am Ende einer Versuchssaison (d.h. einer Brutzeit) für jede untersuchte Attrappe nur jeweils *einen* Wert an, wobei der Arbeit nicht zu entnehmen ist, wieviele Versuche mit den einzelnen Attrappen zu diesem Wert geführt haben. Werden diese Endsummen miteinander verglichen, so ergibt sich eine Rangfolge, die den unterschiedlichen Reizwerten der unterschiedlichen Reizkonfigurationen entsprechen soll. Die Ergebnisse werden in Prozenten angegeben, und da Tinbergen davon ausgeht, daß der Standard als dem natürlichen Vorbild entsprechend den höchsten Reizwert besitzt, wird sein Wert auf 100% festgelegt und der der anderen Attrappen dazu jeweils in Beziehung gesetzt.

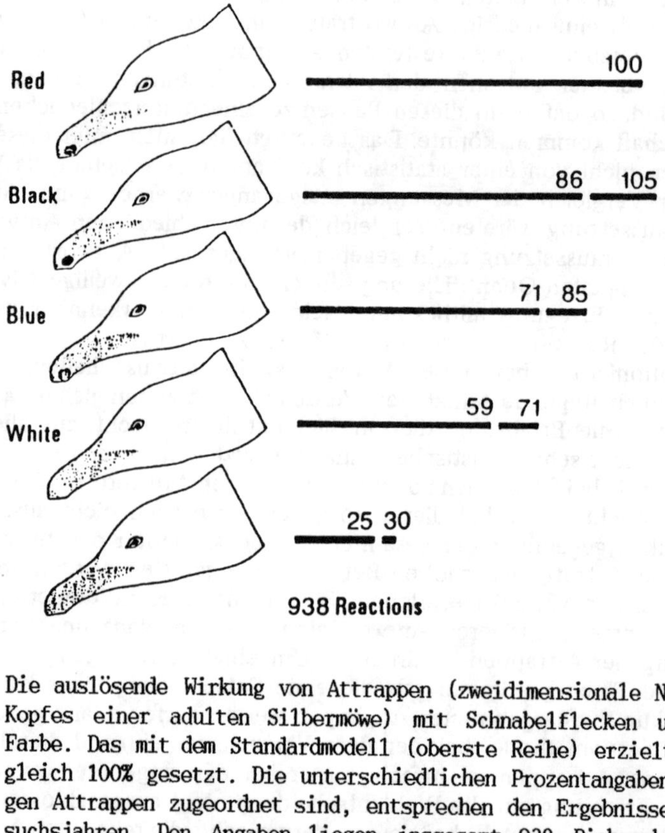

Abb. 18: Die auslösende Wirkung von Attrappen (zweidimensionale Nachbildungen des Kopfes einer adulten Silbermöwe) mit Schnabelflecken unterschiedlicher Farbe. Das mit dem Standardmodell (oberste Reihe) erzielte Ergebnis wird gleich 100% gesetzt. Die unterschiedlichen Prozentangaben, die den übrigen Attrappen zugeordnet sind, entsprechen den Ergebnissen von zwei Versuchsjahren. Den Angaben liegen insgesamt 938 Pickreaktionen der Versuchsküken zugrunde (Sukzessivtests). Aus Tinbergen & Perdeck (1951).

Dabei wird der Standard nur in den Versuchsreihen, in denen er mit anderen Attrappen getestet wurde, als Bezugsgröße genommen. In allen anderen Versuchsserien beziehen sich die Prozentwerte allein auf die in dieser speziellen Serie eingesetzten Attrappen. Die Attrappe mit der insgesamt höchsten Antwortrate wird jeweils als 100% gesetzt.
Es stellt sich auch die Frage, ob die auf diese Weise gewonnene Ordnung der getesteten Attrappen nach Reizwerten über alle Messungen widerspruchsfrei ist. Da Tinbergen jedoch alle seine Versuchsergebnisse für eine Attrappe jeweils zu einem Wert zusammenfaßt, er somit für eine Attrappe immer nur einen Meßwert vorlegt, ist in der vorliegenden Arbeit die zu fordernde Konsistenz der Rangfolge der At-

trappen nach Reizwerten gar nicht zu überprüfen. Inkonsistenzen, die Tinbergen bei einem Vergleich der Versuchsergebnisse zweier Versuchssommer hinsichtlich der Farbpunkte auf den dargebotenen Schnabelattrappen erhält, führt er auf unterschiedliche Versuchsbedingungen zurück (s. Abb. 18).

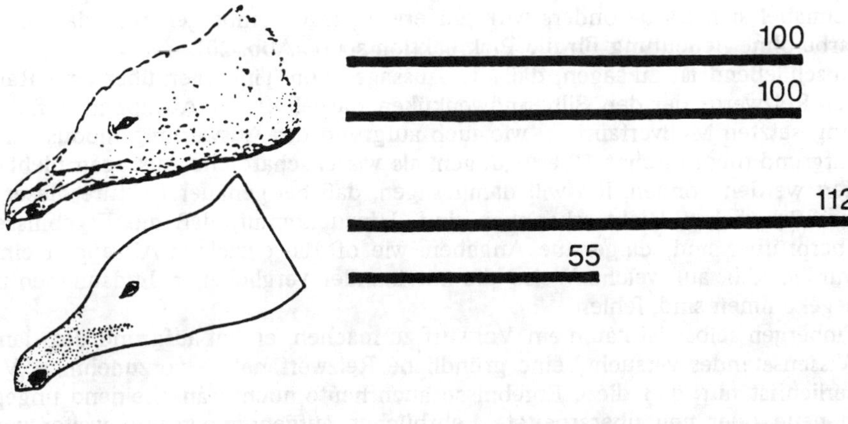

Abb. 19: Ein natürlicher Silbermöwenkopf wird gegen die Standardattrappe getestet. Die mit dem Möwenkopf erzielten Ergebnisse werden gleich 100% gesetzt. Die unterschiedlichen Prozentangaben entsprechen den Ergebnissen zweier Versuchssommer (Sukzessivtests). Aus Tinbergen & Perdeck (1951).

So vermutet er, daß er in dem Sommer, in dem ein schwarzer Schnabelfleck insgesamt mehr Antworten erzielte als ein entsprechender roter Fleck, der dem natürlichen Vorbild entspricht, mit nicht ganz unerfahrenen Tieren gearbeitet hat, d.h. mit Tieren, die - so ist anzunehmen - auf den schwarzen Schnabelfleck nicht negativ, sondern im Gegensatz zu der bisherigen Erfahrung positiv konditioniert waren. Mit dieser 'Erklärung' für das unerwartete Ergebnis (schwarzer Schnabelfleck wirksamer als roter) gesteht Tinbergen ein, daß mit dem von ihm eingesetzten Meßverfahren die Antwortrate eines Kükens durch Erfahrung beeinflußt wird. Damit hebt er den Wert seiner Aussagen, die ausschließlich Ausdruck einer angeborenen Bewertung der verschiedenen Muster durch die Küken sein sollten, selbst auf.

In einem weiteren Test, in dem das Standardmodell gegenüber einem dreidimensionalen Silbermöwenkopf insgesamt weniger Antworten erhielt, geht Tinbergen in diesem Fall allerdings wieder von einer negativen Konditionierung gegenüber dem Standard aus. Erst in der im nächsten Jahr folgenden Versuchssaison trat dann das erwartete Ergebnis ein, daß der Standard in seiner Wirkung dem natürlichen Objekt entsprach (s. Abb. 19).

Tinbergen legt auch Ergebnisse von zwei Versuchsreihen vor (die in zwei aufeinanderfolgenden Brutperioden durchgeführt wurden), in denen er Attrappen mit unterschiedlichen Kopffarben gegeneinander testete. Die Ergebnisse dieser beiden Versuchsserien ergaben nicht nur unterschiedliche Rangfolgen, sondern erwiesen sich für ihn auch als schwer interpretierbar. Da in einer der Serien die Attrappe mit gelbem Kopf und gelbem Schnabel mit dem so charakteristischen roten Fleck auf der letzten Position der Rangfolge landete und ein grüner Kopf mit grünem Schnabel sich als besonders wirksam erwies, legte Tinbergen fest, daß die Kopffarbe ohne Bedeutung für die Pickreaktion sei (s. Abb. 20).
Abschließend ist zu sagen, daß die Aussagen von Tinbergen über eine Rangfolge der Reizwerte der den Silbermöwenküken dargebotenen Attrappen aufgrund des eingesetzten Meßverfahrens, wie auch aufgrund des Auswertungsmodus, d.h. allein aufgrund theoretischer Überlegungen, als wissenschaftliche Aussagen nicht akzeptiert werden können. Ich will damit sagen, daß bei genauer Lektüre dieser Arbeit ihre Schwächen leicht erkennbar sind. Hinzu kommt, daß die Ergebnisse nicht überprüfbar sind, da genaue Angaben, wie oft die einzelnen Attrappen eingesetzt wurden, d.h. auf welche Weise die miteinander verglichenen Endsummen zustandegekommen sind, fehlen.
Tinbergen selbst ist kaum ein Vorwurf zu machen, er hat aufgrund des damaligen Wissensstandes versucht, eine gründliche Reizwertanalyse vorzunehmen. Verwunderlich ist nur, daß diese Ergebnisse auch heute noch - anscheinend ungeprüft - in neue oder neu überarbeitete Lehrbücher aufgenommen und weiter vermittelt werden (Franck 1985; McFarland 1989). Das hat zur Folge, daß der Leser eines solchen Lehrbuches, der kaum die Möglichkeit hat, die Zuverlässigkeit derartiger Aussagen selbst zu überprüfen, von ihrem Wert als derzeit gültigem Wissensstand überzeugt sein muß.
Von Eypasch (1983) wurde der Versuch unternommen, die Ergebnisse von Tinbergen zumindest hinsichtlich einiger von ihm getesteter Attrappen zu reproduzieren. Hierzu wurden Silbermöwenküken künstlich im Brutschrank erbrütet und bis zu Versuchsbeginn isoliert gehalten, so daß sie keinerlei Erfahrung mit der zu prüfenden Situation haben konnten. Um ihre Ergebnisse mit denen von Tinbergen vergleichen zu können, benutzte Eypasch Attrappen, die in Form und farblicher Ausgestaltung denen von Tinbergen entsprachen. Bei der Versuchsdurchführung ging sie zunächst in gleicher Weise wie Tinbergen vor, d.h. sie hielt die zu testende Attrappe dem Versuchsküken in Pickdistanz und von Hand bewegt vor. Als Meßverfahren zur Bestimmung des Reizwertes einer Attrappe setzte sie - in Übereinstimmung mit Tinbergen - die Häufigkeit der Pickreaktionen eines Kükens pro 30 Sekunden ein.
Bei dieser Vorgehensweise konnte sie keine konsistenten Rangfolgen, wie Tinbergen sie z. B. für die Schnabelgrundfarben angibt, aufstellen. Stattdessen ergaben sich mit diesem Meßverfahren für jedes Versuchsküken eine individuelle Rangfolge der getesteten Attrappen, die sich noch dazu von Versuch zu Versuch änderte.
Eine Mittellung über alle Ergebnisse, die mit jeweils einer Attrappe erzielt wurden, und die daraus resultierende Rangfolge stand ebenfalls nicht im Einklang mit der von Tinbergen angegebenen Rangfolge hinsichtlich der Schnabelgrundfarbe. Auch zeigte sich bei dieser Art der Versuchsdurchführung, daß die Anzahl der Pickbewegungen eines Versuchskükens manipuliert werden kann, da durch ein erneutes

Einsetzen der Bewegung nach einer kurzen Pause oder durch Veränderung der Bewegung die Küken regelmäßig zu häufigerem Picken angeregt werden. Damit unterstelle ich Tinbergen keineswegs eine derartige Manipulation, sondern möchte nur auf eine weitere Schwäche seiner Versuchsanordnung hinweisen. Tinbergen selbst betont ja auch, daß eine mehr oder weniger unbewußte Beeinflussung der Versuchsküken bei einer derartigen Attrappenpräsentation, d.h. der von Hand bewegten Attrappen, nicht auszuschließen ist.

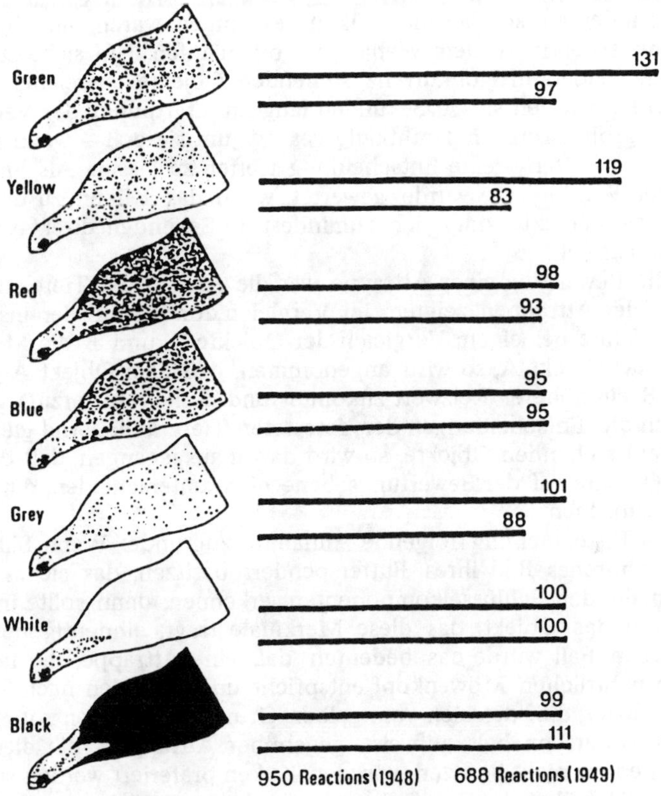

Abb. 20: Einfluß der Kopffarbe; die mit dem Standardmodell erzielten Ergebnisse werden gleich 100% gesetzt. Die unterschiedlichen Prozentangaben entsprechen den Ergebnissen zweier Versuchssommer (Sukzessivtests). Aus Tinbergen (1958).

In einem nächsten Schritt versuchte Eypasch unter Einsatz des Zweifachwahlversuches, d.h. eines adäquaten Meßverfahrens zur Reizwertbestimmung, die Ergebnisse von Tinbergen zu bestätigen. Auch hierzu wurden die Küken im Brutschrank erbrütet und bis zu Versuchsbeginn isoliert gehalten. Mit jedem Küken wurde nur

ein Test durchgeführt, bei dem nur die erste Entscheidung eines Kükens für eines der beiden Wahlobjekte gewertet wurde.
Beim Zweifachwahlversuch muß gesichert sein, daß das Versuchstier, bevor es seine Entscheidung trifft, beide Objekte wahrnehmen konnte. Hält man Silbermöwenküken - wie Tinbergen es tat - die Attrappen in Pickdistanz vor, so picken sie in schnellem Wechsel nach beiden Attrappen, so daß nicht auszuschließen ist, daß die erste Entscheidung rein zufällig zustandegekommen ist. Um eindeutige Entscheidungen der Küken zu erhalten, bot Eypasch ihnen die Wahlobjekte in einer Entfernung von 55 cm und 6 cm oberhalb des Bodens, sowie in einem Abstand von 50 cm voneinander an, so daß die Küken gezwungen waren, um ihre Entscheidung zu demonstrieren, zu dem Wahlobjekt hinzulaufen. Um sicherzustellen, daß die Küken die beiden in Konkurrenz stehenden Objekte ausreichend lange wahrnehmen konnten, wurden sie 30 Sekunden lang am Startpunkt der Versuchsanlage unter einen grobmaschigen Drahtkäfig gesetzt, um sie erst - wenn sie sich mehrfach umgeschaut hatten - eine Entscheidung treffen zu lassen. Als Entscheidung für eines der Wahlobjekte wurde gewertet, wenn das Küken zu einer der Attrappen hinlief, sie bepickte oder sich zumindest 30 Sekunden direkt vor oder unter der Attrappe aufhielt.
Maßgebend für die Bewertung einer Attrappe war die Anzahl der Tiere, die eine Präferenz für eine der Attrappen zeigten, im Vergleich zur Anzahl der insgesamt getesteten Tiere. Wählte bei einem Vergleich der Objekte A und B die Mehrzahl der Versuchstiere das Objekt A, so wird angenommen, daß dem Objekt A gegenüber dem Objekt B ein höherer Reizwert zukommt und deshalb bevorzugt gewählt wird. Verteilen sich die Entscheidungen der getesteten Tiere annähernd gleichmäßig auf die zur Wahl stehenden Objekte, so wird davon ausgegangen, daß die Küken diese beiden Objekte auf der Bewertungsebene nicht unterscheiden, d.h. ihnen gleiche Reizwerte zuordnen.
Eypasch legte ihrer Untersuchung folgende Annahme zugrunde: Wenn Silbermöwenküken ein angeborenes Bild ihres Futterspenders besitzen, das sie mit Hilfe bestimmter Merkmale, den Schlüsselkomponenten, erkennen, dann sollte in einem Zweifachwahlversuch das Objekt, das diese Merkmale trägt, eindeutig bevorzugt werden. Im speziellen Fall würde das bedeuten, daß eine Attrappe, die in Form und Färbung dem natürlichen Möwenkopf entspricht und auch den nach Tinbergen wirksamen Auslöser, d.h. den sich vom gelben Grund abhebenden roten Fleck an der Spitze des Unterschnabels aufweist, gegenüber Attrappen, die diese wesentlichen Komponenten nicht besitzen, von den Küken präferiert werden sollte.
Insgesamt wurden 334 Küken im Zweifachwahlversuch getestet; davon wurden allein 202 Küken vor die Wahl gestellt sich für eine Standardattrappe zu entscheiden, die der von Tinbergen entsprach, oder für Attrappen, die in Größe und Form dem Standard glichen, aber in ihrer farblichen Ausgestaltung völlig von ihm abwichen. Diese vom Standard abweichenden Attrappen besaßen z.B. blaue oder blaugrün geringelte Schnäbel, und keine von ihnen war durch den so bedeutsamen roten Fleck auf gelbem Grund gekennzeichnet. Eine Bevorzugung der Standardattrappe - wie nach den Ergebnissen von Tinbergen zu erwarten gewesen wäre - war nicht beobachtbar. Etwa die Hälfte der Versuchstiere wählte die natürliche Nachbildung des Möwenkopfes, die Standardattrappe, die übrigen bevorzugten die unter dem Begriff 'Nicht-Standard' zusammengefaßten Attrappen (s. Abb. 21).

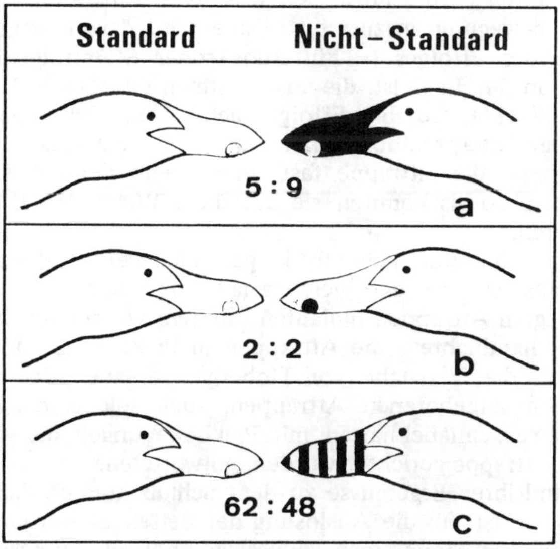

Abb. 21: Erste Entscheidungen naiver Küken im Wahlversuch Standard gegen Nicht-Standard. a) blauer Schnabel mit grünem Punkt; b) grüner Schnabel mit blauem Punkt; c) blau-grün geringelter Schnabel. Nach Eypasch (1989).

Ein solches Ergebnis läßt nur die Aussage zu, daß die jeweils gebotenen Alternativen - Standardattrappe gegen eine andersfarbige Möwenkopfattrappe - auf der Bewertungsebene von naiven Küken nicht unterschieden werden. Das bedeutet aber auch, daß die Standardattrappe, die dem Kopf einer adulten Möwe in Form und Farbe nachgebildet ist, sich nicht durch besondere Merkmale, die vom Küken angeborenermaßen erkannt und bewertet werden, auszeichnet.
Von Eypasch als Attrappen angebotene Kugeln, Dreiecke oder Rechtecke in unterschiedlicher farblicher Ausgestaltung wurden von den Küken ebenfalls gewählt, d.h. sie liefen hin und pickten nach ihnen. Das wesentliche Ergebnis dieser Untersuchung liegt für mich darin, daß die Küken in *allen* Wahlsituationen eine Entscheidung trafen, und daß *alle* gebotenen Attrappen in mindestens einer gebotenen Attrappenkombination von den Küken bepickt und somit - nach Tinbergen - als mögliche Futterspender getestet wurden. Alle in den Versuchen zur Wahl gestellten Objekte, seien es verschiedenfarbige Möwenkopfattrappen, Kugeln, Dreiecke mit und ohne Musterung, wurden von den Küken angebettelt und sind somit in die Klasse der dieses Verhalten auslösenden Objekte einzuordnen.
Für diese verschiedenfarbigen Objekte ließ sich kein gemeinsames Farb- oder Formmerkmal finden, durch das die Klasse der auslösenden Objekte zu charakterisieren wäre, außer der Eigenschaft, daß alle diese Objekte das gleiche Verhalten - die Bettelreaktion der Küken - auslösen. Aufgrund dieser Ergebnisse kommt

Eypasch zu dem Schluß, daß die Küken kein 'angeborenes Bild' ihres Futterspenders im Sinne von Tinbergen besitzen, sondern lediglich die Information, jedes in irgendeiner Weise durch Farbe, Form, Kontrast oder Musterung auffällige Objekt mit Hilfe der Pickbewegung auszutesten. Dabei wird davon ausgegangen, daß ein Küken aufgrund des Erfolges (= Fütterung) oder Mißerfolges (= kein Futter) an einer Attrappe in der Lage ist, die ausgetesteten Objekte zu bewerten, um auf diese Weise die Objekte, die ihm Erfolg brachten, als Futterspender zu erlernen. Für eine derartige Interpretation spricht auch, daß die Küken im Anschluß an das Picken gegen die Attrappe fast immer eine deutlich sichtbare Schluckbewegung ausführen, so als könnten sie auf diese Weise den Erfolg des Bettelverhaltens kontrollieren.

In den Versuchen von Eypasch konnte kein Objekt gefunden werden, das das Pikken eines Kükens nicht auslöst. Das galt gleichermaßen für Versuche, in denen die Küken zu den unbewegten Attrappen hinlaufen mußten, wie für die, in denen ihnen - wie Tinbergen es handhabte - die Attrappen in Pickdistanz und bewegt vorgehalten wurden. Auch die Versuche von Tinbergen ergaben, daß die Versuchstiere auf alle von ihm angebotenen Attrappen, auch solche, die keinerlei Ähnlichkeit mit einem Möwenschnabel hatten, mit Pickbewegungen, die gegen die verschiedenen Stellen der Attrappe gerichtet wurden, antworteten.

Während Eypasch aufgrund ihrer Ergebnisse zu dem Schluß kommt, daß es aus diesem Grunde nicht möglich ist, für die Auslösung der Bettelreaktion junger Silbermöwenküken ein Merkmal im Sinne einer Schlüsselkomponente zu beschreiben, das - wie es nach der Lorenzschen Schlüsselreiztheorie zu fordern ist - den Futterspender eindeutig und unverwechselbar kennzeichnet, kommt Tinbergen zu einer völlig anderen Interpretation seiner Ergebnisse, wenn er schreibt: "... das Betteln ... ist angeboren und wird offensichtlich durch wenige sehr bestimmte Reize ausgelöst, über die niemand außer erwachsenen Silbermöwen verfügt und die es dem Küken ermöglichen, die elterliche Schnabelspitze von allen anderen Dingen zu unterscheiden, die ihm in seiner Umwelt begegnen könnten." (Tinbergen 1958, S. 187). Doch genau dies konnte weder durch die Versuche von Tinbergen noch durch die von Eypasch bestätigt werden.

Der Arbeit von Tinbergen ist auch zu entnehmen, daß die Versuchstiere auf alle gebotenen Attrappen in der erwarteten Weise mit der sogenannten Bettelreaktion der Küken geantwortet haben. Da wir die Wirksamkeit von Schlüsselreizen nur über das durch sie ausgelöste spezifische Verhalten erfassen können, besagt dieses Ergebnis, daß alle getesteten Objekte von den Küken als Futterspender 'erkannt' wurden. Man fragt sich, was Tinbergen bewogen haben mag, einem bestimmten Merkmal, das an zahlreichen Attrappen gar nicht realisiert war, die aber trotzdem hohe Antwortraten erzielten, den Rang eines Schlüsselreizes zuzuordnen. Was als relevant anzusehen ist, das gibt die Theorie vor. Die Schlüsselreiztheorie, die Tinbergen seiner Arbeit unterlegt, geht von der Annahme aus, daß der Erkennungsmechanismus, der AAM, dann optimal arbeitet, "wenn er mit möglichster Selektivität auf jene Reize anspricht, die jenem Objekt sowieso zu eigen sind." (Lorenz 1978, S. 132). Es ist verständlich, daß Tinbergen aufgrund dieser Annahme nach entsprechenden, am zu erkennenden Objekt realisierten Merkmalen sucht. In dem 'roten Fleck am Unterschnabel des Altvogels', dem seiner Meinung nach sonst keinerlei Funktion zukommt, glaubt er ein solches Merkmal gefunden zu haben.

Tinbergen mißt somit *den* Ergebnissen, die im Einklang mit der Schlüsselreiztheorie stehen, nicht nur ein höheres Gewicht bei, sondern sieht in ihnen auch eine Bestätigung der Theorie, während er anderen gleich 'guten Ergebnissen' hinsichtlich der prozentualen Häufigkeit der Antwortraten innerhalb einer Versuchsserie keine besondere Bedeutung zuweist. Aus seinen Ergebnissen ließen sich noch beliebig viele andere Merkmale, die an den von ihm getesteten Attrappen realisiert waren, als ebenso wirksam oder wirksamer aufzeigen.
Es gilt wohl generell, daß Ergebnisse, die den Annahmen der Theorie und damit den Erwartungen des Forschers entsprechen, nicht nur eher wahrgenommen werden, sondern daß an ihnen trotz sich ergebender Widersprüche festgehalten wird. Aus dieser Einstellung heraus resultiert vielleicht auch die ständige Weitergabe immer nur *der* Daten, die so gut zur Theorie passen, während gegenteilige Aussagen nicht weiter Beachtung finden. Vielleicht ist dies die Erklärung für die Tatsache, daß den Ergebnissen von Tinbergen hinsichtlich des Erkennens und Bewertens auslösender Reizsituationen durch frischgeschlüpfte Silbermöwenküken trotz der offensichtlichen methodischen Mängel der Untersuchung ein so hoher Wert zugesprochen wird, daß sie auch heute noch für wert befunden werden, an nachfolgende Wissenschaftlergenerationen weitergegeben zu werden.
Außer Tinbergen haben weitere Autoren eine Analyse der auslösenden Reizsituation für das Bettelverhalten junger Möwen und Seeschwalben versucht und erhielten stark voneinander abweichende Ergebnisse. Aber alle Autoren waren bemüht, ihre Ergebnisse unter der Annahme der Theorie, daß Schlüsselreize am Objekt realisierte Merkmale sein sollten, zu interpretieren. Ergibt sich mit dem zur Reizwertbestimmung eingesetzten Meßverfahren eine Farbbevorzugung der Küken, die nicht mit der Schnabelfarbe des Elternvogels übereinstimmt, so wird diese nicht 'passende' Farbbevorzugung zum Beispiel als Anpassung an den Geschwisterschnabel (Hailman 1961, bei *Larus attricilla*), an das Futter (Quine und Cullen 1964, bei *Sterna macrura*) oder an den Schlund des Elterntieres (Cullen und Cullen 1962, bei der Dreizehenmöwe) interpretiert, d.h. an Objekte, die jeweils die von den Küken bevorzugte Farbe besitzen. Für die Seeschwalbe, *Sterna fuscata*, nimmt Cullen (1962) an, daß die im Experiment ermittelte Farbbevorzugung der Küken als ein Relikt aus einer Zeit anzusehen ist, zu der die Elterntiere möglicherweise noch die bevorzugte Schnabelfarbe aufwiesen. Eine im Experiment sich zeigende Blaubevorzugung der Küken, die weder zu der Schnabelfarbe der Altvögel, noch zu der Schlundfarbe oder zu der Schnabelfärbung der Geschwister paßt, wird auf die Einwirkung blau reflektierender Wände des Versuchsraumes zurückgeführt (Impekoven 1969, bei der Lachmöwe). Das Spektrum der Merkmale, die das Bettelverhalten junger Möwen wie auch Seeschwalben auslösen, reicht von "spots on newsprint" (Hailman 1961) über "jeden beliebigen kleineren Gegenstand" (Peters 1953) bis zu Ecken und Kanten der Versuchsanlage (Impekoven 1969). Nur wird dieses Verhalten der Küken für nicht bemerkenswert erachtet, da die Experimentatoren nach Merkmalen suchen, die als Schlüsselreize ein ganz spezifisches Objekt kennzeichnen.
Die Bemühungen der Autoren, bei verschiedenen Lariden- und Sternidenarten Merkmale im Sinne von Schlüsselreizen aufzufinden, durch die der Elternvogel eindeutig gekennzeichnet wird, sind wenig erfolgreich geblieben und stützen eher die Hypothese von Eypasch, die sie aufgrund ihrer Untersuchungen an Silbermö-

wenküken postulierte. Sie geht davon aus, daß junge Silbermöwenküken kein angeborenes Bild des Elterntieres besitzen, das sich über Einzelmerkmale, die am zu erkennenden Objekt realisiert sind, beschreiben ließe. Sie stellt die Hypothese auf, daß junge Silbermöwen, wenn sie hungrig sind, jedes Objekt, das ihnen angeboten wird oder das sich in ihrer Umgebung durch seine Auffälligkeit vom Hintergrund abhebt, als möglichen Futterspender ansehen, um ihn mit Hilfe der Pickbewegung hinsichtlich Futter auszutesten. Nur auf diese Weise kann das Verhalten junger hungriger Silbermöwen und anscheinend auch anderer Lariden- und Sternidenküken, nach allen ihnen erreichbaren Gegenständen zu picken, erklärt werden. Unterschiede in der Ausführung der Pickbewegung gegenüber zum Beispiel einer Attrappe oder einem Fleck am Boden sind nicht erkennbar. Treffen diese Überlegungen von Eypasch zu, so ist zu fordern, daß junge Silbermöwenküken in der Lage sein sollten, nach erfolgreicher Fütterung diesen Futterspender rasch zu erlernen. Entsprechende Versuche von Eypasch (1989) ergaben, daß Silbermöwenküken nach 1-2 Fütterungen einen Futterspender, der keinerlei Ähnlichkeit mit einem Möwenschnabel haben muß, eindeutig wiederzuerkennen vermögen. Allerdings hängt die Schnelligkeit, mit der ein solcher 'Lernerfolg' erzielt wird, sehr stark von der farblichen Ausgestaltung der Attrappe ab. Farblich auffällige Objekte, wie leuchtend blaue oder rote Kugeln, oder bunt bemalte Schnabelattrappen prägen sich den Küken schneller ein als Objekte, die weniger kontrastreich sind.

2.7 Zwei Fallbeispiele zur Reizsummation

2.7.1 Kampfverhalten bei Cichliden

Der angeborene Auslösemechanismus, so wie Lorenz ihn beschreibt, zerlegt eine komplexe Umweltsituation in unabhängig voneinander wirksame Schlüsselkomponenten. Nach dem von Seitz zusammen mit seinem Lehrer Konrad Lorenz entwickelten Konzept der Reizsummation werden die Reizwerte der an der Auslösung beteiligten Schlüsselkomponenten vom Erkennungsmechanismus zu einem Gesamtreizwert der aktuell vorliegenden Umweltsituation verrechnet [21]. Seitz ging von der Beobachtung aus, daß in einer durch mehrere Schlüsselreize [22] gekennzeichneten Situation eines oder mehrere dieser Merkmale fehlen können, ohne daß es zum Ausfall dieser Reaktion kommt. Die Antwort des Tieres bleibt qualitativ gleich, nur die Intensität der Antwort ändert sich. "Selbst bei sehr starkem Merkmalsabbau kann man schwache Intentionsbewegungen der betreffenden Verhaltensweise beobachten, die zeigen, daß der geringe Rest auslösender Merkmale immer noch qualitativ ebenso wirkt wie die Gesamtheit." (Seitz 1940/41, S. 79)

[21] Seitz, A. "Die Paarbildung bei einigen Cichliden" (1940/41)

[22] In Übereinstimmung mit Lorenz spricht auch Seitz nur von Schlüsselreizen, obwohl er unabhängig voneinander wirksame Merkmale, d.h. Schlüsselkomponenten, untersucht.

Untersuchungen zum Kampfverhalten und zur Paarbildung bei einigen Cichliden bilden die empirische Basis, aufgrund derer Seitz das Reizsummenphänomen postulierte. In diesen Arbeiten befaßte er sich "mit der Erforschung jener Reizsituationen ..., die in gesetzmäßiger Weise bestimmte Handlungen des Individuums auslösen, insbesondere aber mit jenen Fällen, in denen eine Instinkthandlung des einen Tieres zum Auslöser sinnvoller Antworthandlungen beim Partner wird." (Seitz 1940/41, S. 42). Um die unterschiedliche Wirksamkeit einzelner Schlüsselreize aufzeigen zu können, braucht Seitz Indikatoren, z.B. unterscheidbare Intensitätsstufen in der Antwort des Versuchstieres. So macht er die Annahme, daß die einzelnen im Kampf zweier Männchen zu beobachtenden Verhaltensweisen *Intensitätsstufen* einer Erregungsqualität darstellen. Diese Intensitätsstufen beruhen auf Schwellenunterschieden einer spezifischen Erregung, "so daß bei ansteigendem Erregungspegel stufenweise immer noch eine Reaktion zu den bereits in Gang befindlichen hinzukommt." (Seitz 1940/41, S. 80). Ein Kampf zweier Männchen stellt sich dann als Folge dieser Intensitätsstufen dar, die beide Männchen nacheinander durchlaufen. Der Kampf beginnt mit dem einleitenden Imponiergehabe, dabei legt ein Männchen beim Anblick eines Rivalen das Prachtkleid an, spreizt die Flossen und stellt sich breitseits zum Gegner. Dieses einleitende Imponiergehabe rechnet Seitz noch nicht zum Kampfverhalten. Erst mit dem Drohimponieren, das durch das zusätzliche Spreizen der Kiemenhaut charakterisiert ist, beginnt mit der niedrigsten Intensitätsstufe der Kampf (= Stufe 1). Mit den aus der Breitseitsstellung heraus durchgeführten Schwanzschlägen gegen den Rivalen ist die nächstfolgende Intensitätsstufe (= Stufe 2) erreicht. Die intensivste Kampfhandlung (= Stufe 3) stellt nach Seitz der Rammstoß dar, bei dem ein Männchen mit geöffnetem Maul gegen die Flanke des Gegners vorstößt.

Das Schema (s. Abb. 22) veranschaulicht eine Folge sich gegenseitig auslösender Verhaltensweisen beim Kampf zweier Männchen, wobei Seitz annimmt, daß das Männchen, das den Kampf beginnt, insgesamt intensiver reagiert und daher auch stets als erstes mit der nächst höheren Handlung anspricht. Weiterhin geht Seitz davon aus, daß jede höhere Intensitätsstufe des Kampfes eines stärkeren Auslösers bedarf. Ein Männchen, das vor dem Rivalen imponiert, bietet dem Partner sowohl das Prachtkleid als auch Flossenspreizen und Parallelstellung als auslösende Merkmale, d.h. als Schlüsselkomponenten dar. Mit zunehmender Intensität der Kampfbereitschaft kommt als weiteres auslösendes Merkmal das Spreizen der Kiemenhaut (= Stufe 1) hinzu. Da die bisher schon wirksamen auslösenden Merkmale erhalten bleiben und ein weiteres hinzugekommen ist (das Spreizen der Kiemenhaut), sollte diese Reizkombination wirksamer sein. Diese höhere Wirkung äußert sich darin, daß sie beim Partner - siehe Schema - eine intensivere Antwort auslöst. Tritt im weiteren Verlauf des Kampfes der Schwanzschlag (= Stufe 2) als zusätzliches Merkmal hinzu, so erhöht sich wiederum die auslösende Wirkung, erkennbar an der Reaktion des Rivalen, der erneut mit der höheren Intensitätsstufe anspricht. Kommt es zu einem Rammstoß gegen den Gegner, so ist die höchste Intensitätsstufe des Kampfes (= Stufe 3) erreicht.

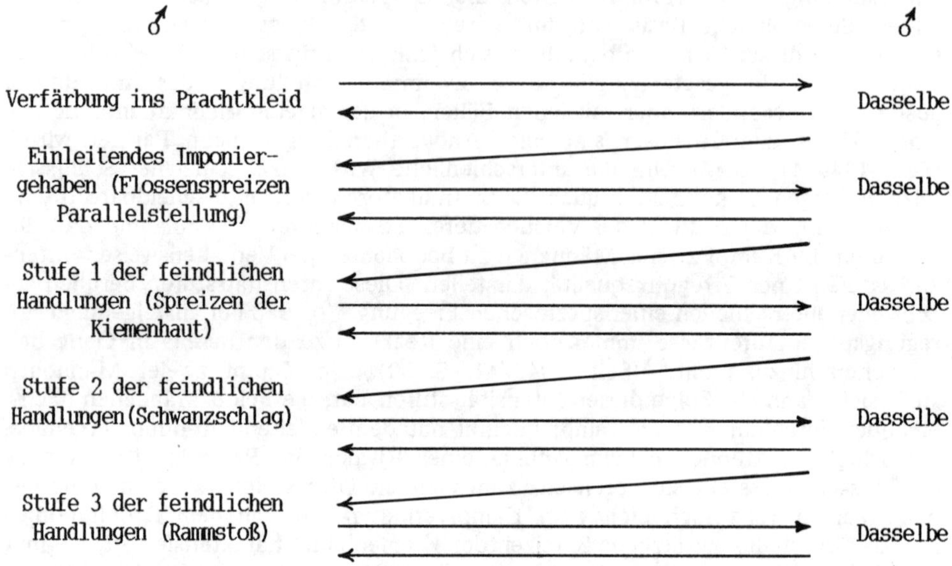

Abb. 22: Schematische Darstellung eines Kampfverlaufes zweier Buntbarschmännchen. Angaben nach Seitz (1940/41).

Um den zunächst unbekannten Reizwert einer beliebigen Attrappe mit Merkmalen, die als Schlüsselkomponenten angesehen werden, zu bestimmen, geht Seitz von folgenden Voraussetzungen aus:

1. Für den Beobachter existieren gut unterscheidbare Intensitätsstufen des Verhaltens (Stufe 1-3).
2. Das natürliche Objekt für die Auslösung des Kampfverhaltens, der 'Rivale im Prachtkleid', stellt die maximal auslösende Situation mit immer gleichbleibendem Reizwert dar.

Zunächst sollte die Intensitätsstufe, mit der das Versuchstier auf die Attrappe mit unbekanntem Reizwert reagiert, gemessen werden, um unmittelbar danach die Intensitätsstufe, die mit der maximal auslösenden Reizkombination 'Rivale im Prachtkleid' erreicht wird, zu bestimmen. Aus der Differenz der mit beiden Reizkombinationen erreichten Intensitätsstufen des Verhaltens glaubt Seitz, den Reizwert der zu testenden Attrappe ermitteln zu können.

Dabei muß er von folgenden Überlegungen ausgegangen sein: Gefragt ist nach dem Reizwert einer beliebigen Attrappe r (x), wobei r den Reizwert, x eine beliebige Attrappe repräsentiert.

Festgelegt wurde der Reizwert der maximal auslösenden Attrappe:

$$r\,(x_{max})$$

Beobachtbar ist - so Seitz - die Intensitätsstufe (i) der Antwort auf die Attrappe x:

$$i\,(x) = \text{Intensität der Antwort auf die Attrappe } x.$$

Beobachtbar ist auch die Intensität (i) der Antwort auf die Attrappe mit maximalem Reizwert

$$x_{max} : i\,(x_{max})$$

Somit ergibt sich nach Seitz der Reizwert der zu testenden Attrappe aus:

$$r\,(x) - r\,(x_{max}) = i\,(x) - i\,(x_{max})$$

Bestimmt wird der relative Reizwert von x bezogen auf x_{max}, ebenso die relative Intensität der Antwort auf x bezogen auf die Intensität der Antwort auf x_{max}, unter der Annahme, daß die Intensitätsunterschiede mit den Reizwerten positiv korreliert sind.

Da jedoch an keiner Stelle der Arbeit Ergebnisse, die auf diese Weise gewonnen wurden, vorgelegt werden, scheint diese Vorgehensweise nicht zur Anwendung gekommen zu sein. Anstelle systematischer Attrappenversuche, in denen die Wirksamkeit einzelner Schlüsselkomponenten und ihrer Kombinationen getestet wurden, bot Seitz einzelnen Versuchstieren hintereinander die unterschiedlichsten Attrappen von narkotisierten Artgenossen, Männchen wie Weibchen, bis hin zu Paraffinscheiben an. Nur beispielhaft sollen einige Ergebnisse mitgeteilt werden. So ließen sich allein durch das einleitende Imponiergehabe eines Männchens, das - wie ausgeführt - von Seitz noch nicht zum Kampfverhalten gerechnet wird, beim Rivalen jederzeit aggressive Handlungen der Stufen 1, 2 und 3 auslösen. Das bedeutet, daß allein aufgrund der Schlüsselkomponenten Prachtkleid, Flossenspreizen und Parallelstellung alle Intensitätsstufen auftraten und zwar ohne die nach dem Schema zu fordernden Schlüsselkomponenten Kiemenhautspreizen für Intensitätsstufe 1, Schwanzschlag für Intensitätsstufe 2 und schließlich Rammstoß für Intensitätsstufe 3. Auch bei einem weiteren Versuch, bei dem ein narkotisiertes Männchen dargeboten wurde, das zwar die blaue Strukturfarbe des Prachtkleides wie auch den schwarzen Augenstreif aufwies, das aber die Flossen angeklemmt hatte, zeigte das Versuchstier sehr unterschiedliche Reaktionen. Außer dem einleitenden Imponiergehabe antwortete es mit Balzverhalten auf die Attrappe. Es war auch ein wiederholter Wechsel zwischen Schwanzschlägen (Stufe 2 des Kampfes) und Balzverhalten zu beobachten, und schließlich zeigte das Versuchstier gegenüber dieser Attrappe sogar Rammstöße (= Stufe 3). Aus diesen Angaben geht hervor, daß mit Attrappen, denen nur ein sehr geringer Reizwert zukommt, sich alle Intensitätsstufen des Kampfverhaltens wie auch Verhaltensweisen der Balz auslösen lassen. Da im Anschluß an einen Attrappenversuch - entgegen den der Arbeit vorangestellten theoretischen Überlegungen - in keinem einzigen Fall die Intensität der Reaktion auf die maximal auslösende Situation, den lebenden Rivalen, bestimmt wurde, kann der Einfluß der getesteten Attrappe mit unbekanntem Reizwert auf die mit ihr erreichte Intensität der Antwort gar nicht abgeschätzt werden. Auch wenn berichtet wird, daß bei Fehlen der schwarzen Flossenabzeichen an Rücken- und Bauchflossen, die dem Prachtkleid zugerechnet werden,"die Kampfhandlungen des Gegners mit einer geringen, aber doch deutlich feststellbaren Ver-

zögerung" (Seitz 1940/41, S. 55) auftraten, so ist einer solchen Aussage nicht zu entnehmen, wie intensiv das Versuchsmännchen auf diese Situation geantwortet hat. Oder wird eine verzögerte Reaktion als weniger intensiv eingestuft? Dann ist zu fragen, wie ein solches Intensitätsmaß - Verlängerung der Latenzzeit - für die ausgelöste Antwort noch mit den von Seitz postulierten Intensitätsstufen des Verhaltens von 1 - 3 vergleichbar ist. Diesen Beobachtungen ist m.E. nur zu entnehmen, daß ein Buntbarschmännchen auf die wiederholte Präsentation eines lebenden oder narkotisierten Rivalen mit sehr unterschiedlichem Verhalten zu reagieren vermag, ohne daß ein Zusammenhang zwischen Gesamtreizwert der auslösenden Situation und Intensität der Antwort erkennbar wird.
Versuchsreihen, in denen die auslösende Wirkung von Bewegungs- anstelle von Farb- und Formmerkmalen getestet wurde, erbrachten ebenso widersprüchliche Resultate. So konnte so gut wie jede Intensitätsstufe des Verhaltens jederzeit durch die Nachahmung von Bewegungen mit sehr unterschiedlichen Attrappen ausgelöst werden. Wurde ein narkotisiertes Weibchen in Parallelstellung dargeboten, so ließ sich "die Kampfreaktion des Männchens jeweils bis zur 2. Stufe treiben." (Seitz 1940/41, S. 57). Auf die Parallelstellung eines narkotisierten Männchens (= einleitendes Imponiergehabe) antwortete das Versuchstier "wesentlich intensiver feindlich und führt unter Umständen auch Rammstöße aus." (Seitz 1940/41, S. 58). Wurde ein lebendes Männchen im Prachtkleid in einer so engen Glasröhre dargeboten, daß es nur Flossenabspreizen, aber kein Parallelstellen zeigen konnte, so antwortete das zu testende Männchen mit Drohimponieren, um dann abwechselnd Schwanzschläge und Balzhandlungen vor dem Männchen in der Glasröhre auszuführen. Eine Nachahmung des Rammstoßes z.B. mit Hilfe eines Glasstabes löste beim Versuchstier sofort den Rammstoß aus. Die gleiche Wirkung ließ sich auch mit anderen Objekten wie z.B. Paraffinscheiben erzielen, wenn das Versuchstier mit ihnen 'gerammt' wurde. Nach Seitz löst ein solcher Stoß mit einer beliebigen Attrappe "rein reflexmäßig" (Seitz 1940/41, S. 59) den Rammstoß aus. Demnach kommt allein dem Bewegungsmerkmal 'Rammstoß' ein so hoher Reizwert zu, daß es ganz unabhängig von dem jeweiligen Bereitschaftsniveau (was wohl mit dem Begriff 'rein reflexiv' gemeint ist) die Antwort mit maximaler Intensität auszulösen vermag. Dieser Befund ist mit den von Seitz zuvor gemachten Annahmen und Aussagen nicht vereinbar.
Diese im einzelnen so verwirrenden Ergebnisse, die durch weitere Beispiele ergänzt werden könnten, werden von Seitz in der Diskussion seiner Arbeit ganz im Sinne der Reizsummenregel interpretiert. So schreibt er zusammenfassend: "Alle einzelnen, unbedingt auslösenden Merkmale wirken summenhaft, es läßt sich für jedes einzelne von ihnen eine bestimmte verhältnismäßige Wirksamkeit quantifizierend nachweisen." (Seitz 1940/41, S. 83). Darüberhinaus - so Seitz - können sich einzelne Merkmale in ihrer Wirksamkeit vertreten, so daß die Merkmale A B C die gleich intensive Reaktion auslösen können wie die Merkmale B C D, vorausgesetzt, A und D haben quantitativ die gleiche Wirkung. Über diese allgemeinen Aussagen hinaus, die auch ohne die vorgelegte Arbeit als 'Idee' hätten formuliert werden können, versucht Seitz seine Beobachtungen und Experimente zum Kampfverhalten bei Buntbarschen als Stütze für das Konzept der Reizsummation zu interpretieren. So schreibt er: "Wenn zum Prachtkleid und Flossenspreizen zunächst Parallelstellen, dann Spreizen der Kiemenhaut, dann der Schwanzschlag

und schließlich der Rammstoß hinzutreten, so geht neben den jeweils hinzukommenden Reizen auch noch die Aussendung der zuerst genannten unentwegt weiter und es entspricht nur der Reizsummenregel, daß Prachtkleid plus Parallelstellen, plus Schwanzschlag wirksamer sind als etwa das Prachtkleid allein. Aber auch bei Einzeldarbietung der Merkmale in dieser Reihenfolge ist das höherschwellige stets wirksamer als das vorangehende." (Seitz 1940/41, S. 80). Die vorgelegten Versuchsergebnisse widersprechen eindeutig dieser Aussage.
Die Diskrepanz zwischen den Ergebnissen der Attrappenversuche und den in der Diskussion daraus gezogenen Schlußfolgerungen ist wohl nur so zu deuten, daß der Arbeit eine feste Vorstellung zugrunde lag, und zwar die Vorstellung, daß angeborenes Erkennen mit Hilfe von Merkmalen, den Schlüsselkomponenten, erfolgt, daß diese Schlüsselkomponenten unabhängig voneinander wirksam sind, und daß es bei gemeinsamer Darbietung mehrerer Schlüsselkomponenten zu einer Verstärkung der auslösenden Wirkung kommt. Demgegenüber stehen die unsystematischen Experimente, die in keiner Weise geeignet sind, diese Vorstellung zu stützen. So ist es bei der 'Idee' geblieben.
Eibl-Eibesfeldt scheint ebenfalls dieser 'Idee' anzuhängen, wenn er aus der Arbeit von Seitz folgendes herauszulesen vermag: "Seitz fand nun, daß sowohl die Blaufärbung, die schwarzen Abzeichen an den Flossen wie auch die Verhaltensweisen Querstellen, Flossenspreizen, Schwanzschlag und Rammstoß jede für sich verschieden intensives Drohverhalten auslösen. Die Reize können sich bis zu einem gewissen Grade vertreten. Schwanzschlagen einer Attrappe ohne Prachtkleid ist so wirksam wie eine Attrappe, die nur Flossenspreizen und Prachtkleid zeigt. Kombiniert man aber alle diese Merkmale in einer Attrappe, erhält man eine stärkere Antwort." (Eibl-Eibesfeldt 1987, S. 172). Auch in anderen Lehrbüchern der Verhaltensforschung wird stets auf die hier besprochene Arbeit von A. Seitz als die grundlegende Arbeit zum Thema Reizsummation verwiesen, obwohl die Schlußfolgerungen, die Seitz aus den von ihm vorgelegten Beobachtungsdaten ableitete - wie ich deutlich machen konnte - rein willkürlich sind.

2.7.2 Eierkennung bei der Silbermöwe

Eine weitere Arbeit, die auch in der neusten verhaltenskundlichen Literatur (z.B. McFarland 1989) als eine Bestätigung des Konzeptes der Reizsummation angesehen wird, legten Baerends und Mitarbeiter vor[23]. Sie stellten sich die Frage, mit Hilfe welcher Merkmale die Silbermöwe ein Ei als Brutobjekt erkennt. Da brütende Silbermöwen aus dem Nest geratene Eier, die in Nestnähe oder auf dem Nestrand liegen, in das Nest zurückrollen, nutzten die Autoren diese Verhaltensweise für eine Analyse dieses spezifischen Erkennungsmechanismus. Beim Eieinrollen greift der im Nest sitzende oder stehende Vogel mit dem Schnabel hinter das einzurollende Ei, um dann durch eine immer stärkere Einkrümmung des Hal-

[23] Baerends, G.P. und Drent, R.H. (1982): "The herring gull and its egg, Part II"; Behaviour 82, 1-416. Im Text werde ich nur Baerends zitieren.

ses das Ei in das Nest zurückzubefördern. Unter Verwendung von Eiattrappen versuchten die Autoren die Wirksamkeit der Merkmale Größe, Form, Grundfarbe und Fleckung, die von ihnen als Schlüsselkomponenten angesehen werden, zu erfassen, um in einem weiteren Schritt zu prüfen, in welcher Weise - gemäß dem Prinzip der Reizsummation - eine Verrechnung der Reizwerte der Schlüsselkomponenten durch den AAM erfolgt.
Baerends hat seine Untersuchung im Freiland durchgeführt; er wählte für die Versuche diejenigen Möwen einer Kolonie aus, die ihn oder seine Mitarbeiter besonders heftig angriffen. Diese Auswahl traf er unter der Annahme, daß diese Tiere sich am wenigsten durch Manipulationen am Nest stören ließen.
Zur Präferenzbestimmung setzt Baerends den Zweifachwahlversuch ein. Dazu wurden jeweils zwei Eiattrappen im Abstand von 2 Zentimetern auf dem Nestrand abgelegt und eine sogenannte Standardattrappe, die in Größe, Form, Grundfarbe und Fleckung einem natürlichen Silbermöwenei entsprach, in der Nestmulde deponiert. Baerends geht davon aus, daß diejenige Attrappe, die als erste eingerollt wird, vom Versuchstier bevorzugt wird, d.h. der Attrappe mit dem höheren Reizwert entspricht. Vor Versuchsbeginn werden die Versuchstiere durch Darbieten von Eiattrappen, von denen der Autor mit Sicherheit annimmt, daß sie eingerollt werden, an die Testsituation gewöhnt[24]. Dabei geht er offensichtlich davon aus, daß die Versuchstiere während dieser Vorversuche keine Erfahrungen mit den Wahlobjekten machen, die ihre Entscheidung im Versuch beeinflussen könnte.
In der vorliegenden Untersuchung geht Baerends von der Hypothese aus, daß - bei gleicher Ausgestaltung - einer größeren Eiattrappe gegenüber einer kleineren ein höherer Reizwert zukommt, sie somit im Wahlversuch von einem Versuchstier präferiert werden sollte. Mit dieser Hypothese stützt sich Baerends auf eine Aussage von Tinbergen, der aufgrund allerdings nur weniger Beobachtungen meinte gezeigt zu haben, daß eine brütende Silbermöwe stets größere Eier den eigenen Eiern von natürlicher Größe vorzieht. Durch umfangreiche Versuchsreihen hoffte Baerends seine Hypothese absichern zu können. Um die Schlüsselkomponente Größe zu testen, wurden Attrappen konstruiert, die um etwa die Hälfte bis zum Zweifachen von der natürlichen Größe eines Sibermöweneies abwichen. Diejenige Attrappe, die hinsichtlich Größe und Färbung dem natürlichen Silbermöwenei entsprach, galt als Standardattrappe. Die übrigen Attrappen unterschieden sich in ihren linearen Dimensionen (Längs- und Querachse) von diesem Standard um Schritte von jeweils 1/8 der Standardmaße. Sie wurden mit Hilfe der Ziffern 4 - 16, entsprechend ihrem Verhältnis zu den Dimensionen der Standardattrappe von 4/8 bis zu 16/8 kodiert. Angegeben wird die Attrappengröße in Form der sogenannten Maximalprojektion, gemessen in Quadratzentimetern. Dieses Maß entspricht der Fläche des Schattenwurfes bei Beleuchtung der Attrappe mit parallel einfallendem Licht. Es stellt sich die Frage, wie die Fläche der Maximalprojektion von der Längs- und der Querachse einer Attrappe abhängt. Bei konstanter Form der Attrappen ist die Annahme plausibel, daß die Fläche der Maximalprojektion

[24] "For the first tests to be given to a bird egg-dummies were chosen of which we knew that they were acceptable to most birds. In this way a bird became gradually habitated to the tests." (Baerends et al. 1982, S. 40).

proportional sowohl zur Länge der Längsachse wie auch der Querachse zunimmt. Unter dieser Annahme gilt: Verändern sich diese beiden linearen Dimensionen gleichzeitig um den konstanten Faktor c, so verändert sich die Fläche der Maximalprojektion um den Faktor c^2. Das bedeutet, daß die Fläche quadratisch und nicht linear in c zunimmt. Was sich jedoch verhindern läßt, indem man den Messungen - so wie auch Baerends vorgegangen ist (s. Abb. 25, S. 148) - eine logarithmische Skala zugrundelegt. In einer logarithmischen Skala entspricht der Multiplikation mit dem Faktor c eine Addition mit dem Summanden log c, und die Fläche ändert sich nicht multiplikativ mit dem Faktor c^2, sondern additiv um den Summanden 2 mal log c. Das bedeutet, daß sich die Fläche - bezogen auf die log Skala - linear in log c verändert.

Da die Ergebnisse der Zweifachwahltests keine eindeutige Präferenz für die jeweils größere Attrappe ergaben, sah Baerends sich gezwungen, Überlegungen darüber anzustellen, welche weiteren Faktoren die Entscheidung einer Möwe bei der Wahl der Attrappe beeinflussen könnten. Er stellt die Zusatzhypothese auf, daß jede Möwe eine individuelle Seitenpräferenz besitzt, die sich auf ihre Wahlentscheidung auswirkt. Das bedeutet, daß immer dann, wenn eine Attrappe auf der von der Möwe bevorzugten Seite liegt, sie zu ihrem auslösenden Wert - unabhängig von ihrer Ausgestaltung - noch einen Wert, eben den der Seitenpräferenz, hinzugewinnt. Seitenbevorzugung liegt z.B. dann vor, wenn eine Möwe bei identischen Attrappen - zumindest aus der Sicht des Versuchsleiters - sich für eine der Seiten entscheidet. Oder auch dann, wenn ein Versuchstier in einer Versuchsserie mit unterschiedlichen Attrappen trotz Seitentausches zweimal die gleiche Seite wählt und dabei die Attrappen wechselt.

Die Seitenpräferenz ist nach Baerends keine konstante Größe, sondern - wie er sagt - ein 'quantitatives Phänomen'. Ihre Stärke kann in einem Individuum im Verlauf einer Testserie, aber auch in aufeinanderfolgenden Versuchsserien an verschiedenen Versuchstagen variieren. Bei einzelnen Versuchstieren (wievielen?) war sie so stark ausgeprägt, daß diese Tiere für die Versuche unbrauchbar waren. Die Stärke der Seitenpräferenz ließ sich auch durch den Versuchsleiter beeinflussen. So konnte sie verstärkt werden, wenn mehrfach hintereinander besonders effektive Attrappen auf die bereits vom Versuchstier präferierte Seite gelegt wurden.

Sie konnte aber auch durch Anbieten wirksamer Attrappen auf der nicht bevorzugten Position überwunden werden[25]. Mit dieser Vorgehensweise geht der Autor von der doch wohl erst zu prüfenden Annahme aus, daß er Attrappen auswählen kann, die für die Möwe einen höheren Reizwert besitzen, im speziellen Fall geht er davon aus, daß größeren Attrappen ein höherer Reizwert als kleineren zukommt.

Das Originalprotokoll einer Versuchsserie soll beispielhaft zeigen, wie eine Seitenpräferenz in einer Folge von 23 Tests (s. Abb. 23) überwunden werden kann.

[25] "Position preference can be kept in check by choosing for a following test such dummies and such positions that the bird is likely to retrieve first from a position different from that of the first choice in the preceeding test." (Baerends et al. 1982, S. 37).

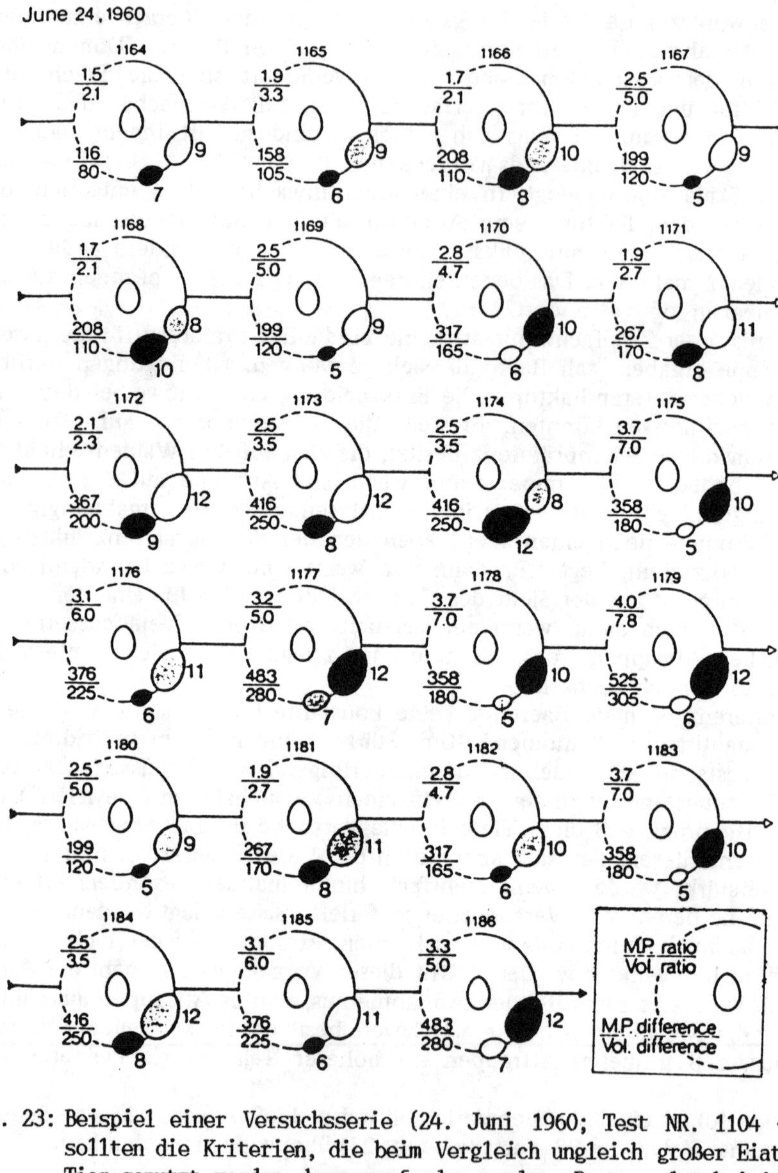

Abb. 23: Beispiel einer Versuchsserie (24. Juni 1960; Test NR. 1104 - 1186); es sollten die Kriterien, die beim Vergleich ungleich großer Eiattrappen vom Tier genutzt werden, herausgefunden werden. Dazu wurden bei jeder Attrappenkombination das Verhältnis und die Differenz von Maximalprojektion und Volumen berechnet. Aus Baerends et al. (1982).

Nach Meinung des Autors zeigt das Versuchstier eine Bevorzugung der vorderen Position[26]. Diese Präferenz wird erst nach sechs erfolglosen Versuchen durch die Attrappenkombination 6 gegen 10 (Test Nr. 1170) gebrochen, bei der das größere Modell auf der hinteren, nicht bevorzugten Position liegt. Baerends fragt sich in diesem Zusammenhang, aufgrund welcher Parameter die Möwe beim Größenvergleich zweier Attrappen ihre Entscheidung trifft, und kommt zu dem Ergebnis, das er auch in dem Protokollbeispiel bestätigt sieht, daß es allein das Verhältnis der Maximalprojektionen der zu vergleichenden Attrappen sein kann (M.P. ratio). Weder die von ihm auch in Erwägung gezogenen Werte des Volumenverhältnisses der beiden gegeneinander getesteten Attrappen (Vol. ratio), noch die Differenz der Maximalprojektionen oder der Volumina (M.P. difference, Vol. difference) haben einen derartigen Einfluß auf die Entscheidung des Versuchstieres. Bei einem Verhältnis der Maximalprojektionen von gleich oder größer als 2,8 (Test Nr. 1170) der beiden in Konkurrenz stehenden Objekte wird in diesem Beispiel die Seitenpräferenz gebrochen.

Diese Serie ist aber nicht konsistent. Obwohl der angegebene Grenzwert der M.P. ratio von 2,8 überschritten wird, setzt sich in nachfolgenden Tests (z.B. Test Nr. 1176, 1182, 1185) die Seitenpräferenz durch, d.h. es wird das Ei, das auf der bevorzugten Seite liegt, in diesen Fällen das kleinere Ei, als erstes eingerollt. Mit diesem einen Protokoll ist die für die Arbeit so bedeutsame Annahme, daß der Quotient aus den Maximalprojektionen der beiden in einem Test in Konkurrenz stehenden Attrappen *der* Wert ist, über den indirekt die Stärke der Seitenpräferenz erkannt werden kann, nur sehr schwach belegt. Über die Stärke der Seitenpräferenz wird nur sehr global ausgesagt, daß sie sich sowohl unbeeinflußt, wie auch durch Einwirkung des Experimentators in unterschiedlichen Zeiträumen verändern kann. Aussagen so allgemeiner Art sind kaum durch Protokolle zu untermauern.

Für mich liegt bei dieser Vorgehensweise die Gefahr eines Zirkelschlusses nahe. Aufgrund der Hypothese, daß stets das größere Ei von der Möwe bevorzugt werden sollte, muß - soll die Hypothese aufrechterhalten werden - für die Fälle, in denen dies nicht beobachtbar war, eine Zusatzannahme eingeführt werden. Mit der Annahme, daß jedes Individuum eine Seitenpräferenz besitzt, die einen Einfluß auf seine Entscheidung hat, glaubt Baerends dieses Problem lösen zu können. Da die Seitenpräferenz nach Baerends erheblichen Schwankungen unterliegt, die nur über das Verhältnis der Maximalprojektionen der zu testenden Attrappen erfaßt werden können, ist unter diesen Annahmen die Möglichkeit gegeben, jedes Protokoll im Sinne der Hypothese zu erklären.

Für das *Variieren der Stärke der Seitenpräferenz* in zeitlich engem oder weiterem Rahmen bei einem Versuchstier sucht Baerends nach einer Erklärung. Da er für diese Varianz keine externen Faktoren aufzeigen kann, ist es für ihn naheliegend, interne Faktoren, d.h. die Motivationslage des Tieres, hierfür verantwortlich zu machen. Als bedeutsam in diesem Zusammenhang betrachtet er das Verhältnis von Brut- und Fluchttrieb. Er spricht von einer 'motivationalen Balance' zwischen diesen Trieben. Wird sie durch einen Anstieg des Fluchttriebes oder des Bruttrie-

[26] Die von der Möwe jeweils als erste eingerollte Attrappe ist schwarz ausgemalt.

bes verschoben, so ist dies stets mit einer Zunahme der Stärke der Seitenpräferenz verbunden. Bei einer solchen Motivationslage trifft das Tier seine Entscheidung in erster Linie aufgrund seiner Seitenpräferenz und nicht aufgrund der Ausgestaltung der Attrappen[27].
Als Indikatoren für den Motivationsstatus eines Tieres nutzt Baerends Verhaltensparameter wie z.B. die Latenzzeit. Darunter versteht er die Zeit, die - nachdem die Möwe wieder das Nest aufgesucht hat - bis zum Einrollen des ersten Eies verstreicht. Die Zunahme dieser Zeitspanne ist Ausdruck einer ansteigenden Fluchttendenz, die aber die Motivationslage erst aus dem Gleichgewicht bringt, wenn der Gegenpart - der Bruttrieb - nicht entsprechend hoch ist. Ebenso wird die Stellung der Möwe kurz vor dem Eieinrollen des ersten Eies zur Bestimmung des motivationalen Status genutzt, d.h. ob sie sich im Nest zuerst hinsetzt oder ob sie stehend einrollt. Die 'standing position' wird als Ausdruck eines niederen Bruttriebes gewertet, und verbunden mit einer Zunahme der Latenzzeit wird sie als Indikator für einen ansteigenden Fluchttrieb gewertet [28]. Auch in diesen Fällen ist die motivationale Balance gestört. Ein Konflikt zwischen der Tendenz zu brüten und der Tendenz zu flüchten wird von Baerends auch immer dann angenommen, wenn während der Tests Verhaltensweisen beobachtbar sind, die das Brüten eines Vogels unterbrechen, so z.B. Nestbauverhalten (B) oder Putzverhalten (P). Putzverhalten zeigt nach Baerends die Tendenz eines Tieres an, das Nest zu verlassen, während Nestbauverhalten des Tieres die Tendenz ausdrückt, auf dem Nest zu bleiben. Gemessen wird die Stärke dieser Antriebe über die Häufigkeit, mit der die ihnen zugeordneten Verhaltensweisen während der Tests auftreten. Das Verhältnis der Häufigkeiten beider Verhaltensweisen (der B/P-Quotient) ist somit ein weiteres Maß für die motivationale Balance. Durch eine Zunahme der Häufigkeit des Putzverhaltens, die als Ausdruck einer ansteigenden Fluchtbereitschaft interpretiert wird, kann diese motivationale Balance ebenso verschoben werden, wie durch eine Abnahme der Brutbereitschaft, die sich durch ein vermindertes Auftreten des Nestbauverhaltens anzeigt.
Baerends diskutiert auch die Möglichkeit, daß bei aufeinanderfolgenden Versuchen mit einem Versuchstier[29] bei Benutzung ein und derselben Attrappe das Versuchstier zeitweilig auf *diese Attrappe konditioniert* werden kann ("temporary conditioning" Baerends et al. 1982, S. 37). Auch eine zeitweilige Konditionierung eines Versuchstieres auf *eine Seite* unabhängig von der Seitenpräferenz schließt er

[27] "We think that our conclusion should be that the occurrence of a choice-dominating position preference is promoted by a motivational state reducing the effectiveness of elements of the stimulus situation presented. This could be the effect of an increase of the tendency to incubate as well as of moderate increase of a tendency to escape. The resulting effect would probably be relatively stable when both tendencies are activated and in balance for some time." (Baerends et al. 1982, S. 208).

[28] "However, cases of ST are also likely to be caused by a low tendency to incubate and/or a relatively high tendency to escape." (Baerends et al. 1982, S. 63).

[29] Es werden mit einem Versuchstier so lange hintereinander Versuche ausgeführt, so lange das Tier in dem vom Versuchsleiter vorgegebenen Zeitraum von 20 min zum Nest zurückkehrt. In der zweiten Hälfte der Brutperiode konnten Serien von 20 und mehr Tests mit einem Tier in Folge gemacht werden.

nicht aus und zwar immer dann, wenn für die Möwe besonders effektive Attrappen mehrfach hintereinander auf ein und derselben Seite angeboten werden.

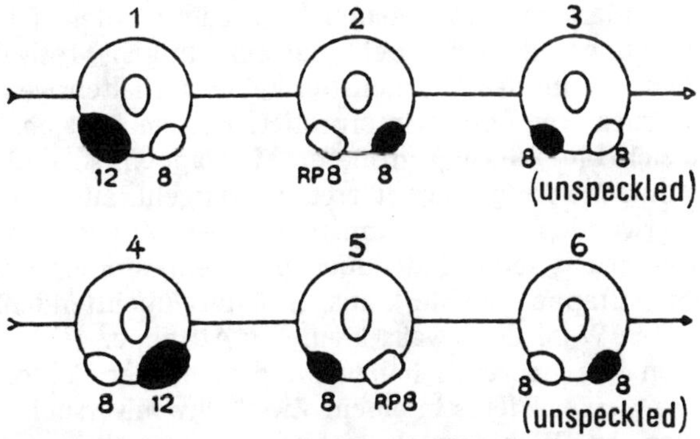

Abb. 24: Graphische Darstellung einer Testserie zur Veranschaulichung der 'Schachspieltechnik'. Die Kreise stellen das Nest in der Testsituation dar mit zwei Eiattrappen auf dem Nestrand und einer in der Nestmulde. Drei Attrappenpaare werden angeboten: eine normal große, eiförmige Attrappe (Code 8) gegen eine größere (Code 12); eine normal große, eiförmige Attrappe (Code 8) gegen eine gleich große blockförmige Attrappe (RP 8); eine gefleckte gegen eine ungefleckte Eiattrappe, beide von normaler Größe (Code 8). Die jeweils als erste eingerollte Attrappe ist schwarz ausgemalt. Aus Baerends et al. (1982).

Aufgrund dieser Überlegungen hält Baerends eine zufällige, vorher festgelegte Attrappenfolge, wie sie in der Regel üblich ist, für seine Versuchsserien für ungeeignet. Bei einer Zufallsfolge ist nicht auszuschließen, daß Sequenzen von Attrappen auftreten, die sowohl die Seitenpräferenz als auch die zeitweilige Konditionierung verstärken könnten. Um derartige Einflüsse zu vermeiden, wählt Baerends eine Methode, die er als 'Schachspielen mit der Möwe' bezeichnet (s. Abb. 24). Dabei wird die Auswahl der Attrappen und die Festlegung ihrer Position auf dem Nestrand für einen Versuch jeweils vom Ausgang des vorhergehenden Versuchs abhängig gemacht. Um beim Vergleich mit dem Schachspiel zu bleiben, wird auf den 'Zug' einer Möwe mit dem 'Gegenzug' des Experimentators geantwortet[30]. Bei einer solchen Vorgehensweise ist m.E. durch die Erfahrung, die der Experimentator mit einem Versuchstier bei aufeinanderfolgenden Versuchen macht, eine gezielte Beeinflussung der Ergebnisse nicht auszuschließen; zumindest sind keine

[30] "This meant that the set-up for a following test was designed to confirm or reject an apparent dummy preference in the preceeding test. For this purpose we often needed more than two tests in a row; already at least three tests are necessary to check for the influence of position preference on the first retrieval of one particular dummy of a pair, without presenting identical dummies in tests directly following one another." (Baerends et al. 1982, S. 37 f.).

Regeln angegeben, nach denen beim 'Schachspiel' zu verfahren wäre. Ebensowenig sind irgendwelche Angaben zur Vorgehensweise dem Schema, das zur Veranschaulichung dieser Technik dient, zu entnehmen.
Die Versuche zur Bewertung ungleich großer Eiattrappen haben ergeben - so Baerends -, daß generell größere Eier im Versuch bevorzugt werden. Diese Aussage erfährt eine Einschränkung, da sie nur bei einer eindeutigen Motivationslage des Tieres gilt, d.h. nur dann, wenn das Versuchstier keine Verhaltensweisen zeigt, die von Baerends als Ausdruck von Furcht interpretiert werden. Mit ansteigender Fluchttendenz verringert sich die Wirkung größerer Eiattrappen, so daß die Seitenpräferenz, die in jede Entscheidung eines Tieres mit eingeht, auch durch größere Eiattrappen nicht überwunden werden kann. Bei dieser Motivationslage entscheidet der Vogel allein aufgrund seiner individuellen Seitenpräferenz unabhängig von der Ausgestaltung der Attrappe. Bei stark ausgeprägter Fluchttendenz kommt es sogar zu einer konsistenten Wahl der jeweils kleineren Attrappe.
Aufgrund dieser Annahmen von Baerends haben mindestens vier Faktoren einen Einfluß auf die Entscheidung eines Tieres in einem Zweifachwahlversuch: die Größendifferenz zwischen den im Wahlversuch getesteten Attrappen (angegeben durch den Quotienten der Maximalprojektionen beider Attrappen), die jeweilige Stärke der Seitenpräferenz und die aktuelle Motivationslage des Tieres im Augenblick der Entscheidung. Weiterhin geht die Erfahrung, die ein Tier mit der Versuchssituation oder bestimmten Attrappen-Kombinationen macht, mit in den Entscheidungsprozeß ein. Baerends geht davon aus, daß durch kurze Versuchsserien (im Durchschnitt 4,9 Tests) wie auch mit Hilfe der Schachspielmethode der Einfluß sowohl der Seitenpräferenz wie auch der der Erfahrung in Grenzen gehalten werden kann, d.h. er geht davon aus, daß diese Größen während kurzer Versuchsserien konstant bleiben.

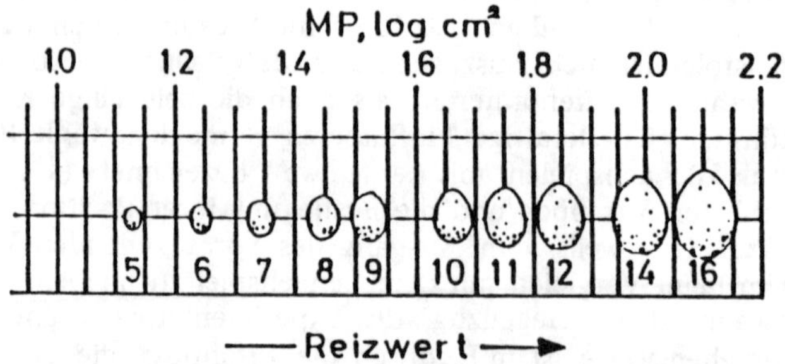

Abb. 25: Unterschiedlich große Eiattrappen nach Reizwerten geordnet. Code 8 entspricht der Größe eines natürlichen Eies (Standardattrappe). Die übrigen unterscheiden sich in ihren linearen Dimensionen von diesem Standard um Schritte von jeweils 1/8 der Standardmaße. Sie werden mit Hilfe der Ziffern 5 - 16 (entsprechend 5/8 bis 16/8 der Dimensionen der Standardattrappe) codiert. MP = Maximalprojektion. Verändert nach Baerends et al. (1982).

Aus den Versuchsergebnissen zur Wirksamkeit unterschiedlich großer Eiattrappen konstruierte Baerends eine Rangfolge (s. Abb. 25), die eine Bewertung dieser Attrappen durch das Tier wiedergeben soll. Sie dient ihm als Vergleichsbasis, mit deren Hilfe er die auslösende Wirkung der übrigen von ihm als Schlüsselkomponenten angesehenen Merkmale wie Form, Grundfarbe und Fleckung der Eiattrappen und deren unterschiedliche Ausprägungen für die Eieinrollbewegung bestimmen kann, um anschließend zu prüfen, ob der Erkennungsmechanismus, der AAM, für die Eieinrollbewegung nach dem Prinzip der Reizsummation arbeitet.
Um die Wirksamkeit dieser Schlüsselkomponenten zu testen, setzte Baerends eine Methode ein, die er als '*Titrationsmethode*' bezeichnet. Er versucht sie mit Hilfe eines konstruierten Protokollbeispiels zu veranschaulichen (s. Abb. 26).

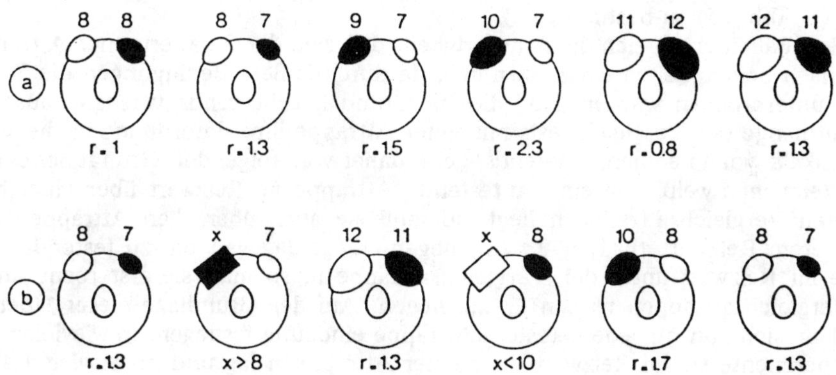

Abb. 26: Die 'Titrationsmethode', um den Reizwert einer Eiattrappe zu bestimmen. Die Codenummern für die Attrappen beziehen sich auf die Eigrößen, wie sie in Abb. 25 wiedergegeben sind. Mit x ist die Attrappe bezeichnet, deren Reizwert gemessen werden soll; r ist der Quotient der Maximalprojektionen der beiden im Vergleich angebotenen Attrappen. Die schwarz ausgemalte Attrappe ist diejenige, die als erste eingerollt wird. Weitere Erklärungen im Text. Aus Baerends et al. (1982).

Auch diese Methode basiert auf der Annahme des 'quantitativen Charakters' der Seitenbevorzugung; sie umfaßt zwei Schritte.
1. *Die Feststellung der Seitenpräferenz.* Hierzu werden im ersten Test zwei identische Attrappen, zwei Standardattrappen, angeboten (Reihe a in Abb. 26). Die *erste* Entscheidung des Tieres zeigt - so Baerends -, daß die rechte Seite bevorzugt wird. Diese angebliche Präferenz bleibt - nach dem Protokollbeispiel - auch im folgenden Test erhalten, wenn die Standardattrappe (Code 8) gegen eine kleinere Attrappe ausgewechselt wird. Sie kann aber 'durchbrochen' werden, wenn die Attrappe 8 durch eine größere Attrappe, zum Beispiel Code 9, ersetzt wird. Wird in diesem Beispiel das Verhältnis der Maximalprojektion beider Attrappen als sogenannter r-Wert (Quotient der Maximalprojektionen) zugrundegelegt, so wird in diesem Beispiel die Seitenpräferenz bei Werten, die gleich oder größer als r = 1,5 sind, überwunden.

2. *Bestimmung des Reizwertes einer beliebigen Attrappe.* In dem Protokollbeispiel (Reihe b in Abb. 26) soll der Reizwert der Attrappe x bestimmt werden. In dieser Serie mit verschiedenen Attrappen zeigen die Tests Nr. 1, 3 und 6, daß das Verhältnis der Maximalprojektionen (r = 1,3) unverändert geblieben ist, was besagt, daß sich auch der Wert der Seitenpräferenz nicht geändert hat. Damit ist die Voraussetzung gegeben, den Reizwert der Attrappe x zu testen; da die Attrappe 8 nicht in der Lage ist, die Seitenpräferenz zu überwinden, dies aber mit Hilfe einer eiförmigen Attrappe der Größe 10 erreicht wird, muß der Reizwert der Attrappe x in diesem Beispiel größer als der Reizwert der Attrappe 8 und kleiner als der der Attrappe 10 sein. Auf diese Weise sollen unter Einsatz der Titrationsmethode die Reizwerte von Attrappen, deren Wirksamkeit zunächst unbekannt ist, ermittelt werden, um dann ihre Position zu der Vergleichsskala - der Größe der Eiattrappen - (s. Abb. 25) zu bestimmen.
In vielen Fällen ergab sich die Schwierigkeit, daß sich der Reizwert einer Attrappe nicht nach beiden Seiten eingrenzen ließ, da durch äußere Bedingungen die Testserien unterbrochen wurden. Aus diesem Grund hat Baerends versucht, aus der Gesamtmenge der Vergleichstests mit einer Attrappe ihre Einordnung in die Vergleichsskala vorzunehmen. Baerends geht dabei von folgender Grundüberlegung aus. Wenn man weiß, daß eine zu testende Attrappe im Reizwert über einer bestimmten Vergleichsattrappe n liegt, so muß sie auch über allen Attrappen mit niedrigerem Reizwert (n-1, n-2, ...) liegen. Liegt dagegen die zu testende Attrappe im Reizwert unter der Vergleichsattrappe n, so muß sie erst recht unter den Vergleichsattrappen n+1, n+2, ... liegen. Auf der Grundlage dieser Überlegung läßt sich nun für jede getestete Attrappe eindeutig festlegen, in wievielen aller Experimente sie im Reizwert über einer Attrappe n lag und in wievielen aller Tests sie sich als reizschwächer als die Vergleichsattrappe n erwies.
Mit Hilfe dieser 'kumulativen Auswertung' der Versuchsergebnisse wird nun die zu testende Attrappe genau dann zwischen die benachbarten Vergleichsattrappen m und m+1 eingegliedert, wenn sie etwa gleich häufig im Reizwert oberhalb von m und unterhalb von m+1 lag. Dieses Prinzip wurde von Baerends für eine spezielle Attrappe an einem Beispiel veranschaulicht, das in Abb. 27 wiedergegeben ist. Insgesamt wurden mit dieser Attrappe 103 Messungen durchgeführt, in 18 dieser Messungen wurde die Attrappe gegenüber Vergleichsattrappe 9 getestet, 15 mal ergab sich ein höherer, 3 mal ein niedrigerer Reizwert.
Nimmt man die Vergleichsmessungen mit den Attrappen 4, 5, 6, 7 und 8 hinzu, so ergeben 5 der insgesamt 35 Messungen das eindeutige Ergebnis, daß die Attrappe einen geringeren Reizwert als die Attrappe 9 besitzt. Nimmt man die Ergebnisse mit den Attrappen 10, 11, 12, 14 und 16 hinzu, so erhielt in 58 von 86 Fällen die Testattrappe einen höheren Reizwert als die Vergleichsattrappe 9. In dem angegebenen Beispiel wurde der getesteten Attrappe ein Reizwert zwischen 11 und 12 zugeordnet, da die zu testende Attrappe etwa genau so häufig (21 mal) oberhalb von 11, wie unterhalb von 12 (24 mal) eingeordnet wurde. Der Durchschnittswert für eine Attrappe liegt demnach an der Stelle der größten Annäherung beider

Werte bzw. bei einer Darstellung in Form von Kurven im Schnittpunkt beider Kurven.[31]

CODE SIZE SERIES	< 4 <	< 5 <	< 6 <	< 7 <	< 8 <	< 9 <	< 10 <	< 11 <	< 12 <	< 14 <	< 16 <
TOTALS OF SINGLE MEASUREMENTS	0 0	0 0	0 1	0 0	2 14	3 15	7 22	5 14	7 4	4 3	2 0
CUMULATIVE TOTALS	0 73	0 73	0 73	0 72	2 72	5 58	12 43	17 21	24 7	28 3	30 0

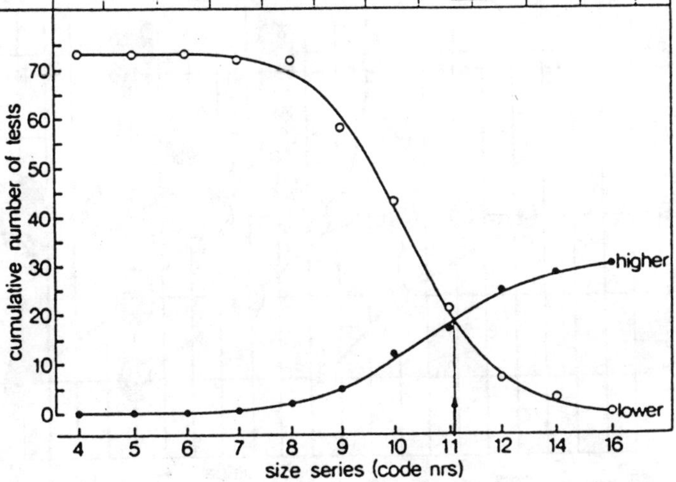

Abb. 27: Das Diagramm soll die Vorgehensweise bei der Festlegung des relativen Reizwertes mit Hilfe der 'kumulativen Auswertung' veranschaulichen. In der Tabelle gibt die obere Zeile die Anzahl der einzelnen Messungen mit einer Attrappe von unbekanntem Reizwert an und die Einordnung der Ergebnisse in die Größenvergleichsskala. Die untere Zeile repräsentiert die Umschreibung dieser Daten in Form der kumulativen Auswertung; diese Werte bilden die Grundlage der Graphik. Der Schnittpunkt der Kurven entspricht dem durchschnittlichen Reizwert der Attrappe bezogen auf die Vergleichsskala. Aus Baerends et al. (1982).

[31] Baerends et al. betonen, daß die Methode der kumulativen Auswertung eine Einstufung einer getesteten Attrappe in der Vergleichsskala ermöglicht, obwohl die Attrappe unterschiedlich häufig mit den unterschiedlichen Vergleichsattrappen getestet wurde. (Die Attrappe in Abb. 27 wurde z.B. 18 mal mit der Vergleichsattrappe 9, aber nur 7 mal mit der Vergleichsattrappe 14 getestet.) Trotz ihrer Plausibilität ist diese Behauptung ohne nähere Begründung jedoch nicht aufrecht zu erhalten. Hätten Baerends et al. z.B. im oben angeführten Versuch 10 mal so viele Tests mit Attrappe 9 durchgeführt und damit ein Ergebnis von 30 zu 150 (anstelle von 3 zu 15) erzielt, so würde sich der Reizwert der von ihnen getesteten Attrappe um eine ganze Skaleneinheit erniedrigen. Umgekehrt würde sich der Reizwert um mehr als eine Skaleneinheit erhöhen, falls man bei 70 Tests mit der Vergleichsattrappe 14 das Ergebnis 40 zu 30 (anstelle von 4 zu 3) erhalten hätte.

Baerends legt die mit Hilfe der kumulativen Auswertung erzielten Ergebnisse über die Wirksamkeit der von ihm untersuchten Schlüsselkomponenten - Größe, Form, Grundfarbe und Fleckung - und ihren verschiedenen Ausprägungen in Form einer Graphik vor (s. Abb. 28).

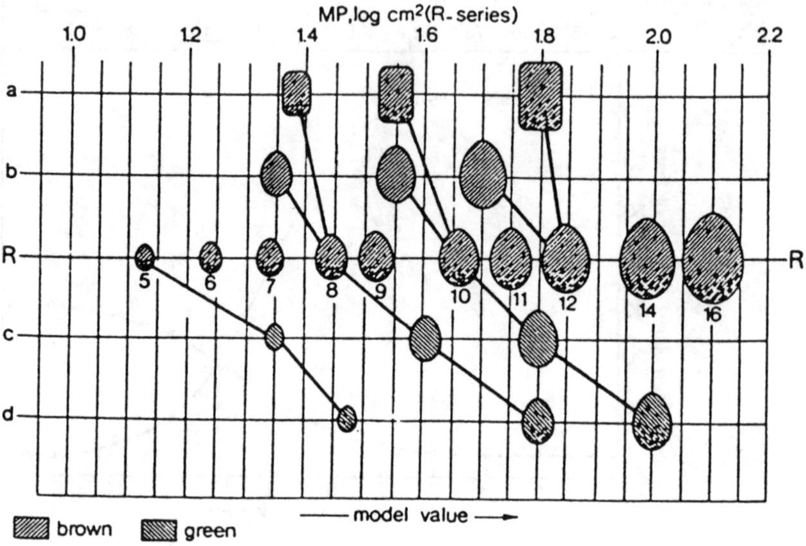

Abb. 28: Graphische Darstellung der Ergebnisse der Reizwertbestimmung von Attrappen mit unterschiedlichen Ausprägungen der Schlüsselkomponenten Größe, Form, Grundfarbe und Fleckung bezogen auf die Größenvergleichsskala. Aus Baerends et al. (1982).

In der R-Reihe dieser Abbildung sind die Eiattrappen, die hinsichtlich Grundfarbe und Fleckung dem natürlichen Ei der Silbermöwe entsprechen, nach ihren Reizwerten, d.h. in diesem Fall nach ihrer Größe, geordnet (entspricht Abb. 25, s. S. 148). Diese R-Reihe bildet die Vergleichsskala für die übrigen von Baerends getesteten Einachbildungen. Die abgebildeten Attrappen auf den Zeilen der Graphik (a-d) stellen hinsichtlich Form, Grundfarbe und Fleckung identische Einachbildungen dar, die sich nur im Merkmal Größe voneinander unterscheiden. Generell ist aus der Abbildung abzulesen, daß Attrappen mit der Grundfarbe braun, wenn sie ungefleckt (Reihe b) oder blockförmig und gefleckt (Reihe a) sind, ein geringerer Reizwert zukommt als Einachbildungen gleicher Größe auf der Vergleichsskala. Demgegenüber steigert die Grundfarbe grün die Wirksamkeit einer Attrappe (Reihe c), die sich durch Fleckung (Reihe d) noch erhöht. Aufgrund dieser Ergebnisse sollte eine brütende Silbermöwe ein Ei mit der Grundfarbe grün, gefleckt oder ungefleckt, einem normalen Ei gleicher Größe stets vorziehen.
Baerends sieht darüber hinaus in seinen Ergebnissen eine Bestätigung des theoretischen Konzeptes der Reizsummation. Dieses Konzept besagt, daß die Wirkung

einer Schlüsselkomponente unabhängig vom jeweiligen Kontext ist, d.h. daß ihre Wirkung im Kontext A stets die gleiche sein muß wie im Kontext B.

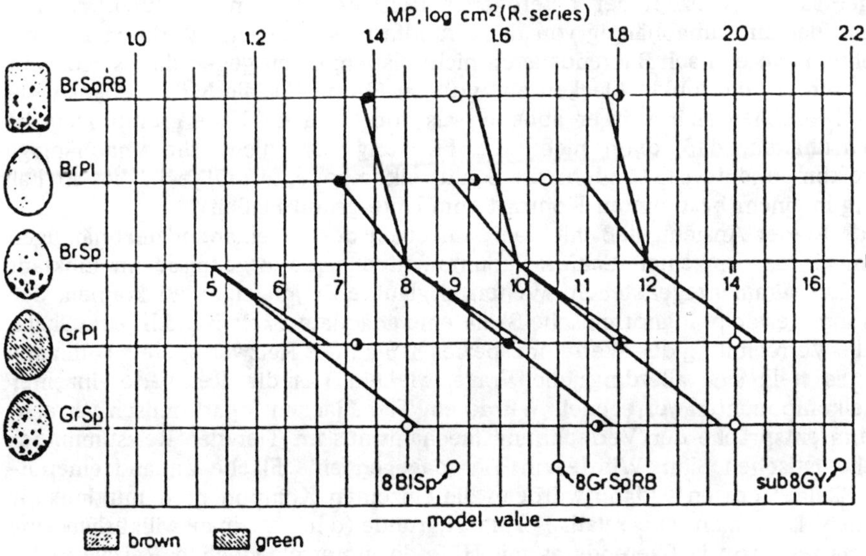

Abb. 29: Die Position der 16 getesteten, unterschiedlichen Eiattrappen zur Vergleichsskala (R) ist durch Kreise angezeigt. Die Linien zur Vergleichsskala geben - bei gleicher Größe der Attrappen - die Zu- oder Abnahme des Reizwertes bei unterschiedlicher Ausgestaltung der Attrappen an. Br = braune Grundfarbe; Gr = grüne Grundfarbe; Gy = graue Grundfarbe; Bl = blaue Grundfarbe; RB = blockförmig; Sp = gefleckt; Pl = ungefleckt. Die relative Reliabilität der Position einer Attrappe (Kreise) nimmt mit folgender Reihenfolge zu: offene -> halb offene -> schwarze Kreise. Aus Baerends et al. (1982).

Die Angaben in Abb. 29 stimmen insofern mit dem theoretischen Konzept der Reizsummation überein, als sie zeigen, daß den einzelnen Schlüsselkomponenten jeweils ein spezifischer Reizwert zukommt, der unabhängig von der Wirkung der übrigen Komponenten ist. Aus der Parallelität der Geraden, wie sie in Abb. 29 aufgezeigt ist, wird die gleiche Reizwirkung der einzelnen Schlüsselkomponenten in unterschiedlichen Kontexten deutlich. Diese Parallelität ist Ausdruck der Unabhängigkeit der Schlüsselkomponenten vom jeweiligen Kontext. Ein Vergleich der Schlüsselkomponente Form, speziell der Rechteckform gegenüber der Eiform, ergab sowohl bei brauner als auch bei grüner Grundfarbe, d.h. in unterschiedlichen Kontexten, eine Abnahme des Reizwertes von 0,08 Einheiten auf der logarithmischen Skala gegenüber der Vergleichsbasis. Es bot sich Baerends anhand seiner Ergebnisse auch die Möglichkeit, die Wirkung der Schlüsselkomponente Fleckung bei eiförmigen Attrappen auf braunem wie grünem Untergrund, somit wieder in unterschiedlichen Kontexten, zu vergleichen. Für die braungrundigen Attrappen ergab sich eine Zunahme um 0,11, für die grüngrundigen eine um 0,19 Einheiten auf der logarithmischen Skala gegenüber der Vergleichsbasis. Obwohl speziell dieses Ergebnis das Konzept der heterogenen Reizsummation nicht stützt, da dem Merkmal Fleckung unabhängig von der Grundfarbe die gleiche Wirkung zukommen sollte, kann es nach Baerends auch nicht als Argument gegen dieses Konzept genützt werden, da dunkle Flecken auf grünem Grund für die Möwe ebenso wie für den Menschen sich stärker abheben als von braunem Untergrund. Dem ist entgegenzuhalten, daß dann nicht die Fleckung als solche die unabhängige Schlüsselkomponente ist, sondern die Schlüsselkomponente müßte in diesem Fall Fleckung in einem bestimmten Kontrast zum Untergrund heißen.

Baerends ist der Ansicht, daß mit dem Aufzeigen der voneinander unabhängigen Wirksamkeit der einzelnen Schlüsselkomponenten seine Ergebnisse im Einklang mit der Reizsummenregel stehen. Weiterhin glaubte er aufzeigen zu können, daß die von ihm gewählte logarithmische Skala eine adäquate Skala ist, d.h. eine Skala, in der die Verrechnung der Werte, im speziellen Fall der Reizwerte, stets summativ erfolgt. Es stellt sich allerdings die Frage, wie ein Tier die Reizwerte einzelner Schlüsselkomponenten verrechnet. Würde ein Tier Flächen logarithmisch verrechnen, dann entspräche der Verrechnungsmechanismus im Tier der Reizsummation im mathematischen Sinn. Würde ein Tier dagegen eine Fläche anhand einer linearen Skala 'messen', dann würde es die einzelnen Komponenten multiplikativ verrechnen. Legt man eine relative Skala zugrunde (d.h. legt man willkürlich eine Skalierung fest, so wie Baerends es mit Hilfe der unterschiedlichen Reizwerte der Eigrößen getan hat), so kann man von einer Skala zur anderen übergehen, dabei ändert sich aber die Verknüpfung der Komponenten. So kann bezüglich einer logarithmischen Skala Parallelität als Ausdruck gleicher Wirksamkeit einzelner Komponenten in unterschiedlichen Kontexten einer mathematischen Addition entsprechen, bezüglich einer anderen Skala, z.B. einer linearen, einer mathematischen Multiplikation. Da wir aber nichts darüber wissen, wie ein Tier Flächen 'mißt', können die Daten von Baerends auch keinen Aufschluß darüber geben, wie eine Verrechnung unterschiedlich wirksamer Schlüsselkomponenten im Tier erfolgt. Die von ihm gewählte logarithmische Skala ergab die zu fordernde Parallelität. Somit hat er eine Skala, bezüglich der die Reizsummenregel im mathematischen Sinne gilt, gefunden. Die Argumentation von Baerends ist richtig. Die Frage ist nur, wie gut die Daten, die der Abb. 29 zugrundeliegen, empirisch belegt sind.

Die Bestimmung eines zunächst unbekannten Reizwertes einer Attrappe mit Hilfe der Titrationsmethode setzt die Gültigkeit der Reizwertskala für unterschiedliche Eigrößen, die in Form und Färbung dem natürlichen Ei entsprechen, voraus (R-Reihe in Abb. 28 s. S. 152). Da dieses Ergebnis nur mit Hilfe von kaum überprüfbaren Zusatzannahmen erzielt werden konnte, ist seine Aussagekraft nur gering. Die Titrationsmethode setzt weiterhin gleiche Bedingungen während einer Messung, die mindesten fünf aufeinanderfolgende Entscheidungen umfassen sollte, voraus. Das ist nur gewährleistet, wenn alle *die* Faktoren, wie Motivation, Seitenpräferenz und Erfahrung, die zusätzlich zu den speziellen Merkmalen der Attrappe den Entscheidungsprozeß beeinflussen, während eines Tests konstant bleiben. Baerends geht davon aus, daß diese Voraussetzungen erfüllt sind und leitet daraus die Berechtigung ab, die Ergebnisse aller Messungen, die mit einer Attrappe an verschiedenen Individuen in verschiedenen Versuchsserien gemacht wurden, kumulativ auszuwerten. Auf diese Weise erhält Baerends für eine Attrappe bestimmter Ausgestaltung je *einen* Wert. Diesem Wert liegt allerdings eine sehr unterschiedliche Anzahl von Messungen zugrunde (zwischen 9 und 129). Diese 'gepoolten' Werte bilden die empirische Grundlage für die Abbildungen 27 und 28 (s. S. 151 und 152), in denen jeweils die Wirkung einer Attrappe als Differenz zur Vergleichsskala (R) dargestellt ist. Aus der Parallelität der Verbindungslinien zwischen Attrappen der Vergleichsskala und gleich großen Attrappen, die sich durch eine der von Baerends getesteten Schlüsselkomponenten wie Form, Grundfarbe oder Fleckung unterscheiden, schließt er auf die Unabhängigkeit dieser Schlüsselkomponenten vom jeweiligen Kontext. Diese Aussage, so gut sie der Annahme der Reizsummenregel entspricht, verliert an Wert, wenn man weiß, daß sie nur mit Hilfe von wenig plausiblen Zusatzannahmen wie z.B. einer quantitativ sich ständig ändernden Seitenpräferenz erreicht worden ist.

Die Reizsummenregel mit der grundlegenden Annahme, daß Schlüsselkomponenten unabhängig voneinander wirksam sind, bezieht sich auf das Individuum. Eine Gesetzmäßigkeit, die für das Individuum gilt, sollte auch durch individuelle Daten zumindest in der Tendenz aufgezeigt werden können. Erst dann wäre zu fragen, inwieweit diese Gesetzmäßigkeit auch für die Population gilt. Baerends kann die Unabhängigkeit der Wirkung von Schlüsselkomponenten aber nur durch kumulative Auswertung aller verfügbarer Daten aufzeigen. Dabei betont er selbst mehrfach, daß es gerade die individuellen Eigenschaften seiner Versuchstiere sind, die ihre Entscheidung im Zweifachwahlversuch beeinflussen.

Wie groß die Differenzen in der Bewertung eines gleichartigen Attrappenpaares (grün, ungefleckt Code 5 und 8) bei *einem* Versuchstier an vier verschiedenen Versuchstagen sein können, zeigt die Abb. 30.

Die Ergebnisse zweier Versuchstage (10. und 11.6.1961) decken sich, an den beiden anderen Versuchstagen ergeben sich dagegen extrem auseinanderliegende Bewertungen derselben Attrappen durch das Versuchstier. Die niedrige Bewertung der Attrappen (13.6.) kam nach Baerends auf folgende Weise zustande. Just in dem Augenblick, in dem die Möwe mit dem Schnabel hinter die grüne Attrappe faßte, um sie einzurollen, wurde das Tier erschreckt und flog auf. In der anschließend doch weitergeführten Testserie rollte die Möwe die Attrappen nur noch zögernd ein. Nach Baerends schien die Möwe aufgrund des Schreckerlebnisses nunmehr konditioniert zu sein, grüne Attrapppen zu vermeiden. In diesem Zusammenhang wird aufgrund eines einmaligen mißglückten Einrollversuches eine Konditionierung angenommen, während sie bei allen in der Regel mehrere Stunden andauernden und an aufeinanderfolgenden Tagen wiederholten Testserien aufgrund der 'Schachspieltechnik' ausgeschlossen wurde.

Die extrem hohe Bewertung der grünen Attrappen am 1. Versuchtstag durch das gleiche Tier ist nach Baerends ein Effekt des 'Neuen', d.h. das Tier wurde zum ersten Mal mit einer grünen Attrappe konfrontiert und richtet von nun an seine besondere Aufmerksamkeit darauf. Dieser Effekt dürfte aber doch wohl für alle Attrappen gelten, die dem Tier zum ersten Mal geboten werden. Dieses Protokoll über das Verhalten eines Versuchstieres ist natürlich nur ein Einzelergebnis, es verdeutlicht aber die hier angeschnittene Problematik. Bei so ausgeprägter individueller Heterogenität der Population sowohl hinsichtlich der Motivationslage, als auch - davon abhängig - der Seitenpräferenz, sagen Ergebnisse, die nur durch 'poolen' gewonnen wurden, nicht mehr viel aus.

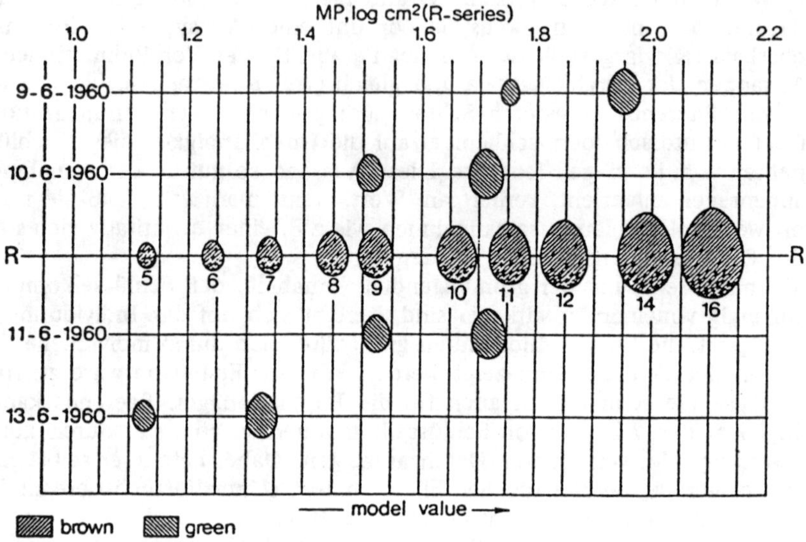

Abb. 30: Bewertung von ungefleckten Eiattrappen unterschiedlicher Größe mit der Grundfarbe grün durch die Möwe Nr. 4908 an vier verschiedenen Versuchstagen. Aus Baerends et al. (1982).

Anzuerkennen ist, daß Baerends alle Schwierigkeiten, die sich bei der Auswertung der Daten einstellten, ebenso diskutiert wie die von ihm eingeschlagenen Wege zur Lösung dieser Probleme. Da er bei Einsatz des Zweifachwahlversuches keine konsistenten Entscheidungen seiner Versuchstiere erzielte, war er gezwungen, um zu einem für ihn befriedigenden Ergebnis zu kommen, Zusatzannahmen einzuführen. Befangen in den Vorstellungen der Lorenzschen Theorie lag es für ihn nahe, die jeweilige Antriebslage eines Tieres für die Unstimmigkeit seiner Ergebnisse verantwortlich zu machen. So postuliert er eine motivationale Balance zwischen Brut- und Fluchttrieb, die, je nachdem nach welcher Seite sie verschoben wird, für jedes Versuchstier zu einem letztendlich bestimmenden Faktor für seine Entscheidung wird.
Mir stellt sich die Frage, ob die Beobachtungen von Baerends nicht auf einfachere und plausiblere Weise erklärt werden können. Seine Annahme, daß jedem Individuum eine spezifische Seitenpräferenz zukommt, die noch dazu in Abhängigkeit von sehr unterschiedlichen Faktoren wie auch der Motivationslage des Tieres unterschiedlich stark ausgeprägt sein kann, erscheint mir nicht sehr einleuchtend. Worin sollte die biologische Relevanz einer solchen Eigenschaft liegen? Sie be-

wirkt in erster Linie, daß ein Tier nicht nach den Erfordernissen der Umwelt, sondern in Abhängigkeit von einem inneren Zustand seine Entscheidungen trifft. Baerends beschreibt, daß in der Regel beide im Test dargebotenen Attrappen von der Möwe schnell hintereinander eingerollt werden. Nur wenn ein Versuchstier Zeichen von Unsicherheit und Furcht erkennen läßt, wie z.B. ein lang nach oben gestreckter Hals, Alarmrufe etc., holt es nur eine der Attrappen in das Nest, während die andere auf dem Nestrand liegenbleibt. Auffallend ist, daß in diesen Fällen stets die Attrappe, die in Größe, Form, Grundfarbe und Fleckung dem natürlichen Silbermöwenei entspricht, gegenüber allen anderen bevorzugt wird, auch gegenüber solchen, denen nach Baerends ein höherer Reizwert zukommt, wie z.B. übergroßen oder grün- oder graugefleckten Einachbildungen. Baerends vertritt die Meinung, daß eine Möwe, die Anzeichen von Furcht erkennen läßt, gegenüber den Merkmalen der Attrappen aufmerksamer ist als ein unerschrockenes Tier. Bei dieser Motivationslage trifft sie ihre Entscheidung aufgrund ihrer Erfahrung mit eigenen Eiern. Eine unerschrockene Möwe rollt dagegen Eier ein, deren Merkmale wie grüne Grundfarbe oder übernormale Größe sie nicht im Umgang mit eigenen Eiern erlernt haben kann. Nach Baerends ist es demnach eine innere Größe, die Motivation, die das Verhalten der Möwe bestimmt. Diese Größe legt fest, ob eine Möwe ihre Entscheidung aufgrund eines Vergleichs der Reizwerte der Attrappen oder aufgrund ihrer Erfahrung trifft. Nach Baerends zeigt eine Möwe, die sich im Verlaufe der Versuche durch die Manipulationen am Nest nicht stören läßt, vielleicht auch schon durch viele Wiederholungen daran gewöhnt ist, in der gleichen Versuchssituation ein völlig anderes Verhalten als eine Möwe, die durch das Verhalten der Experimentatoren oder andere Vorgänge in der Kolonie erschreckt worden ist. Versuchssituationen, die vom Experimentator für identisch angesehen werden, werden von der Möwe offensichtlich unterschiedlich bewertet. Dies kann zur Folge haben, daß die Möwe aufgrund ganz unterschiedlicher Kriterien eine Entscheidung trifft. In den Fällen, in denen das Versuchstier schnell hintereinander *beide* Attrappen einrollt, müßte es sich nur entscheiden, welche der beiden Attrappen es als erste wählen soll. Dazu braucht die Möwe keine biologisch relevanten Kriterien. So könnte allein die Auffälligkeit eines der Objekte den Ausschlag geben. Dafür sprechen die Beobachtungen von Baerends, der berichtet, daß bevorzugt grün- oder graugrundige Eier mit deutlich abgesetzter Fleckung oder übergroße Eier als erste eingerollt werden. Auch die Lage des Eies könnte für die Erstentscheidung eine Rolle spielen, d.h. das Ei, das für die Stellung der Möwe im Nest am günstigsten liegt, wird als erstes gewählt. Damit wäre die Seitenpräferenz keine innere Größe, deren Stärke sich zusätzlich in Abhängigkeit von der Motivation ändert, sondern allein davon abhängig, wie die Möwe die Lage der Eier für den Einrollvorgang bezogen auf ihre eigene Position beurteilt. In diesem Sinne erscheint der Einfluß der Lage der Eier auf die Erstentscheidung durchaus einleuchtend.

Wenn eine Möwe nur *ein* Ei einrollt, dann sollte sie die Wahlobjekte sorgsam prüfen, um dann das für sie wertvollere Ei, d.h. das eigene, ihr bekannte Ei auszuwählen und zu retten, indem sie es in das Nest zurückholt. Die Seite, auf der dieses Ei liegt, sollte dann keine Rolle mehr spielen. Wenn es um etwas Fundamentales geht, d.h. die Rettung eines eigenen Eies, dann darf die Lage des Eies keinen Einfluß auf die Entscheidung haben. Baerends ist der Meinung, daß immer dann, wenn nur ein Ei eingerollt wird, die Eigenschaften der zweiten Attrappe ein weiteres Einrollen hemmen, allerdings ohne diese Eigenschaften näher zu beschreiben. Wenn es sich bei derartigen Beobachtungen um extreme Ausprägungen einzelner Schlüsselkomponenten handeln würde, so könnten sie als eine Stütze meiner Hypothese angesehen werden, daß eine aufmerksame Möwe ihre Entscheidung aufgrund der Ausgestaltung der Attrappe trifft und dabei diejenige auswählt, die dem natürlichen Möwenei möglichst ähnlich ist. Wenn einer aufmerksamen Möwe stark von der Norm abweichende Eiattrappen zur Wahl geboten würden, dürfte sie keine von beiden einrollen. Baerends beschreibt Situationen, in denen beide Einachbildungen auf dem Nestrand liegenblieben. Dabei kam es vor, daß die Möwe sie mit Nistmaterial zudeckte oder sich so im Nest niederließ, daß sie sie nicht mehr wahrnehmen konnte. Leider schreibt er nichts über die Ausgestaltung der Attrappen in derartigen Situationen.

Baerends ging in seiner Untersuchung von der Frage aus, anhand welcher Merkmale eine Möwe ein Ei als Brutobjekt erkennt. Um eine Antwort auf diese Frage zu erhalten, hätte er m.E. nur *die* Versuche in die Auswertung nehmen dürfen, in denen jeweils nur ein Ei von der Möwe eingerollt wurde. Denn nur aus diesen Versuchen geht eindeutig hervor, daß das Versuchstier die ihm gebotenen Wahlobjekte unterschiedlich bewertet. Da die Möwe bei diesen Versuchen stets *die* Attrappe gewählt hat, die dem natürlichen Möwenei entsprach, ist davon auszugehen, daß sie durchaus in der Lage ist, eine Eiattrappe, die in ihrer Ausgestaltung dem natürlichen Möwenei möglichst nahe kommt, von anderen Einachbildungen zu unterscheiden. In diese Richtung weisen auch Beobachtungen von Baerends, daß ein echtes Möwenei, wenn es in Konkurrenz zu einer Einachbildung geboten wurde, stets von allen Versuchstieren bevorzugt wurde. Eine Ausnahme bildet nur eine grün-gesprenkelte Attrappe der Größe 12.

Baerends hat seiner Arbeit die Lorenzsche Theorie unterlegt und unter den Annahmen dieser Theorie auch seine Experimente geplant. Er setzt gemäß der Theorie voraus, daß Tiere für sie relevante Umweltsituationen mit Hilfe von Merkmalen, den Schlüsselkomponenten, erkennen. Entsprechend hat er seine Eiattrappen gestaltet. Er erwartete, daß unterschiedliche Ausprägungen der Merkmale, die er als Schlüsselkomponenten ansah, vom Tier unterschiedlich bewertet würden. Da seine Ergebnisse keine eindeutigen Aussagen zuließen, mußte er, wenn er sein theoretisches Konzept beibehalten wollte, Zusatzannahmen einführen. Vor allem Zusatzannahmen wie motivationale Balance und ihr Einfluß auf die Stärke der Seitenpräferenz zeigen, wie sehr Baerends in der Lorenzschen Theorie befangen war. Dies hat ihn wohl auch daran gehindert, plausiblere Möglichkeiten zur 'Erklärung' seiner Beobachtungen heranzuziehen.

2.8 Empirische Befunde zur 'überoptimalen' Wirkung von Attrappen

Von einer 'überoptimalen' Wirkung einer auslösenden Situation kann nur im Rahmen des Schlüsselkomponenten-Konzeptes gesprochen werden, da nur unter der Annahme der unabhängigen Wirksamkeit einzelner Schlüsselkomponenten sich die Möglichkeit bietet, künstliche Reizsituationen zu konstruieren, die durch

Übertreibung einzeln wirksamer Merkmale die natürliche Situation in ihrer Gesamtwirkung übertreffen. Derartige Versuche wurden auch unternommen. Da man die natürliche Situation für optimal ansah, erhielten diejenigen Attrappenkonstruktionen, die das natürliche Vorbild in ihrer Wirksamkeit übertrafen, die Bezeichnung 'überoptimal'. Später wurde dieser in sich widersprüchliche Begriff durch den Terminus übernormale Attrappe ersetzt. In keinem der Lehrbücher der Verhaltensforschung fehlen entsprechende Beispiele.

In der schon zitierten Arbeit "On the Stimulus Situation releasing the Begging Response in the newly hatched Herring Gull Chick" (1951) gehen Tinbergen & Perdeck von der Annahme aus, daß die Attrappe, die der natürlichen Situation, d.h. dem Kopf einer adulten Silbermöwe hinsichtlich Farb- und Formmerkmalen entspricht, den höchsten Reizwert hat und somit für das um Futter bettelnde Küken die optimale Reizsituation darstellt. Mit dieser Annahme und dem von ihm eingesetzten Meßverfahren, der Häufigkeit der Reaktionen der Versuchstiere pro Zeitintervall, werden folgerichtig alle diejenigen Attrappen, die eine höhere Antwortrate erzielen, als 'überoptimale' Attrappen bezeichnet. Der Arbeit ist zu entnehmen, daß die Antwortrate von mehreren der getesteten Attrappen über 100% lagen. So erhielt eine Attrappe mit grünem Kopf, aber im übrigen von gleicher Ausgestaltung wie der Standard, eine Antwortrate von 131%, eine mit gelbem Kopf eine von 109% und eine Attrappe mit schwarzem Kopf eine von 111%. Da Tinbergen festgelegt hat, daß die Kopffarbe ohne Bedeutung für die Auslösung der Pickreaktion des Kükens ist (s. S. 130), sind für ihn die mit diesen Attrappen erzielten Werte belanglos.

Eine rechteckige Attrappe mit einem rotem Fleck, umgeben von einem weißen und einem roten Ring, erreichte 116%, und ein roter Möwenkopf mit langem dünnen Schnabel erzielte die höchste Antwortrate von 174%. In diesen Versuchsserien war aber nicht der Standard, sondern eine beliebige der in der betreffenden Serie verwandten Attrappen die Bezugsgröße, so daß ein Vergleich nicht möglich ist.

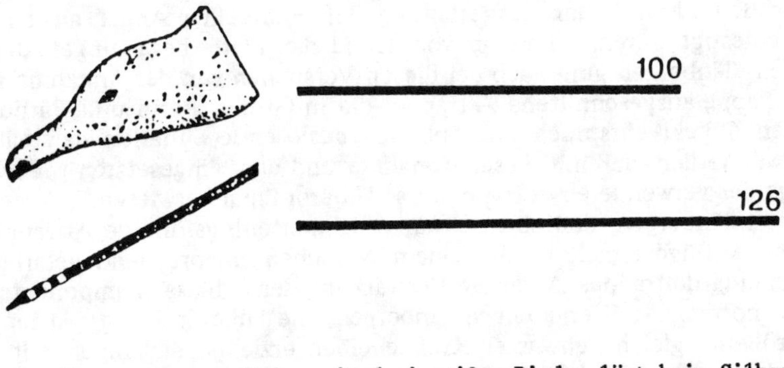

Abb. 31: Ein dünnes rotes Stäbchen mit drei weißen Binden löst beim Silbermöwenküken im Mittel mehr Pickreaktionen pro Zeiteinheit aus als eine naturgetreue Kopfattrappe aus Gips. Nach N. Tinbergen (1958); aus Eibl-Eibesfeldt (1987).

Außer den Attrappen mit verschiedenen Kopffarben erzielte im Vergleich mit einem dreidimensionalen naturgetreuen Kopfmodell (100%) nur ein dünnes rotes Stöckchen mit drei weißen Ringen an der Spitze 126%. So wurde allein dieser Attrappe die Eigenschaft der Überoptimalität zuerkannt (s. Abb. 31).
Für mich stellt sich die Frage, welche Schlüsselkomponenten in ihrer Ausprägung übertrieben wurden, um die Wirksamkeit dieser Attrappen über die Norm herauszuheben. Ist es allein die Komponente 'Schmalheit', die diese Attrappe so wirksam macht, und welchen Schlüsselreizen entsprechen die drei weißen Ringe an der Spitze dieser so 'übernormal' wirkenden Attrappe? Die Postulierung des roten Stöckchens als 'übernormale' Attrappe erscheint mir recht willkürlich. Zum einen resultiert dieses Ergebnis aus der Annahme, daß die Vergleichsattrappe - in diesem Fall ein aus Gips modellierter Möwenkopf - die optimal auslösende Reizsituation darstellen soll, zum anderen auf dem Einsatz eines für die Reizwertbestimmung ungeeigneten Meßverfahrens.
So konnte Eypasch (1983) unter Einsatz des Zweifachwahlversuches und der Auswertung dieser Versuche allein aufgrund der Erstentscheidungen der Küken eine Bevorzugung des roten Stöckchens gegenüber dem Standard nicht aufzeigen. Leider hat Tinbergen nicht noch weitere, einem Möwenkopf derart unähnliche Objekte im Vergleich zu einer Möwenkopfnachbildung getestet. Vermutlich hätte er weitere Objekte mit 'übernormalem' Reizwert gefunden. Für mich ist dieses Ergebnis von Tinbergen ein weiterer Hinweis darauf, daß das Silbermöwenküken kein 'angeborenes' Bild des Futterspenders hat, wie es sich Tinbergen vorstellt, sondern daß vor allem auffällige Objekte von ihm intensiv bepickt und damit auf seine Art ausgetestet werden.
In einer weiteren Arbeit versuchte Tinbergen diejenigen Schlüsselreize aufzuzeigen, die den Balzanflug des Männchens des Samtfalters (*Eumenis semele*) auslösen. Den Reizwert der einzelnen Schlüsselkomponenten ermittelte er über die Häufigkeit der Anflüge eines Männchens auf die zu testende Attrappe im Verhältnis zur Gesamtzahl der Darbietungen dieser Attrappe. Er bot die zu vergleichenden Attrappen stets nacheinander, d.h. im Sukzessivversuch dar. Die von ihm eingesetzten Attrappen waren aus Pappe ausgeschnitten und unterschieden sich hinsichtlich Form, Größe und farblicher Ausgestaltung. Mit Hilfe einer Angel, an der die Attrappen befestigt waren, ahmte er von Hand die Flatterbewegungen des Weibchens nach. Tinbergen ging auch bei diesen Versuchen von der Annahme aus, daß eine aus Pappe ausgeschnittene Attrappe, die in Größe, Form und Färbung dem natürlichen Objekt entsprach, die optimale auslösende Situation darstellt. Es ist nicht verwunderlich, daß mit dieser Annahme und dem eingesetzten Meßverfahren sich einige der verwendeten Attrappen als 'überoptimal' erwiesen.
So berichtet Tinbergen, daß eine schwarze, schmetterlingsförmige Attrappe insgesamt mehr Anflüge erhielt als die einem Weibchen entsprechend gefärbte sogenannte Standardattrappe. Auch die Verstärkung der Schlüsselkomponente Größe über das normale Maß ergab nach Tinbergen eine 'überoptimale' Attrappe. Bei einem Größenvergleich schwarzer Kreisscheiben erzielten diejenigen mit doppeltem Durchmesser im Vergleich zum natürlichen Objekt relativ mehr Anflüge als jene, die flächenmäßig der Normalgröße eines Weibchens entsprachen (s. Abb. 32 u. 33).

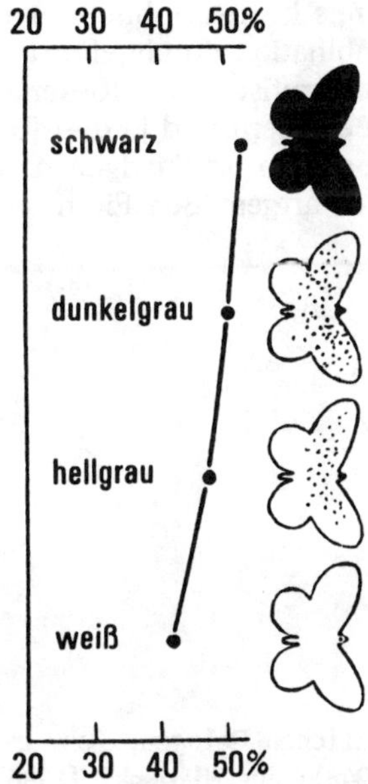

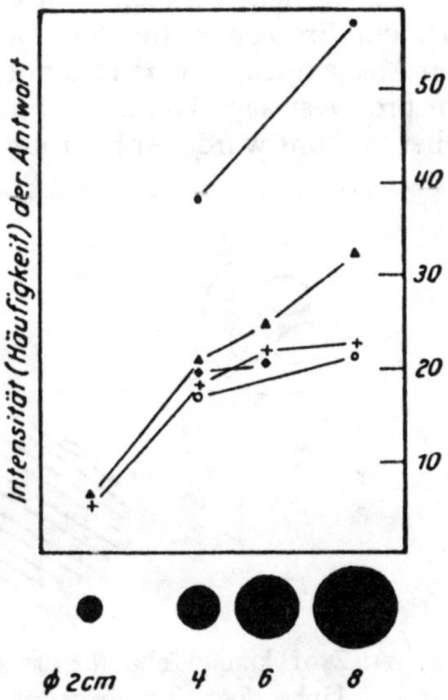

Abb. 32: Wirkungsgrad verschiedener grauer Eumenis-Modelle;
Abb. 33: Reizwerte verschieden großer Kreisscheiben zur Auslösung des Brunstanfluges von Eumenismännchen auf 1 m Abstand. In allen vier Versuchsreihen steigt die Anflugszahl mit dem Kreisdurchmesser. Aus Tinbergen (1952 a).

Bei seinen Untersuchungen zur Eierkennung beim Austernfischer und bei der Silbermöwe kam Tinbergen zu dem Ergebnis, daß sowohl brütende Austernfischer als auch Silbermöwen übernormal große Eier den eigenen, normal großen Eiern vorziehen; für den Austernfischer gilt nach Tinbergen darüber hinaus, daß für ihn ein Gelege mit 4 oder 5 Eiern gegenüber seinem normalen Dreiergelege einen höheren Reizwert besitzt. Methodisch ist Tinbergen so vorgegangen, daß er das Nest des zu testenden Vogels zerstörte, aber in gleichem Abstand links und rechts davon zwei künstliche Nester (flache, ungepolsterte Mulden) anlegte, in denen er jeweils die im Wahlversuch zu testenden Attrappen deponierte (s. Abb. 34).
Zur Bestimmung der Wirksamkeit der Attrappen protokollierte er die vom Versuchstier gezeigte Reaktion gegenüber der Versuchssituation wie Herankommen, Intention zum Brüten und Brüten. Die Summe der Antworten der Versuchstiere gegenüber jeweils einem der beiden Gelege nahm er als Vergleichsmaß für den Reizwert der in Konkurrenz stehenden Attrappen.
Für den Austernfischer ergab sich bei einem Vergleich zwischen einem Nest mit zwei sogenannten Standardattrappen, d.h. normal großen Eiern und einem Nest, das zwei Eier von Möwengröße enthielt, in 11 Versuchen ein Wahlverhältnis von 4 : 7 für das Nest mit den Möweneiern, d.h. den größeren Eiern. Tinbergen inter-

pretiert dieses Ergebnis als deutliche Bevorzugung der größeren Eier. Bei einem entsprechenden Vergleich von Nestern mit je einem normal großen Ei und einer Attrappe von dreifacher Größe eines Austernfischereis kam es, ohne daß angegeben ist, wieviele Versuche mit dieser Attrappenkombination durchgeführt wurden, zu mehr Erstwahlen für das - aus der Sicht des Austernfischers - Riesenei. Über den Ausgang eines Versuchs mit je drei normal großen Eiern und je drei Rieseneiern pro Nest sagt Tinbergen nur, daß diese Situation dem brutlustigen Austernfischer zu bunt wurde, er bebrütete das Gelege mit den artgemäßen Eiern.

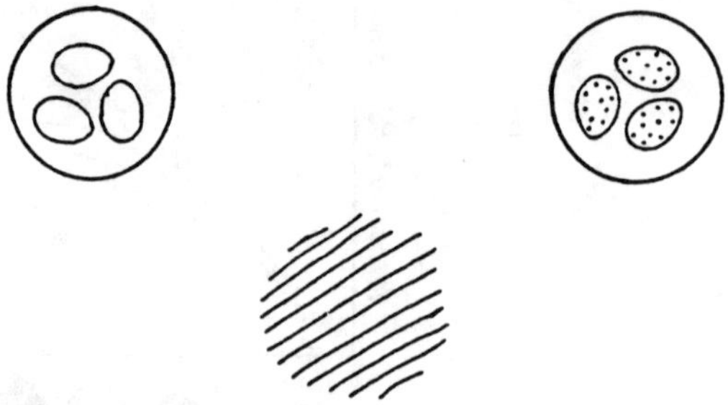

Abb. 34: Zwei künstliche Nestmulden mit unterschiedlichen Gelegen. Das ursprüngliche Nest ist zerstört. Nach Tinbergen (1948); aus Milewski (1986).

Zu einem Wahlversuch mit dem Austernfischer mit unterschiedlichen Gelegegrößen, bei denen Gelege von drei gegenüber fünf normal großen Eiern pro Nest in Konkurrenz dargeboten wurden, schreibt Tinbergen, daß hierzu nicht genügend Versuche durchgeführt werden konnten. Nur was wir haben - so Tinbergen - weist auf eine Präferenz für das Fünfergelege hin.

Abb. 35: Ein Austernfischer versucht ein übernormal großes Ei einzurollen, das er auch dem Ei einer Silbermöwe vorzieht. Nach N. Tinbergen (1952 a); aus Eibl-Eibesfeldt (1987)

Die Experimente wurden von Tinbergen in gleicher Weise mit brütenden Silbermöwen durchgeführt. Zur Bestimmung der Wirksamkeit der Schlüsselkomponente

'Größe' führte Tinbergen nur eine Versuchsserie durch, bei der die Standardattrappe (normale Eigröße) gegen eine Attrappe doppelten Ausmaßes, die in zwei verschiedenen, nahe beieinander liegenden Nestern deponiert waren, getestet wurde. Es resultierte ein Wahlverhältnis von 6 : 0 (Erstwahlen) für das Nest mit der größeren Attrappe. Dieses Ergebnis zeigt eindeutig - so Tinbergen -, daß ein übergroßes Ei die Silbermöwe stärker zum Brüten reizt als ein normal großes Ei. Aus der Versuchsbeschreibung ist allerdings nicht zu entnehmen, von welcher Seite die zurückkehrende Silbermöwe sich den Nestern näherte, so daß nicht auszuschließen ist, daß der Anblick eines Nestes, bevor das andere gesichtet wurde, die Entscheidung des Versuchstieres mitbeeinflußt hat.
Abschließend ist zu den Versuchen von Tinbergen zu sagen, daß die geringe Anzahl der von ihm durchgeführten Versuche sowie seine methodische Vorgehensweise eine Aussage, wonach durch Übertreibung der Schlüsselkomponente Größe bzw. durch Übertreibung der Schlüsselkomponente 'Gelegegröße' sich 'überoptimale' Attrappen konstruieren lassen, die die natürliche Situation an Wirksamkeit übertreffen, nicht zulassen. Verwunderlich bleibt nur, daß diese Aussagen von Tinbergen so hartnäckig als Beispiele für 'übernormale' Attrappen in der verhaltenskundlichen Literatur angeführt werden.
Baerends, der die Versuche von Tinbergen zur Eierkennung der Silbermöwe in größerem Umfang und - wie berichtet - mit anderer Methode fortsetzte, geht ebenso wie Tinbergen davon aus, daß die einzelnen Schlüsselkomponenten in ihrer Wirkung unabhängig voneinander sind und daß die Wirksamkeit eines Merkmals von der Stärke seiner Ausprägung abhängt.
Aufgrund dieser beiden Annahmen bietet sich Baerends die Möglichkeit, künstliche Reizsituationen zu erstellen, die beträchtlich von der adäquaten natürlichen Situation abweichen, aber dennoch effektiver sind. Zusätzlich geht Baerends aufgrund der Versuchsergebnisse von Tinbergen von der Annahme aus, daß Eiattrappen generell je größer um so wirksamer sind. Auf diese Annahme stützt sich seine Vergleichsskala (s. Abb. 28, S. 152), auf die sich alle seine weiteren Messungen hinsichtlich Form und Färbung beziehen. In dieser Vergleichsskala kann eine hellgraue, eiförmige Attrappe von normaler Größe nicht mehr eingeordnet werden, da sie sich wirksamer erwies als selbst die größte Eiattrappe der Vergleichsskala. Im Vergleich mit einem echten Ei einer Silbermöwe war diese Attrappe jedoch unterlegen. Wurde sie z.B. in Konkurrenz zu einem echten Möwenei getestet, so fiel in 28 Versuchen nur 5 mal die Entscheidung zugunsten dieser Attrappe aus. Auch eine eiförmige Attrappe mit brauner Grundfarbe und möglichst natürlicher Sprenkelung hatte trotz ihrer eineinhalbfachen Größe (Code 12) keinen höheren Reizwert als ein natürliches Ei. Demnach scheint dem Merkmal Größe doch nicht der hohe Reizwert zuzukommen, der ihm von Baerends generell zugesprochen wird. Um die auslösende Wirkung eines natürlichen Eies zu übertreffen, muß eine eiförmige Attrappe eineinhalbmal so groß wie das natürliche Ei sein und bei hellgrauer Grundfarbe mit zahlreichen kleinen dunklen Flecken ('superspeckled') versehen sein; eine noch bessere Wirkung erzielt eine derartige Attrappe mit der Grundfarbe grün anstelle von hellgrau. Da auch in diesen Versuchen beide im Wahlversuch gebotenen Eier schnell hintereinander eingerollt wurden, kann - wie bereits diskutiert - nicht von einer Präferenz für das zuerst eingerollte Ei ausge-

gangen werden. Aussagekräftig sind in dieser Hinsicht nur Versuche, in denen das Tier auswählt, d.h. nur ein Ei in das Nest zurückholt [32].
Die Aussage von Baerends, daß eine brütende Silbermöwe überdimensionierte Eiattrappen normal großen vorzieht, wurde von Milewski (1986) überprüft. Seine Versuchsanordnung entspricht der von Baerends. So lag bei allen Versuchen eine Standardattrappe in der Nestmulde, während die beiden gegeneinander zu testenden Attrappen auf dem Nestrand deponiert wurden. Maßgebend für die Bewertung einer Attrappe war die Anzahl der Versuchstiere, die sich für eines der in Konkurrenz stehenden Objekte entschieden, im Vergleich zur Anzahl der insgesamt in einer Versuchsserie getesteten Tiere (relative Häufigkeit der Wahlentscheidungen). Milewski prüfte allerdings nur drei verschiedene Eigrößen und zwar ein normales Ei (Code 8 bei Baerends), ein eineinhalbfach vergrößertes Ei (Code 12) und ein zweifach größeres Ei (Code 16). Alle Attrappen waren aus Holz gedrechselt und in Grundfarbe und Fleckung dem natürlichen Ei möglichst angepaßt. Für die zweifache Eigröße stand zusätzlich ein hohles Gipsei zur Verfügung, das wesentlich leichter als das entsprechende Holzei war. Durch die Verwendung des Gipsmodells sollte sichergestellt werden, daß die Bemühungen des Versuchstieres, die große Eiattrappe vom Nestrand in die Nestmulde einzurollen, nicht am zu großen Gewicht der Holzattrappe scheiterten.
Insgesamt wurden 310 Tests durchgeführt, davon 166 mit der Attrappenkombination Standardgröße (Code 8) gegen die eineinhalbfache Größe (Code 12) und 144 mit der Standardgröße (Code 8) gegen die zweifache Größe (Code 16). Die Ergebnisse sind in Tabelle 8 wiedergegeben.

Attrappen-kombinationen	Zahl der getesteten Möwen	Zahl der Versuche	Standard-attrappe	übernormal große Attrappe
Standard - Code 12	120	166	93 (56%)	73 (44%)
Standard - Code 16	106	144	121 (84%)	23 (16%)

Tab. 8: Ergebnisse der Versuche; zusammengestellt nach Milewski (1986).

Es zeigte sich, daß in den Tests Standard gegen die eineinhalbfache Größe (Code 12) keine der beiden Attrappen bevorzugt wurde; in der Testserie Standardattrappe gegen die zweimal so große Eiattrappe (Code 16) wurde eindeutig die kleinere der beiden Attrappen, d.h. die normal große Standardattrappe bevorzugt.
Die vorliegenden Ergebnisse lassen sich in der Weise interpretieren, daß Größenunterschiede, wie sie bei der Verwendung der Eiattrappen Standard gegen einein-

[32] Hinzu kommt, daß diese Ergebnisse nur unter Einsatz der 'Titrationsmethode' und mit Hilfe 'kumulativer Auswertung' erzielt wurden; so ist anzunehmen, daß sie - gleich den Ergebnissen, über die im Kapitel Reizsummation berichtet wurde - allein aufgrund der Vorgehensweise und des Auswertungsverfahrens zustande gekommen sind.

halbfache Eigröße (Code 8 und Code 12) gegeben sind, für die Eieinrollbewegung unbedeutend sind, mit anderen Worten, daß diese Eigrößen vom Tier bei der Eieinrollbewegung auf der Bewertungsebene nicht unterschieden werden. Bei einer Zunahme der Größenunterschiede auf das 2-fache der Normalgröße scheint die Toleranzgrenze der Silbermöwe für übergroße Eier überschritten zu sein, so daß in diesen Fällen das normal große Ei bevorzugt wird.

Zwar wurden von Milewski im Vergleich zu Baerends nur wenige Versuche (insgesamt 310) durchgeführt, aber zumindest in der Tendenz hätte sich eine Bevorzugung der jeweils größeren Eiattrappe aufzeigen lassen müssen. Baerends würde vermutlich davon ausgehen, daß immer dann, wenn das kleinere Ei zuerst eingerollt und damit nach seiner Interpretation bevorzugt wird, die Möwe fluchtgestimmt sei. Jedoch konnte Milewski in all diesen Fällen nicht die von Baerends beschriebenen Anzeichen einer Fluchtstimmung der Möwe beobachten. Was bleibt? Dem Parameter Eigröße scheint nicht die Bedeutung für die Auslösung der Eieinrollbewegung zuzukommen, wie es von Tinbergen und Baerends angenommen wird. Damit entfällt aber auch die Aussage, daß das Merkmal 'Größe' des Eies eine unabhängige Schlüsselkomponente darstellt, der bei einer über die Norm hinausgehenden Ausprägung ein 'überoptimaler' Reizwert zukommt.

Die Frage, die zur Diskussion steht, ist nicht, ob es solche übernormal wirksamen auslösenden Situationen gibt oder nicht; mit Hilfe der angeführten Beispiele sollte nur deutlich gemacht werden, aufgrund welcher Annahmen derartige Ergebnisse erzielt werden konnten. Als erstes wird unterstellt, daß eine - mehr oder weniger vereinfachte - Nachbildung der natürlichen Situation die optimal auslösende Situation darstellt. So geht Tinbergen davon aus, daß einem aus Pappe geschnittenen Möwenkopf, der in den natürlichen Farben bemalt ist, der gleiche Reizwert wie der natürlichen Situation und somit die gleiche optimal auslösende Wirkung zukommt. In seinen Untersuchungen zum Balzverhalten des Samtfalters geht er davon aus, daß eine schmetterlingsförmige Pappattrappe, die wie ein artgemäßes Weibchen angemalt ist, die gleiche auslösende Wirkung hat wie ein lebendes Weibchen. Dies müßte aber erst gezeigt werden.

Aus den Versuchen von Baerends geht jedoch hervor, daß eine von ihm konstruierte übernormale Attrappe (hellgrau, eiförmig, Code 8), ebenso wie eine übernormal große Einachbildung, die in ihrer Ausgestaltung dem natürlichen Vorbild entsprach, in Konkurrenz zu einem echten Silbermöwenei unterlegen war. Das deutet darauf hin, daß Nachbildungen der natürlichen Situation vom Tier ganz anders bewertet werden als das natürliche Objekt. Wenn aber die Annahme, daß Nachbildungen der natürlichen Situation eine optimal auslösende Wirkung haben, nicht aufrecht zu erhalten ist, entfällt auch die Basis, um von Übernormalität zu sprechen. Weiterhin wird vorausgesetzt, daß Schlüsselkomponenten unabhängig voneinander wirksam sind und daß durch Übertreibung ihrer Ausgestaltung ihr Reizwert erhöht werden kann. Bisher konnten aber diese Annahmen empirisch nicht bestätigt werden. Hinzu kommt, daß die in diesen Untersuchungen verwendeten Meßverfahren (Häufigkeiten der Aktionen pro Zeitintervall ohne Berücksichtigung der aktuellen Höhe der Bereitschaft; sowie z.B. die 'Titrationsmethode' und die 'kumulative' Auswertung) keine verläßlichen Werte zur Reizwertbestimmung liefern. Das bedeutet, daß die angeführten Beispiele für Übernormalität

Konstruktionen der jeweiligen Autoren sind, die ihre Meßergebnisse als Folge der unterlegten Annahmen gar nicht anders interpretieren konnten.
In den Lehrbüchern der Verhaltensforschung werden regelmäßig die auch von mir zitierten Beispiele für übernormale Attrappen angeführt und somit doch wohl für wert befunden, als gesichertes Wissen weitergegeben zu werden. Es wird auch eine 'Erklärung' für dieses angebliche Phänomen angeboten: "Die Übertreibbarkeit der auslösenden Reize zeigt auch, daß die Evolution der vorhandenen Auslöser nicht notwendigerweise abgeschlossen ist. Das mag unter anderem seinen Grund in entgegenwirkendem Selektionsdruck haben." (Eibl-Eibesfeldt 1987, S. 175 f.).
Wenn Immelmann davon spricht, daß "übernormale Auslöser auch im 'natürlichen' Bereich" (Immelmann 1983, S. 47) vorkommen, so steht diese Aussage im Widerspruch zu der Annahme, die allen bisher zu diesem Thema angeführten Versuchen zugrundelag, daß die natürliche Situation die optimale sei. Er führt als Beispiel den nestjungen Kuckuck an, der einen Sperrachen besitzt "der wesentlich leuchtender gefärbt ist als der Rachen der Nestlinge seiner Wirtsarten und der dementsprechend eine so mächtige Auslösewirkung besitzt, daß - wie Oskar Heinroth es ausdrückte - die Futterübergabe an den jungen Brutschmarotzer für seine Stiefeltern buchstäblich zum 'Laster' werden kann." (Immelmann 1983, S. 47)[33]. Es mögen manche strukturelle Auffälligkeiten an einem Lebewesen wie lange bunte Federn, farbige Körperanhänge oder die auffällige Rachenfärbung eines nestjungen Kuckucks aus unserer menschlichen Sicht 'übertrieben' erscheinen, doch müssen wir davon ausgehen, daß diesen Strukturen in der Umwelt des Lebewesens, das damit ausgestattet ist, eine entsprechende Funktion zukommt. Warum sollte eine solche Struktur als übernormal gelten?

2.9 Das modifizierte AAM Modell nach Baerends

Aufgrund seiner Untersuchungen zur 'Ei-Erkennung' bei der Silbermöwe stellte Baerends (1984)[34] die Frage, ob sich seine Resultate in das von Lorenz entwickelte Konzept des angeborenen Auslösemechanismus einordnen lassen. Wie berichtet, geht er davon aus, daß eine Silbermöwe ein Ei nicht nur mit Hilfe von Schlüsselreizen erkennt, sondern darüber hinaus auch erlernte Merkmale verwertet. Danach sind für das Erkennen eines Eies zwei Informationsquellen von Bedeutung: die im genetischen Programm und die im Gedächtnis gespeicherte Information. Wie diese beiden Informationsquellen vom Tier genutzt werden, meint Baerends aus seinen Versuchsergebnissen ableiten zu können. Die entscheidende Rolle spielt hierbei die Motivationslage des Tieres.
So gilt - nach Baerends - für die Silbermöwe, daß bei hoher Brutstimmung die Schlüsselreize maßgebend sind, während mit zunehmender Fluchttendenz die Gedächtnisinhalte an Einfluß gewinnen. Diese Vorstellung liegt dem von ihm ent-

[33] Übrigens haben Davies und Brooke (1988) gezeigt, daß ein junger Kuckuck, der in Konkurrenz zu den eigenen Jungen geboten wurde, von den Wirtseltern nicht bevorzugt gefüttert wurde (s. S. 279).

[34] Baerends, G.P. (1984) "Do the dummy experiments with sticklebacks support the IRM-concept?"

wickelten Modell (s. Abb. 36) zugrunde, in dem dargestellt ist, wie die beiden Informationsquellen beim Erkennen einer Situation vom Tier genutzt werden.
Auch Lorenz geht davon aus, daß ein Tier unter Umständen sehr schnell zu der ihm angeborenermaßen zur Verfügung stehenden Information etwas hinzuzulernen vermag. Insoweit besteht Übereinstimmung zwischen Lorenz und Baerends. Um verläßliche Aussagen über den AAM machen zu können, ist es für Lorenz unumgänglich, daß hinsichtlich der zu prüfenden Situation mit unerfahrenen Tieren gearbeitet wird. Erst wenn die Merkmale analysiert sind, auf die ein Tier ohne Vorangehen einer Erfahrung anspricht, kann festgestellt werden, inwieweit ein Tier zusätzlich erlernte Merkmale zum Erkennen einer Situation nutzt. Baerends vertritt demgegenüber die Meinung, daß auch aufgrund von Versuchen mit erfahrenen Tieren der Einfluß der beiden Informationsquellen zu erfassen ist.
Der grundlegend neue Gedanke von Baerends besagt, daß die unterschiedliche Nutzung der beiden Informationsquellen von der jeweiligen Motivationslage des Tieres abhängt. Eine solche Überlegung mag berechtigt sein, doch setzt sie voraus, daß die Motivationslage sehr genau und unabhängig vom Verhalten eines Tieres bestimmt werden kann. Anderenfalls können alle noch so widersprüchlichen Ergebnisse mit einer sich verändernden 'Stimmung' des Tieres begründet werden.
Dieses Modell vermag auch - so Baerends - die Inkonsistenzen, die sich aus den Attrappenversuchen mit Stichlingen zwischen Tinbergen und nachfolgenden Untersuchungen hinsichtlich der Bedeutung des Merkmals 'rote Kehle' ergeben haben, zu 'erklären'. Falls sich - so die Überlegungen von Baerends - dieses Merkmal in der Evolution herausbildete, um einen Rivalen abzuschrecken, dann sollte die Bißrate, die durch ein rotbäuchiges Männchen ausgelöst und auf dieses Männchen gerichtet ist, generell reduziert werden [35]. Nur wenn der Rivale aus einer überlegenen Position heraus agiert, sollte bei Darbietung dieses Merkmals die Bißrate ansteigen. Danach entscheidet die Höhe der jeweiligen Motivation eines Versuchsfisches, ob er eine ihm dargebotene Attrappe häufig oder nur selten beißt.
Es ist nach Baerends zu vermuten, daß die großen individuellen Unterschiede hinsichtlich des Antwortverhaltens auf rotbäuchige Attrappen, wie sie in allen Attrappenversuchen deutlich wurden, auf Differenzen in der Motivationslage der Testfische zurückzuführen sind. Demnach reagieren Individuen viel flexibler auf spezifische Umweltsituationen, als es nach dem Schlüsselkomponenten-Konzept zu erwarten ist. In der Abhängigkeit von der eigenen Konstitution antwortet z.B. ein Stichlingsmännchen sehr unterschiedlich auf eine spezifische Situation. Als dominanter Revierbesitzer reagiert ein Männchen auf einen Rivalen mit Aggression, als subdominantes Männchen mit Flucht. Der Zustand eines Tieres, seine Einschätzung der Situation sind somit wesentliche Faktoren, die in die Bewertung eines Rivalen und damit in die Entscheidung eines Tieres, wie es in der Situation zu reagieren hat, mit eingehen. Mit diesem Ansatz wird bereits deutlich, wieviel

[35] "In discussing this responsivness one seems to have insufficiently realized that, if the red belly has evolved for the function of repelling other males, it should on the whole reduce the number of attacks released by and directed at a red coloured male and only increase it when the rival operates from a relatively strong, if not superior, position." (Baerends 1984, S. 274)

mehr über die Motivationsstruktur von Individuen bekannt sein muß, um ihr Verhalten besser verstehen zu lernen, andererseits aber auch die Schwierigkeiten, die sich für die Durchführung von Attrappenversuchen ergeben. Solange nicht präzisere Angaben hinsichtlich der individuellen Erfahrung eines Tieres mit einer speziellen Umweltsituation vorliegen, und solange keine Meßverfahren angegeben werden können, um spezifische Motivationen zu bestimmen, dient ein solches Modell allein der Veranschaulichung eines Gedankens, ohne die Möglichkeit einer empirischen Überprüfung zu bieten.

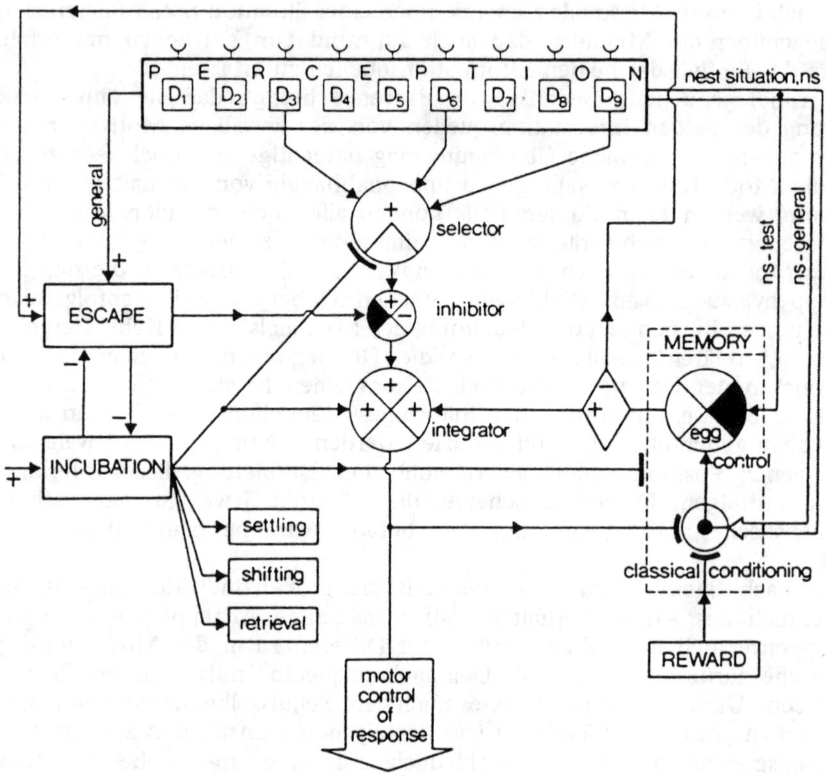

Abb. 36: Flußdiagramm für den Informationsverlauf bei dem Prozeß der Eierkennung durch eine brütende Silbermöwe. Im Selektor (AAM) wird die Information durch spezifische Detektoren (D3, D6, D9) kombiniert. Der Integrator erhält Information sowohl vom Selektor als auch vom Gedächtnis. Diskrepanzen zwischen der aufgrund von Erfahrung erwarteten und der aktuell vorliegenden Umweltsituation aktivieren die Fluchtbereitschaft. Die Information, die über den Selektor eingeht, bestimmt das Verhalten, wenn die Brutbereitschaft hoch ist, während ihr Einfluß mit aufkommender Fluchtbereitschaft zurückgeht. Bei hoher Fluchtbereitschaft ist die Information aus dem Gedächtnis entscheidend. Aus Baerends (1984).

3. Die gesetzmäßigen Schwankungen der Bereitschaft

3.1 Empirische Befunde zu Schwellenwertänderungen

Mit der Aussage, daß die gesetzmäßigen Schwankungen der aktivitätsspezifischen Energie in Form von Schwellenwertänderungen gegenüber der auslösenden Situation erkennbar werden, macht Lorenz klare Vorhersagen, die eine empirische Überprüfung seiner Theorie ermöglichen sollten.

Es hätte daher nahegelegen, diesen von ihm aufgezeigten Zusammenhang experimentell zu prüfen, um auf diese Weise seine Theorie zu stützen. Aber das Gegenteil ist der Fall. Es liegt meines Wissens bisher keine experimentelle Arbeit vor, die die Voraussetzungen für den Nachweis einer Schwellenwertänderung erfüllt, d.h. eine Arbeit, in der gezeigt werden konnte, daß nach einer bestimmten 'Stauungszeit' eine vorhersagbare, auf einer Reizwertskala ablesbare Schwellenverschiebung eintrat. In den meisten Lehrbüchern der Verhaltensforschung wird dagegen schon durch die Art der Darstellung der Eindruck vermittelt, als handele es sich bei dem aus der Theorie sich ergebenden Phänomen der Schwellenwertänderung um empirisch gut abgesichertes Wissen. So auch bei Franck, wenn er schreibt: "Endhandlungen führen also zu einer Schwellenerhöhung. Nach einiger Zeit wird wieder das vorherige Niveau der Handlungsbereitschaft erreicht. Werden andererseits Endhandlungen über einen längeren Zeitraum nicht ausgelöst, so kann das zu einer Steigerung der Handlungsbereitschaft führen und dementsprechend zu einer Schwellenerniedrigung." (Franck 1985, S. 26).

Mit diesem Satz gibt der Autor nur das wieder, was die Theorie aussagt. Beim Leser muß aber der Eindruck entstehen, als handele es sich bei Schwellenerniedrigung und Schwellenerhöhung - bei gegebenen Versuchsbedingungen - um jederzeit beobachtbare Phänomene. Bei Sossinka ist zu lesen: "Wird eine bestimmte Instinktbewegung lange Zeit nicht ausgelöst, so reicht schon ein relativ schwacher Reiz, um sie ablaufen zu lassen (Schwellenerniedrigung)." (Sossinka 1981, S. 40). Mit einer solchen Aussage wird ebenfalls suggeriert, daß entsprechende empirische Befunde vorliegen.

Eine Arbeit von Craig (1918) wird von Lorenz als eine Bestätigung des Phänomens Schwellenerniedrigung angesehen. "Als erster hat Wallace Craig diesen Effekt an der Balzbewegung der Lachtaube (*Streptopelia risoria L.*) studiert. Ein Lachtauber, den man von Artgenossen isoliert, bringt nach einiger Zeit Balzbewegungen auch einer Haustaube gegenüber, die er vorher nicht beachtet hatte, nach noch längerem Alleinsein balzt er eine hingehaltene Faust oder ein zusammengeknülltes Tuch an, noch später richtet er seine Balzverbeugungen in eine Ecke des leeren Kistenkäfigs, in der wenigstens das Zusammenlaufen dreier Kanten einen Fixierpunkt ergibt." (Lorenz 1978, S. 99 f.). In dieser von Lorenz zitierten Arbeit finden sich allerdings keine derartigen Beobachtungen, dagegen berichtet Craig in einer Arbeit aus dem Jahre 1914 von isoliert aufgezogenen Lachtaubern. Als eines der Männchen im Alter von einem Jahr mit einem unerfahrenen Weibchen zusammengesetzt wird, verjagt es das Weibchen, um anschließend gegenüber der Hand des Pflegers Balzverhalten zu zeigen [36]. Obwohl das adäquate Objekt, das artgemäße Weibchen, zur Verfügung stand, wird das inadäquate Objekt - die menschliche Hand - bevorzugt, eine Beobachtung, die eine Deutung im Sinne einer Schwellenerniedrigung nicht zuläßt. Von einem zweiten Täuberich berichtet Craig, daß er seine Verbeugungen gegen die Käfigecke richtet, ein Verhalten, das von Lorenz als Ausdruck stärkster Schwellenerniedrigung gedeutet wird [37]. Meine eigenen Beobachtungen an Lachtaubenpärchen ergaben, daß das Männchen in Anwesenheit des Weibchens, und zwar nur in Anwesenheit eines Weibchens, seine Verbeugungen auf eine Käfigecke richtete. Wenige Tage später begann das Paar in jeweils dieser Käfigecke zu brüten. Es liegt somit nahe, die Verbeugungen des Männchens, die auf den künftigen Nistplatz gerichtet waren, als 'Nestzeigebewegungen' zu interpretieren. In den Arbeiten von Craig lassen sich nicht einmal Hinweise für Vorgänge finden, die als Ausdruck einer Schwellenerniedrigung zu sehen wären. Craig selbst interpretiert seine Beobachtungen dahingehend, daß die Tiere bei der Wahl der Objekte, denen gegenüber sie Balzverhalten zeigen, durch ihre während der Aufzucht gemachten Erfahrungen beeinflußt werden [38].

Was von den einzelnen Autoren unter dem Begriff Schwellenerniedrigung subsumiert wird, ist sehr uneinheitlich. So spricht Immelmann (1983) von Schwellenerniedrigung, wenn eine Verhaltensweise 'leichter auslösbar' ist, oder wenn sie durch 'unspezifische Reize' oder durch 'Ersatzobjekte' ausgelöst werden kann. "Beispiele für eine solche Schwellenerniedrigung wurden in großer Zahl beschrieben. Das bekannteste von ihnen ist der 'pantoffelschüttelnde' Haushund: Manche Hunde, die keine Gelegenheit zum Ausführen der bei hundeartigen Raubtieren verbreiteten Bewegung des 'Totschüttelns' haben, mit der das Beutetier durch Genickbruch getötet oder durch Störung des Gleichgewichtssinnes vorübergehend bewegungsunfähig gemacht wird, führen diese Bewegung ersatzweise mit unbelebten Gegenständen aus." (Immelmann 1983, S. 23). Da weder Angaben zu unterschiedlichen Reizwerten der Objekte noch über die zu fordernde 'Stauungszeit', die der betreffenden Beobachtung vorausgehen sollte, gemacht werden, ist es nicht berechtigt, die hier geschilderte Objektwahl als Ausdruck einer Schwellenerniedrigung anzusehen. Es liegt näher anzunehmen, daß die betreffenden Objekte aufgrund individueller Erfahrung ausgesucht wurden.

Immer dann, wenn ein Tier ein Objekt wählt, das nicht dem 'natürlichen' auslösenden Objekt entspricht, wird eine solche Wahl als Ausdruck einer Schwellenerniedrigung angesehen. Dahinter steht die Annahme, daß das Tier dem 'natürlichen' Objekt immer den höchsten Reizwert zuordnet. Von dieser Annahme geht auch Sossinka aus, wenn er schreibt: "Ein Huhn pickt (bei Schwellenerniedrigung,

[36] "He chases her savagely, bites, pulls feathers. After one minute he goes to nest-calling, but soon savagely chases her again. He then bows-and-coos a great deal to me." (Craig 1914, S. 123).

[37] "In bowing-and-cooing he always stood at the same point on his perch, facing toward a certain corner of the room, and thus was probably directing his display to some object, though I did not discover what that object was." (Craig 1914, S. 129).

[38] "... the doves give their cries and their gestures, now to one sense-object, now to a very different object, according to their experience." (Craig 1914, S. 132).

Anm. d. Verf.) dann nach allem möglichen, sogar nach Schattenflecken am Boden; d.h. auch unspezifische Reize vermögen das Picken auszulösen." (Sossinka 1981, S. 44). Ehe nicht geklärt ist, daß Körnern und Schattenflecken - um bei diesem Beispiel zu bleiben - vom Tier unterschiedliche Reizwerte zugeordnet werden, ist es nicht berechtigt, von Schwellenerniedrigung zu sprechen. Es könnte durchaus sein, daß beide Objekte die notwendigen auslösenden Merkmale besitzen, so daß sie vom Tier gleich bewertet werden. Wenn Drees (1952) in einer Arbeit über Springspinnen berichtet, daß fliegenähnliche Beuteattrappen gegenüber fliegenunähnlichen Attrappen nicht bevorzugt werden, so wird mit dieser Aussage die Vermutung gestützt, daß Objekten, die dem natürlichen Objekt nicht in allen Einzelheiten entsprechen, nicht von vornherein vom Tier ein geringerer Reizwert zugeordnet wird.

Alle bisher angeführten Beispiele stellen m.E. nichts anderes als Beschreibungen von Reaktionen eines Tieres auf uns ungewöhnlich erscheinende Objekte dar, aber auch nicht mehr. Die Beispiele zeigen aber auch, wie leichtfertig eine Beobachtung als Schwellenerniedrigung interpretiert wird. In keinem der Beispiele sind die Forderungen, die aufgrund der Theorie gestellt werden müssen, um von Schwellenerniedrigung zu sprechen, auch nur annähernd erfüllt. Vielfach wird auch das Verhalten eines Tieres nach langer Isolationszeit, die demnach als Stauungszeit angesehen wird, als ein Ausdruck der Schwellenerniedrigung angesehen. "Durch lange Einzelhaltung schwellenerniedrigte Zebrafinkenmännchen überspringen in der Regel die erste Phase (= Begrüßungsanflug) und beginnen sofort mit dem Balztanz." (Immelmann 1959, S. 446). Schwellenerniedrigung heißt in diesem Zusammenhang, daß einzelne Verhaltensweisen ausfallen können; eine derartige Interpretation der Beobachtung läßt die Lorenzsche Theorie nicht zu. Lorenz selbst hält sich auch nicht an die Forderungen der von ihm aufgestellten Theorie, wenn er das Ansprechen eines Tieres auf eine "völlig inadäquate, die biologisch 'richtige' Umweltsituation durchaus nicht kennzeichnende Reizkonfiguration" (Lorenz 1978, S. 95) mit dem Begriff Schwellenerniedrigung belegt. Bei einer solchen Vorgehensweise kann recht willkürlich jedes Objekt, das der Betrachter als inadäquat ansieht, als ein Objekt mit niedrigerem Reizwert angesehen werden. Eine Schwellenerniedrigung kann sich jedoch nur auf angeborenermaßen erkannte Objekte beziehen, die sich über unterschiedliche Ausprägungen ihrer Schlüsselkomponenten nach Reizwerten ordnen lassen.

In keinem der Lehrbücher der Verhaltensforschung wird betont, daß die Schwellenerniedrigung eine (wenn nicht sogar die einzige) empirisch überprüfbare Vorhersage der Lorenzschen Theorie ist, noch wird diskutiert, welche Voraussetzungen erfüllt sein müssen, um - bei Zugrundelegung der Theorie von Lorenz - von einer Schwellenerniedrigung sprechen zu können. Vielfach wird die Schwellenerniedrigung als ein von der Theorie unabhängig beobachtbares Phänomen dargestellt. Dabei wird nicht berücksichtigt, daß ein Verstehen dieses Begriffes ebenso nur im Rahmen der Theorie möglich ist, wie die Interpretation einer Beobachtung als Ausdruck einer Schwellenerniedrigung. Die empirischen Untersuchungen, die zum Thema Schwellenerniedrigung vielfach zitiert werden, sind in ihren Angaben hinsichtlich der Reizwertbestimmung, der Zeitbestimmung seit der letztmaligen Auslösung der betreffenden Erbkoordination, wie hinsichtlich der allgemeinen

Versuchsbedingungen so ungenau und unvollständig, daß keine von ihnen als eine Bestätigung der Schwellenerniedrigung angesehen werden kann.
Es liegen dagegen Arbeiten vor, die unter ganz anderer Fragestellung durchgeführt wurden, die aber der Vorhersage, daß es bei hohem Energieniveau zu einer Schwellenerniedrigung kommen sollte, widersprechen. Als erste ist die Arbeit von D. von Helversen (1972) zu erwähnen, in der sie mit Hilfe von Lautattrappen das angeborene Lautschema eines Feldheuschreckenweibchens untersucht. Sie vergleicht u.a. die Reaktion von drei Feldheuschreckenweibchen auf verschiedene Lautattrappen ohne Berücksichtigung der unterschiedlichen Paarungsbereitschaft der Tiere. Sie stellt die mit diesen drei Weibchen erzielten Ergebnisse graphisch dar (s. Abb. 37).

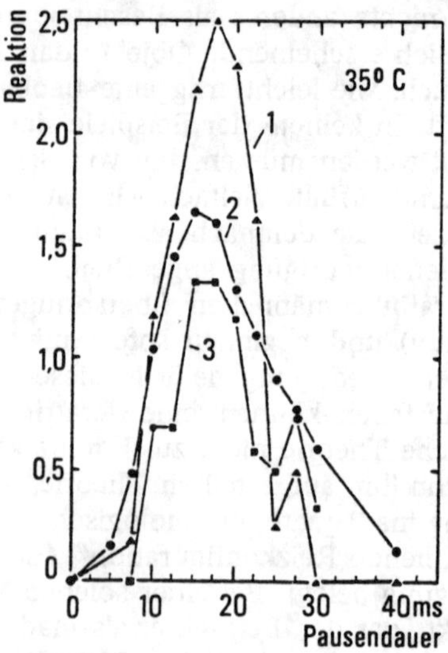

Abb. 37: Reaktionen dreier Weibchen der Feldheuschrecke, *Chorthippus biguttulus*, auf Schallattrappen, die in bestimmten Parametern dem Gesang der arteigenen Männchen entsprechen. Die unterschiedliche Antwortbereitschaft der Weibchen kommt in der Stärke ihrer Antwort (Ordinate) zum Ausdruck, während das Antwortspektrum (Abszisse) bei allen drei Weibchen gleich ist. Aus D. von Helversen (1972).

Nach der Theorie von K. Lorenz hätten die Weibchen aufgrund ihrer unterschiedlichen Bereitschaftshöhe auf die gebotenen Reize nicht in der Übereinstimmung, wie sie die Abbildung erkennen läßt, antworten dürfen. Bei hoher Bereitschaft eines Weibchens wäre ein breites Antwortspektrum, bei niedriger Bereitschaft eines Weibchens ein enges Antwortspektrum, d.h. ein besonders steiler Kurvenverlauf zu erwarten gewesen. Aber gerade dies ist nicht eingetreten, sondern trotz unterschiedlicher Bereitschaft der Versuchstiere stimmen die Antworten erstaunlich gut überein.

Auch eine Beobachtung von Beach (1942) steht im Widerspruch zu den Vorhersagen der Theorie. Er berichtet, daß eine Reaktion auf unspezifische Reize nicht - wie nach der Theorie zu erwarten gewesen wäre - nach längerer Nichtauslösung der betreffenden Erbkoordination auftrat, sondern im Gegenteil direkt nach der Ausführung der 'triebbefriedigenden' Endhandlung.
Aus allen Beispielen wird deutlich, wie stark die Theorie unsere Beobachtungen und deren Interpretation beeinflußt. Ein Tier, das über einen mehr oder weniger langen Zeitraum hinweg isoliert war, in dem es bestimmte Verhaltensweisen nicht zeigen konnte, muß - so verlangt es die Theorie - schwellenerniedrigt sein, und so wird das, was das Tier nach einer solchen 'Stauungszeit' zeigt, unter dem Begriff Schwellenerniedrigung eingeordnet, ganz gleich, ob dabei gegenüber inadäquaten Objekten agiert wird, ohne daß deren Reizwert bestimmt ist, oder ob Verhaltensweisen nicht in der erwarteten Reihenfolge gezeigt werden. So muß abschließend gesagt werden, daß die grundlegende Vorhersage der Theorie - die der Schwellenerniedrigung bei Triebstau - unter Berücksichtigung der Forderungen der Theorie empirisch nicht überprüft wurde.

3.2 Zwei Fallstudien zur Bereitschaftsmessung

In seiner physiologischen Theorie der Instinktbewegung ordnet Lorenz jeder Verhaltenseinheit, die von ihm als Erbkoordination bezeichnet wird, eine eigene Bereitschaft zu, die in Abhängigkeit von der Zeit und der Häufigkeit des Einsatzes der ihr zugeordneten Erbkoordination gesetzmäßigen Schwankungen unterliegt. Diese von Lorenz postulierte Motivationsstruktur bildet das Kernstück seiner Theorie, und so ist es verständlich, daß wiederholt der Versuch unternommen wurde, sie experimentell zu belegen. Mir ist daran gelegen, die Probleme, die sich aus der Operationalisierung einer theoretischen Größe wie der Bereitschaft ergeben, über die theoretische Erörterung (s. S. 51 ff.) hinaus anhand einiger konkreter Forschungsarbeiten zu verdeutlichen.

3.2.1 Sexuelle Bereitschaft

Es liegt eine Untersuchung von Röhrs (1977) [39] vor, in der er versucht, die sexuelle Bereitschaft und deren Veränderungen nach unterschiedlich langen Isolationszeiten zu messen. Er führte die Versuche mit Männchen des Schwertträgers (*Xiphophorus helleri*, Pisces) durch. "Da die ... Handlungsbereitschaft nicht direkt zu erfassen ist, muß sie aus der Eigenart der untersuchten Handlung (Handlungsdauer, Handlungshäufigkeit, Latenzzeit) erschlossen werden." (Röhrs 1977, S. 403). Röhrs wählt vier Verhaltensweisen der sogenannten Balz eines Schwertträger-

[39] Röhrs, W.-H. (1977) "Veränderung der sexuellen und aggressiven Handlungsbereitschaft des Schwertträgers *Xiphophorus helleri* (Pisces, Poeciliidae) unter dem Einfluß sozialer Isolation"

männchens aus (von ihm als Nippen, Wiegen, Kopulationsversuch, Gonopodialschwingen bezeichnet), die - wie er zur Begründung dieser Auswahl sagt - leicht zu quantifizieren sind. Um die jeweilige Höhe der Bereitschaft dieser Verhaltensweisen zu messen, bestimmt er ihre Häufigkeit oder ihre Dauer pro Zeitintervall, im speziellen Fall jeweils pro Stunde. Dabei unterlegt er die Annahme, daß er über den Häufigkeitswert (oder die Dauer) die Höhe der Bereitschaft für den Zeitraum einer Stunde abzuschätzen vermag, ohne daß sich die Bereitschaft in diesem Zeitraum wesentlich verändert.
Für die Testsituation zur Messung der sexuellen Bereitschaft eines Schwertträgermännchens werden lebende Weibchen verwendet. Der Autor geht davon aus, daß allein die Anwesenheit eines Weibchens für das zu testende Männchen eine konstante Umwelt darstellt und daß das spezielle Verhalten des Weibchens keinerlei Einfluß auf das Verhalten des Männchens hat. Er unterstellt somit, daß die wechselnden Häufigkeiten oder die Dauer der Aktionen des Männchens allein als Ausdruck der unterschiedlichen Höhe der sexuellen Bereitschaft angesehen werden können. So schreibt er: "Attraktivitätsschwankungen der Weibchen bezüglich des Abwurfrhythmus (etwa vier Wochen) dürften sich bei genügender Anzahl der benutzten Weibchen eliminieren." (Röhrs 1977, S. 405). Röhrs vertritt damit die Ansicht, daß die Unterschiede zwischen den Weibchen hinsichtlich ihrer Attraktivität rein zufällig sind und durch eine Anzahl von 20 Versuchen (die er in jedem Test durchführt) ausgeglichen, d.h. 'herausgemittelt' werden.
Die Untersuchung von Röhrs basiert auf der Annahme, daß es so etwas wie ein 'Normalniveau' der sexuellen Bereitschaft bei seinen Versuchstieren gibt, das über die 'Normalaktivität' (Röhrs) eines Männchens erfaßbar ist. Dazu wurden ein Männchen und ein Weibchen, die zuvor noch nicht zusammen gehalten wurden, 17 Stunden in einem ihnen fremden Beobachtungsbecken eingewöhnt; anschließend wurden in einem Zeitraum von einer Stunde die Häufigkeiten der vier ausgewählten Balzaktionen des Männchens bestimmt (s. Tab. 9).

Verhalten	mittlere Häufigkeit	Variationsbreite	
		min.	max.
Nippen	37,1	0	121
Wiegen	100,8	0	406
Kopulationsversuch	2,0	0	20
Gonopodialschwingen	6,7	0	30

Tab. 9: Mittlere Häufigkeit und Variationsbreite der sexuellen Aktivität gegenüber einem ♀ ohne vorherige Isolation in 232 Beobachtungsstunden mit 232 verschiedenen ♂♂. Angaben nach Röhrs (1977).

Die Auswertung dieser Versuche, die mit 232 Männchen durchgeführt wurden, "ergab eine beträchtliche Variation der sexuellen Aktivität, gemessen an den Ver-

haltensweisen Nippen, Wiegen, Kopulationsversuch und Gonopodialschwingen" (Röhrs 1977, S. 407). Die nach der Theorie eigentlich nicht zu erwartende Variabilität und das Ausmaß dieser Variabilität wird vom Autor nicht für diskussionswürdig erachtet, für ihn bildet die im wahrsten Sinne des Wortes 'ermittelte Normalaktivität' die Vergleichsbasis für die als Folge der experimentellen Manipulationen eventuell zu erwartenden Veränderungen der sexuellen Bereitschaft [40].
Die experimentelle Vorgehensweise des Autors besteht darin, die Versuchsmännchen für unterschiedliche Zeiträume (zwischen 3 und 112 Tagen) von einem Weibchen zu isolieren bzw. in einer weiteren Versuchsreihe dem Versuchsmännchen durch eine durchsichtige Trennscheibe hindurch nur Sichtkontakt zu einem Weibchen zu gewähren. Die Lorenzsche Theorie sagt voraus, daß die Bereitschaft in Abhängigkeit von der Zeit, in der das entsprechende Verhalten nicht ausgelöst wird, ansteigt. Ein solcher Anstieg müßte sich - je nach Dauer der Isolation - bei den gewählten Meßverfahren in einer Zunahme der Häufigkeit bzw. der Dauer der einzelnen Verhaltensweisen aufzeigen lassen, falls die angenommene Beziehung zwischen der theoretischen und der beobachtbaren Größe besteht und falls die Annahme der Theorie zutrifft.
Nach unterschiedlich langen Isolationszeiten werden erneut die Häufigkeiten der einzelnen Verhaltensweisen der Männchen pro Stunde aufgezeichnet. Für die Verhaltensweise 'Nippen' ergab sich eine Abnahme der Häufigkeit und zwar eine um so stärkere Abnahme, je länger die Isolationszeit gedauert hatte, selbst dann, wenn die Männchen die Weibchen durch eine durchsichtige Trennscheibe noch sehen konnten. Besonders voneinander abweichende Ergebnisse erbrachten die verschiedenen Isolationszeiten hinsichtlich der Verhaltensweise 'Wiegen'. Bei völliger Isolation der Versuchsmännchen blieb die Häufigkeit, mit der diese Verhaltensweise pro Zeitintervall auftrat, immer gleich und zwar unabhängig von der Dauer der Isolation. Hatten die Männchen während der Isolationszeit die Möglichkeit, die Weibchen durch eine durchsichtige Trennscheibe zu sehen, so kam es zu einer Abnahme der Häufigkeit des 'Wiegens'. Bei einer Haltung der Versuchstiere in reinen Männchengruppen, die ebenfalls eine sexuelle Isolation der Männchen darstellt, ließ sich dagegen eine 'Erhöhung der Wiegebereitschaft' - gemessen über die Häufigkeit - beobachten. Bei der Verhaltensweise 'Kopulationsversuche' kam es bis zu einer Isolationszeit von 28 Tagen zu einer Zunahme der Häufigkeit dieser Verhaltensweise, um bei längeren Isolationszeiten jedoch wieder unter die Norm abzufallen. Die Verhaltensweise 'Gonopodialschwingen' nahm nach Isolation der Männchen in ihrer Häufigkeit pro Zeitintervall zu und zwar bereits nach einer Isolationszeit von nur drei Tagen, um dann auf diesem Niveau zu bleiben.
Generell ist festzustellen, daß die von Röhrs erzielten Ergebnisse nicht im Einklang mit den Vorhersagen der Theorie von Lorenz stehen. Keine der getesteten Verhaltensweisen zeigt in Abhängigkeit von der Isolationszeit eine kontinuierliche Zunahme der ihr unterlegten Bereitschaft, die sich aufgrund der angenommenen Beziehung zwischen theoretischer und beobachtbarer Größe in einer Steigerung der Häufigkeit der Aktionen bzw. ihrer Dauer pro Zeit äußern müßte. Röhrs zieht zur Erklärung seiner Ergebnisse *nachträglich* eine sogenannte 'Außenreizhypothe-

[40] Hinsichtlich Mittelwertbildung bei Motivationsmessungen s. S. 48.

se' heran, ohne explizit zu sagen, welche Annahmen diese Theorie macht und welche überprüfbaren Vorhersagen sich aus ihr ableiten lassen. Es wird nur sehr allgemein formuliert, daß diese Theorie davon ausgeht, daß spezielle Außenreize notwendig sind, um der Atrophie einer Bereitschaft entgegenzuwirken [41].
Es ist eine grundlegende wissenschaftliche Forderung, daß Hypothesen über zu prüfende Zusammenhänge *vor* einer Untersuchung formuliert werden müssen. Da Röhrs seiner Arbeit die Theorie von Konrad Lorenz unterlegt, ist doch wohl davon auszugehen, daß er damit auch die Annahmen und Vorhersagen dieser Theorie akzeptiert, ohne daß er dies allerdings explizit ausführt.
Mit einer solchen nachträglich hinzugenommenen und so allgemein gehaltenen Hypothese wie der Außenreizhypothese läßt sich jedes, aber auch jedes Ergebnis 'erklären'. Und so ist dann auch bei Röhrs zu lesen: "Das Aufrechterhalten der Nippbereitschaft scheint sehr stark der Stimulierung durch weibliche Reize zu bedürfen. Denn die soziale Isolation bewirkt ebenso wie die Haltung in reinen Männchen-Gruppen eine Atrophie der Nippbereitschaft. Außerdem nahm die Nipphäufigkeit auch dann ab, wenn die Männchen von den Weibchen nur mittels einer durchsichtigen Trennscheibe isoliert waren. Die Nippbereitschaft wird also offensichtlich von nicht-optischen Reizen der Weibchen auf dem Normalniveau gehalten." (Röhrs 1977, S. 418).
Für die Beobachtung, daß die Häufigkeit der Verhaltensweise Wiegen auch nach Isolation immer gleich blieb, interpretiert als gleichbleibende Wiegebereitschaft, fand der Autor folgende Erklärung: "Die Wiegebereitschaft ist wahrscheinlich im Gegensatz zur Nippbereitschaft gleichermaßen von exogenen und endogenen Faktoren abhängig. Sie blieb in den Versuchen mit völliger Isolation konstant. Vermutlich wurde der atrophierende exogene Anteil der Wiegebereitschaft durch den sich aufstauenden endogenen Anteil ausgeglichen, so daß die Wiegebereitschaft nach außen unverändert blieb." (Röhrs 1977, S. 418).
Bei einer Haltung der Versuchstiere in reinen Männchengruppen, d.h. bei einer Haltung, die einer sexuellen Isolation entspricht, stellte Röhrs eine Erhöhung der Wiegebereitschaft, gemessen über die Häufigkeit dieser Aktion, fest. Zur Erklärung führte er aus, "daß schon die von Männchen ausgehenden sozialen Reize bereits einer Atrophie entgegenwirken." (Röhrs 1977, S. 418). Konnten die Versuchsmännchen während der Zeit der Isolation die Weibchen nur durch eine durchsichtige Trennscheibe wahrnehmen, so kam es zu einer Abnahme der Wiegebereitschaft. Auch dieses bei Zugrundelegung der Lorenzschen Theorie unerwartete Ergebnis vermag Röhrs "auf der Grundlage einer exogenen und endogenen Steuerung der Bereitschaft" (Röhrs 1977, S. 418) zu erklären. So schreibt er: "Da die Versuchstiere aus Gemeinschaftsbecken entnommen worden waren, in denen sich mehrere Männchen befanden, hatten sie vor dem Versuch nur selten die Alphastellung (ranghöchste Stellung in einer Gruppe, Anm. d. Verf.) eingenommen. Für die meisten von ihnen kann daher eine Stauung der Wiegebereitschaft angenommen werden. Wurden diese Männchen nun von den dominierenden Männchen getrennt und einzeln zu Weibchen gesetzt, so konnten sie die gestaute

[41] Röhrs stützt sich dabei ohne jede kritische Stellungnahme, man kann nur sagen vertrauensvoll, auf Arbeiten von Heiligenberg (1963), Heiligenberg und Kramer (1972), die noch diskutiert werden (s. S. 193 u. S. 213).

Wiegebereitschaft abreagieren." (Röhrs 1977, S. 418). Diese 'Erklärung' ist nicht nachvollziehbar. Ein 'Stau der Wiegebereitschaft' ist ein Ergebnis, daß gemäß der Lorenzschen Theorie nach einer Zeit der Isolation eintreten sollte und sich in erhöhter Intensität der betrachteten Verhaltensweisen, d.h. im speziellen Falle der gesteigerten Häufigkeit der Aktion pro Zeit, äußern sollte. Daß ein Stau der Wiegebereitschaft - wie Röhrs es beschreibt - zu einer Abnahme der Häufigkeit der Verhaltensweise pro Zeit führt, ist im Rahmen der Lorenzschen Theorie nicht erklärbar.

Diese Arbeit zeigt mit erschreckender Deutlichkeit, daß bei einer solchen Vorgehensweise *nachträglich* für jedes erzielte Ergebnis eine 'Erklärung' gesucht und auch gefunden wird. Trotz der so divergierenden Ergebnisse stellt der Autor keinerlei Überlegungen darüber an, ob das Meßverfahren - so wie er es in der Arbeit eingesetzt hat - zur Bestimmung der Bereitschaftsstärke zulässig ist. Es wird nicht diskutiert, ob es sinnvoll ist, über einen Zeitraum von einer Stunde bei gleichzeitiger Messung der Intensitätsstufen von vier Verhaltensweisen die Bereitschaft für jede der einzelnen Verhaltensweisen abzuschätzen. Nicht einmal die 'beträchtliche Variation', die sich bei der Messung der sogenannten Normalaktivität unbehandelter Männchen ergab, konnte den Autor irritieren und ihn von seinem Vorhaben, auf diese Weise eine Vergleichsbasis für seine Versuchsergebnisse zu konstruieren, abbringen. Alle nach experimentellen Eingriffen erzielten Ergebnisse wurden mit dieser 'Basis' verglichen. So ist es nicht verwunderlich, daß aus diesem Vergleich sehr widersprüchliche Ergebnisse resultieren. Nach unterschiedlich langen Isolationszeiten konnte sowohl ein Ansteigen, wie auch ein Absinken der Bereitschaft, aber auch eine sich nicht verändernde Bereitschaft konstatiert werden. Selbst an ein und derselben Verhaltenseise, dem 'Wiegen', traten diese 'Phänomene' auf.

Wenn die 'Erklärungen', die Röhrs für seine Ergebnisse anbietet, nicht so unsinnig wären, könnten sie nur als neue Hypothesen, die aufgrund neuer Erfahrungen gewonnen wurden, angesehen werden, die dann aber empirisch überprüft werden müßten. Aber - um Mißverständnissen vorzubeugen - die so allgemein formulierten Erklärungen Röhrs bieten in dieser Form keinerlei Möglichkeit der Überprüfung, sie sind belanglose Spekulationen und nicht mehr.

3.2.2 Aggressionsbereitschaft

Lorenz geht bekanntlich davon aus, "..., daß agonistische Bewegungsweisen (Kampf- und Fluchtverhalten, Anm. d. Verf.) genau dieselbe Art von Spontaneität besitzen wie andere Instinktbewegungen auch. Es wäre erstaunlich, wenn dem nicht so wäre." (Lorenz 1978, S. 106). Diese Spontaneität müßte sich - gemäß der Theorie - in Form von Appetenzverhalten und bei Anstauung des Triebes in Form von Schwellenerniedrigung äußern. So deutet Lorenz das Verhalten der Männchen des Indischen Buntbarsches, *Etroplus maculatus*, die immer dann, wenn sie keine Möglichkeit haben, mit anderen Männchen zu kämpfen, das eigene Weibchen angreifen, im Sinne einer Schwellenerniedrigung. "An gefangen gehaltenen Buntbarschen ... kann eine 'Stauung' der Aggression, die unter natürlichen Lebensbedin-

gungen am feindlichen Reviernachbarn abreagiert werden würde, ungemein leicht zum Gattenmord führen." (Lorenz 1963, S. 85). Nach Eibl-Eibesfeldt hat A. Rasa (1969)[42] diese zunächst sehr allgemein gehaltene Aussage "an *Etroplus maculatus* experimentell näher untersucht und die Befunde von K. Lorenz bestätigt." (Eibl-Eibesfeldt 1987, S. 113). A. Rasa arbeitete mit 7 Paaren des Indischen Buntbarsches, die unterschiedlichen Haltungsbedingungen unterworfen wurden. In der Gruppe A (3 Paare) hatten die Tiere unmittelbaren Kontakt zu den Artgenossen, in der Gruppe B (2 Paare) nur Sichtkontakt zu Artgenossen; in der Gruppe C (4 Paare) wurden die Paare isoliert gehalten. Zur Bestimmung der Aggressivität eines Männchens wählt Rasa die Verhaltensweise Jagen in einem Zeitintervall von jeweils fünf Minuten, ohne dieses Meßverfahren zu begründen. Sie setzt m.E. dabei voraus, daß häufigeres Jagen pro Zeitintervall Ausdruck einer höheren Aggressivität des Männchens ist[43].
Da die Beobachtungszeit für die einzelnen Männchen nicht einheitlich ist, bestimmt Rasa über alle für ein Männchen vorliegenden Fünfminutenprotokolle den Mittelwert, den sie als 'Aggressionsindex' eines Männchens bezeichnet, um dann über diesen Mittelwerten der Männchen einer Gruppe erneut zu mitteln, woraus der 'Aggressionsindex' einer Gruppe resultiert. Das Ergebnis dieser Arbeit ist der Vergleich der Aggressionsindices der drei Gruppen, wobei der Aggressionsindex, der als Ausdruck der gesamten Aggression einer Gruppe angesehen wird, nochmals in Aggressionsindices, die als Ausdruck der Aggression gegenüber dem Artgenossen (extra pair aggression) bzw. als Ausdruck der Aggression gegenüber dem eigenen Weibchen (intra pair aggression) unterteilt wird (s. Abb. 38).
Bei dem Vergleich der drei Gruppen fällt auf, daß die Gesamtaggression der Männchen der Gruppe C fünfmal so hoch ist wie bei den Männchen, die mit Artgenossen zusammengehalten werden. Dies führt Rasa auf das Verhalten der Weibchen zurück, die nicht wie ein in das Revier eindringender Rivale sofort fliehen, sondern sich stets in Nestnähe aufhalten und sich somit erneut dem Angriff des Männchens aussetzen. Wenn aber die unterschiedliche Häufigkeit, mit der aggressives Verhalten auftritt, auf das Verhalten der Weibchen zurückgeführt wird, kann dieses Maß nicht als Ausdruck einer erhöhten Bereitschaft gewertet werden. Auch die Ergebnisse der Gruppen A und B passen nicht in das Konzept. Da unter den Haltungsbedingungen dieser Gruppen für die Männchen die adäquaten Objekte, die Rivalen, anwesend oder zumindest wahrnehmbar waren, hätten keine Angriffe auf das paarzugehörige Weibchen erfolgen dürfen, da kein Grund zu einer 'Aufstauung' des Aggressionstriebes gegeben war.
Lorenz berichtet, daß die Paarbildung bei paarbildenden Cichliden, zu denen auch *Etroplus maculatus* gehört, ein oft langwieriger Prozeß ist, in dessen Verlauf die Paarpartner die Möglichkeit haben sollten, sich langsam aneinander zu gewöhnen. Auch Rasa betont, daß die Erfahrung, die Paarpartner miteinander haben, von Bedeutung für ein friedliches Zusammenleben ist. Je besser die Paarpartner

[42] Rasa, A. (1969) "The effect of pair isolation on reproductive success in *Etroplus maculatus* (Cichlidae)"

[43] Es stellt sich die Frage, wie unter den Versuchsbedingungen der Gruppe B die Häufigkeit der Verhaltensweise Jagen gemessen werden kann, da der Rivale sich hinter einer Trennscheibe aufhält und gar nicht gejagt werden kann, oder wird in diesem Fall jeder Vorstoß gegen die Trennscheibe als Jagen interpretiert?

aneinander gewöhnt sind, um so weniger kämpfen sie miteinander, und um so erfolgreicher sind sie bei der Fortpflanzung. In ihren Versuchen hat Rasa aber sehr willkürlich Paare zusammengesetzt, ohne diesen Aspekt zu berücksichtigen. Unter Beachtung der schwierigen Paarbildung bei dieser Art dürfte man m. E. derartige Versuche nur mit eingewöhnten, d.h. gegeneinander friedlichen Paaren machen, um dann zu prüfen, wie sich eine Isolierung des Paares von Artgenossen auf ihr Verhalten zueinander auswirkt.

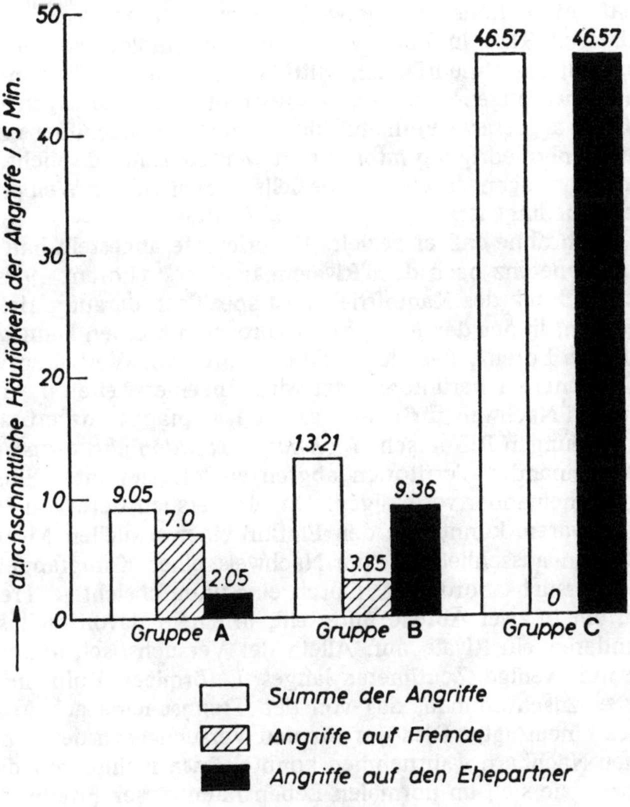

Abb. 38: 'Gruppen-Aggressionsindices' männlicher Buntbarsche (*Etroplus maculatus*) - ermittelt über die Häufigkeit der Verhaltensweise Jagen gegenüber Artgenossen und dem verpaarten Weibchen (unter unterschiedlichen Haltungsbedingungen). Nach Rasa (1969); aus Eibl-Eibesfeldt (1987).

Nach der Theorie ist die Schwellenerniedrigung ein zeitabhängiger Vorgang, d.h. sie dürfte erst nach einer gewissen 'Stauungszeit' beobachtbar sein. Der angestaute Aggressionstrieb müßte durch häufige Angriffe auf ein adäquates Objekt herabgesetzt werden, um nach und nach wieder aufgestaut zu werden. Da in der

Arbeit von Rasa nur ein Wert, der 'Aggressionsindex' für eine Gruppe angegeben ist, der einen Durchschnittswert für alle beobachteten Männchen einer Gruppe und für alle Beobachtungszeiträume darstellt, läßt die Arbeit nur die Aussage zu, daß die Männchen isolierter Paare insgesamt aggressiver sind. Wenn aber - wie Rasa schreibt - die Häufigkeit der Angriffe bei isolierten Paaren so stark durch das Verhalten der Weibchen wie auch durch die Fremdheit der Paarpartner zueinander bestimmt wird, dann sind in erster Linie Umweltfaktoren für die Häufigkeit, mit der die aggressive Aktion Jagen beobachtbar ist, verantwortlich. Damit ist die grundlegende methodische Voraussetzung für eine Bereitschaftsmessung - eine statistisch konstante Umwelt - auch in dieser Arbeit nicht erfüllt. Somit können die von Rasa in Form von Aggressionsindices vorgelegten Werte, die - wie üblich - auf einer mehrfachen Mittelwertbildung beruhen, nichts über die jeweilige Höhe eines angenommenen Aggressionstriebes aussagen. Das bedeutet aber auch, daß das aggressive Verhalten der Männchen gegenüber einem Weibchen nicht als Schwellenerniedrigung interpretiert werden kann, da nicht unterscheidbar ist, inwieweit das Jagen durch das spezielle Verhalten des Weibchens oder durch einen Triebstau bedingt ist.

"Jeder Tierkenner weiß, auch ohne daß er gezielte Experimente angestellt hat, wie stark bei vielen Arten die Appetenz nach dem Rivalenkampf ist." (Lorenz 1978, S. 106). Eine Appetenz als Ausdruck des Kampftriebes ist spezifisch darauf gerichtet, eine Situation herbeizuführen, in der der Kampftrieb abreagiert werden kann. Abreagieren heißt im Sinne von Lorenz, daß durch Durchführen von Verhaltensweisen des Kampfes die Triebenergie heruntergesetzt wird. In einer weiteren Arbeit meint A. Rasa (1971)[44] den Nachweis für eine spezielle Kampfappetenz erbracht zu haben. Sie arbeitete mit jungen Riffbarschen (*Microspathodon chrysurus*), die bereits als Jungtiere gegeneinander Territorien abgrenzen, die sie unter Einsatz von Kampfhandlungen gegeneinander verteidigen. Da die Versuchstiere von Rasa noch nicht geschlechtsreif waren, konnte sie den Einfluß einer sexuellen Motivation bei ihren Versuchstieren ausschließen. Zum Nachweis einer Kampfappetenz konstruierte sie folgende Versuchsanordnung: Durch eine undurchsichtige Trennscheibe wurde ein Aquarium in zwei Abteile unterteilt, in einem davon hielt sich der Versuchsfisch, im anderen ein Rivale auf. Allein der Versuchsfisch hatte die Möglichkeit, durch ein nur wenige Zentimeter langes L-förmiges Rohr in ein durchsichtiges Glasrohr einzuschwimmen, das von der Trennscheibe aus in das Abteil des Nachbarfisches hineinragte. Dies war für den Versuchsfisch der einzige Platz, von dem aus er den Nachbarn wahrnehmen konnte. Rasa meinte, auf diese Weise die Bedingungen, wie sie sich im normalen Lebensraum dieser Fische, dem Riff, für zwei Nachbarn ergeben, simulieren zu können. Sie geht davon aus, daß sich auch im Riff benachbarte Territorieninhaber nicht ständig sehen können, sondern Hindernisse umschwimmen müssen, um den Rivalen beobachten zu können.

Der einzige Unterschied zwischen der Versuchssituation und den Bedingungen im Freiland besteht nach Rasa darin, daß ein körperlicher Kontakt zwischen den Rivalen unter den von ihr konstruierten Versuchsbedingungen nicht möglich ist. Das

[44] Rasa, A. (1971) "Appetence for aggression in juvenile Damsel fish"

Glasrohr, das die Sicht auf den Nachbarn ermöglicht, hat einen Durchmesser von nur 3 cm. Damit soll erreicht werden, daß der Versuchsfisch sich dort nur aufhält, um sich mit dem Rivalen auseinanderzusetzen. Die Enge der Glasröhre hat aber auch zur Folge, daß der Versuchsfisch gegenüber dem Rivalen nur ein Abspreizen der Flossen, aber keine weiteren Kampfhandlungen zeigen kann. Der Weg durch das L-Labyrinth hindurch zum Glasrohr muß vom Versuchstier erlernt werden, aber der Antrieb, dorthin zu schwimmen, ist nach Rasa Ausdruck einer spezifischen Appetenz des Aggressionstriebes, d.h. das Bestreben eine für Kampfverhalten auslösende Situation aufzusuchen. Diese Annahme wird von Rasa folgendermaßen begründet: Da ein Versuchsfisch nicht jedesmal, wenn der Eingang des L-Labyrinths in seinen Wahrnehmungsbereich kommt, auch hineinschwimmt, sondern dies ganz unregelmäßig tut, kann dieses Verhalten nur durch das Fluktuieren eines Aggressionstriebes erklärt werden. Das Aufsuchen der Glasröhre mit der Möglichkeit, den Rivalen anzudrohen, erfolgt - so die Annahme von Rasa - nur bei hohem Niveau dieses Triebes. In der Glasröhre kann bei Anblick des Rivalen dann der Aggressionstrieb durch Flossenspreizen abreagiert werden.
Das Appentenzverhalten, das sich als Einschwimmen in das Labyrinth äußert, ist - so Rasa - rein endogen gesteuert, da keinerlei Reize des Rivalen, weder optische noch akustische, für den Versuchsfisch wahrnehmbar sind. Die Zeit bis zum erneuten Einschwimmen in das Glasrohr wird als Zeit interpretiert, die notwendig ist für den erneuten Aufbau des Aggressionstriebes nach seiner Abreaktion. Mit diesen Annahmen stellt Rasa die Hypothese auf, daß aus der Häufigkeit des Einschwimmens in das L-Labyrinth, sowie aus der Aufenthaltsdauer im Glasrohr, auf die jeweilige Höhe des Aggressionstriebes geschlossen werden kann. War das Nachbarabteil leer, so schwamm der Versuchsfisch nur äußerst selten in das Glasrohr hinein und hielt sich dort auch nur kurze Zeit auf. Befand sich jedoch ein Artgenosse in diesem Teil des Aquariums, so nahm die Häufigkeit, mit der der Versuchsfisch die Glasröhre aufsuchte, wie auch die Aufenthaltsdauer in ihr zu.
Die Versuche ergaben eine große individuelle Variabilität hinsichtlich der beiden Parameter Häufigkeit des Einschwimmens und Aufenthaltsdauer im Glasrohr (s. Abb. 39). Diese Variabilität kann nach Rasa genetisch bedingt sein. Damit setzt sie m.E. voraus, daß es hinsichtlich der Stärke des Aggressionstriebes genetisch bedingte individuelle Unterschiede gibt, ohne diese Aussage belegen zu können. Diese Variabilität kann aber nach Rasa auch die Folge vorangegangener Erfahrung sein. Tiere, die in kämpferischen Auseinandersetzungen erfolgreich waren, sind eher bereit, sich erneut solchen Auseinandersetzungen zu stellen als solche Tiere, die regelmäßig unterlegen waren. Die Versuchstiere wurden in Gemeinschaftsbecken gehalten und bildeten unter diesen Haltungsbedingungen eine Rangordnung aus. Nach Rasa lassen sich die individuellen Unterschiede in der Versuchssituation (die häufige oder weniger häufige Kontaktsuche zum Rivalen) auf die Erfahrung zurückführen, die die Individuen zuvor in den Gemeinschaftsbecken bei den Auseinandersetzungen um die Rangordnung machten. Diese Unterschiede im

Verhalten der Versuchstiere meint Rasa durch eine Mittelwertbildung über die Daten von jeweils fünf Versuchstieren ausgleichen zu können [45].

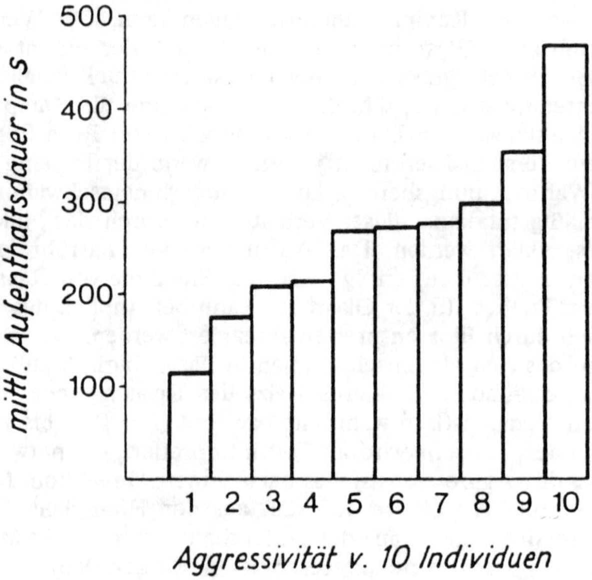

Abb. 39: Die unterschiedliche Aggressivität von 10 Individuen; gemessen über die durchschnittliche Aufenthaltsdauer in s/30 min in dem Glasrohr; gemittelt über drei Beobachtungen an einem Tag. Nach A. Rasa (1971).

Die Triebtheorie macht die Vorhersage, daß es bei längerer Nichtauslösung des Verhaltens zu einem Anstieg der endogenen Variablen - der Triebenergie - kommt. Auf dieser Vorhersage aufbauend wendet Rasa den Isolationsversuch an, d.h. in diesem speziellen Fall, daß dem Versuchsfisch erst nach 1 bis 10 Tagen Isolation ein Rivale im Nachbarabteil geboten wird, den er nach Aufsuchen des Glasrohres betrachten und ihm gegenüber Flossenspreizen zeigen kann. Diese Versuche wurden mit jeweils fünf Tieren durchgeführt.
Da auch bei diesen Versuchen große individuelle Schwankungen (ohne Angaben, wie groß sie sind) auftraten, wurden die Ergebnisse aller Versuche - wie üblich - gemittelt. Rasa führt ihre Messungen dreimal täglich durch. Da sie beobachtet hatte, daß morgens zwischen 7 und 9 Uhr und abends gegen 18 - 20 Uhr jeweils ein Maximum hinsichtlich der Häufigkeit, mit der der Versuchsfisch in die Glas-

[45] "This great variation necessitated the use of several fish in all experiments in order to obtain a more accurate estimate of the average aggressivity of the species." (Rasa 1971, S. 11) Damit setzt Rasa ebenfalls ein 'Normalniveau' für die Aggressionsbereitschaft einer Art voraus.

röhre einschwimmt, zu verzeichnen ist[46], legt sie ihre täglichen Beobachtungen auf 11, 14 und 17 Uhr, um sicher zu sein, daß die Messungen nicht durch die täglichen Häufigkeitsmaxima beeinflußt werden. Zu Versuchsbeginn um 11 Uhr wird jeweils ein neues, dem Versuchsfisch unbekanntes Individuum als Rivale in das Nachbarabteil eingesetzt. Bei diesen Meßzeiten läßt sich - ohne Isolation (= Tag 0) - ein täglicher Rhythmus erkennen mit der längsten Aufenthaltsdauer bei der ersten täglichen Messung um 11 Uhr, der geringsten Aufenthaltsdauer um 14 Uhr und einem Anstieg der Aufenthaltsdauer um 17 Uhr (s. Abb. 40).

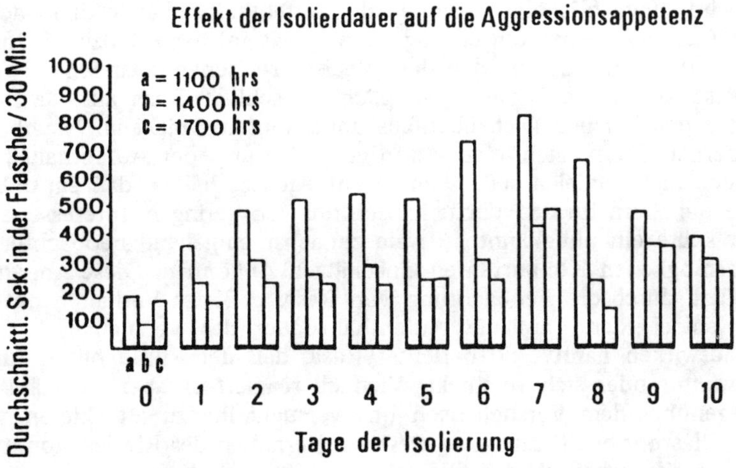

Abb. 40: Aufenthaltsdauer der Versuchsfische in dem Glasrohr nach Isolationszeiten von 1 - 10 Tagen (Abszisse). Die Zeiten in s/30 min (Ordinate) sind Mittelwerte über die Meßwerte von jeweils 5 Versuchstieren. Nach Rasa (1971); aus Eibl-Eibesfeldt (1987).

Rasa geht in ihrer Untersuchung von folgender Überlegung aus: Mit zunehmender Isolationszeit sollte es zu einem immer stärkeren Stau der Aggressionsbereitschaft kommen, den das Tier - gemäß der Theorie - nur durch Ausführen einer Verhaltensweise des Kampfes abarbeiten, d.h. normalisieren kann. Mit Ansteigen der Triebenergie zeigt der Fisch Appetenzverhalten, d.h. er sucht eine auslösende Situation, in der er Kampfverhalten zeigen kann. Durch Einschwimmen in das Glasrohr bietet sich ihm die Möglichkeit dazu. Rasa geht weiterhin davon aus, daß ein Fisch um so ausdauernder Flossenspreizen zeigen muß, je höher sein Aggressionstrieb angestiegen ist. So meint sie allein aus der Aufenthaltsdauer im Glasrohr auf die Höhe des Aggressionstriebes schließen zu können.

[46] Da das Einschwimmen in das Glasrohr als Ausdruck einer Appetenz des Aggressionstriebes angesehen wird, müßte sich Rasa m.E. dazu äußern, wie diese täglichen Häufigkeitsmaxima in ihr theoretisches Konzept über das Verhalten der endogenen Variablen, des Aggressionstriebes, einzuordnen sind. Dieses Phänomen bleibt undiskutiert.

Tatsächlich ergab sich in Abhängigkeit von der Isolationszeit (zumindest bis zum 7. Tag) ein Anstieg der Aufenthaltsdauer im Glasrohr, der vor allem bei der ersten Messung um 11 Uhr deutlich wurde. Dieser Anstieg ist nach Rasa Ausdruck eines angestauten Aggressionstriebes.
Die Ergebnisse von Rasa lassen sich m.E. auch völlig anders interpretieren. In den Versuchen wurde zu Beginn der täglichen Beobachtungszeit um 11 Uhr dem Versuchsfisch im Nachbarabteil stets ein *neuer*, ihm unbekannter Rivale geboten. Die sich jeweils um 11 Uhr ergebende lange Aufenthaltsdauer kann darauf zurückgeführt werden, daß ein unbekannter Artgenosse erst einmal ausdauernd beobachtet wird. Ebenso ist das Absinken der Aufenthaltsdauer in den nachfolgenden Tests (zumindest bis zum 6. Tag nach Isolation) nach 3 bzw. 6 Stunden in der Weise zu interpretieren, daß der 'Neue' inzwischen ausreichend erkundet wurde. Diese alternative Erklärungsmöglichkeit schließt Rasa aus, da mit einem anderen, für den Versuchsfisch ebenfalls unbekannten Objekt im Nachbarbecken, einem silbernen Stern, sich eine derartige Steigerung der Aufenthaltsdauer wie beim Rivalen nicht erzielen ließ. Dem ist entgegen zu halten, daß ein unbewegtes Objekt wie der Stern für den Versuchsfisch nur von geringem Interesse ist. Demgegenüber sollte ein unbekannter Rivale zunächst eingehend beobachtet werden, um ihn als möglichen Konkurrenten einschätzen zu können. Diese Annahme wird noch gestützt durch die Beobachtung von Rasa, daß das Verhalten des Rivalen sich sehr entscheidend auf die Aufenthaltsdauer des Versuchsfisches in dem Glasrohr auswirken kann[47]. So berichtet Rasa, daß der Rivale häufig unbeteiligt umherschwimmt oder sich versteckt. Vielfach reagiert er aber auch äußerst aggressiv gegenüber dem Versuchsfisch und versucht ihn zu attackieren, wobei er gegen das Glasrohr beißt. Ein so aggressives Verhalten des Rivalen konnte bewirken, daß der Versuchsfisch das Glasrohr zunächst nur kurz und dann gar nicht mehr aufsuchte (s. Tab. 10).

Tag der Isolation	Mittelwert über die im Glasrohr verbrachten Sekunden / 30 min		
	1100 h	1400 h	1700 h
7	1113	973	700
8	256	51	0
9	1086	913	810

Tab. 10: Nach einer achttägigen Isolation war der Versuchsfisch einem besonders aggressiven Rivalen ausgesetzt, was dazu führte, daß er nach einigen Stunden nicht mehr das Glasrohr aufsuchte. Angaben nach Rasa (1971).

47 "The stimulus situation on entry into the bottle was not constant and depended on the antagonist." (Rasa 1971, S. 11)

Obwohl - wie Rasa selbst betont - die auslösende Situation, vor allem das Verhalten des Rivalen, wie auch die Erfahrung eines Versuchsfisches hinsichtlich kämpferischer Auseinandersetzungen einen Einfluß auf die Aufenthaltsdauer des Versuchsfisches in der Glasröhre haben, wird dieses Zeitmaß doch als ein Maß für die endogene Variable, den Aggressionstrieb, genommen und die über die Aufenthaltsdauer gemittelten Werte als Fluktuationen dieses Triebes interpretiert.
Da Rasa allein die Isolationsdauer als wesentlichen, den Aggressionstrieb beeinflussenden Faktor betrachtet und alle anderen negiert, erreicht sie das von ihr erwartete und das von der Theorie vorhergesagte Ergebnis einer zeitabhängigen Zunahme des Aggressionstriebes. Viel näherliegende alternative 'Erklärungen' für ihre Beobachtungen werden von ihr gar nicht in Betracht gezogen. An diesem Beispiel wird erneut deutlich, daß aus den eigenen Daten bevorzugt das Erwartete herausgelesen wird, und auch für die scientific community gilt, daß sie dazu neigt, Ergebnisse, die im Einklang mit den Vorhersagen der Theorie stehen, unkritisch zu übernehmen. Nur so ist zu verstehen, daß die Ergebnisse von Rasa auch heute noch in den Lehrbüchern der Verhaltensforschung als Bestätigung für die Fluktuationen eines Aggressionstriebes, die sich in Form von Schwellenerniedrigung und Appetenz äußern, Erwähnung finden, obwohl diese Arbeiten - wie ich hoffe aufgezeigt zu haben - nur als Forschungsartefakte einzuordnen sind. "Forschungsartefakte entstehen besonders leicht und halten sich (zumindest eine Zeitlang) besonders hartnäckig, wenn die Ergebnisse, die durch sie hervorgerufen werden, mit den expliziten Annahmen oder den implizit getroffenen Voraussetzungen der Forscher und der scientific community übereinstimmen." (Kriz 1981, S. 92).
Es stimmt einen nachdenklich, wenn man feststellen muß, daß die von mir zitierten Arbeiten von Franck und Wilhelmi (1973, 1975) und auch die von Rasa (1969, 1971) *die* Untersuchungen sind, die als wesentliche empirische Stütze für einen Aggressionstrieb im Sinne von Lorenz angesehen werden oder auch wurden. Man fragt sich, wie über Jahre hinweg eine so erbitterte und kontroverse Diskussion über einen Aggressionstrieb bei einer so schwachen empirischen Basis geführt werden konnte.
Die zum Thema Aggression vorliegenden experimentellen Studien haben sehr widersprüchliche Ergebnisse gebracht. Im Lehrbuch von Eibl-Eibesfeldt ist zu lesen: "W. Heiligenberg (1964) wies nach, daß die Kampfbereitschaft männlicher Buntbarsche (*Pelmatochromis subocellatus*) *absinkt*, wenn die Tiere kurz, ohne sich zu beschädigen, kämpften." (Eibl-Eibesfeldt 1987, S. 114 f.), um einen Absatz weiter fortzufahren: "Beim Buntbarsch *Pelmatochromis subocellatus kribensis* (die gleiche Art, Anm. d. Verf.) *steigert* sich die Angriffsbereitschaft, gemessen an der Anzahl der Bisse, durch einen kurzen Kampf ..." (Eibl-Eibesfeldt 1987, S. 116; Hervorhbg. v. Verf.), ohne daß der Autor auf diesen so offensichtlichen Widerspruch eingeht. Für Eibl-Eibesfeldt ist auch "... das Konzept einer endogenen Motivation der Aggression keineswegs vom Tisch." (Eibl-Eibesfeldt 1987, S. 113). Bisher wurde in der Verhaltensforschung kein einheitliches Konzept zur Steuerung aggressiven Verhaltens entwickelt. Aufgrund von Einzelbeobachtungen wie denen von Maynard Smith und Riechert (1984) zum Kampfverhalten der Spinne *Agelenopsis aperta* wurden spezielle, aber kaum zu verallgemeinernde Modelle konstruiert. So existieren in der scientific community weiterhin sehr unterschiedliche Vorstellungen zu diesem Thema.

Abschließende Bemerkungen zur Bereitschaftsmessung

Die Operationalisierung der theoretischen Größe Bereitschaft über die Häufigkeit, mit der eine Verhaltensweise in einem festgelegten Zeitintervall beobachtbar ist oder über die Messung der Dauer einer Verhaltensweise, wie auch der sogenannten Latenzzeit, ist in der Verhaltensforschung - man möchte fast sagen - zur Gewohnheit geworden, ohne daß die hieraus sich ergebenden Probleme bisher thematisiert wurden. Man entzieht sich auf diese Weise dem notwendigen Diskurs und nimmt an, daß die mit diesen Methoden erzielten numerischen Werte 'an sich' schon irgendeinen Sinn ergeben, der im Rahmen der unterlegten Theorie interpretiert werden kann.
Diese Einstellung ist um so unverständlicher, da die mit diesen Methoden erzielten 'Ergebnisse' bisher den Annahmen der Theorie, d.h. den von Lorenz postulierten gesetzmäßigen Schwankungen der Zustandsgröße, der aktionsspezifischen Energie, nicht entsprechen. Es liegt meines Wissens bisher keine empirische Arbeit vor, die durch eine Operationalisierung der theoretischen Größe Bereitschaft mit Hilfe der Häufigkeit einer Verhaltensweise, ihrer Dauer oder der Latenzzeit die Annahmen der Lorenzschen Theorie über die gesetzmäßigen Schwankungen der Bereitschaft bestätigt hätten. Es werden ganz im Gegenteil Ergebnisse vorgelegt, so auch in den hier angeführten Beispielen, die diesen Annahmen eher widersprechen, was aber bisher noch nicht zu einer Diskussion, weder um die eingesetzten Methoden noch um die Annahmen der Theorie, geführt hat.

4. Eine Fallstudie zum Prinzip der doppelten Quantifizierung: Balzverhalten beim Guppy

Das Prinzip der doppelten Quantifizierung gilt als Kernstück der Lorenzschen Theorie; es besagt, daß die Intensität, mit der eine Erbkoordination beobachtbar ist, sowohl durch die Höhe der Bereitschaft als auch durch den Gesamtreizwert der aktuell vorliegenden Umweltsituation bestimmt wird. Als empirische Bestätigung für die Gültigkeit dieses Prinzips gilt eine Untersuchung von Baerends und Mitarbeitern zum Balzverhalten des männlichen Guppys [48]. "Wie beides zusammenwirkt (innere Handlungsbereitschaft und Reizwert der auslösenden Situation, Anm. d. Verf.), haben G.P. Baerends, R. Brower und H. Waterbolk (1955) gezeigt. Sie stellten zunächst durch sorgfältige Analysen fest, wie die verschiedenen sehr auffälligen Körperzeichnungen der Männchen des Zahnkärpflings *Lebistes* mit ihrer spezifischen Handlungsbereitschaft korreliert sind. Damit hatten sie schließlich in der Zeichnung klare Indikatoren der inneren Handlungsbereitschaft, konnten nun verschieden stark auslösende Reize (verschieden große Weibchen) gegen verschieden starke sexuelle Motivation ausspielen und feststellen, daß beides einander in gesetzmäßiger Weise kompensiert." (Eibl-Eibesfeldt 1987, S. 173).

[48] Baerends, G.P., Brower, R. und Waterbolk, H.T. (1955): "Ethological Studies on *Lebistes reticulatus Peter*. I. Analysis of the Male Courtship Pattern." Anstelle von Baerends und Mitarbeitern spreche ich im folgenden nur von Baerends.

Wie ist Baerends bei seiner - wie Eibl-Eibesfeldt schreibt - 'sorgfältigen Analyse' vorgegangen? Er beschreibt fünfzehn verschiedene Balzverhaltensweisen des Guppymännchens, von denen er annimmt, daß sie eine Sequenz von Intensitätsstufen einer Handlungsbereitschaft, der sexuellen Handlungsbereitschaft, darstellen, vergleichbar mit der Annahme von Lorenz, daß die Verhaltensweisen des Kampfes Intensitätsstufen einer Erregungsqualität entsprechen. Für seine Beobachtungen zum zeitlichen Verlauf der Balz des Guppymännchens verwendet Baerends nur sogenannte 'neutrale Weibchen', d.h. Weibchen, die weder auf das Werben des Männchens reagieren, noch vor dem Männchen flüchten. Unter der Annahme, daß ein solches 'neutrales Weibchen' für das Männchen eine konstante Umwelt darstellt, glaubt Baerends sich berechtigt, alle Wechsel im Verhalten des Männchens als Ausdruck der Veränderungen der sexuellen Bereitschaft anzusehen. Damit setzt er bereits die Gültigkeit des Prinzips der doppelten Quantifizierung voraus.

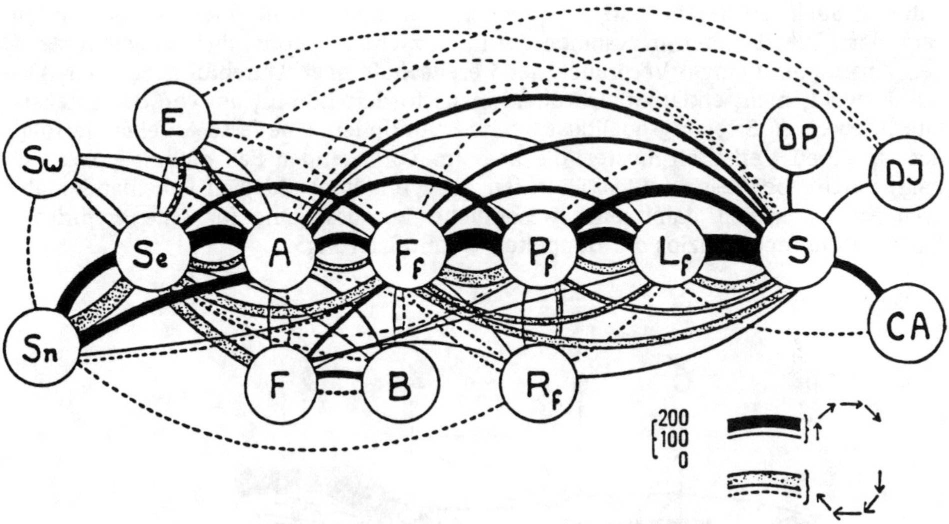

Abb. 41: Folge von verschiedenen Balzaktivitäten eines Guppymännchens. Durch die relative Dicke der Balken soll die Häufigkeit der Übergänge verdeutlicht werden. Weitere Erläuterungen im Text[49]. Aus Baerends et al. (1955).

Mit Hilfe einer Übergangsmatrix, in der alle von ihm beobachteten Übergänge der verschiedenen Verhaltensweisen des Männchens eingetragen sind, konstruierte

[49] A = Annähern; B = Beißen; CA = Kopulationsversuch; DJ = Imponiersprung vor dem Weibchen; DP = Männchen steht seitlich, im rechten Winkel zum Weibchen; E = Ausweichen; F = Folgen; f = als Index bedeutet immer mit angelegten Flossen; F_f = Folgen; L_f = Locken; P_f = sich vor dem Weibchen aufstellen; R_f = Zurückweichen; S = Sigmoidstellung; S_e = Suchen; S_n = Schnappen; S_w = Umherschwimmen.

Baerends eine Folge von Balzhandlungen, die er als Intensitätsstufen einer Erregung interpretiert. Besonders häufig beobachtete Übergänge werden als Hauptkette angesehen, neben der aber noch eine Reihe von sogenannten Nebenketten existieren.

Eine Graphik (s. Abb. 41) zeigt die Vielfalt der möglichen Übergänge, die mit steigender (schwarze Balken und durchgezogene Linien), aber auch fallender Motivation (graue Balken und gestrichelte Linien) aufgetreten sind.

Die Verhaltensweisen sind von links nach rechts mit steigender Intensität angeordnet, von S_n der niedrigsten bis zu S bzw. CA der höchsten Intensitätsstufe. Mit der Dicke der Balken ist ein ungefähres Maß für die Häufigkeit des jeweiligen Überganges gegeben. Haupt- und Nebenketten können Intensitätsstufen überspringen, aber auch an jeder beliebigen Stelle abbrechen, um auf niedrigere Stufen zurückzufallen. Unter der Annahme, daß die einzelnen Verhaltensweisen der Balz des Guppymännchens Intensitätsstufen einer Bereitschaft darstellen, die mit einem bestimmten Niveau der Bereitschaft korrespondieren, impliziert dieses Überspringen von Intensitätsstufen sowohl in der einen als auch in der anderen Richtung, daß sich auch die Bereitschaft entsprechend sprunghaft nach oben wie nach unten verändert. Dies ist aber im Rahmen der Lorenzschen Theorie, die von einem stetigen Anstieg und einem Verbrauch der Bereitschaft nach Durchführung einer Aktion ausgeht, nicht erklärbar. Darüber hinaus fordert Lorenz, um von den Intensitätsstufen einer Erregungsqualität sprechen zu können, eine feste Aufeinanderfolge der einzelnen Verhaltensmuster, die aber im vorliegenden Fall nicht gegeben ist. Lassen sich aber keine Intensitätsstufen des Verhaltens deutlich voneinander abgrenzen, so entfällt damit eine wesentliche Voraussetzung für eine empirische Überprüfung des Prinzips der doppelten Quantifizierung.

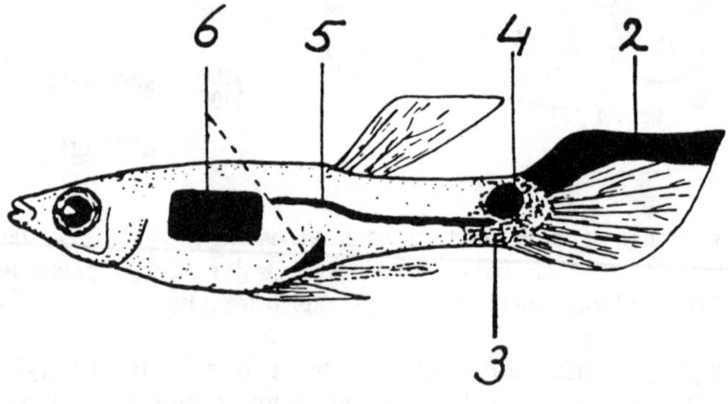

Abb. 42: Die schwarzen Abzeichen, die sich bei den Männchen von *Lebistes reticulatus* während der Balz entwickeln. Aus Baerends et al. (1955).

Baerends macht die weitere Annahme, daß die Farbmuster, die die Männchen während der Balz entwickeln, Intensitätsstufen der sexuellen Bereitschaft der Männchen entsprechen. Damit böte sich ihm die Möglichkeit, sie als vom Verhalten unabhängige Indikatoren für die jeweilige Stärke der Bereitschaft einzusetzen (s. Abb. 42).

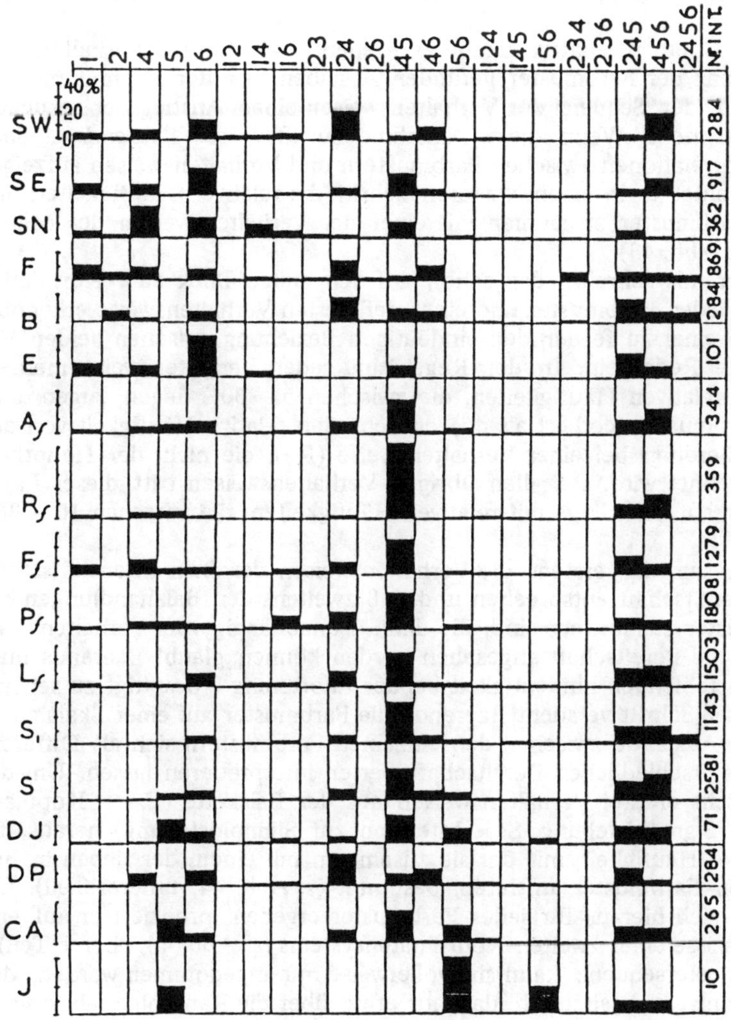

Abb. 43: Die relative Häufigkeit, mit der die schwarzen Abzeichen eines Männchens mit den unterschiedlichen Balzverhaltensweisen korreliert sind. Die Zahlen am rechten Rand der Tabelle geben jeweils die Summe der Intervalle an, die einer Zeile zugrundeliegen. Aus Baerends et al. (1955).

Wie gut kann Baerends diese Annahme empirisch belegen? Insgesamt beobachtete er sechs verschiedene Farbmuster, die beim Guppymännchen während der Balz entweder isoliert oder in Kombination miteinander auftreten können [50]. Von den mathematisch möglichen Kombinationen wurden nur relativ wenige realisiert, von denen von Baerends wiederum nur die am häufigsten gezeigten ausgewählt wurden.

Mit Hilfe einer Übergangsmatrix glaubt er - ebenso wie für die Verhaltensweisen - eine Sequenz der Farbmuster gefunden zu haben, von der er annimmt, daß sie entsprechend der Sequenz der Verhaltensweisen einem Anstieg der sexuellen Bereitschaft entspricht. Wenn diese Annahme zutrifft - so *Baerends* -, dann müßten sich Korrelationen zwischen Farbmustern und Verhaltensweisen aufzeigen lassen. So betrachtet er in einem weiteren Schritt die relativen Häufigkeiten, mit der ein jedes Farbmuster zusammen mit einer der Verhaltensweisen des Männchens auftritt (s. Abb. 43).

Auch wenn Baerends schreibt, daß schon auf den ersten Blick eine Korrelation zwischen einem jeden Farbmuster und einer definierten Verhaltensweise erkennbar ist, so kann von einer zu fordernden eindeutigen Beziehung zwischen beiden Variablen nicht die Rede sein. In der Regel sind jeder Verhaltensweise mehrere Farbmuster mit relativen Häufigkeiten, die zwischen 5 - 30% liegen, zugeordnet. Ein einziges Farbmuster (codiert als 45) erreicht eine relative Häufigkeit von annähernd 50%, allerdings bei einer Verhaltensweise (R_f), die nicht der Hauptkette der Balz zugerechnet wird. Bei allen übrigen Verhaltensweisen tritt dieses Farbmuster ebenfalls auf, allerdings mit relativen Häufigkeiten, die zwischen 10 - 30% liegen.

Seine beiden Thesen, daß erstens die Verhaltensweisen der Balz Intensitätsstufen der sexuellen Bereitschaft entsprechen und daß zweitens den Balzhandlungen bestimmte Farbmuster zuzuordnen sind, die dann - unabhängig vom Verhalten - als Indikatoren für die Bereitschaft angesehen werden können, glaubt Baerends nunmehr - trotz der fehlenden Eindeutigkeit bei der Zuordnung - bestätigt zu sehen.

In einem nächsten Schritt versucht Baerends die Farbmuster auf einer Skala so zu ordnen, daß die Abstände zwischen den einzelnen Farbmustern sich als Differenzen zwischen unterschiedlichen Bereitschaftswerten interpretieren lassen. Um dies zu erreichen, greift er drei Verhaltensweisen aus der Balzkette (CA = Kopulationsversuch, S = Sigmoidstellung, Si = Intention zur Sigmoidstellung) heraus, für die er die relative Häufigkeit, mit der sie zusammen mit einem der sieben in Betracht gezogenen Farbmuster auftreten, bestimmt (s. Abb. 44, unterer Teil). Die Mittelwerte, die sich hieraus für jedes Farbmuster ergeben, projiziert er auf eine Gerade, der Abszisse eines zweiten Koordinatensystems (s. Abb. 44, oberer Teil).

Von der Farbmustersequenz kann sinnvollerweise nur angenommen werden, daß sie Ordinalskalenniveau besitzt, d.h. daß nur etwas über die Rangfolge, aber nichts über die Abstände zwischen den einzelnen Positionen ausgesagt werden kann. Es

[50] Baerends geht davon aus, daß ein Guppymännchen während der Balz mit ansteigender sexueller Erregung unterschiedliche Farbmuster ausbildet. Diese Angabe kann ich nicht bestätigen. Die von mir beobachteten Guppymännchen besaßen ein jeweils individuelles Muster an schwarzen Abzeichen. Ein solches Muster trat während der Balz etwas deutlicher hervor; es bildeten sich aber keine neuen Kombinationen von Farbabzeichen aus.

ist deshalb völlig ohne Belang, in welchen Abständen die Farbmuster auf der Abszisse aufgetragen werden.

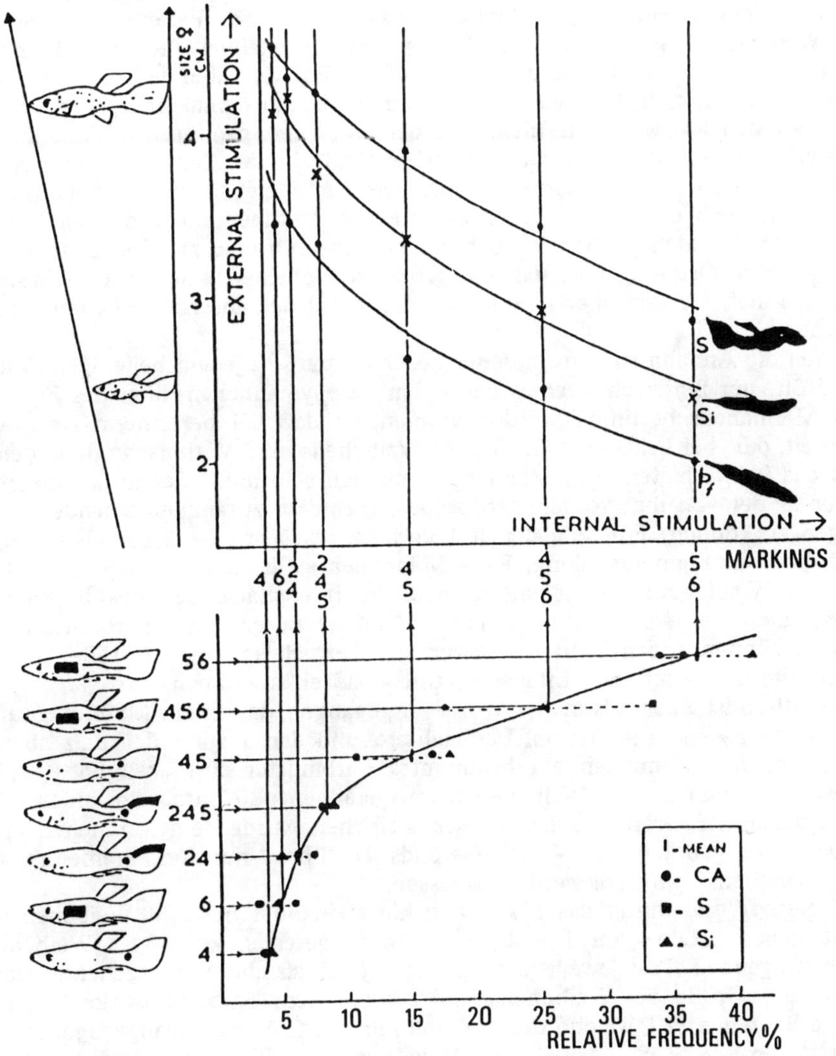

Abb. 44: Der untere Teil der Graphik bietet die Erklärung für die Unterteilung der Abszisse des oberen Teils der Graphik. In diesem Teil ist die Beziehung zwischen der Höhe des Reizwertes und der Stärke der sexuellen Bereitschaft für drei unterschiedliche Intensitätsstufen des Balzverhaltens eines Guppymännchens dargestellt. Aus Baerends et al. (1955).

Nach dem Prinzip der doppelten Quantifizierung ist außer der Höhe der Bereitschaft auch der Reizwert der Umwelt für die Intensität der ausgelösten Verhaltensweise verantwortlich. Baerends nimmt in diesem Zusammenhang an, daß die Umwelt für die Auslösung des Balzverhaltens des Männchens nach Reizwerten, die das Weibchen liefert, geordnet ist. Der entscheidende Parameter ist die Größe der Weibchen; je größer ein Weibchen ist, ein um so höherer Reizwert kommt ihm zu, um so stärker stimulierend wirkt es auf das Balzverhalten des Männchens.
In einer Graphik, in der Baerends seine Ergebnisse zusammenfaßt, trägt er auf der Ordinate den Reizwert, d.h. die Größe der Weibchen, gemessen in Zentimetern als intervallskalierte Größe ab. Das beinhaltet, daß ein vier Zentimeter langes Weibchen den doppelten Reizwert eines nur zwei Zentimeter langes Weibchens hat. Da dies nicht nachgewiesen wurde, ist es daher vernünftiger, nur von einer Rangfolge der unterschiedlich großen Weibchen, d.h. einer Ordinalskala, auszugehen. Dann besagt diese Ordnung nur, daß ein größeres Weibchen eine stärkere auslösende Wirkung hat, sie sagt aber nichts über den Grad der unterschiedlichen Wirksamkeit aus.
Treffen die Annahmen von Baerends zu, dann muß zu jedem beliebigen Zeitpunkt die Höhe der Bereitschaft eines balzenden Guppymännchens über das Farbmuster des Männchens bestimmt werden können, so daß bei bekanntem Reizwert der Umwelt, d.h. bei bekannter Größe des Weibchens eine Vorhersage über den Verlauf des Balzverhaltens des Männchens möglich sein muß. Genau das meint Baerends in der von ihm vorgelegten, seine Ergebnisse zusammenfassenden Abb. 44 zeigen zu können. Für jede der drei Verhaltensweisen (S = Sigmoidstellung, Si = Intention zur Sigmoidstellung, P_f = Männchen stellt sich mit angelegten Flossen vor das Weibchen), die als unterschiedliche Intensitätsstufen des Balzverhaltens interpretiert werden, meint er je nach Höhe der Bereitschaft (Farbmuster) angeben zu können, wie hoch der Reizwert der Umwelt sein muß (Größe der Weibchen), um die betreffende Intensitätsstufe auslösen zu können.
Methodisch ist Baerends in der Weise vorgegangen, daß er ein Männchen und ein Weibchen in einem Aquarium beobachtete und den Beginn der Balz abwartete. Nachdem das Männchen ein bestimmtes Farbmuster entwickelt hatte, z.B. das Muster '6', wurde das Weibchen herausgefangen und durch ein anderes Weibchen bekannter Größe ersetzt. Dieses Weibchen wurde dem Männchen in einer Glasküvette geboten, um - wie Baerends ausführt - nur den Parameter 'Größe des Weibchens' wirksam werden zu lassen.
Auf diese Weise wurde das Männchen hintereinander mit acht Weibchen unterschiedlicher Größe (von 1 - 4,5 cm Länge) getestet, wobei das Weibchen im nächstfolgenden Test jeweils um 0,5 cm größer als das vorhergehende war. Bei gegebener Größe des Weibchens und erkennbarem Farbmuster des Männchens stellte Baerends fest, welche der drei von ihm zur Prüfung herangezogenen Intensitätsstufen (P_f, Si, S - wobei P_f die niedrigste und S die höchste Intensitätsstufe repräsentiert) das Männchen erreicht. In dieser Weise wurden Männchen, die ein bestimmtes Farbmuster trugen, über einen Zeitraum von zwei Minuten getestet, da - wie Baerends schreibt - das Männchen wegen des Ausbleibens positiver Antworten des Weibchens, das in der Glasküvette dazu auch keine Möglichkeit hatte, die Balz sehr schnell abbricht. Die Abb. 44 macht deutlich, daß bei niedriger Bereitschaft entsprechend hohe Reizwerte notwendig sind, um zum Beispiel die Ver-

haltensweise 'P_f' auszulösen, während die gleiche Verhaltensweise bei hoher Bereitschaft durch entsprechend niedrige Reizwerte ausgelöst werden kann. Für die Verhaltensweisen 'Si' und 'S', die höheren Intensitätsstufen entsprechen, müssen die Werte sowohl hinsichtlich Bereitschaft als auch Reizwert entsprechend höher sein. Leider fehlen in der Arbeit jegliche Meßwerte, aufgrund derer die Kurven für die drei Intensitätsstufen des Balzverhaltens konstruiert wurden.
Allein aufgrund der von Baerends aufgestellten Annahmen, daß es Intensitätsstufen der Bereitschaft gibt, die sich erstens in Intensitätsstufen des Verhaltens niederschlagen und die zweitens anhand von Farbmustern zu identifizieren sind, und unter der Voraussetzung, daß die Umwelt nach Reizwerten geordnet ist, sagt die Lorenzsche Theorie nach dem Prinzip der doppelten Quantifizierung *qualitativ* genau *die* Kurven voraus, wie Baerends sie in seiner Arbeit erhält. So stellen die 'Ergebnisse' von Baerends, dargeboten in Form der Abb. 44, nichts weiter als eine *Veranschaulichung* des Prinzips der doppelten Quantifizierung dar. Der Ansatz von Baerends ist sicher richtig, vorausgesetzt es gibt Merkmale, die zu jedem Zeitpunkt und in jeder beliebigen Umwelt die Höhe der speziellen Bereitschaft anzeigen. Bisher konnte aber kein vom Verhalten unabhängiger Indikator für die spezifische Bereitschaft einer Verhaltensweise oder einer Verhaltenssequenz aufgezeigt werden, so daß wir sagen müssen, daß eine quantitative empirische Bestätigung des Prinzips der doppelten Quantifizierung noch aussteht.

5. Motivierende und demotivierende Reize

5.1 Die 'Kurzzeitwirkung' motivierender Reize: Untersuchungen zum Kampfverhalten von Buntbarschen

Mit der Annahme, daß spezifische Außenreize die Handlungsbereitschaft eines Tieres in charakteristischer Weise beeinflussen können, hat die ursprüngliche Theorie von Lorenz eine entscheidende Erweiterung erfahren. Lorenz spricht in diesem Zusammenhang von aufladenden oder motivierenden Außenreizen. Zu dieser Modifikation seiner Theorie sah er sich vor allem durch Arbeiten von Heiligenberg veranlaßt, der als erster experimentelle Untersuchungen vorlegte, in denen er den Einfluß von Außenfaktoren auf die Bereitschaft quantitativ zu erfassen suchte. In der Arbeit "Die Wirkung von Außenreizen auf die Angriffsbereitschaft eines Cichliden" (1973)[51] geht Heiligenberg entsprechend der Lorenzschen Theorie davon aus, daß die Verhaltensweisen des Kampfes von einer Angriffsbereitschaft abhängen, um dann die weitergehende Annahme zu machen, daß die Angriffsbereitschaft durch spezielle Außenreize beeinflußt werden kann. Im speziellen

[51] Die Untersuchung wurde durchgeführt an dem Cichliden *Pelmatochromis subocellatus kribensis boul.* Die Arbeit wurde erstmals in der Zeitschrift für vergleichende Physiologie (1965) veröffentlicht; in deutscher Übersetzung erschien sie in dem von Wickler und Seibt herausgegebenen Reader "Vergleichende Verhaltensforschung" (1973). Die Zitate sind dieser deutschen Übersetzung entnommen.

Fall geht er davon aus, daß durch den Anblick eines Rivalen die Angriffsbereitschaft eines adulten Männchens heraufgesetzt wird.
Voraussetzung für eine empirische Überprüfung dieser Annahme ist ein geeignetes Meßverfahren für die jeweilige Höhe der Bereitschaft und deren Veränderungen. Wenn Heiligenberg schreibt: "Die Stärke der Angriffsbereitschaft eines Fisches kann definiert werden durch die Zahl der Angriffe, die er in einer Standardsituation pro Zeiteinheit ausführt." (Heiligenberg 1973, S. 197), so geht er davon aus, daß mit der Häufigkeit einer Aktion pro Zeitintervall die jeweilige Höhe der Angriffsbereitschaft gemessen werden kann. Für eine solche Messung wählt er die Verhaltensweise 'beißen', von der er annimmt, daß sie dem Kampfverhalten zuzuordnen und von einer Angriffsbereitschaft abhängig ist. Als Standardsituation betrachtet Heiligenberg 15 Jungfische einer Art, die dem Versuchstier, einem adulten Männchen, beigesellt sind und als Zielobjekte für die Aktion 'beißen' dienen.
In seinen Experimenten zählte Heiligenberg die Bisse, die der adulte Fisch pro Minute über einen Zeitraum von insgesamt 15 Minuten gegen die ihm beigesellten Jungfische richtete. Dabei unterlegt er die Annahme - ohne dies explizit auszuführen -, daß es bei einem Versuchsfisch in einer Standardsituation so etwas wie ein Normalniveau der Angriffsbereitschaft gibt, das über eine 15-minütige Beobachtung erfaßt werden kann. Nur unter einer solchen Voraussetzung lassen sich Veränderungen der Angriffsbereitschaft erkennen (s. Abb. 45).

Abb. 45: Anstieg der Angriffshäufigkeit nach der Attrappen-Darbietung. (Alle Ergebnisse dieser Arbeit stammen von einem Individuum.) Aus Heiligenberg (1973).

Bereits bei den ersten derartigen Messungen ergab sich für Heiligenberg folgendes Problem: "Die Zahl der Angriffe pro Minute schwankt von einer Minute zur

nächsten, gleiches gilt für größere Zeitintervalle (bis zu einem Tag)." (Heiligenberg 1973, S. 197)[52]. Und er fährt fort: "Bis heute konnten noch keine Außenreize gefunden werden, die diese Schwankungen erklären." (Heiligenberg 1973, S. 197). Aufgrund dieser, unter Einsatz seines Meßverfahrens sich ergebenden ständigen Schwankungen der Angriffsbereitschaft, kann Heiligenberg aus der augenblicklichen Stärke der Bereitschaft nicht die Stärke für das folgende Zeitintervall vorhersagen und damit nichts über die Wirkung eines spezifischen Außenreizes, speziell der von ihm gebotenen Rivalenattrappe, auf die Bereitschaft. Heiligenberg meint das Problem folgendermaßen lösen zu können: "Solange man die Stärke der Angriffsbereitschaft nicht für die nächste Minute *voraussagen* kann, sollte man zu ermitteln suchen, ob denn der (statistisch) zu *erwartende* Wert für ein Minutenintervall von dem Wert des vorhergehenden Intervalls abhängt." (Heiligenberg 1973, S. 199). Gesucht ist eine Aussage wie: Auf ein Zeitintervall von einer Minute mit m-Bissen folgt im Durchschnitt eines mit n-Bissen.
Heiligenberg macht damit die Annahme, daß zwischen der Bißrate eines Minutenintervalls und der Bißrate des nachfolgenden Intervalls zumindest ein statistischer Zusammenhang besteht, der über Erwartungswerte zu beschreiben ist. Um diese Werte zu ermitteln, hat Heiligenberg für jede Bißrate die relativen Häufigkeiten der Übergänge für die folgende Minute bestimmt.

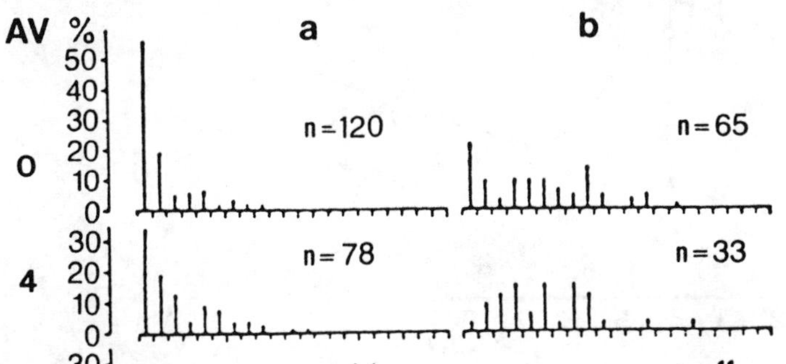

Abb. 46: Wahrscheinlichkeitsverteilung für die Zahl der Angriffe in der folgenden Minute (An), wenn das Tier in der vorgehenden Minute (AV) 0, 4 oder mehr als 6 mal angriff. a) Ohne und b) nach Darbieten der Attrappe. Aus Heiligenberg (1973).

[52] Die Bißraten sind demnach nicht so konstant, wie es die Abbildung 45 suggeriert. Da präzise Angaben fehlen, kann diese Abbildung nur als Veranschaulichung der der Arbeit zugrundeliegenden Hypothese angesehen werden.

Aus Abb. 46 ist ersichtlich, daß er bei einer gegebenen Bißrate von 0 Bissen/min - gestützt auf 120 protokollierte Übergänge - folgende Verteilungen erhielt: in 55% der insgesamt 120 Übergänge eine Rate von 0 Bissen, in 20% der Übergänge eine Bißrate von 1 Biß/min, in 5% der Übergänge eine Rate von 2 Bissen/min usw.. Aus dieser relativen Häufigkeitsverteilung berechnet Heiligenberg den mittleren Übergangswert, den er als Erwartungswert für das auf 0 Bisse/min folgende Minutenintervall interpretiert. In gleicher Weise errechnet er die mittleren Übergangswerte für die übrigen Bißraten, um aus den daraus resultierenden Erwartungswerten eine Regressionsgerade y = bx + a zu konstruieren. Aus seinen empirischen Werten ergeben sich als Regressionskoeffizienten: b = 0,29 und a = 1. Diese Gerade, die offenbar das Grundniveau der Angriffsbereitschaft eines vom Experimentator unbeeinflußten Versuchsfisches in einer Standardsituation repräsentieren soll, dient als Vergleichsbasis für sich eventuell durch Einflüsse von außen ergebende Veränderungen der Angriffsbereitschaft des Versuchsfisches.

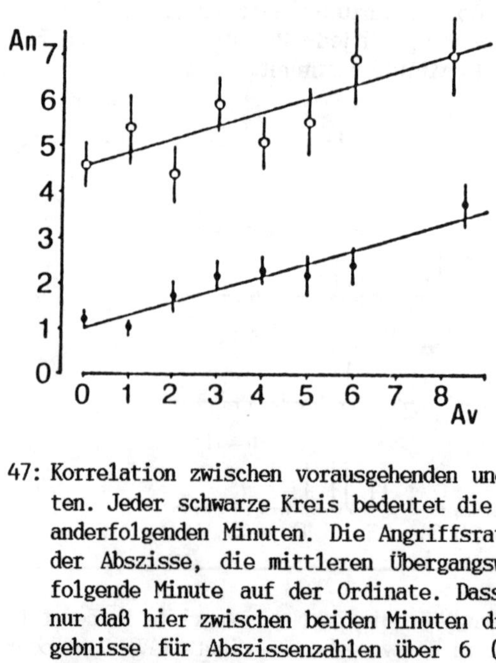

Abb. 47: Korrelation zwischen vorausgehenden und nachfolgenden Angriffshäufigkeiten. Jeder schwarze Kreis bedeutet die Zahl der Angriffe in zwei aufeinanderfolgenden Minuten. Die Angriffsrate in der ersten Minute steht auf der Abszisse, die mittleren Übergangswerte als Erwartungswerte für die folgende Minute auf der Ordinate. Dasselbe gilt für die weißen Kreise, nur daß hier zwischen beiden Minuten die Attrappe gezeigt wurde. Die Ergebnisse für Abszissenzahlen über 6 (sehr wenige) sind zusammengefaßt. Die senkrechten Striche geben die Standardabweichung an. Aus Heiligenberg (1973).

Um die Wirkung einer 30 Sekunden hindurch dargebotenen Rivalenattrappe auf die Angriffsbereitschaft des Versuchsfisches zu bestimmen, vergleicht Heiligenberg die Bißraten in den Minuten unmittelbar vor und nach Zeigen der Attrappe, die durch die 30 Sekunden währende Attrappendarbietung, in der nicht protokolliert wurde, getrennt sind. Heiligenberg nimmt somit den gleichen statistischen Zusammenhang wie zwischen aufeinanderfolgenden Minutenintervallen auch für die Minute vor Zeigen der Attrappe (= 15. Minute des Protokolls) und der ersten Minute nach Zeigen der Attrappe (= 16. Minute des Protokolls) an. Auf der Basis der Bißrate in der 15. Minute bildet er aus der relativen Häufigkeitsverteilung der Übergänge in der 16. Minute den mittleren Übergangswert. Diesen Wert interpretiert er als Erwartungswert für die 16. Minute, d.h. die erste Minute nach Zeigen der Attrappe. Aus den mittleren Übergangswerten für die 16. Minute berechnet er die Regressionsgrade $y = 0{,}3x + 4{,}5$. Der Vergleich der beiden Regressionsgeraden zeigt – so Heiligenberg –, daß unmittelbar nach Zeigen der Rivalenattrappe die Erwartungswerte für die Bißrate um durchschnittlich 3,5 Einheiten höher liegen als die Erwartungswerte, die ohne Darbieten einer Rivalenattrappe ermittelt wurden. Dabei ist zu beachten, daß der Wert 3,5 lediglich etwas aussagt über die *Änderung* der Bißrate von einem gegebenen Zeitintervall zum darauf folgenden (s. Abb. 47).

Heiligenberg kommt zu dem Ergebnis, daß die Darbietung einer Rivalenattrappe über einen Zeitraum von nur 30 Sekunden ausreicht, um die Angriffsbereitschaft eines adulten Männchens um einen konstanten Betrag (= 3,5 Einheiten) anzuheben, der unabhängig von der Höhe der Angriffsbereitschaft in der vorangegangenen Minute ist. Erfolgt keine weitere Darbietung einer Rivalenattrappe, so sinkt die Bißrate des Versuchsfisches nach und nach wieder auf das Normalniveau ab. Diese Abnahme läßt sich mit der Exponentialfunktion $A = I\, e^{-0{,}45t} + d$ beschreiben, wobei A die Gesamtheit der Angriffe pro Minute, d das durchschnittliche Niveau der Bißraten vor Zeigen der Attrappe, I der Anstieg der Bißrate in der ersten Minute nach Zeigen der Attrappe und t die Zeit in Minuten angibt (s. Abb. 48).

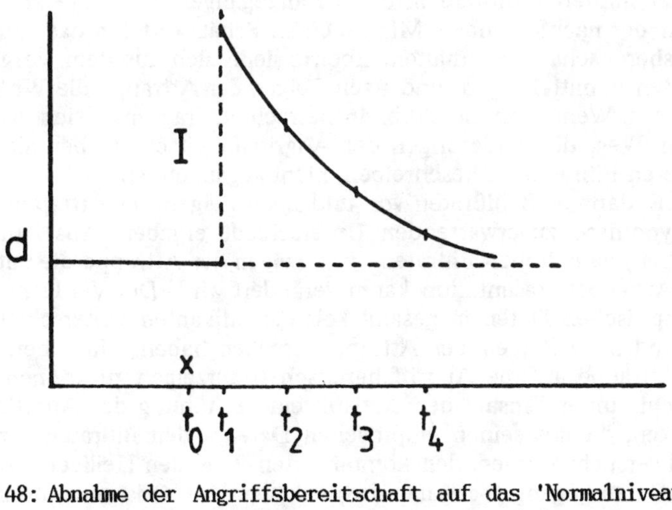

Abb. 48: Abnahme der Angriffsbereitschaft auf das 'Normalniveau' (gezeichnet nach den Angaben von Heiligenberg). d = Normalniveau der Angriffsbereitschaft; I = Anstieg der Bißrate in der 1. Minute nach Zeigen der Attrappe; x = Attrappendarbietung zum Zeitpunkt t0; t1 - t4 = Zeitskala in Minuten.

Mit dem Satz "Entsprechend der Zeitkonstanten -0,45 ist die Halbwertzeit der 'Wut' eines Cichliden gegen einen Rivalen (Attrappe) etwa 1,5 min" (Heiligenberg 1973, S. 202) schließt Heiligenberg seine Ausführungen ab.
Die Untersuchung von Heiligenberg erbrachte das interessante Phänomen, daß die von ihm ermittelten Regressionsgeraden, die sich auf Messungen der Angriffsbereitschaft ohne und nach Darbietung einer Rivalenattrappe stützen, parallel verlaufen. Für Heiligenberg bedeutet dies, daß sich alle Änderungen der Angriffsbereitschaft, die sich durch Einflüsse von außen ergeben, an dem Abstand der aus den Daten berechneten Regressionsgeraden auf der y-Achse zur Vergleichsgeraden ablesen lassen.
Wie ist er zu diesem Ergebnis gekommen und wie läßt es sich im Rahmen der Lorenzschen Theorie interpretieren? Als Meßverfahren für die Angriffsbereitschaft setzt Heiligenberg die Häufigkeit der Bisse/min in einer Standardsituation ein. Es ist die Frage zu stellen, welche Überlegungen Heiligenberg zugrundelegt, um von der von ihm gemessenen Bißhäufigkeit auf die Höhe der Bereitschaft zu schließen. Wegen der großen Varianz seiner Meßdaten von Minute zu Minute erwiesen sich die absoluten Bißraten als Maß für die Bereitschaft als ungeeignet. Heiligenberg betont selbst, daß bei so starken Schwankungen des Grundniveaus der Angriffsbereitschaft nicht direkt etwas über die Wirkung einer Attrappe auf eben diese Bereitschaft ausgesagt werden kann. Es ist anerkennenswert, daß Heiligenberg die sich mit dem von ihm eingesetzten Meßverfahren ergebenden Fluktuationen der Bereitschaft - im Gegensatz zu anderen Autoren - nicht einfach negiert, sondern sie thematisiert, d.h. nach Lösungen sucht, wie er trotz dieser spontanen Schwankungen der Bereitschaft noch Aussagen über mögliche Wirkungen von Außenreizen auf die Bereitschaft machen kann. So könnte er davon ausgehen, daß er über eine mittlere Bißrate die Höhe der Bereitschaft besser abschätzen kann, um aus einem Vergleich der mittleren Bißrate in der vorangegangenen Minute zu einer mittleren Bißrate in der nachfolgenden Minute einen Schätzwert für das Grundniveau der Angriffsbereitschaft zu erhalten. Ebenso ließe sich aus dem Vergleich der mittleren Bißraten unmittelbar vor und nach Zeigen der Attrappe die Wirkung einer Attrappe ablesen. Wenn man die Abb. 46 betrachtet, fragt man sich, warum Heiligenberg diesen Weg, die Änderungen der Angriffsbereitschaft über die Änderungen der mittleren Bißraten zu beschreiben, nicht gegangen ist.
Der Grund liegt m.E. darin, daß Bißraten *vor* und *nach* Zeigen der Attrappe nicht die nach seiner Hypothese zu erwartenden Unterschiede ergaben. Aus Abb. 47 wird deutlich, daß bei relativ hohen Bißraten *vor* Zeigen der Attrappe die mittlere Bißrate durch die Attrappenpräsentation kaum verändert wird. Der Verdacht liegt nahe, daß seine empirischen Daten insgesamt keine signifikanten Unterschiede in den Bißraten vor und nach Zeigen der Attrappe ergeben haben. Um überhaupt eine Wirkung der Attrappe auf die Angriffsbereitschaft aufzeigen zu können, hat Heiligenberg versucht, unter Einsatz der Statistik eine Erhöhung der Angriffsbereitschaft aufzudecken, die aus seinen empirischen Daten - den Bißraten - nicht ablesbar ist. Es soll versucht werden, den komplizierten Weg, den Heiligenberg bei Auswertung seiner Daten gegangen ist, nachzuvollziehen. Nur so ist eine abschließende Beurteilung der Arbeit möglich.
Wie Heiligenberg selbst betont, ließ die große Varianz seiner Beobachtungsdaten eine Wirkung der Attrappe nicht erkennen. Grundsätzlich gilt, daß nur bei einer

geringen Varianz der Daten sich auch noch geringfügige Differenzen in den gegeneinander zu testenden Daten aufzeigen lassen. Für Heiligenberg kam es nun darauf an, die Varianz seiner Daten einzuengen, um Unterschiede in den Bißraten vor und nach Zeigen der Attrappe deutlich werden zu lassen.
Einen großen Teil der experimentell beobachteten Varianz führt Heiligenberg auf die spontanen Schwankungen der Angriffsbereitschaft zurück. Da der Versuch, diese Varianz über durchschnittliche Bißraten 'herauszumitteln' anscheinend nicht das erwartete Ergebnis brachte, sucht Heiligenberg nach einem anderen Weg, um die durch 'die spontanen Schwankungen' der Bereitschaft bedingte Varianz auszuschließen. Nur wenn es ihm gelingt, den Einfluß der spontanen Fluktuationen und den Einfluß der Attrappe auf die Angriffsbereitschaft unabhängig voneinander deutlich zu machen, kann er die von ihm aufgestellte Hypothese über die Wirkung spezifischer Außenreize auf die Bereitschaft mit dem von ihm eingesetzten Meßverfahren überprüfen.
Es ist somit sein Ziel, die Wirkung der beiden Faktoren getrennt zu erfassen. Dazu macht er als erstes die Annahme, daß die spontanen Schwankungen der Angriffsbereitschaft nicht regellos sind, sondern zumindest eine statistische Gesetzmäßigkeit in der Weise erkennen lassen, daß die in der Folgeminute zu erwartende Bißrate von dem Wert des vorhergehenden Intervalls abhängt. Implizit scheint Heiligenberg davon auszugehen, daß sich die spontanen Fluktuationen der Bereitschaft durch einen Markoffprozeß charakterisieren lassen. Ein Markoffprozeß ist ein stochastischer Prozeß, für den gilt, daß die Wahrscheinlichkeit für das Auftreten eines Ereignisses von der Art des oder der vohergehenden Ereignisse bestimmt wird. Markoffprozesse sind somit durch eine Matrix der Übergangswahrscheinlichkeiten zu charakterisieren.
Heiligenberg unterteilt die Bereitschaft in acht verschiedene Klassen, die den von ihm gemessenen Bißraten von 0 - 6 und > 8 entsprechen, und die als Zustände der Markoffprozesse interpretiert werden können. Im folgenden bezeichnet stets m die Bißrate in der vorausgehenden Minute und n die Bißrate in der darauffolgenden Minute und p_{mn} die Übergangswahrscheinlichkeit von der Bißrate m zur Bißrate n. Diese Werte p_{mn} lassen sich zu einer Matrix anordnen, eben der Übergangsmatrix. Da Heiligenberg 8 Zustände betrachtet, resultiert daraus eine 8 x 8 Matrix, eine Matrix mit 64 Elementen[53].
In Abb. 46 gibt Heiligenberg beispielhaft die relativen Übergangshäufigkeiten an, wie er sie für Bißraten von 0, 4 und mehr als 6 Bisse ohne Attrappendarbietung ermittelte. Diese relativen Übergangshäufigkeiten lassen sich als Übergangswahrscheinlichkeiten in der Markoffmatrix interpretieren. ["In diesem Fall ist die relative Häufigkeit für das Ereignis 'eine Rate von n Angriffen folgt auf eine Rate mit m Angriffen' ein Schätzwert für die Übergangswahrscheinlichkeit (m,n)." (Heiligenberg 1973, S. 200).]
Heiligenberg geht davon aus, daß das Zeigen der Rivalenattrappe die Übergangswahrscheinlichkeiten von einer Minute zur anderen verändert. Er konstruiert eine zweite Übergangsmatrix mit ebenfalls 8 möglichen Zuständen. In dieser Matrix sollen die Bißraten in der Minute unmittelbar vor Zeigen der Attrappe mit m ', die

[53] Da sich die Zeilensummen der Matrix zu 1 addieren, ist die Dimension eigentlich nur 64 - 8 = 56 Elemente.

in der Minute unmittelbar nach Zeigen der Attrappe mit n ' bezeichnet werden und mit $p'_{m'n'}$ die Übergangswahrscheinlichkeit von der Bißrate m ' zur Bißrate n'.
Diese beiden Markoffmatrizen beschreiben die Übergangswahrscheinlichkeiten vom Zustand m (bzw. m ') zum Zustand n (bzw. n '), d.h. zum einen die Übergangswahrscheinlichkeiten, wie sie sich ohne Präsentation einer Attrappe, zum anderen wie sie sich nach Darbieten einer Attrappe darstellen. In einem nächsten Schritt sucht Heiligenberg nach einem geeigneten Maß, um den Übergang von einer Matrix zur anderen zu beschreiben. Dazu berechnet er für jeden Zustand m den mittleren Übergang nach $\bar{n}_m$. Dabei bezeichnet $\bar{n}_m$ den Mittelwert der Bißraten, die auf eine Bißrate von m folgen.

$$(\bar{n}_m = p_{m_0} \cdot 0 + p_{m_1} \cdot 1 + p_{m_2} \cdot 2 + \ldots + p_{m_8} \cdot 8)$$

Auf diese Weise kann eine 8 x 8 Übergangsmatrix zu einem 8 komponentigen Vektor, der die erwarteten Übergänge repräsentiert, reduziert werden. Aus den jeweils 8 Vektoren, die er aus einer Matrix errechnet hat, konstruiert Heiligenberg eine Regressionsgerade, d.h. der 8 elementige Vektor wird zu einer Geraden $y = x + a$ reduziert, die sich durch die zwei Parameter b und a charakterisieren läßt. Das Bemerkenswerte ist, daß die derart ermittelten Regressionsgeraden, die die Übergänge der Bißraten von einem gegebenen Zeitintervall zum darauffolgenden ohne und nach Darbietung einer Attrappe darstellen, nahezu die gleiche Steigung aufweisen: $b = b' = 0{,}3$. Das bedeutet, daß sich die beiden Regressionsgeraden allein durch ihre a-Werte ($a \neq a'$) unterscheiden, d.h. durch ihre Schnittpunkte mit der y-Achse.
In der Parallelität der Regressionsgeraden, die sich als Folge des Reduktionsprozesses von einer Übergangsmatrix mit 64 Feldern zu einer Geraden, die sich durch zwei Parameter kennzeichnen läßt, ergab, sieht Heiligenberg eine Rechtfertigung seiner Annahme, daß er die Gesetzmäßigkeiten der spontanen Schwankungen der Bereitschaft unter Einsatz seines Reduktionsverfahrens über Markoffprozesse beschreiben kann. Das bedeutet, daß die Unterschiede zwischen den beiden Geraden, ihr Abstand auf der y-Achse, allein auf die Wirkung der Attrappe zurückzuführen ist. Damit hat Heiligenberg sein angestrebtes Ziel erreicht, die Wirkung der beiden Faktoren, die – nach seiner Meinung – die von ihm beobachtete Varianz seiner Daten verursachen, voneinander trennen zu können.

Schema zur Verdeutlichung der 'Idee', die der Vorgehensweise von Heiligenberg zugrundeliegen könnte.

$$\text{Varianz}_{\text{beobachtet}}{}^{54} = \text{Varianz}_{\text{Attrappe}} + \text{Varianz}_{\text{spontane Schwankungen}}$$
$$\text{Varianz}_{\text{Attrappe}} = \text{Varianz}_{\text{beobachtet}} - \text{Varianz}_{\text{spontane Schwankungen}}$$

[54] Mit dem Begriff 'Varianz' ist nicht die statistische Varianz gemeint; in diesem Zusammenhang sollen mit Varianz nur die starken Schwankungen der Angriffsbereitschaft beschrieben werden.

Ich möchte die Vorgehensweise von Heiligenberg noch einmal kurz zusammenfassen. Er führt die von ihm beobachtete große Varianz in seinen Daten, die sich in regellos aufeinanderfolgenden Bißraten äußert, auf zwei Ursachen zurück; zum einen auf die nicht weiter erklärten spontanen Schwankungen der Bereitschaft, zum anderen auf die Wirkung einer Rivalenattrappe. Er sucht nach einem statistischen Modell, das ihm einen großen Teil der beobachteten Varianzen, speziell die spontanen Schwankungen der Bereitschaft, herausnimmt, um die Wirkung der Attrappe deutlich zu machen. Die beiden Markoffprozesse, die die Bereitschaftsänderungen vor und nach Zeigen einer Attrappe beschreiben, liefern parallele Geraden mit nur einem Freiheitsgrad, dem Schnittpunkt mit der y-Achse. Da nach Heiligenberg die Regressionsgeraden die Gesetzmäßigkeiten der spontanen Schwankungen der Bereitschaft repräsentieren, führt er die einzige noch verbleibende Differenz zwischen den Geraden auf die Wirkung der Attrappe zurück. Auf diese Weise glaubt er, jede Bereitschaftsänderung, die sich durch eine Einwirkung von außen ergibt, über diesen einen Wert - den Abstand auf der y-Achse - erfassen zu können.
Nachdem ich versucht habe, die Vorgehensweise von Heiligenberg nachzuvollziehen, möchte ich die Frage stellen, unter welchen Voraussetzungen eine solche Vorgehensweise zu rechtfertigen ist. Zum einen müßte Heiligenberg zeigen können, daß die mittleren Übergangswerte sehr gut auf den Regressionsgeraden liegen. Zum anderen wäre zu fordern, daß sich die Parallelität der Geraden nicht nur für die eine von ihm getestete Attrappe, sondern für weitere unterschiedliche Attrappen ergäbe. Wenn diese beiden Voraussetzungen erfüllt wären, könnten Markoffprozesse als ein gutes Modell zur Beschreibung gesetzmäßiger Fluktuationen der Bereitschaft angesehen werden. Betrachtet man jedoch die mittleren Übergangswerte vor allem nach Präsentation der Attrappe, so weisen sie eine erhebliche Streuung um die Regressionsgerade auf. Darüber hinaus ist bei der Geraden ohne Attrappendarbietung der Wert, der alle Übergänge von der vorangegangenen Minute mit der Bißrate größer als 6 zusammenfaßt, nur - wie Heiligenberg selbst angibt - durch sehr wenige Daten belegt. Wird dieser Wert eliminiert, so ergäbe sich eine Regressionsgerade mit einer sehr viel geringeren Steigung. Das bedeutet, daß schon für die beiden im Rahmen dieser Untersuchung konstruierten Geraden die Parallelität nicht sonderlich gut gestützt ist. Da aus der Arbeit nicht erkennbar ist, wie gut die mittleren Übergangswerte im einzelnen belegt sind und die Parallelität der Geraden auch nur mit einer Attrappe getestet wurde, ist eine Beurteilung der Vorgehensweise, speziell des Modells der Markoffprozesse zur Beschreibung der spontanen Schwankungen der Bereitschaft, kaum möglich.
In den auf diese Arbeit folgenden Untersuchungen von Heiligenberg und seinen Mitarbeitern wird dieses Modell - ohne weitere empirische Bestätigung - stets vorausgesetzt, um Veränderungen der Bereitschaft, die auf die spontanen Schwankungen zurückgeführt werden, beschreiben zu können. Auffallend ist jedoch, daß dieses Modell von anderen Autoren nicht aufgegriffen wurde, obwohl es - vorausgesetzt es erfährt eine empirische Bestätigung - geeignet wäre, die spontanen Fluktuationen der Bereitschaft zu erfassen, um damit ihren Einfluß auf gemessene Bereitschaftsänderungen von anderen experimentell erzeugten Einflüssen zu trennen. Auch Lorenz übernimmt nur die eine Komponente der Arbeit von Heiligenberg in sein neues Triebmodell, und zwar nur die bereitschaftssteigernde Wirkung

spezifischer Außenreize. Die andere Komponente, die Beschreibung der Gesetzmäßigkeit spontaner Bereitschaftsänderungen, wird von ihm gar nicht erwähnt. Das mag auch dadurch bedingt sein, daß zum einen die spontanen Schwankungen der Aggressionsbereitschaft im Rahmen der Lorenzschen Theorie nicht zu erklären sind, zum anderen, daß Lorenz die Vorgehensweise von Heiligenberg 'nur' als Statistik angesehen hat und die dahinterstehende 'Idee' nicht erkannt hat.
Für die Beobachtungen von Heiligenberg läßt sich aber auch ein alternatives Erklärungsmodell finden, das mit der Lorenzschen Theorie in Einklang zu bringen ist, und zwar das der Bereitschaftsmessung über die Auslösewahrscheinlichkeit, wie es zuvor (s. S. 58) bereits erläutert wurde.
Das experimentelle Design von Heiligenberg sieht so aus, daß dem Versuchsfisch 15 Jungfische als Zielobjekte für die aggressive Verhaltensweise 'beißen' beigesellt sind. Sie stellen - so die Annahme von Heiligenberg - eine Standardsituation, d.h. eine konstante Umwelt dar. Beachtet man dagegen, wie die Jungfische im Becken umherschwimmen oder am Boden nach Futter suchen, dann erscheint es mir plausibler, von einer variablen Umwelt für das Versuchstier auszugehen. Damit ist die Voraussetzung gegeben, das Modell der Bereitschaftsmessung über die Auslösewahrscheinlichkeit einzusetzen. Mit zunehmender Bereitschaft steigt auch die Wahrscheinlichkeit an, daß die Verhaltensweise 'beißen' durch die aktuell vorliegende Umweltsituation ausgelöst wird. Anhand der relativen Häufigkeit, mit der diese Verhaltensweise pro Zeitintervall auftritt, läßt sich somit die Auslösewahrscheinlichkeit für diesen Zeitraum abschätzen. Einer hohen Bereitschaft entspricht somit eine hohe Auslösewahrscheinlichkeit, die eine hohe Bißrate zur Folge hat, einer niedrigen Bereitschaft eine entsprechend niedrige Auslösewahrscheinlichkeit mit einer entsprechend niedrigen Bißrate. Während Heiligenberg in seinem Modell von spontanen Schwankungen der Bereitschaft bei konstanter Umwelt ausgeht, die sich in verschiedenen Bißraten ausdrückt, setzt dieses zweite Modell Fluktuationen der Umwelt, z.B. das sich ständig ändernde Verhalten der Jungfische voraus, durch die die Häufigkeit, mit der eine Verhaltensweise pro Zeitintervall auftritt, bestimmt wird. Den beiden Ansätzen zur Messung der Bereitschaft über die Häufigkeit der Bisse pro Zeitintervall liegen somit sehr unterschiedliche Modelle zugrunde.
Die Arbeit von Heiligenberg wirft noch eine Reihe weiterer Fragen auf. Bei meinen Überlegungen zur Messung der theoretischen Größe Bereitschaft hatte ich betont, daß mit der wiederholten Durchführung einer Verhaltensweise bei Zugrundelegung der Lorenzschen Theorie die zu messende Größe in unüberprüfbarer Weise verändert wird. Heiligenberg meint, eine solche Beeinflussung der Bereitschaft durch das Meßverfahren in der vorliegenden Untersuchung mit folgender Begründung ausschließen zu können: Da der adulte Versuchsfisch die Jungfische nie ernstlich beißt, "... kommt es nie zu einem richtigen Kampf, in dem das Männchen sich hätte erschöpfen können." (Heiligenberg 1973, S. 197). An anderer Stelle widerspricht Heiligenberg dieser Auffassung. Um das Absinken der Angriffsbereitschaft in den 15 - 30 Minuten nach Zeigen der Attrappe auf das Normalniveau zu erklären, schreibt er: "... daß die Angriffsbereitschaft gesenkt werden kann, indem man in einem gegebenen Zeitintervall genügend oft Angriffe auslöst." (Heiligenberg 1973, S. 202). Da Heiligenberg - so ist wohl anzunehmen - als Meßverfahren immer die gleichen 'nicht ernsthaften' Bisse des adulten Fisches

gegen die Jungfische protokolliert hat, wird hier die Annahme gemacht, daß nur *die* Bisse (gegen die Jungfische), die über dem Normalniveau der Angriffsbereitschaft liegen, eine die Bereitschaft senkende Wirkung haben; ist das Normalniveau erreicht, entfalten sie eine solche Wirkung nicht mehr. Es bliebe ja auch sonst die Frage ungelöst, wie ein adultes Fischmännchen, das allein aufgrund des kurzwährenden Anblicks eines Rivalen einen erhöhten Aggressionslevel erreicht, von ihm wieder bis zu einem angenommenen Normalniveau herunterkommt.
Voraussetzung für die Bestimmung der mittleren Übergangsquote für nachfolgende Intervalle ist nach Heiligenberg ein Versuchstier, das "in seinem Verhalten hinreichend beständig" ist (Heiligenberg 1973, S. 200), ohne daß definiert ist, was unter einem 'hinreichend beständigen Verhalten' zu verstehen ist. Mit einer derartigen Voraussetzung kommt ein Willkürelement in die Auswertung, da es dem Autor überlassen bleibt, welches Versuchstier er als hinreichend beständig ansieht und welches nicht, mit anderen Worten, welche Versuchsergebnisse in die Auswertung genommen und welche aussortiert werden. An dieser Stelle sei darauf hingewiesen, daß die Aussagen dieser Arbeit auf der Beobachtung *eines* Versuchstieres beruhen, was wohl nur so zu interpretieren ist, daß nur ein Versuchstier in seinem Verhalten hinreichend beständig war, um die erhofften Versuchsergebnisse zu erbringen.
Heiligenberg wollte mit dieser Arbeit zeigen, daß durch eine 30 Sekunden währende Darbietung einer Rivalenattrappe die Aggressionsbereitschaft eines Cichlidenmännchens um einen konstanten Betrag angehoben wird. Er berichtet aber auch von Versuchen, in denen dieses erwartete Ergebnis nicht eintrat. Bei einem solchen Ereignis ging nach Heiligenberg "offensichtliches Tarnen oder Fliehen" (Heiligenberg 1973, S. 198) des Versuchstieres vor der Attrappe voraus, ohne daß Kriterien angegeben werden, was unter einem 'offensichtlichen Tarnen oder Fliehen' zu verstehen ist. An dieser Stelle verstärkt sich der Verdacht, daß nur das Verhalten desjenigen Fisches in die Auswertung genommen wurde, das der Erwartung des Autors entsprach.
Während Heiligenberg eine Gewöhnung des Versuchstieres an die auslösenden Reizmuster ausschließt, heißt es in der Arbeit einer seiner Mitarbeiterinnen: "Wenn eine Trennscheibe hochgezogen wurde, um einen lebenden Artgenossen zu zeigen, steigerte der Versuchsfisch seine Angriffsrate. Wenn der Testfisch trainiert war, löste nach Hochziehen der Trennscheibe bereits ein leeres Becken denselben Anstieg der Angriffsbereitschaft aus." (Leong 1969, S. 37; Übersetzung d. Verf.).
Da aus der Arbeit von Heiligenberg nicht zu ersehen ist, wieviele Versuche mit dem Versuchstier gemacht wurden, ist nicht auszuschließen, daß der *eine* Fisch, von dem die Daten in die Auswertung genommen wurden, nicht nur in seinem Verhalten 'hinreichend beständig' war, sondern zudem auch ein bereits 'trainiertes' Exemplar war.
Meine Kritik gilt aber vor allem der Vorgehensweise von Heiligenberg bei der Reduktion der Daten, die ich noch einmal kurz zusammenfassen will. Da sich nach kurzfristiger Darbietung einer Rivalenattrappe die - nach der von Heiligenberg aufgestellten Hypothese - erwartete Erhöhung der Angriffsbereitschaft aus den empirischen Daten, den Bißraten, nicht erkennen ließ, *konstruierte* Heiligenberg eine entsprechende Erhöhung der Bereitschaft mittels eines formalen Tricks, der darin bestand, die Varianz der empirischen Daten, der Bißraten, die weder von der

Theorie erklärt werden kann, noch mit seiner Annahme eines Grundniveaus der Angriffsbereitschaft vereinbar ist, *zunächst* in eine Varianz von 'Übergängen' zu transformieren, um *diese* dann im Sinne der der Arbeit unterlegten Hypothese zu analysieren.

Diese Arbeit, wie eine Reihe von Folgearbeiten, in denen das von Heiligenberg entwickelte Modell zur Ausschaltung der spontanen Bereitschaftsschwankungen stets als adäquat vorausgesetzt wird, haben in der Fachliteratur trotz der so offensichtlichen Schwächen viel Resonanz gefunden und werden weiterhin auch in den neuesten Lehrbüchern der Verhaltensforschung zitiert, z.B. bei Eibl-Eibesfeldt (1987), McFarland (1989), und das, obwohl ein überprüfbares Ergebnis gar nicht vorliegt. Die Regressionsgeraden, die stets als Repräsentanten der Ergebnisse von Heiligenberg in den Lehrbüchern wiedergegeben werden, beruhen auf einer im einzelnen nicht mehr nachvollziehbaren statistischen Manipulation der Daten. Über die Berechtigung der Vorgehensweise von Heiligenberg bei der Auswertung seiner Daten, z.B. die sogenannten 'spontanen' Schwankungen der Angriffsbereitschaft mit Hilfe von Markoffprozessen in erstaunlich gesetzmäßige Schwankungen zu überführen, ist in der scientific community nie diskutiert worden.

Um den Einfluß von Außenfaktoren auf die Angriffsbereitschaft eines Fischmännchens geht es auch in der von Leong vorgelegten Untersuchung "The Quantitative Effect of Releasers on the Attack Readiness of the Fish *Haplochromis burtoni* (Cichlidae, Pisces)" (1969). Während Heiligenberg in der schon diskutierten Arbeit (1965 bzw. 1973) glaubte zeigen zu können, daß durch ein kurzfristiges Darbieten einer Rivalenattrappe die Angriffsbereitschaft eines Cichlidenmännchens um einen konstanten Betrag heraufgesetzt wird, und zwar unabhängig von der aktuellen Höhe der Bereitschaft, stellt Leong in Weiterführung der Arbeit von Heiligenberg die Frage, ob sich einzelne Merkmale des Rivalen finden lassen, die eine solche Wirkung entfalten. Als Versuchstiere wählt sie adulte Männchen der Cichlidenart *Haplochromis burtoni*, während Heiligenberg mit dem Cichliden *Pelmatochromis subocellatus* arbeitete.

Männchen von *Haplochromis burtoni*, die unter den Haltungsbedingungen im Aquarium die Möglichkeit haben, ein Territorium abzugrenzen, zeigen eine sehr charakteristische Färbung. Die Körperfarbe der Männchen ist ein metallisch glänzendes Hellblau. Davon heben sich schwarze Abzeichen in der Kopf- und Kehlregion, sowie am Rande der Brustflossen ab, wie auch kleine orangefarbene Flecken, die oberhalb der Brustflosse - zusammengefaßt - ein etwa kreisrundes Abzeichen bilden. Die Körpergrundfärbung wie auch die deutlich hervortretenden Zeichnungsmuster können in Sekundenschnelle verblassen, ein Männchen ist dann ebenso unscheinbar wie die Weibchen gefärbt. Ebenso schnell kann aber auch ein Männchen sein sogenanntes Prachtkleid mit den beschriebenen Zeichnungsmustern wieder anlegen.

Wie Heiligenberg operationalisiert auch Leong die Angriffsbereitschaft über die Anzahl der Bisse, die das Versuchstier, ein adultes Männchen, gegen 15 geblendete Jungfische einer anderen Art (= "constant stimulus"; Leong 1969, S. 33) pro Zeiteinheit ausführt. Auch die Versuchsanordnung entspricht der von Heiligenberg. Es wurden jeweils vor und nach Zeigen einer Attrappe, die für 30 Sekunden hinter einer durchsichtigen Glasscheibe geboten wurde, 15 Minuten hindurch die Bisse des adulten Fisches gegen die Jungfische registriert. Insgesamt wurden 15

verschiedene Attrappen (D1 - D15) in ihrer Wirkung auf die Angriffsbereitschaft des Versuchsfisches getestet. Die von Leong verwendeten Attrappen stellen recht grobe Nachbildungen einer Fischform mit entsprechend plumpen Flossen dar. Sie unterscheiden sich nur hinsichtlich der Vollständigkeit der schwarzen Zeichnungsmuster an Kopf und Kehle, sowie des Vorhandenseins oder Fehlens des orangefarbenen Abzeichens oberhalb der Brustflosse.
Auch Leong muß feststellen, daß die Bißraten des Versuchsfisches in aufeinanderfolgenden Zeitintervallen erheblich schwanken, so daß eine Vorhersage der Bißrate für ein nachfolgendes Intervall aufgrund der absoluten Daten nicht möglich ist[55]. So übernimmt sie das Modell von Heiligenberg, das davon ausgeht, daß die 'spontanen Schwankungen' der Angriffsbereitschaft über Markoffprozesse zu beschreiben sind, so daß die noch verbleibenden Veränderungen der Angriffsbereitschaft auf die Wirkung der Attrappe zurückgeführt werden können. Hierzu legt sie - allerdings ohne eigene empirische Belege - eine Graphik vor, in der die mittleren Übergangswerte als Erwartungswerte für nachfolgende Intervalle *ohne* und *nach* einer Attrappendarbietung als Grundlage der Regressionsgeraden angegeben sind (s. Abb. 49).

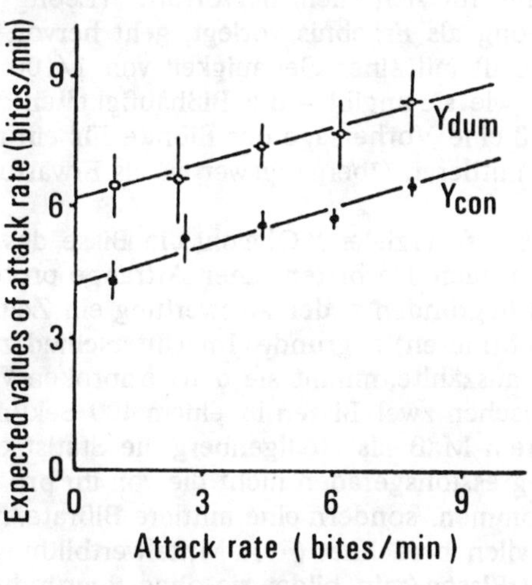

Abb. 49: Erwartungswerte für die Bißrate Y_{con} (Ordinate) in aufeinanderfolgenden 400 Sekunden Intervallen als eine Funktion der Bißrate x (Abszisse), die in einem gegebenen 400 Sekunden Intervall beobachtet wurde (schwarze Kreise). Die Erwartungswerte Y_{dum} nach Darbieten einer Attrappe (offene Kreise) zwischen einem gegebenen und dem darauf folgenden Intervall lassen eine additive Zunahme erkennen. Aus Leong (1969).

55 "Since the attack rate of a fish fluctuates considerably, it is impossible to predict, from knowledge of its value in a given 400 sec-interval, the exact rate for the subsequent period of time." (Leong 1969, S. 33).

Für alle in dieser Arbeit getesteten Attrappen ergaben sich für die Regressionsgeraden nach der Formel y = Ax + C annähernd gleiche Werte und damit eine gleiche Steigung. Das bedeutet - so Leong - daß die Bißrate nach Darbietung einer Attrappe *immer* um einen konstanten Betrag von der erwarteten Bißrate ohne Attrappendarbietung abweicht[56]. Mit dieser Vorgehensweise kann Leong die Wirkung einer Attrappe - wie Heiligenberg - über die Differenz der beiden Geraden auf der y-Achse, die Leong als d-Wert bezeichnet, bestimmen.
Ausgehend von ihrer Fragestellung, welche Merkmale des Prachtkleides eines adulten Männchens einen Einfluß auf die Angriffsbereitschaft des Rivalen haben, kommt sie zu dem Ergebnis: "Unter allen Farbmustern eines Männchens, seiner markanten Kopfzeichnung und Rumpf- und Flossenfärbung, hatten nachweislich nur zwei Komponenten Einfluß auf die Angriffsbereitschaft: ein vertikaler Strich in der Kopfzeichnung und ein orangefarbener Fleck über der Brustflosse. Die Bißrate wuchs um 2,79 Bisse/min, wenn die erste Komponente ohne die zweite geboten wurde, nahm hingegen um 1,77 Bisse/min ab, wenn die zweite ohne die erste geboten wurde. Eine Attrappe mit beiden Färbungskomponenten zusammen ließ die Bißrate um 1,08 Bisse/min ansteigen. Dies aber ist die Summe aus den beiden Werten, die jede Komponente für sich allein hervorruft." (Leong 1969, S. 29). Aus den Zahlenwerten, die Leong als Ergebnis vorlegt, geht hervor, daß sie Veränderungen der Angriffsbereitschaft mit einer Genauigkeit von 1/100 Biß/min erfassen konnte, und das, obwohl - wie sie angibt - die Bißhäufigkeiten des Versuchsfisches so sehr schwanken, daß eine Vorhersage der Bißrate für ein nachfolgendes Intervall nur mit Hilfe von mittleren Übergangswerten als Erwartungswerten möglich ist.
Wie konnte sie diese exakten Ergebnisse erzielen? Obwohl die Bisse des adulten Fisches jeweils 15 Minuten vor und nach Darbieten einer Attrappe protokolliert wurden, legt Leong - ohne dies zu begründen - der Auswertung ein Zeitintervall von jeweils 400 Sekunden (= 6 2/3 Minuten) zugrunde. Im Unterschied zu Heiligenberg, der die Bisse pro Minute auszählte, nimmt sie den reziproken Wert des durchschnittlichen Zeitintervalls zwischen zwei Bissen in einem 400 Sekunden Intervall. Leong setzt in noch stärkerem Maß als Heiligenberg die Statistik ein. So hat sie für die Konstruktion der Regressionsgeraden nicht die von ihr pro 400 Sekunden ausgezählten Bißraten genommen, sondern eine mittlere Bißrate/min auf der Basis von 400 Sekunden Intervallen berechnet (= 1. Mittelwertbildung). Über den gemittelten Bißraten von 0 - 9 Bissen/min bildet sie ohne Begründung fünf Klassen mit einem Durchschnittswert für jede Klasse (= 2. Mittelwertbildung), woraus eine etwas merkwürdig anmutende Klassengröße von jeweils 0 - 1,8 Bissen/min resultiert. Um die Regressionsgerade Y_{con}, die das Angriffsverhalten eines vom Experimentator unbeeinflußten Fisches repräsentieren soll, zu konstruieren, setzt Leong die mittleren Übergangswerte von einem 400 Sekunden Intervall zum darauffolgenden als Erwartungswerte ein (= 3. Mittelwertbildung) (s. Abb.

[56] "For all dummies described in this paper, A had approximatly the same value, the only value which varied with the dummy presented was C. This means that the attack rate expected after presentation of a dummy always differs by a constant amount from the attack rate expected if no dummy would have been presented." (Leong 1969, S. 34).

49). Erstaunlich ist, daß Leong eine annähernd gleiche Steigung der Regressionsgeraden wie Heiligenberg erhält, obwohl sie eine andere Zeitskala zugrundelegt. (Bei Leong liegt der A-Wert, der die Steigung der Geraden angibt, bei 0,28, bei Heiligenberg bei 0,29.) Da sie aber mit einer anderen Cichlidenart mit einem möglicherweise anderen 'Grundniveau' der Angriffsbereitschaft in der spezifischen Versuchssituation arbeitet und die Regressionsgerade, die das Angriffsverhalten eines durch Attrappen nicht beeinflußten Versuchstieres repräsentiert, empirisch nicht belegt ist, ist dieses Ergebnis, d.h. die auffällige Übereinstimmung in der Steigung der Regressionsgeraden, nicht überprüfbar. Der Arbeit ist auch nicht zu entnehmen, wieviele 400 Sekunden Intervalle zur Berechnung sowohl für die durchschnittlichen Bißraten/min, für die Klassenbildung, wie für die Erwartungswerte für jede Bißklasse für einen von außen unbeeinflußten Versuchsfisch (dargestellt durch die Regressionsgerade Y_{con}) von Leong zugrundegelegt wurden[57].
Als Maß für die Veränderung der Angriffsbereitschaft durch kurzfristiges Darbieten einer Attrappe nimmt Leong den d-Wert, d.h. die Differenz der Schnittpunkte der Regressionsgeraden mit der y-Achse ohne und nach Darbieten einer Attrappe. Zur Berechnung eines repräsentativen d-Wertes für eine Attrappe hat sie die mit einer speziellen Attrappe erzielten d-Werte zu einem mittleren Wert für diese Attrappe über alle Klassen zusammengefaßt (= 4. Mittelwertbildung).
Für die Attrappe D 8 wurde aus insgesamt 239 Experimenten ein mittlerer d-Wert bestimmt. Das bedeutet, daß eine Punktwolke aus 239 Punkten in einem Koordinatensystem durch *einen* Punkt repräsentiert wird. Über die Verteilung der Punkte wird nur angegeben, ob sie über oder unter der Vergleichsgeraden (Y_{con}) liegen. Für D 8 gilt z.B., daß von 239 d-Werten 153 über und 88 unter der Bezugsgeraden liegen, ohne daß angegeben ist, in welchem Abstand sie zu der Geraden liegen (s. Abb. 50).
In gleicher Weise hat Leong für jede einzelne Attrappe einen durchschnittlichen d-Wert errechnet. Allerdings ist die Anzahl der Experimente, die mit jeder einzelnen Attrappe durchgeführt wurden, unterschiedlich; sie schwankt zwischen 24 Experimenten mit D 11 und 239 Experimenten mit D 8. Dabei wird von Leong nicht berücksichtigt, daß die Anzahl der Experimente, die einem Gesamtmittelwert zugrundegelegt werden, durchaus einen Einfluß auf das Ergebnis hat.
Für einzelne Attrappen wurden die mittleren d-Werte in verschiedenen Versuchsserien bestimmt. Was aber sagt ein solcher mittlerer d-Wert noch aus, wenn z.B. in zwei Versuchsserien, die mit der Attrappe D 8 durchgeführt wurden, einmal ein mittlerer d-Wert von 1,8 Bisse/min (1. Versuchsserie), zum anderen ein d-Wert von 1,2 Bisse/min (3. Versuchsserie) resultiert. Für die abschließende Berechnung der Reizsumme wird dann mit einer Genauigkeit von zwei Stellen hinter dem Komma gearbeitet!

[57] Da auch zu der Regressionsgeraden Y_{dum} keine Angaben gemacht werden, mit welcher Attrappe die ihr zugrundeliegenden Werte erzielt wurden, kann die Graphik nur als Illustrierung der Vorstellung von Leong, daß es durch Darbieten von Attrappen mit bestimmten Merkmalen zu einer Anhebung der Angriffsbereitschaft eines adulten Fischmännchens kommt, gewertet werden. Die Skalierung der Abszisse in Abb. 49 entspricht nicht der Klasseneinteilung, die für die Bißraten festgelegt wurde.

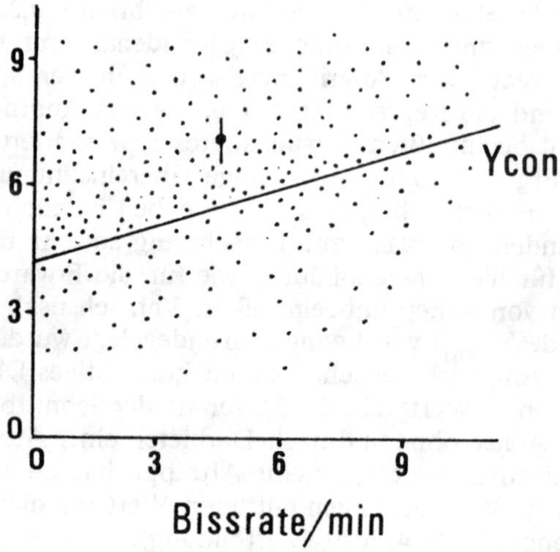

Abb. 50: 239 d-Werte (= Punkte) für die Attrappe D 8 und ihre mögliche Verteilung. 153 d-Werte, die über und 88 d-Werte , die unter Ycon liegen, werden zu einem Punkt, dem charakteristischen d-Wert für die Attrappe D 8 zusammengezogen.

Schließlich wird über den d-Werten aller derjenigen Attrappen, die nach der Berechnung von Leong eine ungefähr gleiche Erhöhung der Angriffsbereitschaft bewirkten, wie z.B. die d-Werte für die Attrappen D 6, D 7, D 10 und D 12, erneut ein Mittelwert gebildet (= 5. Mittelwertbildung) [58]. Damit werden vier 'Punktwolken', denen die ermittelten d-Werte für die vier Attrappen zugrundeliegen und die sehr unterschiedlich belegt sind, von Leong erneut in einem Punkt zusammengefaßt. Dieser Punkt repräsentiert einen Mittelwert aus insgesamt 299 d-Werten der vier Attrappen, die - entsprechend der 'Punktwolke' für D 8 - um die Vergleichsbasis Y_{con} verteilt sind. Er liegt bei +2,79, d.h. oberhalb der Vergleichsgeraden, was von Leong als eine Erhöhung der Angriffsbereitschaft des Versuchsfisches interpretiert wird. Da das einzige Merkmal, das allen vier Attrappen gemeinsam ist, ein schwarzer Streifen vom Auge zur Kehle ist, kann Leong nicht umhin, allein diesem Abzeichen eine die Angriffsbereitschaft steigernde Wirkung zuzuschreiben. Wird dieses Merkmal mit Hilfe plumper Attrappen einem adulten Männchen von *Haplochromis burtoni* für nur 30 Sekunden dargeboten, so wird seine Angriffsbereitschaft - gemessen über die Bißrate - im Mittel um 2,79 Bisse/min angehoben. Die übrigen schwarzen Abzeichen an Kopf, Kehle und

[58] Auch über den d-Werten, die mit einer Attrappe, z.B. D8, in verschiedenen Versuchsserien ermittelt wurden, wurde erneut der Mittelwert gebildet. Der endgültige Wert für eine derartige Attrappe ist damit das Ergebnis einer sechsfachen Mittelwertbildung.

Brustflossen, die nicht minder auffällig sind wie der von Leong hervorgehobene Strich vom Auge zur Kehle, haben – so betont sie – keinen Einfluß auf die Angriffsbereitschaft.

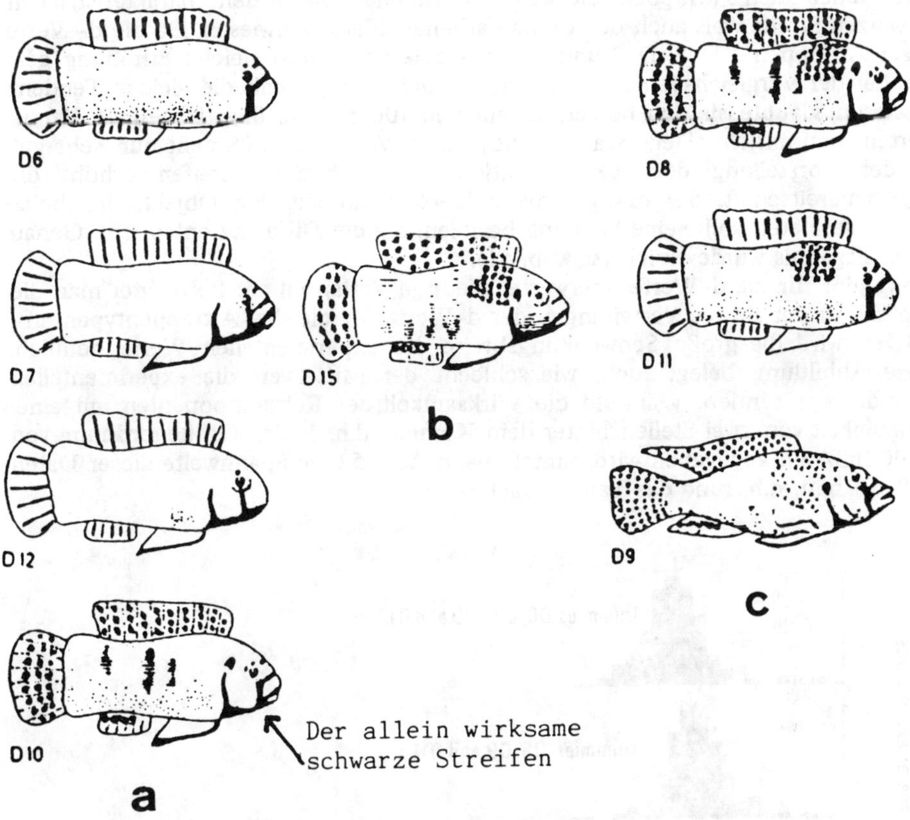

Abb. 51: Zusammenstellung der nach Leong allein wirksamen Attrappen.
a) Attrappen mit dem relevanten Streifen von der Kehle zum Auge bewirken eine Steigerung der Bißrate um 2,79 Bisse/min; b) Eine Attrappe ohne den schwarzen Streifen, aber mit dem orangefarbenen Fleck senkt die Bißrate um 1,77 Bisse/min; c) Attrappen mit dem schwarzen Streifen *und* dem orangefarbenen Fleck bewirken eine Steigerung der Bißrate um 1,08 Bisse/min. Dies ist nach Leong die Summe aus den Werten, die jede Komponente für sich allein hervorruft. Nach Leong (1969)

Leong testete nur eine Attrappe (D 15), die zwar schwarze Abzeichen am Kopf, aber nicht den charakteristischen schwarzen Streifen vom Auge zur Kehle besaß, dafür aber den orangefarbenen Fleck an der Flanke aufwies. Für diese Attrappe ermittelte sie einen Durchschnittswert von -1,77 Bissen/min gegenüber dem Vergleichswert, d.h. dem Erwartungswert ohne Darbieten einer Attrappe. Dieses Ergebnis wird von Leong dahingehend interpretiert, daß durch kurzfristiges Darbieten allein des Merkmals 'orangefarbener Fleck' die Angriffsbereitschaft eines Haplochromis-Männchens um diesen Betrag im Durchschnitt gesenkt wird. Sie testete aber auch Attrappen, die beide Merkmale, sowohl den charakteristischen schwarzen Streifen als auch den orangefarbenen Fleck, aufwiesen. Da die d-Werte dieser Attrappen - D 8, D 9 und D 11 - eine annähernd gleiche Erhöhung gegenüber der Vergleichsgeraden erbrachten, nach Leong somit die gleiche Tendenz aufwiesen, glaubte sie sich berechtigt, auch hierüber - d.h. über insgesamt 316 d-Werten - zu mitteln. Der daraus resultierende Wert von +1,08 paßt nun sehr gut zu der Vorstellung der Reizsummation. Der schwarze Streifen erhöht die Angriffsbereitschaft, der orangefarbene Fleck senkt sie. Ein Objekt, das beide Merkmale bietet, sollte eine Wirkung besitzen, die der Differenz entspricht. Genau dieses Ergebnis wurde erzielt (s. Abb. 51).

Leong gibt für die d-Werte unerwartet niedrige Varianzen an. Betrachtet man die Abb. 52, in der sie die Verteilungen der d-Werte für die drei Attrappentypen angibt, so wird die große Schwankungsbreite der experimentellen Werte deutlich. Diese Abbildung belegt auch, wie schlecht der Mittelwert die experimentellen Befunde repräsentiert. Während die Wirksamkeit der Reizkomponenten mit einer Genauigkeit von zwei Stellen hinter dem Komma, d.h. in der Größenordnung von 1/100 Biß/min angegeben wird, umfaßt nach Abb. 52 die Spannweite dieser Daten 10 Bisse/min, d.h. rund das Tausendfache.

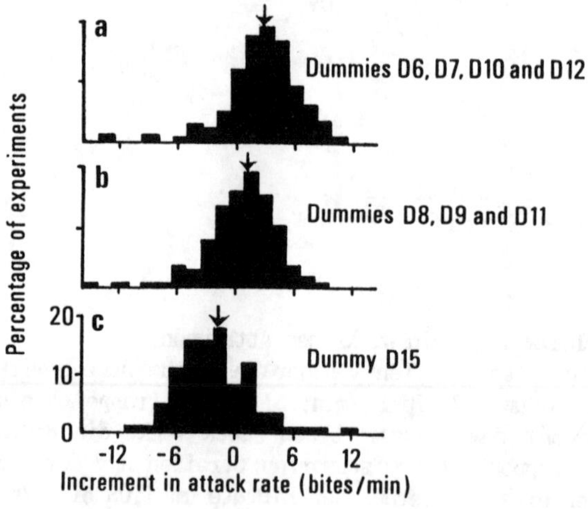

Abb. 52: Die Wahrscheinlichkeitsverteilung der Veränderungen der Bißraten a) für die Attrappen D6, D7, D10 und D12; b) für die Attrappen D8, D9 und D11; c) für die Attrappe D15; die Pfeile zeigen jeweils die mittlere Bißrate an. Aus Leong (1969).

Die Zahlenwerte, die Leong als Ergebnis ihrer Arbeit vorlegt, resultieren - um das noch einmal zu betonen - aus einer willkürlichen Klassenbildung (Wahl des 400 Sekunden Intervalls und Bißratenklassen von 0 - 1,8 Bisse/min) und einer fünffachen Mittelwertbildung. Eine beliebige, unbegründete Klassenbildung ist immer ein geeignetes Mittel, um Werte zu erzielen, die der Erwartung des Experimentators entsprechen. Es kann allerdings nur vermutet werden, daß die ungewöhnliche Klasseneinteilung der Bißraten sowie die Wahl des ebenso merkwürdigen Zeitintervalls von 400 Sekunden in dieser Arbeit darin begründet sind, Ergebnisse im Sinne der der Arbeit unterlegten Hypothese zu erhalten.
Leong interpretiert ihre Ergebnisse im Sinne der Reizsummation. In ihrer Arbeit findet sich aber auch der Satz, daß ihre Ergebnisse, vor allem die additive Wirkung der Reizkomponenten, nur Gültigkeit unter Einsatz der spezifischen Operationalisierung der Angriffsbereitschaft und der von ihr verwendeten Skala (Bisse/min) haben. Damit wird gesagt - ohne daß Leong dies allerdings ausführt -, daß sie nur unter den von ihr gewählten Versuchsbedingungen Additivität der Daten erzielen konnte, ohne daß aufgrund dieser Meßdaten etwas über den Verrechnungsmechanismus, den ein Tier benutzt, ausgesagt werden kann (s. S. 42). Trotz dieser Einschränkung werden die Ergebnisse von Leong weiterhin als eindrucksvolles Beispiel für das Prinzip der Reizsummation - speziell der Summation motivierender Reize - (Eibl-Eibesfeldt 1987, S. 170) angesehen und auch von McFarland entsprechend gewürdigt: "Bei dieser Problemannäherung konnte Leong (1969) zeigen, daß sich verschiedene Aspekte der Farbmuster territorialer Männchen, wenn diese Muster auf Attrappen aufgemalt werden, auf die Angriffsrate eines männlichen Buntbarsches additiv auswirken." (McFarland 1989, S. 200) Sollten die Autoren die so offensichtlichen Fehler und Manipulationen in dieser Arbeit übersehen haben?
Die Ausführungen von Leong im methodischen Teil ihrer Arbeit über den Umgang mit Attrappen sind nicht dazu angetan, die Ergebnisse dieser Arbeit anders als Forschungsartefakte einzuschätzen. So schreibt Leong, daß zu Beginn der Versuche täglich sechs verschiedene Attrappen mit halbstündiger Pause zwischen den einzelnen Versuchen eingesetzt wurden. Es zeigte sich jedoch, daß der Versuchsfisch immer in der gleichen Weise auf die unterschiedlichen Attrappen reagierte. Dies ist nach Leong durch Konditionierung bedingt [59]. Um dies zu vermeiden, wurden die Experimente mit nur jeweils einer Attrappe pro Tag durchgeführt mit der Begründung, daß der Fisch bis zum nächsten Tag ausreichend Zeit hätte, die spezielle Attrappe zu vergessen. Daraufhin wurden mit nur jeweils einer Attrappe täglich 6-7 Experimente durchgeführt. Aber auch diese Vorgehensweise ist nach Leongs eigenen Angaben nicht zulässig; denn aufgrund ihrer Erfahrung mit den Versuchstieren hätte pro Tag jeweils nur ein Experiment durchgeführt werden dürfen, alle übrigen sind durch Konditionierung verfälscht.

[59] "Initially six dummies were used daily. However, it was found that the fish would then react in the same way to all dummies presented, no matter how much they differed from another. This is due to conditioning: the fish anticipates the appearence of the most effective dummy whenever any object is presented in the usual experimental way." (Leong 19669, S. 37).

Mein Versuch, die Ergebnisse der Arbeit von Leong unter den von ihr angegebenen Versuchsbedingungen zu reproduzieren, mißlang. Nicht einmal in der Tendenz ließ sich eine Wirkung von Attrappen, wie sie auch Leong einsetzte, auf die Bißrate eines adulten Fisches gegenüber geblendeten Jungfischen erzielen. Ich erhielt weder nach Darbietung einer Attrappe mit dem charakteristischen schwarzen Streifen vom Auge zur Kehle eine Erhöhung, noch nach Zeigen einer Attrappe mit den orangefarbenen Flecken eine Erniedrigung der mittleren Bißrate des Versuchsfisches. Meine Versuche haben aber ganz eindeutig gezeigt, daß die Anzahl der 'Angriffe' eines adulten Männchens gegen die Jungfische nicht durch eine kurzfristige Konfrontation mit einer in bestimmter Weise ausgestalteten Attrappe beeinflußt wird, sondern ausschließlich durch das Verhalten der Jungfische. Immer dann, wenn sich einer oder mehrere der Jungfische am Boden des Aquariums - vor allem in der Nähe des Versuchsfisches - aufhielten, wurden sie durch einen Maulstoß (vermutlich das, was Leong unter einem 'angedeuteten' Biß versteht) vom Versuchsfisch vertrieben. Da die Jungfische nach dem Einsetzen in das Versuchsbecken zunächst nur am Boden herumschwammen, war ein solcher Eingriff regelmäßig mit einem erheblichen Anstieg der Bißrate des Versuchsfisches verbunden. Bereits ein bis zwei Stunden später, wenn sich die Jungfische nur noch in den oberen Bereichen des Versuchsbeckens, bevorzugt an den Aquarienwänden, aufhielten, wo sie vom Versuchsfisch unbehelligt blieben, sank die Bißrate auf Null. Die Jungfische schwimmen so gut wie nie durch den Raum, sondern gleiten höchstens an den Aquarienwänden nach unten. In den Versuchen wurden die Jungfische auch individuell markiert. So konnte ich beobachten, daß die größten und lebhaftesten unter ihnen immer dann, wenn sie in die Nähe des Versuchsfisches kamen, von ihm mit dem Maul angestoßen ('gebissen') wurden, während andere nicht so lebhafte Jungfische in der gleichen Situation schon mal geduldet wurden. Es ergaben sich auch große Unterschiede zwischen den einzelnen Versuchsfischen; einige reagierten regelmäßig mit einem Maulstoß, wenn ihnen Jungfische zu nahe kamen, andere duldeten sie ab und an in ihrer Nähe. Auch wenn es zu Auseinandersetzungen zwischen den Jungfischen kam und einer von ihnen an den Boden des Aquariums abgedrängt wurde, stieg die Wahrscheinlichkeit, daß er von dem adulten Fisch angestoßen wurde, d.h. 'gebissen' wurde. Aufgrund dieser Beobachtungen konnte die Bißrate jederzeit durch solche Manipulationen, die zur Folge hatten, daß sich die Jungfische am Boden ansammelten, erhöht werden. In derartigen künstlich erstellten Situationen erzielte ich regelmäßig die höchsten Bißraten, die in dem Maße wieder abnahmen, wie die Jungfische wieder ihre Plätze an den oberen Wandbereichen des Aquariums einnahmen. Ich konnte somit zeigen, daß eine Erhöhung der Bißrate des Versuchsfisches so gut wie ausschließlich durch das Verhalten der Jungfische bewirkt wird, während eine Beeinflussung des Angriffsverhaltens eines adulten Fisches durch eine 30 Sekunden währende Attrappendarbietung über die Bißrate pro Zeit nicht erkennbar war.

Wenn das Verhalten der Jungfische einen so starken Einfluß auf die Meßgröße, d.h. die Bißrate des Versuchsfisches, hat, dann ist weder eine 'Standardsituation' noch ein 'konstanter Reiz' (Leong 1969) als wesentliche Voraussetzung für die Bereitschaftsmessung gegeben. Das bedeutet, daß unter diesen Versuchsbedingungen die Bißrate/min keine geeignete Operationalisierung für die Angriffsbereitschaft darstellt, und daß damit auch die von Heiligenberg und Leong vorgelegten

Meßergebnisse sich als inhaltslos, d.h. als nicht interpretierbar, erweisen. Es ist eine Mindestforderung, daß die Annahme einer 'Standardsituation' nicht nur einfach aufgestellt, sondern auch experimentell belegt wird. Zumindest müßte gezeigt werden, daß sich der Einfluß des Verhaltens der Jungfische auf die Meßgröße 'herausmittelt', d.h. im Endeffekt gleich Null ist.
Ich kann nur vermuten, daß Heiligenberg wie auch Leong eine Erhöhung bzw. eine Erniedrigung der Bißraten im direkten Zeitvergleich der Zeitintervalle vor und nach Darbieten einer Attrappe genauso wenig wie ich beobachten konnten. Ein Effekt, der ihrer Hypothese entsprach, ließ sich nur - wie ich dargestellt habe - durch einen massiven Einsatz der Statistik erreichen.

5.2 Die 'Langzeitwirkung' motivierender Reize: Weitere Versuche zum Kampfverhalten von Buntbarschen

Bei Untersuchungen zur Wirkung von Außenreizen auf die Angriffsbereitschaft gewannen Heiligenberg und Kramer (1972)[60] den Eindruck, daß ihre Versuchstiere bei wiederholter Präsentation einer speziellen Rivalenattrappe von Mal zu Mal mit mehr Attacken gegen die Jungfische antworteten, ein Verhalten, daß von ihnen als Ausdruck einer stetigen Zunahme der Angriffsbereitschaft interpretiert wurde. Sie stellten daraufhin die Hypothese auf, daß eine derartige Attrappe nicht nur eine kurze Erhöhung, sondern darüber hinaus einen kontinuierlichen, länger anhaltenden Anstieg der Angriffsbereitschaft bewirkt. Diesen zunächst nur intuitiv erfaßten Effekt versuchten sie durch entsprechende Experimente zu quantifizieren.
Zur Operationalisierung der theoretischen Größe Angriffsbereitschaft wählten sie - wie in den zuvor diskutierten Arbeiten von Heiligenberg und Leong - die Häufigkeit der Bisse, die das Versuchstier gegen geblendete Jungfische einer anderen Art richtete. Obwohl es von Heiligenberg und Kramer nicht explizit erwähnt wird, ist davon auszugehen, daß sie auch diesen Versuchen das von Heiligenberg entwickelte Modell unterlegten, so daß Veränderungen der Angriffsbereitschaft über die Differenzen zwischen den Schnittpunkten der Regressionsgeraden mit der y-Achse erfaßt werden können (d-Wert nach Leong). Die Regressionsgeraden werden nach dem Modell aufgrund der mittleren Übergangswerte der Bißraten vor und nach Zeigen der Attrappe berechnet; allerdings fehlen in dieser Arbeit hierzu jegliche Angaben.
Als Versuchstier diente wiederum der Buntbarsch *Haplochromis burtoni*. Zu Beginn eines Versuches wurden vier adulte Männchen zusammen mit einer Schar Jungfische für zwei Monate isoliert. Im Anschluß an die Zeit der Isolation bestimmten Heiligenberg und Kramer an zehn aufeinanderfolgenden Tagen über die Bißrate/min das Grundniveau ihrer Angriffsbereitschaft ("baseline activity"; Heiligenberg und Kramer 1972, S. 334). Während der Versuche vom 11. - 20. Tag wurde jedes Männchen im Abstand von 15 Minuten für jeweils 30 Sekunden mit

[60] Heiligenberg, W. und Kramer, U. (1972) "Aggressiveness as a function of external stimulation"

einer Rivalenattrappe konfrontiert und das in ununterbrochener Folge für acht Stunden am Tag.
Die Attrappe trug als relevantes Merkmal nur den schwarzen Augenstreif, der in der Versuchsserie in natürlicher Ausrichtung, in den Kontrollexperimenten um 90° gegenüber dieser Ausrichtung verdreht, dargeboten wurde. Unter diesen Versuchsbedingungen wurde dem Fisch an zehn aufeinanderfolgenden Tagen somit täglich 32 mal mit einer Pause von nur jeweils 15 Minuten die gleiche Attrappe gezeigt. Dabei schließen Heiligenberg und Kramer - ohne weitere Begründung - einen Lerneffekt gegenüber der wiederholt dargebotenen Attrappe sowie eine Gewöhnung an die Versuchssituation aus. Im Anschluß an diese Versuche wird über weitere zwanzig Tage die Angriffsbereitschaft mit Hilfe der Bißrate/min bestimmt. Heiligenberg und Kramer erhalten folgendes Ergebnis: Die wiederholte Darbietung einer Attrappe mit dem schwarzen Augenstreif in natürlicher Ausrichtung bewirkt einen ständigen Anstieg der Angriffsbereitschaft, ein Effekt, der mit einer Attrappe mit dem um 90° gedrehten Augenstreif nicht erreicht wird. Heiligenberg und Kramer haben ihre Ergebnisse nur in Form einer Graphik dargestellt (s. Abb. 53)[62].
Die hierin angegebenen Meßpunkte sind das Resultat einer dreifachen Mittelwertbildung und zwar aus den zweiunddreißig täglich hintereinander ausgeführten Attrappenexperimenten (= Tageswert/Fisch), aus den Tageswerten/Fisch in den sechs (bzw. vier) Versuchsserien, um schließlich über den gemittelten Werten der Einzeltiere für alle vier Versuchstiere einen Durchschnittswert zu bilden.
Heiligenberg und Kramer haben versucht, den von ihnen - im wahrsten Sinne des Wortes - ermittelten Sachverhalt mathematisch zu formulieren. Um ihre Vorgehensweise transparent zu machen, will ich die von ihnen der Arbeit unterlegten Annahmen zusammenfassen.
1. Annahme: Jede Darbietung einer Rivalenattrappe mit einem spezifischen Merkmal erhöht die Angriffsbereitschaft um einen konstanten Betrag (= S).
2. Annahme: Eine solche Attrappe behält während der wiederholten Präsentation (320 mal in 10 Tagen) immer den gleichen motivierenden Wert; Lerneffekte und Gewöhnung an die Versuchssituation werden - wie schon betont - von Heiligenberg und Kramer ausgeschlossen.
3. Annahme: Jede Attrappe hat einen motivierenden Langzeiteffekt, der im Laufe der Zeit exponentiell abnimmt. Wird diese zeitliche Abnahme der motivierenden Wirkung durch die Exponentialfunktion $f(x) = S \cdot e^{-c \cdot x}$ beschrieben, so ist die motivierende 'Restwirkung' einer Attrappe, die zum Zeitpunkt t_k geboten wurde, zum Zeitpunkt t gegeben durch: $f(t-t_k) = S \cdot e^{-c(t-t_k)}$.
4. Annahme: Die Gesamtwirkung von n aufeinanderfolgenden Attrappendarbietungen entspricht der Summe der 'Restwirkungen', die von den vorangegangenen Attrappendarbietungen noch übrig geblieben sind. Daraus folgt, daß die motivie-

[62] Auffallend an diesem Ergebnis ist, daß die Angriffsrate durch die - nach Heiligenberg und Kramer - wirksame Attrappe nur um eine Bißrate von durchschnittlich 0,5 Bisse/min angehoben wird, während Leong bei der gleichen Art und unter gleichen Versuchsbedingungen nach nur einmaliger Darbietung eine Steigerung von durchschnittlich 2,79 Bissen/min erzielte. Eine Erklärung für diese Differenz wird von den Autoren nicht gegeben.

rende Wirkung einer Attrappe *additiv* mit den 'Restwirkungen' der vorhergehenden Attrappen verrechnet wird. Wird die Halbwertzeit von 3 Minuten zugrundegelegt, die Heiligenberg in einer früheren Arbeit (1965) ermittelte, so ist leicht einzusehen, daß die motivierende Wirkung einer Attrappendarbietung nahezu auf 0 zurückgegangen ist, wenn 15 Minuten später die nächste Attrappendarbietung erfolgt[63]. Das würde bedeuten, daß die Zunahme der Wirkung der Attrappe nach häufiger Darbietung kaum höher ist als bei einmaliger Präsentation.

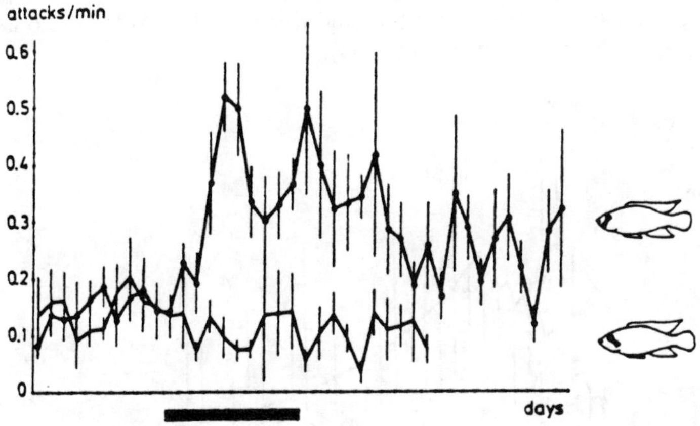

Abb. 53: Langzeitanstieg der Angriffsrate nach Darbieten einer Attrappe mit einem natürlich orientierten Augenstreif über einen Zeitraum von 10 Tagen in ¼ stündlichem Abstand (obere Kurve). Mit einem um 90° gedrehten Augenstreif ließ sich ein entsprechendes Ergebnis nicht erzielen (untere Kurve). Der oberen Kurve liegen 6, der unteren 4 Experimente mit insgesamt vier Versuchsfischen zugrunde. Der schwarze Balken gibt den Zeitraum der Attrappendarbietung wieder; die Kreise entsprechen den gemittelten Meßwerten, die ausgezogenen Linien geben die Standardabweichungen an[61]. Aus Heiligenberg und Kramer (1972).

Tatsächlich beobachteten Heiligenberg und Kramer aber einen ständigen Anstieg der Bißrate (s. Abb. 53), den sie auf eine längerfristige bereitschaftssteigernde Wirkung der Attrappe zurückführen. Diesen 'Langzeiteffekt' einer Attrappe beschreiben Heiligenberg und Kramer wiederum durch eine Exponentialfunktion.

[63] Nach 15 Minuten ist die motivierende Wirkung der zuletzt gebotenen Attrappe auf 1/32 zurückgegangen (= 3,125% des ursprünglichen Wertes), während von der vorletzten Attrappe nur noch 1/1024 (weniger als 1 Promille) ihrer motivierenden Wirkung übriggeblieben ist.

[61] Die Meßwerte vor und nach der Zeit der Attrappendarbietung entsprechen Mittelwerten aus täglichen dreistündigen Messungen an vier Versuchsfischen.

Mit Hilfe eines Computerprogrammes ermitteln sie diejenige Exponentialfunktion, die am besten den gemittelten empirischen Daten entspricht. Als Resultat erhielten sie eine langfristige Zunahme der Angriffsbereitschaft um 0.0015 Bisse/min pro Attrappendarbietung, die mit einer Halbwertzeit von circa sieben Tagen abnimmt. Ob diese grundlegende Annahme gerechtfertigt ist, daß eine Attrappe eine konstante motivierende Langzeitwirkung entfaltet, die im Laufe der Zeit exponentiell wieder abnimmt, kann man ausschließlich danach beurteilen, wie gut die empirisch gewonnenen Daten (die ja auch bereits berechnete Größen darstellen) durch die von Heiligenberg und Kramer ermittelte Exponentialkurve approximiert werden. Diese Frage wird in dieser Arbeit gar nicht thematisiert. Doch wirkt die Übereinstimmung zwischen den Meßwerten und der von den Autoren konstruierten Kurve keineswegs überzeugend (s. Abb. 54).

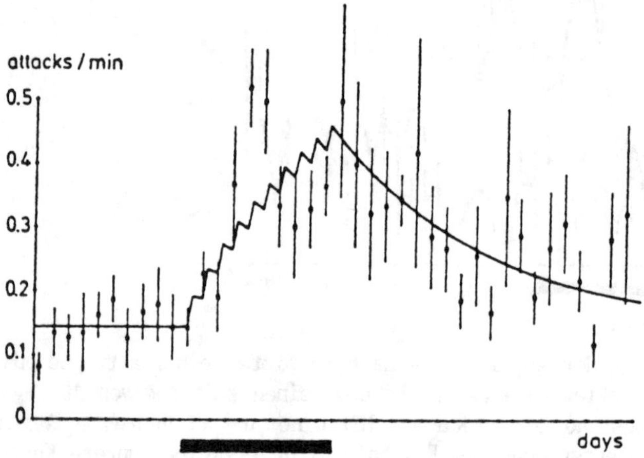

Abb. 54: Die von Heiligenberg und Kramer konstruierte Kurve im Vergleich zu den gemittelten Werten (weitere Erklärungen im Text). Aus Heiligenberg und Kramer (1972).

Während des Versuchszeitraumes (= Tage der Attrappendarbietung) sind die *Abweichungen* so drastisch, daß man diesen Ansatz als gescheitert betrachten kann. Für die Zeit nach der Attrappendarbietung ist besonders auffällig, daß am Ende des Versuchszeitraumes die Meßwerte systematisch größer zu sein scheinen, was dazu führt, daß eine horizontale Gerade die Meßwerte fast ebenso gut zu approximieren scheint wie eine Exponentialfunktion. Aufgrund dieses Effektes wäre es notwendig gewesen, die Versuche über einen längeren Zeitraum fortzusetzen, um zu sehen, ob die Langzeitwirkung wirklich auf 0 geht.
Beachtenswert ist, daß der ermittelte exponentielle Abfall der postulierten motivierenden Langzeitwirkung einer Attrappe dadurch gewonnen wurde, daß über die Ergebnisse von mehreren Versuchsfischen *gemittelt* wurde. Die zeitliche Veränderung des Motivationszustandes ist ein individuelles Phänomen, das durch Mitte-

lung über Individuen nur 'verwischt' wird. Es wäre deshalb sinnvoller gewesen, wenn Heiligenberg und Kramer die postulierte Dynamik der Motivationsänderung für jeden Fisch einzeln analysiert hätten. Nur dann könnte der Leser beurteilen, ob die Annahme eines exponentiellen Abfalls der längerfristig motivierenden Wirkung einer Attrappe *für jeden Einzelfisch* zutrifft, und ob die verschiedenen Individuen dieselbe Motivationsdynamik aufweisen, was durch die Mittelung über Einzelindividuen implizit vorausgesetzt wird.
Für Eibl-Eibesfeldt ist das Ergebnis dieser Arbeit allerdings so bedeutsam, daß er in seinem Lehrbuch dic Ergcbnissc von Hciligenberg und Kramer in Form der Abbildung wiedergibt und die lapidare Feststellung trifft: "Erwachsene männliche Buntbarsche (*Haplochromis burtoni*, Anm. d. Verf.) ... kann man auch durch Außenreize in eine gesteigerte und länger anhaltende Angriffsbereitschaft versetzen." (Eibl-Eibesfeldt 1987, S. 113).
Es ist zu fragen, wieso die Arbeiten von Heiligenberg (1965), Heiligenberg und Kramer (1972) und Leong (1969) eine solche Bedeutung erlangen konnten, daß sie bis heute in allen Lehrbüchern der Verhaltensforschung, vor allem auch in der englischsprachigen Literatur, als wichtige quantitative Ergebnisse speziell zur Bereitschaftsmessung dargestellt werden[64]. Zu der positiven Resonanz auf diese Arbeiten mag beigetragen haben, daß in ihnen ein für die Verhaltensforschung neuer Gedanke, der der motivierenden Außenreize aufgegriffen wurde. Diese Idee erschien vielen - rein intuitiv - so plausibel, daß Untersuchungsergebnisse, die sie zu stützen scheinen, ohne jede Kritik übernommen wurden, obwohl sich diese Ergebnisse bei genauerer Prüfung als Forschungsartefakte darstellen. Aus der Literatur über Forschungsartefakte ist bekannt, daß methodische Fehler und Mängel in der Datenauswertung immer dann lange unentdeckt bleiben, wenn die Ergebnisse im Sinne der Erwartungen der Forscher liegen. Zusätzlich scheinen ein hoher methodischer Aufwand und auch eine angeblich hohe Meßgenauigkeit die Kritikfähigkeit einer scientific community erheblich herabzusetzen. Die Arbeiten von Heiligenberg und Mitarbeitern machen wieder einmal deutlich, welches besondere Prestige Zahlen zukommt, als seien sie schon ein Garant für Objektivität, so daß eine Überprüfung der Ergebnisse sowie eine Analyse der Daten, d.h. zu hinterfragen, was sie im Rahmen der Theorie inhaltlich aussagen, in der Regel unterbleibt. Auch die Ehrfurcht vor der Statistik, die in den hier zitierten Arbeiten intensiv eingesetzt wurde, mag manchen davon abgehalten haben, diese Arbeiten kritisch zu analysieren.

5.3 Das Konzept der abschaltenden Endsituation

Das energetische Triebkonzept mit der kontinuierlich ansteigenden Triebenergie crfordert, da der Prozeß nicht ad infinitum weitergehen kann, eine Triebreduktion. Von Lorenz wurde festgelegt, daß sie allein durch die Ausführung der triebverzehrenden Endhandlung erfolgt. Wie bindend diese Vorstellung für ihn ist, mag

[64] Z.B. D. McFarland: "Biologie des Verhaltens" (deutsche Übersetzung 1989).

folgendes Beispiel verdeutlichen. Von Graugänsen ist bekannt, daß sie eine sehr enge Paarbindung eingehen. "Was ein Gänsepaar lebenslänglich zusammenhält, ist das Triumphgeschrei und nicht die geschlechtlichen Beziehungen zwischen den Gatten." (Lorenz 1964, S. 294) Lorenz sagt damit, daß die Graugans nicht die Nähe des Partners sucht, sondern allein die auslösende Situation, in der die Triebenergie für das Triumphgeschrei - eine Begrüßungsgeste der Gänse - abgearbeitet werden kann. Durch dieses proximate Ziel, das Heruntersetzen der spezifischen Triebenergie, wird die Bindung der Partner oder auch Familienmitglieder aneinander gesichert. Lorenz spricht von einer Triumphgeschrei-Bindung. "Die verselbständigte Instinktbewegung ist kein Nebenprodukt, kein 'Epiphänomen' des Bandes, das die beiden Tiere zusammenhält, sondern sie ist selbst dieses Band. Die ständige Wiederholung derartiger, das Paar zusammenhaltender Zeremonien gibt ein gutes Maß für die Stärke des autonomen Triebes, der sie in Gang setzt. Verliert ein Vogel seinen Gatten, so verliert er damit auch das Objekt, an dem allein er diesen Trieb abreagieren kann, und die Art und Weise, in der er den verlorenen Partner sucht, trägt alle Kennzeichen des sogenannten Appetenzverhaltens, d.h. des urgewaltigen Strebens, jene erlösende Umweltsituation herbeizuführen, in der sich ein gestauter Instinkt entladen kann." (Lorenz 1964, S. 107 f.) Damit postuliert Lorenz einen Bindungstrieb, der allein durch den Verbrauch an Triebenergie für den Bewegungsablauf des Triumphgeschreis befriedigt werden kann und nicht über die Situation, z.B. die Anwesenheit des Partners.

Diese Erklärung erschien einigen Mitarbeitern von Lorenz wenig plausibel. Hinzu kam, daß immer mehr Beobachtungen vorlagen, die sich im Rahmen des Endhandlungskonzeptes nicht befriedigend interpretieren ließen. So sah man sich veranlaßt, ein neues Konzept, das der abschaltenden Endsituation einzuführen. In diesem Zusammenhang berichtet Eibl-Eibesfeldt, daß beim Gehäusewechsel eines Einsiedlerkrebses sich acht verschiedene Erbkoordinationen unterscheiden lassen, die in Abhängigkeit von speziellen Umweltsituationen aufeinander folgen. "Findet ein Einsiedlerkrebs z.B. die Öffnung eines Schneckengehäuses beim ersten Zusammentreffen, fallen alle jene Verhaltensweisen aus, mit denen das Tier normalerweise zunächst einmal die Außenseite des Schneckenhauses überprüft. Das Tier geht dann gleich dazu über, das Innere mit den Scheren und dem ersten Schrittbeinpaar zu untersuchen. ... In solchen Fällen kommt das Verhalten normalerweise nicht durch aktionsspezifische Ermüdung zu einem Ende, sondern es wird eine gewissermaßen abschaltende Reizsituation erreicht." (Eibl-Eibesfeldt 1987, S. 285 f.)

Nach Hassenstein ist das Suchen nach einem Sonnenplatz Ausdruck eines Appetenzverhaltens, das Auffinden eines geeigneten Platzes wird von ihm als abschaltende Endsituation interpretiert. Auch das Aufsuchen eines Artgenossen, um sich von ihm kraulen zu lassen, wird von Hassenstein als Appetenzverhalten angesehen, d.h. als Ausdruck eines spezifischen Antriebs. Die Fellpflege durch den Sozialpartner entspricht dann der triebreduzierenden Endsituation.

Dieses neue Konzept wird in den Lehrbüchern der Verhaltensforschung so eingeführt, als würde es sich nahtlos in die bestehende Theorie von Lorenz einfügen. So heißt es im Lehrbuch von Eibl-Eibesfeldt dazu: "Es sei aber bereits hier betont, daß es nicht nur abschaltende Endhandlungen gibt, über deren Ablauf ein Trieb gewissermaßen befriedigt wird, sondern auch abschaltende Endsituationen

..." (Eibl-Eibesfeldt 1987, S. 96). Auch für Lamprecht bedeutet es keine Schwierigkeit, den Begriff Endsituation in dem Kapitel zur Triebreduktion in seinem Lehrbuch einzuführen. Als Beispiel greift er die Ergebnisse einer Arbeit von Sevenster-Bol (1962) zur Triebreduktion auf, die er wie folgt zusammenfaßt: "Wenn ein Stichlingsmännchen ein Gelege besamt, nimmt die Wahrscheinlichkeit für Zickzacktanz bei ihm ab und erholt sich erst wieder im Lauf einer Stunde. Experimente zeigen, daß es sich um eine echte Sexualdrangverminderung handelt, die allerdings nicht durch die ausgeführten Besamungsbewegungen, sondern durch den Anblick des im Nest ablaichenden Weibchens und durch die Anwesenheit eines Geleges bewirkt wird. Hier sind nicht Endhandlungen, sondern *Endsituationen* entscheidend." (Lamprecht 1982, S. 44) In der Neuauflage seines Lehrbuches Verhaltensphysiologie führt auch Franck dieses Beispiel an: "Es konnte gezeigt werden, daß nicht etwa der Verbrauch 'aktionsspezifischer Energie', sondern das Vorhandensein frischer Eier im Nest die sexuelle Handlungsbereitschaft (des Stichlingsmännchens, Anm. d. Verf.) absinken läßt." (Franck 1985, S. 27)
Wie die Zitate zeigen, wird in diesem Zusammenhang auf eine Arbeit von Sevenster-Bol (1962) verwiesen, in der der Begriff der abschaltenden Endsituation erstmals erwähnt wird. Die Beobachtung, daß ein Stichlingsmännchen im Anschluß an eine erfolgreiche Balz eine Ruhepause von circa einer Stunde einlegt, ehe es ein weiteres Weibchen umwirbt, wird von Sevenster-Bol als Ausdruck einer Triebreduktion interpretiert, und sie stellt sich die Frage, wodurch sie bewirkt wird. Sie unterlegt ihrer Arbeit die Hypothese, daß während der Balz beim Stichlingsmännchen Aggressions- und Balztrieb aktiviert sind, sich aber gegenseitig hemmen. Aufgrund dieser Hypothese stützen sich die Aussagen dieser Arbeit ausschließlich auf einen Vergleich der Meßwerte dieser beiden Größen, wie sie nach unterschiedlichen Versuchsbedingungen gewonnen wurden. Die Messungen von Sevenster-Bol ergaben, daß in Versuchsreihen nach erfolgreicher Balz, d.h. auch mit Besamung eines Geleges, sich das Verhältnis von Aggressions- zu Sexualtrieb zugunsten des Aggressionstriebes verschoben hatte. Hierfür sind nach Sevenster-Bol zwei Situationen, die aus der Balz resultieren, verantwortlich. Erstens die 'Trommelsituation' (quivering situation), in der ein Weibchen im Nest liegt und dem Männchen die auslösende Situation für die Verhaltensweise 'trommeln'[65] bietet. Zweitens das Vorhandensein eines Geleges im Nest. Diesen beiden Situationen ist gemeinsam, daß jeweils 'etwas' im Nest liegt. Das Vorhandensein eines Objektes im Nest steigert die Aggressionsbereitschaft des Männchens, wodurch es aufgrund der angenommenen wechselseitigen Hemmung der Triebe zu einer Reduktion des Sexualtriebes kommt[66]. Dabei wird der Situation 'Eier im Nest' aufgrund der längeren Erholungsphase des Sexualtriebes nach Darbieten dieser Situation eine stärker reduzierende Wirkung zugesprochen. Eine zusätzliche direkte Einwirkung beider Situationen auf den Sexualtrieb schließt Sevenster-Bol nicht aus, hält sie aber

[65] Das Männchen stößt dabei mit der Schnauze schnell hintereinander gegen die Schwanzwurzel des Weibchens, bis die Eiablage erfolgt.

[66] Obwohl die 'Trommelsituation' stets mit einer Verhaltensweise des Männchens gekoppelt ist, führt Sevenster-Bol die Reduktion des Sexualtriebes allein auf die 'quivering situation' und die damit verbundene Steigerung der Aggressionsbereitschaft des Männchens zurück.

für sehr unwahrscheinlich. Dagegen hat der Akt der Besamung - als mögliche Endhandlung - aufgrund ihrer Messungen keine Auswirkung auf den Sexualtrieb des Männchens. Jedoch geht auch Sevenster-Bol davon aus, daß sich der Sexualtrieb eines Männchens im Verlauf einer Stunde wieder erholt, auch wenn weiterhin Eier im Nest liegen. Wie sich das mit ihrer Argumentation zur Triebsenkung verträgt, wird von ihr nicht weiter erörtert. Abgesehen von den methodischen Unzulänglichkeiten[67] dieser Arbeit, lassen sich die Ergebnisse aufgrund der unterlegten Hypothese eher auf das Zusammenspiel sich wechselseitig hemmender Triebe zurückführen als auf die triebreduzierende Wirkung einer spezifischen Umweltsituation. Diese in diesem Zusammenhang immer wieder zitierte Arbeit ist somit kaum als Stütze des Konzeptes einer abschaltenden Endsituation anzusehen.

Im Konzept der abschaltenden Endsituation wird davon ausgegangen, daß eine spezifische Situation triebreduzierend, d.h. demotivierend, wirkt. Damit ist dieses Konzept vergleichbar mit dem von Heiligenberg eingeführten Konzept der motivierenden Außenreize (s. S. 193). Mit dem Konzept motivierender und demotivierender Außenreize wird der Lorenzschen Theorie eine Komponente hinzugefügt, die dazu führt, daß sich die derart modifizierte Theorie nur schwer gegenüber den Grundannahmen einer reaktiven Theorie des Verhaltens abgrenzen läßt. Geht man davon aus, daß beliebige Umweltreize einerseits motivierend, andererseits demotivierend wirken können, so wird die Theorie derart erweitert, daß es ungleich schwieriger - wenn nicht gar unmöglich - wird, sie durch empirische Befunde zu entkräften. Meines Wissens ist bisher noch nicht diskutiert worden, daß die Lorenzsche Theorie durch die mit der abschaltenden Endsituation eingeführten Zusatzannahmen entscheidend an empirischem Gehalt verloren hat.

Im Grunde ist es nicht außergewöhnlich und durchaus legitim, ein neues Konzept in eine bestehende Theorie zu integrieren. Hierbei sind aber einige Regeln zu beachten. Man muß sich im Klaren sein, daß eine Theorie einen Teil ihres empirischen Gehaltes einbüßt, falls sie nur deshalb durch zusätzliche Konzepte erweitert wird, um neue empirische Befunde interpretieren zu können. Um diesen Verlust an empirischem Gehalt in Grenzen zu halten, ist es unbedingt erforderlich, daß die zugefügte Komponente ähnlich klar formuliert wird wie die ursprüngliche Theorie, und daß ihr Geltungsbereich klar umrissen ist. Sind diese Regeln nicht erfüllt, so sind die Zusatzannahmen nicht von ad-hoc Annahmen zu unterscheiden, die nur

[67] Sevenster-Bol mißt die beiden von ihr für das Verhalten des Männchens während der Balz als relevant angesehenen Triebe in sogenannten 'Sex'- bzw. 'Aggressionstests'. Dazu wurde in ungefähr 50 cm Entfernung vom Nest des Versuchsmännchens ein Testfisch, der sich frei in einer Glasröhre (d = 6 cm) bewegen konnte, geboten. Beim 'Sextest' ist der Testfisch ein Weibchen, beim 'Aggressionstest' ein Männchen. Die Häufigkeit der Bisse, die der Versuchsfisch in einer Minute gegen das Glasrohr mit dem Testmännchen richtet, wurde als Maß für den Aggressionstrieb, die Häufigkeit der Zickzacktänze in einer Minute vor dem Testweibchen als Maß für den Sexualtrieb genommen. Obwohl Sevenster-Bol davon ausgeht, daß der Zickzacktanz des Männchens eine ambivalente Verhaltensweise ist, d.h. sowohl vom Aggressions- als auch vom Sexualtrieb aktiviert wird, wählt sie deren Häufigkeit als Maß ausschließlich für den Sexualtrieb. Mit der Anmerkung, daß auf den Zickzacktanz des Männchens häufig eine rein sexuell motivierte Verhaltensweise wie das 'Führen zum Nest' folgt, meint sie den Einsatz dieses Meßverfahrens rechtfertigen zu können. Eine derartige Begründung erscheint mir wenig sinnvoll.

eingeführt wurden, um eine Theorie zu retten, die nicht mit den empirischen Befunden in Einklang steht.

6. Inkongruenzen und ad-hoc Anpassungen

Trotz der bereitwilligen Übernahme und der vielfältigen Anwendung der Lorenzschen Theorie der Instinktbewegung erscheint die Frage berechtigt, ob diese Theorie sich bewährt hat.

Die Vorstellung von Lorenz, daß ein Tier aus innerem Antrieb heraus aktiv ist, ist im Ansatz überall dort sinnvoll, wo sich ein Antrieb aufgrund von Stoffwechseldefiziten im Körper herausbildet, wie es bei Hunger, Durst oder auch Müdigkeit der Fall ist. Es ist jedem aus eigener Erfahrung bekannt, daß diese Antriebe mit der Zeit ansteigen und somit vordringlich werden. In ihrem Ablauf zeigen sie noch weitere Übereinstimmungen mit denen einer Erbkoordination. So lassen sie, wie Lorenz es für die Erbkoordination fordert, eine Rhythmik erkennen, wie z.B. der Schlaf. Für die Antriebe Hunger und Durst gilt allerdings, daß ihre Rhythmik nicht allein zeitabhängig ist, sondern vor allem durch die Menge der Nahrung, ihre Qualität, sowie durch den Verbrauch bestimmt wird. Diese Antriebe sind zusätzlich dadurch charakterisiert, daß bei hohem Antriebsniveau verstärktes Appetenzverhalten, wie auch mangelnde Selektivität gegenüber der auslösenden Situation beobachtbar ist, ein Verhalten, das nach Lorenz kennzeichnend für eine Erbkoordination ist. Wenn Lorenz davon ausgeht, daß allein die Durchführung einer Erbkoordination eine Minderung des Antriebs bewirkt, so würde bei den Antrieben Hunger und Durst dem Herunterschlucken der Nahrung bzw. der Trinkbewegung diese Funktion zukommen, während das Schlafen den Antrieb Müdigkeit herabsetzen sollte. So weit wäre rein qualitativ eine Übereinstimmung hinsichtlich des Verhaltens dieser Antriebe mit den Annahmen der Lorenzschen Theorie für das Verhalten einer Erbkoordination gegeben. Doch sind für Lorenz Gewebebedürfnisse, wie ich aufgezeigt habe (s. S. 93), von untergeordneter Bedeutung; wesentlich ist für ihn in erster Linie die spezifische Motivation, die er jeder einzelnen Erbkoordination zuordnet. "Die alte Vorstellung, nur eine Abweichung vom physiologischen Gleichgewicht treibe ein Tier zum Handeln an, bis das Defizit ausgeglichen und die Hömöostase wiederhergestellt sei, ist überholt." (Eibl-Eibesfeldt 1987, S. 120).

Der Erfolg der Lorenzschen Theorie beruht m.E. auf der Annahme, daß es möglich sei, mit Hilfe sehr einfach konstruierter Zusammenhänge so komplizierte Phänomene wie Schwellenerniedrigung, Leerlaufhandlung, sowie aktivitätsspezifische Ermüdung erklären zu können. Nach dieser Theorie lassen sich derartige Erscheinungen allein auf die gesetzmäßigen Schwankungen einer angenommenen endogenen Größe, der aktionsspezifischen Energie, zurückführen. Die Erfahrung zeigte dann aber, daß selbst von Lorenz postulierte Phänomene wie die Leerlaufhandlung oder Schwellenwertänderungen, die aufgrund der Annahmen der Theorie durch den Entzug der auslösenden Schlüsselreize oder durch Verhinderung der Ausführung einer Erbkoordination experimentell leicht hervorrufbar sein sollten, sich auf nachprüfbare Weise nicht auslösen lassen. Dagegen liegen eine Reihe von Beobachtungen vor, die den Annahmen der Theorie widersprechen. So ergaben Messungen der Aggressionsbereitschaft in sogenannter konstanter Umwelt, wie sie von mehreren Autoren durchgeführt wurden, anstelle der zu erwartenden gesetzmäßigen, eher regellose Schwankungen der Bereitschaft. Die gleiche Regellosigkeit ergaben Messungen des Putztriebes bei Seevögeln, die von van Iersel und Bol (1958) durchgeführt wurden (s. Abb. 55).

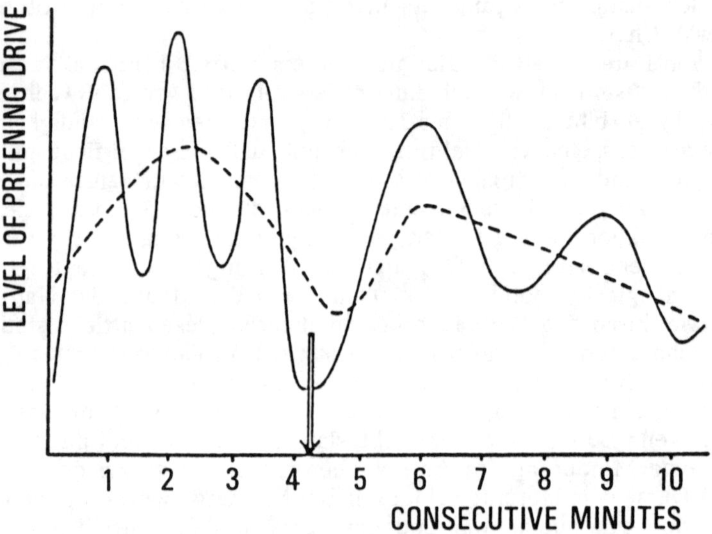

Abb. 55: Schematische Darstellung der Fluktuationen des Putztriebes bei Seeschwalben. Dem Kurvenverlauf liegen Häufigkeitsmessungen der einzelnen Putzbewegungen, wie sie bei Seeschwalben nach dem Baden zu beobachten sind, zugrunde. Der Pfeil zeigt den Punkt an, an dem das Putzverhalten vorzeitig abgebrochen werden kann. Aus van Iersel und Bol (1958).

Erbkoordinationen sind nach Lorenz motivationsabhängig, d.h. daß sie vom Tier dann und nur dann gezeigt werden können, wenn ihre spezifische Bereitschaft gegeben ist. Eine Reihe von Beobachtungen sprechen gegen diese Annahme. So berichtet Lorenz, daß ein junger Kuckuck, der nach dem Flüggewerden zusammen mit anderen insektenfressenden Vögeln in einem Flugkäfig lebte, nicht nur von erwachsenen, sondern auch von diesjährigen, noch nicht geschlechtsreifen Jungvögeln gefüttert wurde. An Amseln konnte ich eine vergleichbare Beobachtung machen. Eine junge Amsel, die gerade erst das Nest verlassen hatte, fütterte im selben Raum gehaltene 10 Tage jüngere Amseln, die sie anbettelten. Eine entsprechende Brutpflegebereitschaft liegt bei einem noch nicht geschlechtsreifen Tier wohl kaum vor.
Wird einem spezifischen Verhalten ein Trieb im Lorenzschen Sinne unterlegt, dann ist implizit gesagt, daß dieser Trieb nur durch Agieren heruntergesetzt werden

kann. Wenn aber von einem nicht ermüdenden Trieb, z.B. dem Fluchttrieb (Sossinka 1981) gesprochen wird, so ist diese Aussage ein Widerspruch in sich. Eine einem Verhalten unterlegte Motivation hat nur dann einen 'Erklärungswert', wenn angenommen wird, daß sie gesetzmäßigen Veränderungen unterliegt; wird sie als gleichbleibend angesehen, so gilt, daß sie keinen Einfluß auf das Verhalten hat, d.h. daß das beobachtete Verhalten situationsabhängig ist. Es wäre somit sinnvoller, statt von einem nicht ermüdenden Fluchttrieb von einer Situationsabhängigkeit der Flucht auszugehen.

Die von der Theorie postulierte Motivationsabhängigkeit des Verhaltens hat vielfach dazu geführt, daß vom Autor dem beobachteten Verhalten *nachträglich* eine Bereitschaft unterlegt wird, die exakt zu dem beobachteten Verlauf des Verhaltens paßt, ohne daß auf die Vorgaben durch die Theorie Rücksicht genommen wird. So spricht Franck von einem 'warm-up' Effekt der Bereitschaft immer dann, wenn "ein Reiz die Reaktion nicht sofort in voller Intensität ... (auslöst). Die Handlungsbereitschaft wird vielmehr nur allmählich im Ablauf von mehreren Minuten *aktiviert.*" (Franck 1985, S. 24). Auf diese Weise wird vom Autor ein neuer Begriff eingeführt, der eigentlich nur das Phänomen umschreibt, ohne etwas über dessen Verursachung auszusagen und ohne zu diskutieren, wie ein solches Phänomen im Rahmen der Instinkttheorie zu interpretieren ist[68] (s. Abb. 56).

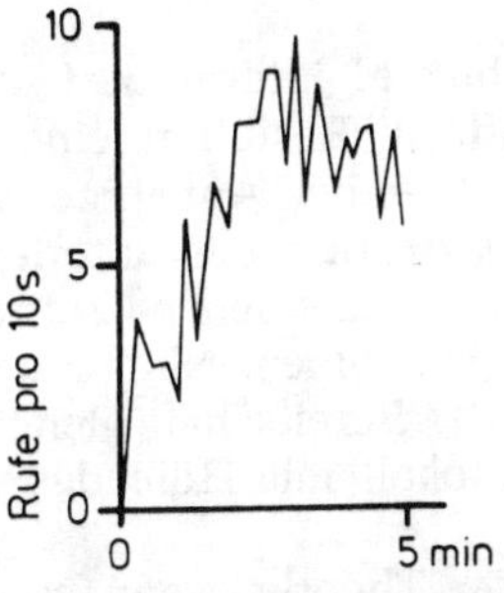

Abb. 56: Die Alarmrufe eines Buchfinken werden durch eine ausgestopfte Eule nicht sofort in voller Stärke ausgelöst, sondern die Handlungsbereitschaft wird allmählich im Ablauf von mehreren Minuten aktiviert ("warm-up"). Nach Hinde; aus Franck (1985).

Wie auf Seite 53 f. erörtert, wird die Latenzzeit als Maß sowohl für die Höhe einer spezifischen Bereitschaft als auch für den Reizwert einer auslösenden Situation eingesetzt. Wenn zusätzlich ein 'warm-up' Effekt postuliert wird, ist zu fragen, wie dieses Meßverfahren noch zu rechtfertigen ist, da alle Messungen durch einen solchen Effekt verfälscht sein könnten. Franck spricht auch von der 'Persistenz der Handlungsbereitschaft' und zwar immer dann, wenn "Verhaltensweisen, die durch einen zeitlich begrenzten Außenreiz ausgelöst werden, ... den Reiz *überdauern.*" (Franck 1985, S. 24). Auch dieser Begriff steht mit den Annahmen der Theorie

[68] Lorenz spricht in diesem Zusammenhang von der 'Anfangsreibung' beim Einsetzen der Reaktion.

nicht im Einklang, da sich die Bereitschaft gemäß ihrer Eigendynamik ständig verändert. Auch wenn Franck schreibt: "Bei konstanter Reizeinwirkung treten viele Verhaltensweisen, z.B. Balzbewegungen, nicht etwa gleichmäßig oder zufällig über den Zeitraum verteilt auf, sondern in *Salven.* ... Phasen erhöhter und erniedrigter Handlungsbereitschaft wechseln einander ab." (Franck 1985, S. 24), unterlegt er dem beobachteten Verhalten nachträglich eine sich regellos verhaltende Bereitschaft ohne Rücksicht auf die Annahmen der Theorie (s. Abb. 57).

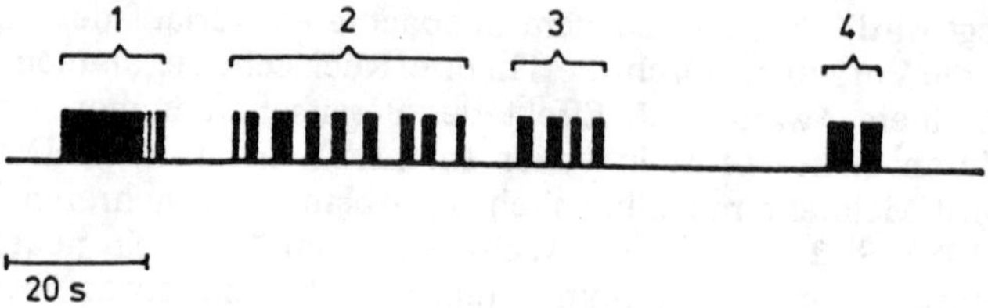

Abb. 57: Vier Salven in der Vibrationsbalz von *Drosophila melanogaster*. Aus Franck (1985).

Diese Beispiele demonstrieren, daß allein die 'Meßergebnisse' interpretiert werden, ohne die Forderungen der Theorie zu berücksichtigen. Resultiert eine Zunahme der Häufigkeit der betreffenden Verhaltensweise - bei Annahme einer konstanten Umwelt - so wird eine solche Messung als Anstieg der unterlegten Bereitschaft interpretiert; bleibt die Häufigkeit in dem gemessenen Zeitraum gleich, so wird auch die Bereitschaft als unverändert angenommen. Nimmt dagegen die Häufigkeit ab, so wird dies mit einer Abnahme der Bereitschaft gleichgesetzt. Bei einer solchen Vorgehensweise kann jedes Protokoll mit Hilfe des Bereitschaftskonzeptes interpretiert werden.
Auch Lorenz selbst hält sich nicht an die Aussagen der Theorie, wenn es gilt, spezielle Beobachtungen zu 'erklären'. Entgegen der ursprünglichen Annahme, daß die Durchführung einer Erbkoordination immer mit einem Energieverbrauch verbunden ist, läßt Lorenz es auch zu, daß durch Ausführen einer Instinktbewegung Energie aufgebaut wird. "Eine Graugans, die normalerweise nur wenige Male täglich abfliegt, kann sehr wohl in eine Situation kommen, in der sie abfliegen 'möchte und nicht kann'. ... (sie) versucht mit Schnabelschütteln und anderen Abflugbewegungen genügend endogenen Stau zum Abfliegen hervorzubringen, braucht aber oft lange Zeit bis ihr dies gelingt." (Lorenz 1978, S. 106 f.). Diese Aussage von Lorenz beinhaltet, daß eine aktionsspezifische Ermüdung niemals oder wenn, dann nur sehr kurzfristig eintreten dürfte, da ein Tier immer die Möglichkeit hätte, durch Ausführen der einer aktivitätsspezifischen Erregung zugeordneten Bewegung spezifische Triebenergie aufzubauen.
Lorenz sagt weiterhin, daß das Auftreten von Intentionsbewegungen eines komplexen Bewegungsablaufes nicht zum voll intensiven Ablauf führen muß, sondern daß dieser Ansatz zur Durchführung einer Bewegung an beliebiger Stelle abbrechen kann. Er schildert das Verhalten einer Graugans, die zum Abflug ansetzt, in-

dem sie sich zum Abflug duckt, die Flügel anhebt und ausbreitet, um sich dann aber, während sie die Flügel zusammenlegt, wieder aufzurichten. Zur 'Erklärung' eines solchen Bewegungsablaufs sagt Lorenz: "Das Ansteigen Aktivitäts-spezifischer Erregung, das sich in Intentionsbewegungen kundtut, kann auf jedem beliebigen Punkt aufhören und in Absteigen übergehen." (Lorenz 1978, S. 89). Mit dieser Aussage widerspricht Lorenz ebenfalls seiner Theorie, die besagt, daß allein durch Agieren die aktivitätsspezifische Erregung herabgesetzt werden kann und es bei mangelnder Gelegenheit zur Ausführung einer Erbkoordination zu einer Aufstauung der aktivitätsspezifischen Energie kommen muß. Wenn aber der Aufbau der aktivitätsspezifischen Energie an jedem beliebigen Punkt aufhören und ohne die Durchführung der zugehörigen Aktion herabgesetzt werden kann, dann braucht es nie zu einem Triebstau der aktivitätsspezifischen Erregung zu kommen und den nach der Theorie daraus resultierenden Erscheinungen wie verstärktes Appetenzverhalten, Schwellenerniedrigung und Leerlauf, d.h. zu Phänomenen, die für Lorenz Ausdruck der 'Spontaneität' tierischen Verhaltens sind und die - nach seiner eigenen Aussage - den Anlaß gaben, die Triebtheorie zu formulieren.

Werden Tiere unter Bedingungen gehalten, die unweigerlich zu einem Triebstau führen müßten, an ihnen aber die diesem Zustand zugeordneten Phänomene wie verstärkte Appetenz oder Schwellenerniedrigung nicht beobachtbar sind, so macht Lorenz hierfür die jeweiligen Versuchsbedingungen verantwortlich. In seinem Lehrbuch 'Vergleichende Verhaltensforschung' widmet er derartigen Beobachtungen ein ganzes Kapitel unter dem Titel "Effekte, die den Stau einer Instinkthandlung verschleiern" (Lorenz 1978, S. 100).

Werden Buntbarschmännchen nach längerer Isolation mit einem Konkurrenten zusammengesetzt, so kämpfen sie trotz des eigentlich zu erwartenden Staus der Aggressionstriebes nicht miteinander. Da Kampfverhalten im Rahmen des Triebkonzeptes immer eine spezifische Bereitschaft voraussetzt, wird dieses 'Nicht-Kämpfen' folgerichtig als Ausdruck fehlender Angriffsbereitschaft angesehen. Lorenz spricht in diesem Zusammenhang von einer Inaktivitäts-Atrophie der dem Trieb zugeordneten Bewegungsweisen. Werden die zuvor isolierten und nicht mehr 'kampfbereiten' Tiere an fünf aufeinanderfolgenden Tagen für jeweils fünf Minuten zusammengesetzt, so kämpfen einige der Tiere von Tag zu Tag etwas intensiver miteinander und "erreichen bald wieder die normale Kampfbereitschaft." (Hassenstein 1987, S. 407). Diese Beobachtung wird als Ausdruck einer sich 'erholenden', d.h. von Tag zu Tag ansteigenden Kampfbereitschaft, die schließlich wieder ihr ursprüngliches Niveau erreicht, interpretiert[69]. Damit wird die Annahme unterlegt, daß durch kurzfristiges Agieren, im speziellen Fall durch Kämpfen, die Angriffsbereitschaft im Verlauf von Tagen auf ein 'Normalniveau' heraufgesetzt werden kann. Eine solche Annahme steht im Widerspruch zu den Aussagen der Theorie. Als Folge der Isolation hätte ein 'Triebstau' eintreten müssen, der sich in heftigen und langandauernden Kämpfen entlädt. Stattdessen kommt es zu einem "Versiegen der Bereitschaft." (Hassenstein 1987, S. 408) Hassenstein sieht keine Schwierigkeit, diesen so offensichtlichen Widerspruch mit der Schnelligkeit,

[69] Allerdings kam es nicht bei allen Tieren innerhalb eines fünf Tage währenden 'Trainings' zu einer Erholung der Angriffsbereitschaft.

mit der diese beiden entgegengesetzt verlaufenden Vorgänge - Anstieg und Absinken der Bereitschaft - sich vollziehen, zu erklären. "Die *Zunahme* der Aktivierung eines Antriebes bedarf weniger Stunden oder Tage; das *Versiegen* des Antriebes folgt später und vollzieht sich viel langsamer; es dauert in der Regel Wochen oder Monate." (Hassenstein 1987, S. 408) [70].
Phänomene wie Atrophien sind aus der Morphologie bekannt. Wiesel und Hubel (1963) konnten zeigen, daß visueller Erfahrungsentzug bei neugeborenen Katzen zu degenerativen Veränderungen neuronaler Verbindungen führt. So ist es auch denkbar, daß es bei längerer Isolierung eines Individuums zu einer Reduzierung der Triebenergie kommt. Aber ehe eine solche Inaktivitätsatrophie postuliert wird, müßte gezeigt werden, daß dies eine allgemein gültige Erscheinung ist. Es müßten objektive Kriterien angegeben werden, unter welchen Bedingungen eine Reduzierung eines Triebes zu erwarten ist. Es ist aber nicht zulässig, immer dann, wenn die von der Theorie vorhergesagten Phänomene nicht eintreten, die Versuchsbedingungen dafür verantwortlich zu machen.
"Ein zweiter Effekt, der die Stauung aktions-spezifischer Erregbarkeit überlagernd maskieren kann, ist das *Absinken der Allgemeinerregbarkeit*, von dem fast alle höheren Organismen befallen werden, wenn sie längere Zeit unter den konstanten Bedingungen einer 'streng kontrollierten' Versuchsanordnung zu leiden haben." (Lorenz 1978, S. 101). Damit sagt Lorenz, daß nicht allein die spezifische Bereitschaft einer Instinktbewegung durch bestimmte Haltungsbedingungen verändert werden kann, sondern daß in reizarmer Umgebung die Erregbarkeit eines Tieres insgesamt, d.h. in allen Funktionsbereichen abnimmt, was sich in einer generellen Erhöhung der Reizschwellen gegenüber auslösenden Reizen äußert. Da Lorenz keine weiteren Angaben zu diesen von ihm vermuteten Zustandsänderungen eines Tieres unter bestimmten Haltungsbedingungen macht, bleibt es der Willkür des Experimentators überlassen, wann er dem Phänomen 'Absinken der Allgemeinerregbarkeit' einen Einfluß auf seine Versuchsergebnisse zuschreibt.
Um dem Einfluß von Außenreizen auf die Bereitschaft gerecht zu werden, erweitert Lorenz seine ursprüngliche Theorie durch die Annahme, daß speziellen Umweltreizen nicht nur eine auslösende, sondern darüber hinaus eine die Bereitschaft verändernde Wirkung zukommt. Allerdings wird von ihm angenommen, daß dieser Einfluß sich immer nur auf eine spezifische Bereitschaft, die aktionsspezifische Erregung, auswirkt. Diese motivierenden Reize können - so die modifizierte Theorie - ein Ansteigen oder Herabsetzen der Bereitschaft bewirken. Um den Einfluß der motivierenden Reize und die sich daraus ergebenden Konsequenzen für das beobachtbare Verhalten zu erfassen, müßte die Theorie um entsprechende, präzise formulierte Hypothesen erweitert werden. In der bisherigen, so allgemein

[70] In seinen Versuchen zur Messung der sexuellen und aggressiven Handlungsbereitschaft von Schwertträgermännchen (Fische) isolierte Röhrs (1977) seine Versuchstiere bis zu 112 Tagen. Da er seine Meßergebnisse auch für die langen Isolationszeiten auswertet, ist davon auszugehen, daß er ein 'Versiegen' des Antriebes ausschließt. Auch Rasa (1971), die Messungen zur Aggressionsbereitschaft junger Riffbarsche vornahm, konnte an zwei Individuen, die sie acht Wochen isolierte, mit dem von ihr eingesetzten Meßverfahren eine Zunahme der Aggressivität feststellen. "These data give no evidence that the tendency to engage in fights decrease with time, at least over a period of 8 weeks isolation." (Rasa 1971, S. 32).

gehaltenen Form führen derartige Annahmen nur dazu, daß schließlich jedes, aber auch jedes Protokoll im Sinne der Theorie 'erklärt' werden kann. Die Annahmen der modifizierten Theorie sieht Lorenz vor allem gestützt durch die Arbeiten von Heiligenberg (1965) und Leong (1969). Beide Autoren meinten gezeigt zu haben, daß spezifische Farbabzeichen des Rivalen einen immer konstanten, erhöhenden oder herabsetzenden Einfluß auf die Bereitschaft haben. Wie ich ausführlich erörtert habe, lassen diese Arbeiten aus methodischen Gründen eine derartige Schlußfolgerung nicht zu.
Eine den Antrieb senkende Wirkung eines Schlüsselreizes meint Hassenstein durch ein Beispiel belegen zu können. Viele Jungtiere lassen immer dann, wenn sie den Zusammenhalt mit Eltern oder Geschwistern verloren haben, einen Verlassenheitsruf hören. Wird der Kontakt zwischen Mutter und Kind z.B. durch Rufe oder körperliche Berührung wieder hergestellt, so stellt das Jungtier dieses Weinen des Verlassenseins sogleich ein. Da nach Wahrnehmen der z.B. von der Mutter ausgehenden Reize das Jungtier keine Rufe des Verlassenseins mehr äußert und somit - entsprechend der Theorie - seine Bereitschaft für dieses Verhalten unter eine Schwelle abgesunken ist, spricht Hassenstein diesen Außenreizen, die der Kontaktaufnahme zwischen Jungen und Eltern dienen, eine den Antrieb senkende Wirkung zu. Mit Hilfe eines Schemas verdeutlicht er diese Vorstellung (s. Abb. 58).

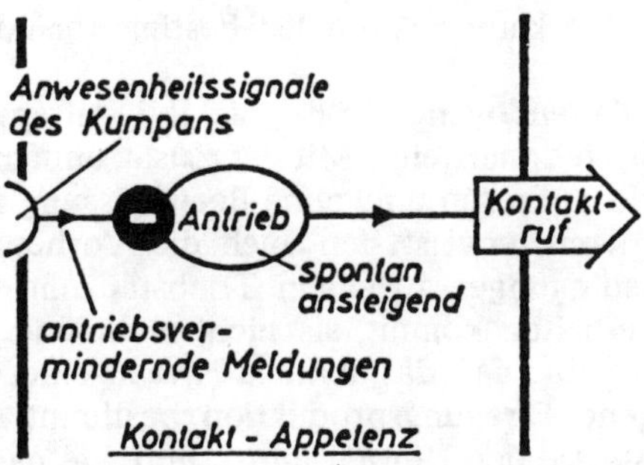

Abb. 58: Der Antrieb für den Kontaktruf eines Kükens wird durch einen spezifischen Umweltreiz (Antwort der Mutter) gesenkt. Aus Hassenstein (1980).

Eine solche 'Erklärung' ist aber nur dann notwendig, wenn man - wie Hassenstein - davon ausgeht, daß dem Rufen eines Jungtieres eine spezifische Bereitschaft zugrundeliegt, d.h. daß ein Jungtier diese Rufe dann und nur dann äußern kann, wenn diese spezifische Bereitschaft anliegt. Geht man dagegen davon aus, daß der Kontaktruf eines Jungtieres allein eine Reaktion auf die erwartete, aber fehlende soziale Umweltsituation ist, so wird dieses rein reaktive Verhalten des Jungtieres aufgrund entsprechender Signale der Umwelt, z.B. durch Signale der

Eltern, auch wieder eingestellt, ohne daß Bereitschaftsänderungen zur 'Erklärung' dieser Beobachtungen herangezogen werden müßten. Zu fordern ist allerdings, daß ein Jungtier in der entsprechenden Situation dieses Verhalten regelmäßig zeigt und auch auf die Signale der Eltern in immer gleicher Weise reagiert. Die Beobachtungen, die speziell zu diesem Thema vorliegen, entsprechen dieser Forderung. Doch will Hassenstein vermutlich die Vorstellung der antriebssenkenden Wirkung von Schlüsselreizen nicht allein auf das von ihm angeführte Beispiel angewendet wissen, sondern betrachtet sie als allgemein gültig. Nach Hassenstein können aber nicht nur spezielle Merkmale wie Schlüsselreize, sondern darüber hinaus auch allgemeine Umweltreize "einen Antrieb abschwächen und ihn schließlich versiegen lassen." (Hassenstein 1987, S. 407).

Zusammenfassend läßt sich sagen, daß die zahlreichen Zusatzannahmen dazu geführt haben, daß für jedes Versuchsergebnis eine Erklärung gefunden werden kann. Läßt sich z.B. im Isolationsversuch mit den eingesetzten Meßverfahren kein Anstieg eines Antriebes aufzeigen, so wird die Zusatzannahme gemacht, daß die überprüfte Bereitschaft mehr oder weniger von der stimulierenden Wirkung von speziellen Außenreizen abhängig ist, ohne daß allerdings angegeben wird, welche Gesetzmäßigkeiten hierbei unterlegt werden. Mit dieser Zusatzannahme, die vielfach mit dem klingenden Namen 'Außenreizhypothese' belegt wird, wird den Schlüsselreizen generell ein Einfluß auf die Bereitschaft zugewiesen. Dieser Einfluß kann sich sowohl bereitschaftssteigernd, wie auch bereitschaftsmindernd auswirken. Eine Bereitschaft kann darüber hinaus nicht nur durch spezifische Schlüsselreize, sondern auch durch allgemeine Umweltsituationen wie z.B. deckungsloses Gelände hochgesetzt werden; umgekehrt kann das Fehlen bestimmter Außenbedingungen die Bereitschaft senken.

Als Grundlage der Theorie galt, daß die endogene Größe, die aktivitätsspezifische Energie, in Abhängigkeit von der Zeit stetig ansteigt. Mit der Zusatzannahme, daß der Anstieg an jedem beliebigen Punkt aufhören und ohne Beeinflussung von außen wieder in Absteigen übergehen kann, erweist sich auch die Vorhersage der Theorie, daß es unter bestimmten Bedingungen zu einem Triebstau mit den sich daraus ableitenden Folgen für das Verhalten kommt, als nicht mehr überprüfbar. Ging die ursprüngliche Theorie davon aus, daß das aktuelle Niveau einer spezifischen Bereitschaft durch die endogene Erregungsproduktion bestimmt wird, so kommen nunmehr die vielfältigen Einflüsse der Umwelt hinzu, und - je nach Ausgangslage - kann die Bereitschaft durch Agieren erniedrigt bzw. durch Trainieren heraufgesetzt werden. Nimmt man alle diese Zusatzannahmen zusammen, so sind m.E. die Denkmöglichkeiten, wie sich bei einer als eindimensional angenommenen Größe - wie der Bereitschaft - eine Veränderung vollziehen kann, erschöpft, und es ist fast selbstverständlich, daß bei dieser Vorgehensweise für jedes Versuchsergebnis eine 'Erklärung' gefunden wird.

Führen die Versuchsergebnisse zu Inkonsistenzen mit der Theorie, so sollten Überlegungen darüber angestellt werden, worin sie begründet sein könnten und wie die Theorie modifiziert werden könnte, um zu einer befriedigenden Erklärung der zunächst widersprüchlich erscheinenden Phänomene zu kommen. Stattdessen wird versucht, das Auseinanderklaffen von Theorie und Empirie durch immer mehr

Zusatzannahmen zu überbrücken. Das ist tödlich für eine Theorie. Eine Theorie, die nichts verbietet, die für jedes beliebige Protokoll eine 'Erklärung' liefert, ist empirisch gehaltlos, d.h. sie ist für ein empirisches Fach ohne jeden Wert.
Ein Grund für die so großzügig gehandhabte Anwendung der Theorie liegt m.E. auch darin, daß Lorenz zu der von ihm formulierten Theorie nur qualitative Aussagen gemacht hat. Um die Theorie überprüfbar zu machen, müßte sie präzisiert werden. Nur mit einer Theorie, die präzise Vorhersagen macht, lassen sich präzise Experimente planen, deren Ergebnisse als eine Stütze der Theorie angesehen werden können oder von denen gesagt werden muß, daß sie nicht in Einklang mit den Vorhersagen der Theorie stehen.
Solange diese zu fordernde Präzisierung nicht erfolgt, bleibt die 'physiologische Theorie der Instinktbewegung' im Zustand der Vorwissenschaftlichkeit. Dieser Zustand ist nach Kuhn (1981) dadurch charakterisiert, daß wegen Fehlens einer klar formulierten Theorie keine Einigkeit über Begriffe, Annahmen und Methoden zu erzielen ist und jeder Wissenschaftler seine Ergebnisse im Rahmen der unpräzisen Theorie meint 'erklären' zu können.
Die eigentliche Schwäche der Lorenzschen Theorie liegt m.E. darin, daß er jeder Erbkoordination, d.h. einer sehr kleinen Verhaltenseinheit, einen eigenen Antrieb zuschreibt. Dieser Antrieb unterliegt bei allen Erbkoordinationen den gleichen Gesetzmäßigkeiten, ganz unabhängig davon, ob es sich um Erbkoordinationen des Nestbaues, der Körperpflege, der Lokomotion, der Nahrungsaufnahme oder der Aggression handelt. Der einzige Unterschied in den Antrieben so unterschiedlicher Verhaltensweisen besteht darin, daß die Produktion an Erregung für jede Erbkoordination charakteristisch ist, d.h. an die Häufigkeit angepaßt ist, mit der diese Verhaltensweise im Lebensraum des Tieres eingesetzt werden muß.
Es liegen zahlreiche Arbeiten vor, in denen versucht wurde, die Stärke der Motivation einer Erbkoordination zu bestimmen, aber keine von ihnen ist überzeugend. Eine Analyse der empirischen Arbeiten macht deutlich, daß die eingesetzten Methoden im Rahmen der der Arbeit unterlegten Theorie nicht zu rechtfertigen sind und damit ihr Einfluß auf die Ergebnisse nicht eingeschätzt werden kann. In der Regel fehlt in den Arbeiten auch der klare Bezugsrahmen, d.h. die Theorie. Dadurch war es möglich, jedes beliebige erzielte Ergebnis zu 'erklären', obwohl nur im Rahmen der Theorie den vorgelegten Ergebnissen ein Sinn zukommt. Üblicherweise kommen allerdings die Autoren dieser Arbeiten zu dem Ergebnis, daß sie mit ihrer Untersuchung die Theorie bestätigen konnten, ohne daß ein solches Ergebnis aus den von ihnen vorgelegten Daten zu entnehmen ist. Wie ich bei der Besprechung einzelner Orginalarbeiten zeigen konnte, sind die methodischen Schwächen dieser Arbeiten so eklatant, daß sie weder die Theorie untergraben, noch sie stützen. Methodisch unzulässige Arbeiten sagen letztlich nichts aus, sie sind unter der Kategorie Forschungsartefakte einzuordnen. Ein Schlüsselexperiment, in dem einerseits der Anstieg der speziellen Triebenergie einer Erbkoordination in Abhängigkeit von der Zeit unter kontrollierten Versuchsbedingungen gemessen wurde, wie ebenso der Abbau der Energie durch ein- oder mehrmaliges Agieren, liegt bis jetzt nicht vor. Einer kritischen Betrachtung können die zum Thema 'Messung der Motivation' vorgelegten Arbeiten nicht standhalten. Dagegen liegen sehr viele Befunde vor, die offensichtlich im Widerspruch zur Theorie

stehen. Ein für mich immer wieder erstaunliches Phänomen besteht darin, daß diese offensichtlichen Unzulänglichkeiten von der scientific community nicht ernst genommen werden, sonst könnten diese Arbeiten nicht immer wieder als Bestätigungen der Theorie zitiert werden.

IV. Kapitel

DAS ZUSAMMENWIRKEN VON ERBKOORDINATIONEN

Die Aussagen der Lorenzschen Theorie beziehen sich auf eine sehr eng umgrenzte Verhaltenseinheit, die Erbkoordination. Das, was wir in der Regel an Tieren beobachten, sind dagegen komplexe, vielfach in ihrer Zusammensetzung sehr variabel ablaufende Verhaltensmuster. Das gilt für Verhaltensabläufe, wie sie bei der Körperpflege beobachtbar sind in gleicher Weise wie für solche, die beim Nestbau oder bei kämpferischen Auseinandersetzungen auftreten. Die Ergebnisse der bisherigen empirischen Forschung lassen erkennen, daß die Grundannahmen der Theorie, wie die gesetzmäßigen Schwankungen der aktionsspezifischen Energie und die voneinander unabhängige Wirksamkeit von Schlüsselkomponenten (Prinzip der Reizsummation), - bezogen auf eine Erbkoordination - nicht einmal in der Tendenz bestätigt werden konnten. Wenn unsere Kenntnisse über die Verursachung einer relativ einfachen Verhaltenseinheit wie der Erbkoordination noch so unzureichend sind, wie ungleich schwieriger gestalten sich dann erst die Probleme, die aus dem Zusammenwirken von Erbkoordinationen in komplexen Verhaltensabläufen resultieren. Hierzu wurden eine Reihe vom Ansatz sehr unterschiedlicher Modelle entwickelt. Diejenigen, die von der scientific community als besonders bedeutsam erachtet werden, sollen kurz diskutiert werden.

1. Das Konzept der relativen Stimmungshierarchie

Lorenz geht in seiner Theorie bekanntlich davon aus, daß jede Erbkoordination, auch diejenige, die in komplexen Verhaltensfolgen im Dienste eines übergeordneten Antriebes steht, ihre Unabhängigkeit, d.h. ihren eigenen spezifischen Antrieb behält. In dem von Leyhausen (1965) aufgrund seiner Beobachtungen zum Beutefangverhalten der Katze entwickelten theoretischen Konzept der relativen Stimmungshierarchie sieht Lorenz eine große Stütze für seine Annahme der Unabhängigkeit einer Erbkoordination: "Immer wieder und an verschiedenen Stellen hat er (Leyhausen, Anm. d. Verf.) gezeigt, daß auch auf dieser hohen Integrationsebene die Erbkoordination unveränderlich ihren Charakter beibehält, gleichgültig, ob sie im Dienste einer übergeordneten Appetenz gleichsam widerwillig oder auch zweckvoll-gleichgültig ausgeführt wird, oder ob sie rein um ihrer selbst willen 'zum Vergnügen' betätigt wird, wie dies im Spiel der Fall ist." (Lorenz 1978, S. 161).

Um die Eigenappetenz einer in einer komplexen Verhaltensfolge auftretenden Erbkoordination aufzeigen zu können, muß der ihr übergeordnete Antrieb befriedigt sein. Nur unter dieser Voraussetzung kann geprüft werden, ob eine Erbkoordination ein eigenes Appetenzverhalten entwickelt oder gar im Leerlauf auftritt. In sei-

nen Untersuchungen zum Beutefangverhalten der Katze meinte Leyhausen dies gezeigt zu haben. So berichtet er, daß bei einer satt gefütterten Katze die spezifischen Antriebe der einzelnen am Beutefang beteiligten Erbkoordinationen in Form von Eigenappetenzen zum Ausdruck kommen.
Leyhausen geht in seiner Arbeit davon aus, daß eine junge beuteunerfahrene Katze die einzelnen Verhaltensweisen des Beutefangs wie z.B. Lauern, Anschleichen, Haschen, Angeln usw. nicht zu erlernen braucht, sondern daß ihr diese motorischen Muster angeborenermaßen wie Werkzeuge, d.h. als Erbkoordinationen, zur Verfügung stehen. Nach ersten Erfahrungen im Umgang mit lebenden Beutetieren werden diese Verhaltensweisen in einer bestimmten Reihenfolge gezeigt, von Leyhausen als 'Typusverhalten' bezeichnet. "Im Spiel mit den ersten Beutetieren stellt sich *allmählich*, zuweilen aber auch recht plötzlich die zum Tötungsbiß hinführende Ordnung Lauern, Anschleichen, Anspringen, Packen ein, und endlich wird auch der Tötungsbiß ... über die Schwelle gehoben. ... Wenn es (das Kätzchen, Anm. d. Verf.) dann ein- bis mehrmals getötet hat, so läuft der ganze Vorgang vom ersten Erblicken des Beutetieres bis zum Töten und Verzehr im Typusverhalten ab ...." (Leyhausen 1965, S. 468) [1]. Dieses Typusverhalten scheint aber im Leben einer Katze auf eine kurze Entwicklungsperiode beschränkt zu sein. "Selbst in jener relativ kurzen Entwicklungsperiode, in der angesichts eines Beutetieres fast nur noch 'reines Typusverhalten' abläuft ..." (Leyhausen 1965, S. 477). Statt dessen ist eine sehr wechselnde Aufeinanderfolge der einzelnen Verhaltensweisen beim Beutefang selbst sehr hungriger Katzen zu beobachten.
So berichtet Leyhausen: "Die einzelnen Beutefanghandlungen wie Anschleichen, Lauern, Angeln, Haschen, Schlagen sind aber auch bei Dominanz der Tötungs- und Freßappetenz nicht immer *alle* zu einer starren Kette vereinigt, sondern können je nach Umständen teils wegbleiben, teils sich gegenseitig vertreten." (Leyhausen 1965, S. 474). Für diese Regellosigkeit in der Aufeinanderfolge der einzelnen Verhaltensweisen sucht Leyhausen nach einer Erklärung. Wären diese Verhal-

[1] Als Schüler von Lorenz geht auch Leyhausen von einem 'Typusverhalten' aus, das er wie folgt definiert: "Die Frage nach dem *Normalverhalten* einer Tierart in einer bestimmten, ihr 'natürlichen' Situation läßt sich daher, soweit ich sehe, in dreifachem Sinne stellen:
a) Was an verschiedenen Verhaltensweisen kommt darin überhaupt vor? b) Was kann ich mit (welchem Grade von) Wahrscheinlichkeit erwarten? c) Wie verhält sich das Tier, wenn alles 'ganz glatt' geht?
Meistens ist die Frage im Konditionalis zu stellen: Wie wäre dieser Vorgang abgelaufen, wenn - die Katze nicht auf dem Kieselstein ausgerutscht wäre, die Ratte sich nicht doch rechtzeitig auf den Rücken geworfen hätte, die Katze nicht zu ängstlich gewesen wäre usw.? Diese 'Ideale Norm' des störungsfreien Ablaufs so, 'wie er eigentlich gemeint' ist, hat große Bedeutung für die qualitative Analyse des Verhaltens und damit für das Verständnis seines inneren, qualitativ-strukturellen Wirkungsgefüges. Sie ist nämlich keineswegs 'ideal' etwa in dem Sinne, daß sie nur eine Abstraktion oder ein spekulatives Phantasiegebilde darstellte, auch wenn sie in manchen Fällen so gut wie nie oder doch sehr selten 'rein' vorkommt, sondern nur durch Extrapolation erschlossen oder als Gestalt wahrgenommen werden kann. Sie ist im Gegenteil die höchst *reale Invariante* im Tier, welche in allen vorkommenden Varianten des äußeren Verhaltensablaufs gegenwärtig ist. ... *Für den Untersucher, der den qualitativ-strukturellen Aufbau eines Verhaltenssystems erkunden will, ist daher jener Ablauf, der in nur ganz wenigen der beobachteten Fälle eintrat, sehr oft wichtiger als alle übrigen.*" (Leyhausen 1965, S. 458 f.).

tensweisen Intensitätsstufen einer Triebenergie, wie es Lorenz für die Verhaltensweisen des Kampfes z.B. bei Cichliden (s. S. 8) annimmt, so müßte eine festgelegte Aufeinanderfolge der einzelnen Verhaltensweisen beobachtbar sein. Das Gegenteil ist der Fall. Deshalb geht Leyhausen davon aus, daß die Verhaltensweisen des Beutefangs der Katze voneinander unabhängige Erbkoordinationen mit jeweils eigenem Antrieb, d.h. eigener aktionsspezifischer Energie, sind. Als weitergehende, für sein Konzept sehr wesentliche Annahme legt er fest, daß Aufstauung und Abbau der aktionsspezifischen Energie für die einzelnen beteiligten Erbkoordinationen in unterschiedlicher Weise verlaufen, so daß jeder Erbkoordination eine eigene 'spezifische endogene Rhythmik' der aktionsspezifischen Energie zukommt. Aus dieser Annahme resultiert, daß die einzelnen Verhaltensweisen zu jedem beliebigen Zeitpunkt unterschiedliche Aktualspiegel der aktionsspezifischen Energie besitzen.[2] Um eine Erklärung für die zu beobachtende unregelmäßige Aufeinanderfolge der einzelnen Beutefanghandlungen zu finden, legt Leyhausen fest, daß immer diejenige Verhaltensweise mit dem höchsten Aktualspiegel der aktionsspezifischen Energie die vom Tier angestrebte Erbkoordination ist. Da nach der Theorie von K. Lorenz jeder Erbkoordination ein Appetenzverhalten zugeordnet ist, gilt dies nach Leyhausen auch für die Erbkoordinationen des Beutefangverhaltens der Katze. Das bedeutet, daß die übrigen Verhaltensweisen, die im Zusammenhang mit der sie antreibenden Erbkoordination auftreten, als deren Appetenzverhalten interpretiert werden, während sie selbst als das angestrebte Ziel des Appetenzverhaltens gleichzeitig die Funktion der triebverzehrenden Endhandlung hat.

Das theoretische Konzept der relativen Stimmungshierarchie besagt somit, daß jede im Beutefangverhalten der Katze auftretende Erbkoordination sowohl Endhandlung, als auch Appetenzverhalten im Dienste einer Endhandlung sein kann. Welche der beiden 'Rollen' eine Verhaltensweise spielt, hängt allein von der jeweiligen Höhe der aktionsspezifischen Energie der beteiligten Verhaltensweisen ab. Eine Erbkoordination, die im Vergleich zu den übrigen einen hohen Aktualspiegel der aktionsspezifische Energie besitzt, ist die angestrebte Endhandlung, die dann *jede* andere Verhaltensweise des Beutefangs als Appetenz in ihren 'Dienst' stellen kann.

Nach dieser Vorstellung wird die jeweilige Aufeinanderfolge der einzelnen Verhaltensweisen vorrangig durch die Höhe der endogenen Variablen bestimmt. Übertragen auf sein Untersuchungsobjekt bedeutet dies, daß das Beutefangverhalten der

2 "Die einzelnen zum Töten führenden Instinktbewegungen (Lauern, Schleichen usw.) sind nicht wie etwa die Kampfhandlungen von *Astatotilapia* (Seitz 1940/41) Koordinationen mit stufenweise höherer Reizschwelle, die von ein und derselben aktionsspezifischen Energie gespeist werden. Vielmehr verfügen sie alle über eine eigene endogene Rhythmik; ihre Aktualspiegel und somit ihre Schwellenwerte fluktuieren weitgehend unabhängig voneinander. So steigt der Aktualspiegel für Haschen bei längerer Nichtauslösung schneller als der für Töten oder Lauern. Hunger und Sättigung haben *keinen unmittelbaren* Einfluß auf die endogene Rhythmik der einzelnen Beutefanghandlungen. All' das ist experimentell erwiesen." (Leyhausen 1965, S. 469). In der einzigen veröffentlichten Arbeit 'Über die Funktion der Relativen Stimmungshierarchie' (1965), der das obige Zitat entnommen ist, findet sich kein Protokoll, das als eine Stütze einer voneinander unabhängigen 'spezifischen endogenen Rhythmik' der einzelnen Verhaltensweisen des Beutefangs angesehen werden könnte.

Katze nicht auf ein bestimmtes Ziel gerichtet ist, sondern daß jede einzelne Verhaltensweise - in Abhängigkeit von der Höhe der ihr zugrundeliegenden aktivitätsspezifischen Energie - zum angestrebten Ziel werden kann. Alle anderen Verhaltensweisen der Verhaltensfolge sind ihr dann untergeordnet. Leyhausen faßt seine Überlegungen wie folgt zusammen: "Da die einzelnen Beutefanghandlungen nicht stufenweise von der wachsenden Intensität einer einheitlichen, ihnen allen übergeordneten 'Beutefangstimmung' abhängen, vielmehr *alle* ihre *eigenen* Rhythmen von Kumulation und Erschöpfung aktionsspezifischer Energie haben, so hat auch *jede einzelne* von ihnen speziell auf sie gerichtete Appetenzen. 'Appetenz' ist also der beobachtbare Ausdruck der nur modellmäßig erschlossenen 'Stimmung', des die 'Latenzmarke' übersteigenden Aktualspiegels aktionsspezifischer Energie. Die jeweils stärkste 'Stimmung' setzt sich (ganz oder teilweise: Überlagerungs- und Konfliktphänomene!) durch. Sind die äußeren Voraussetzungen für die unmittelbare Ausführung der von ihr erstrebten Instinktabläufe nicht gegeben, so erscheint die Appetenz in solchen Verhaltensweisen, die das Tier in die 'erwünschte' Ausgangssituation führen bzw. die Situationsgegebenheiten entsprechend verändern. Von den Beutefanghandlungen kann also *jede zur erstrebten Endhandlung* werden, wenn ihr eigener Aktualspiegel gerade relativ hoch ist und die der anderen relativ niedrig sind. Jede kann dann auch innerhalb gewisser Grenzen jede andere in ihren 'Dienst' stellen, sie nicht nur zeitweilig unterdrücken, sondern auch als 'Appetenzhandlung' aktivieren, falls sie selbst als erstrebte Endhandlung nur auf diesem 'Umweg' zu erreichen ist. Dies nannte ich 'Relative Stimmungshierarchie' (1955). In ihr gilt *keine lineare* Anordnung der Stimmungen verschiedener 'Ordnung' im Sinne von Baerends und Tinbergen, *in der die Endhandlung als auch rangordnungsmäßig letztes Glied in der Kette gilt. Vielmehr ist die Appetenz zur jeweils als Endhandlung erstrebten Instinktbewegung der dominierende Faktor der jeweiligen Hierarchie*. Sie beherrscht und 'programmiert' nicht nur die Motorik, sondern auch die gesamten afferenten Mechanismen. Dementsprechend ist daher die Maus entweder ein Objekt zum Belauern, oder zum Haschen, oder zum Töten, oder zum Essen, oder zum Hervorangeln oder zum Umherschleudern, d.h. die Reizqualität der Maus ändert sich mit der Rangordnung der Appetenzen." (Leyhausen 1965, S. 470).

Die Annahme, daß jeweils *der* Verhaltensweise mit dem höchsten Aktualspiegel der aktivitätsspezifischen Energie die Funktion der angestrebten Endhandlung zukommt, setzt voraus, daß ein Indikator verfügbar ist, mit dessen Hilfe die Verhaltensweise mit dem stärksten Erregungslevel bestimmt werden kann. Wenn Leyhausen meint, eine derartige Aussage allein aufgrund von Beobachtungen abstützen zu können, ist dies eine Tautologie, denn dann ist immer diejenige Verhaltensweise, der vom Beobachter die Rolle der Endhandlung zugewiesen wird, diejenige mit der höchsten Triebenergie.

Der Versuch von Leyhausen, jeder Erbkoordination eine weitgehende Unabhängigkeit hinsichtlich des Auf- und Abbaues ihrer aktivitätsspezifischen Erregung zuzusprechen, ist eine konsequente Auslegung der Theorie, speziell der Annahme der Autonomie einzelner Erbkoordinationen in Verhaltensfolgen, ohne jedoch als eine Bestätigung dieser Annahme angesehen werden zu können. Eine derartige Verhaltenssteuerung, wie sie Leyhausen mit dem Konzept der relativen Stimmungshierarchie für das Beutefangverhalten der Katze beschreibt, bei der das

Auftreten der einzelnen Verhaltensweisen von dem jeweiligen Niveau ihrer aktivitätsspezifischen Energie bestimmt wird, macht eine Katze zu einem Spielball ihrer inneren Antriebe, ohne daß sie den Anforderungen der Umwelt entsprechend zu reagieren vermag. Leyhausen schreibt zwar: "Der jeweilige Ablauf des Verhaltens ist selbstverständlich nicht *nur* als die Resultante des jeweiligen, sich dauernd ändernden Kräfteverhältnisses der Einzelantriebs-Appetenz anzusehen. ... Niemand glaubt, *alle* beobachtbaren Eigenheiten der Instinktbewegung allein aus der endogenen Rhythmik aktionsspezifischer Energien erklären zu können; auch stellt sich niemand vor, die Autonomie des Einzelantriebes sei absolut. Sie ist sicher innerhalb gewisser Grenzen mannigfachen Beeinflussungen von anderen Antrieben, von sonstigen inneren und äußeren Faktoren zugänglich. ... Schließlich erhält das beobachtbare Verhalten seine endgültige Form durch innere und äußere Einwirkungen, welche die Leistungsbereitschaft der von den aktionsspezifischen Energien angestoßenen neuralen Systeme steuern und regeln." (Leyhausen 1965, S. 471).
Da mit den von Leyhausen angeführten zusätzlichen Möglichkeiten für die Steuerung des Verhaltensablaufes beim Beutefang der Katze jedes, aber auch jedes Protokoll, d.h. jede nur mögliche Beobachtung nachträglich erklärt werden kann, ist dieses Konzept als empirisch gehaltlos anzusehen. Trotzdem werden diese Aussagen in der Verhaltensforschung beibehalten und weitervermittelt, so z.B. auch wieder in der neuesten Ausgabe des Lehrbuchs 'Grundriß der vergleichenden Verhaltensforschung' von Eibl-Eibesfeldt (1987).

2. Das Konzept der Endhandlung von Hassenstein

In Anlehnung an Lorenz hat Hassenstein ein Modell über den Aufbau komplexer Verhaltensabläufe entwickelt, das er in Form eines veranschaulichenden Funktionsschaltbildes vorstellt (s. Abb. 59).
Hassenstein unterscheidet drei Verhaltensphasen, die er als "typisch für instinktive Verhaltensweisen aus den Bereichen der Ernährung und der Fortpflanzung" (Hassenstein 1980, S. 25) ansieht. Dabei faßt er das ungerichtete Suchen nach dem angestrebten Objekt und die gezielte Annäherung an dieses Objekt als Appetenzverhalten zusammen und grenzt dies gegen die eine Verhaltensfolge abschließende Reaktion, die Endhandlung, ab. Appetenzverhalten - ungerichtetes, wie auch gerichtetes - und Endhandlung werden vom gleichen Antrieb gesteuert, aber nur der Endhandlung kommt eine Rückwirkung auf den Antrieb zu. Während - so Hassenstein - das ungerichtete Suchen unabhängig von einer auslösenden Situation allein aus innerem Antrieb heraus auftritt, müssen die Verhaltensweisen, die während des gerichteten Appetenzverhaltens auftreten, durch spezifische Umweltsituationen, die über einen AAM wirksam werden, ausgelöst werden. Das gleiche gilt für die Auslösung der Endhandlung.
In Übereinstimmung mit Lorenz geht Hassenstein davon aus, daß in erster Linie eine ein- oder mehrmalige Ausführung der Endhandlung eine Antriebsminderung bewirkt. Darüber hinaus läßt er zu, daß die physischen Konsequenzen, die aus dem Ablauf der Erbkoordination z.B. bei der Nahrungsaufnahme resultieren, wie

eine Kropf- oder Magenfüllung, sich reduzierend auf den Antrieb auswirken können, so daß es zu keiner weiteren Nahrungssuche und -aufnahme mehr kommt.

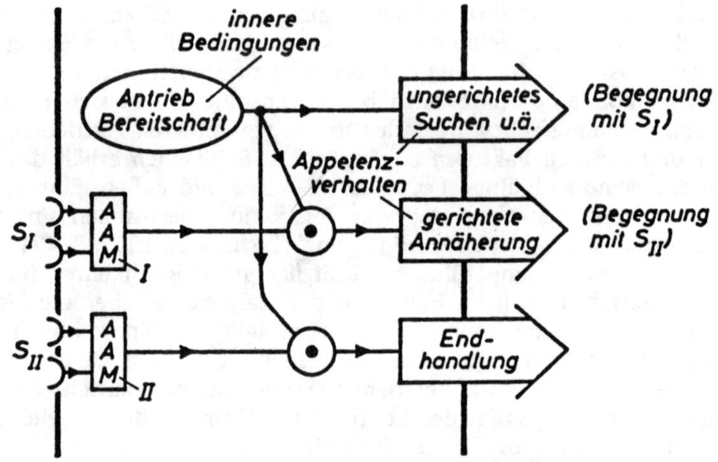

Abb. 59: Idealisiertes vereinfachtes Funktionsschaltbild für den Zusammenhang zwischen den beiden Phasen des Appetenzverhaltens und der instinktiven Endhandlung. Aus Hassenstein (1980)

Es stellt sich die Frage, welche beobachtbaren Verhaltensfolgen sich zwanglos im Rahmen dieses Konzeptes interpretieren lassen. Als Beispiele für Endhandlungen nennt Hassenstein Verhaltensweisen wie Trinken, Verzehren der Nahrung, sowie die Paarung. Wenn die Paarung als Endhandlung angesehen wird, so gehen ihr in der Regel eine Reihe von Verhaltensweisen voraus, die die Funktion des Appetenzverhaltens übernehmen und die unter dem Begriff Balz zusammengefaßt werden. Diese Verhaltensweisen werden u.a. dazu eingesetzt, die auslösende Situation für die Endhandlung, sei es die Copula oder bei äußerer Befruchtung die Ei- oder Spermienabgabe, zu erstellen. Wenn nach Durchführung z.B. der Copula kein Appetenzverhalten, d.h. keine Balz mehr beobachtbar ist, dann wäre dieses Verhalten zu Recht im Sinne von Lorenz als Endhandlung zu bezeichnen.
Ebenso lassen sich komplexe Verhaltensabläufe, die dem Nahrungserwerb dienen, ohne Schwierigkeit im Rahmen des von Hassenstein vorgelegten Konzepts interpretieren. Als Endhandlung gilt nach Hassenstein das Verzehren der Nahrung. Dies setzt voraus, daß sie zuvor gesucht bzw. erbeutet wird, was zumindest bei räuberisch lebenden Tieren ein äußerst komplexes Verhalten erfordert. Einem Raubvogel stehen zum Beuteerwerb eine Reihe von Erbkoordinationen zur Verfügung, die er je nach Situation einzusetzen vermag. Hat ein Habicht eine Taube erbeutet, so muß er sie zunächst noch rupfen, ehe er sie anschneiden kann. Alle diese Verhaltensweisen sind dem Appetenzverhalten zuzuordnen, d.h. sie haben keinerlei Rückwirkung auf den übergeordneten Antrieb 'Hunger'. Wird ein Ha-

bicht beim Rupfen der Beute gestört, so läßt er sie in der Regel im Stich und flüchtet. Erst wenn die Störung vorbei ist, wird er weiter nach Beute suchen, d.h. erneut Appetenzverhalten zeigen. Allein der Verzehr der Beute - als Endhandlung - bewirkt eine Einstellung des Appetenzverhaltens. Nach Hassenstein kann eine Endhandlung auch "aus einer fest programmierten Folge von Einzelbewegungen (Erbkoordinationen)" (Hassenstein 1987, S. 251) bestehen. In einem solchen Falle müßte m.E. gezeigt werden, daß allein der Ablauf der vollständigen Folge eine Rückwirkung auf den Antrieb hat, so daß - falls nur Teile dieses Programms ausgeführt werden - erneut Appetenzverhalten auftreten sollte.
So werden von Eibl-Eibesfeldt die Erbkoordinationen des Beutefangs als eine Endhandlung interpretiert. Er schreibt: "Hat er (ein jagdgestimmter Hund, Anm. d. Verf.) aber die auslösende Reizsituation gefunden, dann klinken die mehr automatisch ablaufenden Erbkoordinationen des Beutefangens ein. Deren Ablauf ändert aber nicht allein die auslösende Reizsituation, sondern hat, wie schon W. Craig feststellte, oft eine umstimmende Wirkung. Man spricht daher vielfach von triebbefriedigender *Endhandlung* oder *consummatory act*." (Eibl-Eibesfeldt 1987, S. 96). Dagegen wäre einzuwenden, daß allein das Fressen, d.h. das Herunterschlucken des Futters, die Funktion einer Endhandlung haben dürfte, da ein Hund, der zwar die Beute töten, aber noch nicht fressen konnte, da er gestört wurde oder ihm die Beute abgenommen wurde, weiterhin hungrig bleibt und mit Sicherheit anschließend erneut Verhaltensweisen des Beutefangs als Appetenz zeigen wird. Nach dem Konzept von Hassenstein muß, solange der Antrieb vorliegt, d.h. solange die Endhandlung noch nicht durchgeführt werden konnte, das Appetenzverhalten beobachtbar sein, und da das Appetenzverhalten selbst keinerlei Rückwirkung auf den Antrieb hat, müßte es, wenn die Situation es erfordert, jederzeit wieder auslösbar sein.
Hassenstein vertritt die Meinung, daß sich einige instinktive Verhaltensabläufe nicht im Rahmen des von ihm vorgelegten Konzeptes interpretieren lassen, da das Appetenzverhalten, das er diesen Verhaltensabläufen zuspricht, nicht durch eine antriebsverzehrende Endhandlung, sondern durch einen "antriebsbedingten Ruhezustand" (Hassenstein 1987, S. 253) abgeschaltet wird. Er versteht unter antriebsbedingten Ruhezuständen den Schlaf oder das Brüten der Vögel, vermutlich weil dieses Verhalten nicht mit auffälligen Bewegungsmustern verbunden ist. Ich sehe dagegen keine Schwierigkeiten, das Verhalten, das wir mit dem Begriff 'Schlaf' belegen, in das Schema von Hassenstein einzuordnen. Es zeichnet sich durch einen 'spontanen' Antrieb aus, der allgemein als Müdigkeit bezeichnet wird und sich in einem Appetenzverhalten wie dem Aufsuchen eines Schlafplatzes äußert. Da durch die Aktion 'schlafen' der Antrieb nach und nach abgebaut wird, wäre es m.E. berechtigt, dieses Verhalten als Endhandlung im Sinne von Lorenz zu interpretieren. Das Gleiche gilt für das Brüten. Da Hassenstein von einem Bruttrieb ausgeht, könnten alle Verhaltensweisen, die die Voraussetzungen für das Brüten schaffen, als Appetenzverhalten und das Brüten selbst als Endhandlung angesehen werden, durch die der Bruttrieb herabgesetzt wird.
So plausibel die Unterteilung komplexer Verhaltensabläufe in Appetenzverhalten und Endhandlung in den Bereichen Ernährung und Fortpflanzung erscheinen mag, so ergeben sich bei der Anwendung dieser Begriffe auf beobachtbares Verhalten

über diese Bereiche hinaus erhebliche Schwierigkeiten, die sich schon an den Beispielen, die Hassenstein selbst anführt, aufzeigen lassen.
So schreibt er: "Eine instinktive Endhandlung, die man häufig beobachten kann, ist bei vielen Hunden das Scharren mit den Hinterbeinen, nachdem sie Kot abgegeben haben. Es wird auch auf dem Straßenpflaster und auf anderem festen Untergrund durchgeführt, wo es keinerlei Effekte hat, und zeigt damit anschaulich, wie starr eine Erbkoordination festgelegt sein kann." (Hassenstein 1987, S. 252). Setzt man dieses Beispiel in das von ihm selbst konstruierte Funktionsschaltbild ein, so entspräche dem Antrieb der Drang zur Defäkation. Das Aufsuchen des geeigneten Platzes, sowie die Defäkation selbst wären als Appetenzverhalten zu interpretieren, und erst das anschließende Scharren würde als Endhandlung den Defäkationsdrang herabsetzen. Es stellt sich die Frage, was diejenigen Hunde machen, die nach dem Koten nicht scharren, was ja vielfach zu beobachten ist. Deren Antrieb zur Defäkation bliebe entsprechend hoch und die Tiere müßten weiterhin ein diesem Antrieb zugeordnetes Appetenzverhalten zeigen. Auch das Füttern der Jungen z.B. bei Vögeln, das von Hassenstein als Endhandlung interpretiert wird, ist schwer in dieses Konzept einzuordnen. Nach jedem Füttern der Nestlinge tritt erneut Appentenzverhalten, d.h. Suchen nach neuer Nahrung für die Jungen, auf. Man könnte argumentieren, daß jede einzelne Fütterung den Antrieb um einen bestimmten Betrag herabsetzt, aber es bleibt die Frage, wodurch festgelegt ist, welche Fütterung als 'letzte' Erbkoordination den Antrieb endgültig herabsetzt.
In Übereinstimmung mit Lorenz geht auch Hassenstein davon aus, daß Erbkoordinationen, die dem Appetenzverhalten zuzuordnen sind und somit keine Rückwirkung auf den gemeinsamen, übergeordneten Antrieb haben, aufgrund ihrer eigenen spezifischen Erregung dem Organismus als Ganzem ein spezifisches Appentenzverhalten aufzwingen können. So schreibt er: "Doch gibt es auch Beispiele dafür, daß einzelne Anteile des Appetenzverhaltens je ihre eigene zusätzliche Motivation besitzen, also auch nach voller Befriedigung des zugrundeliegenden Hauptbedürfnisses noch auslösbar sind." (Hassenstein 1987, S. 252). Mit dieser Aussage bezieht sich Hassenstein auf die zuvor besprochene Untersuchung von Leyhausen zur 'Relativen Stimmungshierarchie' (s. S. 231 ff.). Ob dieses Prinzip, daß Erbkoordinationen, die dem Appetenzverhalten eines übergeordneten Antriebes zuzuordnen sind, Eigenappetenzen entwickeln, als allgemein gültig angesehen wird, wird weder von Hassenstein noch von anderen Autoren erörtert. Beispielhaft wird stets auf das Beutefangverhalten der Katze verwiesen. M.E. kann eine solche grundlegende Annahme nicht auf ein spezifisches Verhalten beschränkt sein. Geht man aber von der Allgemeingültigkeit dieser Aussage aus, dann bedeutet dies, daß jede beliebige Erbkoordination - unabhängig von dem übergeordneten Antrieb, dem sie in der Regel untersteht - eine Eigenappetenz entwickeln kann. Von Lorenz wird - wie bereits ausgeführt - diese Meinung vertreten: So geht er davon aus, daß die spezifische Triebenergie einer Instinktbewegung zu einem Antrieb für den Gesamtorganismus werden kann. Damit wird m.E. aber das theoretische Konzept der Endhandlung unterlaufen, da dann nicht mehr überprüfbar ist, ob eine Erbkoordination im Rahmen des Appetenzverhaltens eines übergeordneten Antriebes oder aufgrund der Eigenappetenz auftritt.

Ich will dies an einem Beispiel erläutern. Wenn ein Buntbarschmännchen im Anschluß an das Besamen der Eier erneut Verhaltensweisen der Balz gegenüber einem Weibchen zeigt, so können im Rahmen der Lorenzschen Theorie sehr unterschiedliche 'Erklärungen' gegeben werden. Will man das Endhandlungskonzept, so wie Hassenstein es darstellt, aufrecht erhalten, so kann argumentiert werden, daß die als Endhandlung interpretierte Verhaltensweise - das Besamen der Eier - keine Endhandlung ist, da sie keinerlei Rückwirkung auf den übergeordneten Antrieb erkennen läßt, so daß das Männchen weiterhin alle Verhaltensweisen des Appetenzverhaltens, im speziellen Falle der Balz, einsetzen kann. Bei dieser Argumentation wäre - will man das Konzept beibehalten - zu fordern, daß nach einer weiteren Verhaltensweise, die die Funktion der Endhandlung für den übergeordneten Antrieb übernimmt, gesucht werden muß. Diese Beobachtung ließe sich aber *auch* im Sinne der Autonomie von Erbkoordinationen interpretieren, wenn man postuliert, daß die Erbkoordinationen der Balz aufgrund ihrer spezifischen Erregung jederzeit unabhängig vom übergeordneten Antrieb von den Buntbarschmännchen gezeigt werden können. Beide 'Erklärungen' wären im Rahmen der Theorie zulässig; durch Experimente ist wohl kaum zu entscheiden, welcher der Vorzug gegeben werden könnte.
Abschließend ist zu sagen, daß das von Hassenstein mit Hilfe eines Funktionsschaltbildes veranschaulichte Endhandlungskonzept sich nur auf eine begrenzte Anzahl von Verhaltensabläufen anwenden läßt, vor allem auf solche, die im Zusammenhang mit Stoffwechselvorgängen im Körper stehen und die dazu eingesetzt werden, um entstandene Defizite auszugleichen. Für die Antriebe Hunger und Durst lassen sich Verhaltensweisen beschreiben, die die Funktion der Endhandlung erfüllen, ebenso kann der Antrieb, den wir mit 'Müdigkeit' umschreiben, durch die Endhandlung 'Schlafen' herabgesetzt werden. Bei der Fortpflanzung könnte die Ausführung der Copula oder bei äußerer Befruchtung die Ei- oder Spermienabgabe als Endhandlung interpretiert werden. Bei allen diesen Vorgängen kann aber auch oder zusätzlich den physischen Konsequenzen des Verhaltens die entscheidende Rückwirkung auf den Antrieb zukommen. Auf Verhaltensabläufe, wie wir sie beim Nestbau, bei der Körperpflege, beim Erkunden, beim Kampf, bei der Flucht beobachten, ist dieses Modell dagegen nicht anwendbar, da sich bei diesen Verhaltensfolgen keine Verhaltensweise als Endhandlung mit einer entsprechenden Rückwirkung auf den Antrieb interpretieren läßt.

3. Das Modell des Maximalwertdurchlasses

Die grundlegende Frage, auf welche Weise ein Tier Prioritäten im Verhalten setzt, wurde bisher nur von Hassenstein (1987) aufgegriffen. Sind in der Umwelt eines Tieres auslösende Situationen für unterschiedliche Verhaltensmuster gegeben, z.B. Futter, Wasser, ein paarungsbereiter Partner oder um Futter bettelnde Junge, so wird vom Tier eine Entscheidung gefordert, welches Verhalten vorrangig durchgeführt werden soll. Zur Lösung dieses Problems greift Hassenstein (1987) das mathematische Modell des Maximalwertdurchlasses auf, das besagt, daß bei einem

Vergleich mehrerer Größen nur diejenige mit dem aus diesem Vergleich sich ergebenden maximalen Wert unvermindert weitergegeben wird (s. Abb. 60).

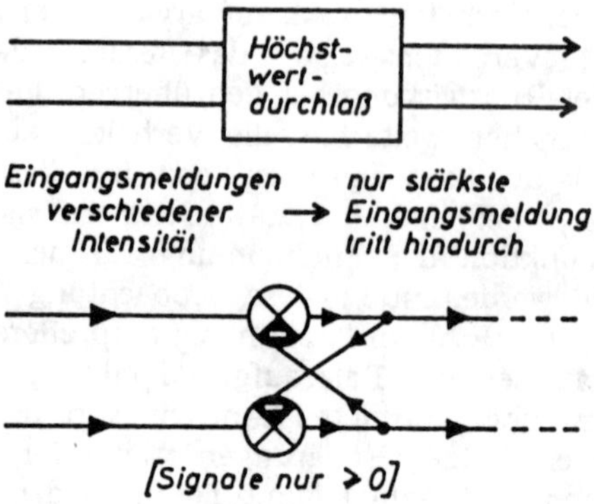

Abb. 60: Höchstwertdurchlaß, Darstellung des Funktionsprinzips und seiner einfachsten Verwirklichung. An den schwarzen Sektoren mit weißem Minuszeichen wird der Betrag der dort eintreffenden Signalströme subtrahiert, so daß nach rechts die Differenz beider Signalströme weitergeleitet wird. Doch kann diese Meldung nicht kleiner als Null werden, weil es auf Nervenfasern keine negativen Signale gibt. Aus Hassenstein (1980).

Hassenstein überträgt dieses Modell auf die sich aus der Theorie ergebende Vorstellung der miteinander konkurrierenden Antriebe. Zunächst geht er davon aus, daß in einem Lebewesen so gut wie immer mehrere Verhaltenstendenzen gleichzeitig aktiviert sind, wobei er unter einer Verhaltenstendenz nach dem Prinzip der doppelten Quantifizierung eine Verrechnung des Gesamtreizwertes der aktuell vorliegenden Umweltsituation mit dem aktuellen Niveau des speziellen Antriebs versteht. Er geht weiterhin davon aus, daß sich diese Verhaltenstendenzen gegenseitig hemmen und daß nur die stärkste Tendenz - entsprechend dem Maximalwertdurchlaß - sich gegen diese Hemmung durchzusetzen vermag.
Mit dem Prinzip der 'lateralen subtraktiven Rückwärtsinhibition' meint Hassenstein, einen derartigen Mechanismus der gegenseitigen Hemmung beschreiben zu können: "Alle Verhaltensweisen des Organismus, die nicht gleichzeitig ablaufen können, müssen auf der Ebene der Verhaltenstendenzen miteinander durch Hemmwirkung verknüpft sein. Dieses funktionelle Teilsystem der Verhaltensorganisation gewährleistet, daß unter allen Verhaltensmöglichkeiten jeweils die am stärksten aktivierte zum Zuge kommt und daher alle anderen unterdrückt." (Hassenstein 1987, S. 264) Dabei bleibt offen, auf welche Verhaltensebene sich diese Annahme bezieht. Gilt sie auf der Ebene miteinander konkurrierender Erbkoordinationen oder auf der Ebene komplexer Verhaltensabläufe wie Nahrungserwerb, Balz, Nestbau usw. (s. Abb. 61).

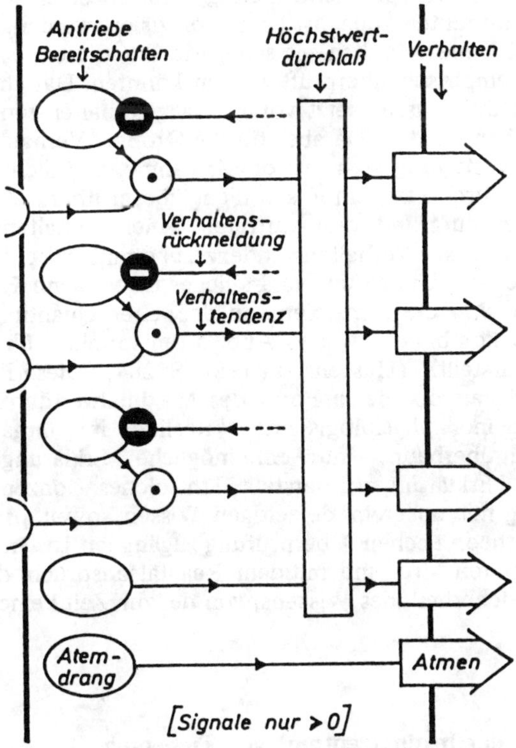

Abb. 61: Vereinfachtes idealisiertes Funktionsschaltbild für ein Teilsystem der Verhaltenssteuerung, das aus einem Nebeneinander vieler Verhaltenstendenzen ein Nacheinander der Verhaltensweisen je nach ihrer aktuellen Wichtigkeit macht. Einzelheiten s. Abb. 59 und 60, aus denen diese Abbildung kombiniert ist. Für die Verhaltensweise Atmen gilt, daß sie ungehemmt bleibt und auch keine Hemmung auf andere Verhaltenstendenzen ausübt. Aus Hassenstein (1980).

Es ist eine durchaus plausible Annahme, daß ein vordringliches Bedürfnis eines Lebewesens auch vorrangig befriedigt werden sollte. Aus dem von Hassenstein vorgelegten Konzept wird jedoch nicht erkennbar, welches Gewicht den aktuell vorliegenden auslösenden (oder sogar 'aufladenden', d.h. motivierenden) Umweltreizen zugemessen wird. Nach dem Prinzip der doppelten Quantifizierung kann der Wert einer Verhaltenstendenz sowohl durch einen hohen Antriebslevel und einen niedrigen Reizwert als auch umgekehrt bestimmt werden. Wenn beide Größen als gleichgewichtig angesehen werden, könnte eintreten, daß ein hohes Antriebsniveau bei fehlendem Reizwert von einem niedrigen Antrieb bei hohem vorliegenden Reizwert unterdrückt wird. Auch ein Appetenzverhalten könnte sich nur noch unter bestimmten Bedingungen durchsetzen, d.h. wenn die Reizwerte für die

in Konkurrenz stehenden Antriebe entsprechend niedrig sind. Diese in so vager Form vorgelegten Überlegungen müßten zunächst einmal präzisiert werden.
Hinzu kommt, daß ich vorerst keine Möglichkeit sehe, wie die diesem Konzept zugrundeliegenden Annahmen empirisch überprüft werden könnten. Das theoretische Konzept des Maximalwertdurchlasses setzt voraus, daß Verhaltenstendenzen gleichzeitig miteinander verglichen werden. Da aber für die Größe 'Verhaltenstendenz' kein Meßverfahren zur Verfügung steht, ist die Annahme, daß sich jeweils die stärkste Verhaltenstendenz durchsetzt, empirisch nicht überprüfbar. Wenn allein aus der Beobachtung, d.h. aufgrund des Auftretens einer Verhaltensweise, geschlossen wird, daß ihr die höchste Verhaltenstendenz zukommt, so entspricht dieses Vorgehen einem Zirkelschluß. Um so unverständlicher ist es, wenn Hassenstein schreibt: "Im Organismus sind die Prinzipien von doppelter Quantifizierung ... und Höchstwertdurchlaß so kombiniert, wie es Abb. 5 (entspricht Abb. 61 in dieser Arbeit, Anm. d. Verf.) darstellt." (Hassenstein 1987, S. 264). Diese Formulierung vermittelt den Eindruck, als ob die in Form des Maximalwertdurchlasses angebotene 'Erklärung' irgendeiner physiologischen 'Realität' im Organismus entspräche, obwohl sie - wenn überhaupt - nur *eine* mögliche 'Erklärung' von einer unendlichen Menge von 'Erklärungen' darstellt. Ein solches Konzept sollte zumindest in Übereinstimmung mit unserem derzeitigen Wissen soweit präzisiert werden, daß es zunächst einer theoretischen Überprüfung zugänglich ist. In dieser trivialen Form, in der es dargeboten wird, und mit dem Realitätsanspruch, der erhoben wird, vermittelt es eine Sicherheit des Wissens, von der zur Zeit keine Rede sein kann.

4. Das Modell der 'Hierarchie der Instinktzentren' von Tinbergen

Als erster hat Tinbergen die Frage aufgeworfen, wie ein komplexes Verhaltenssystem organisiert sein müßte, um zu einem für das Tier erfolgreichen Zusammenspiel der beteiligten Verhaltensweisen zu kommen. Als Ergebnis seiner Überlegungen legte er das Modell der 'Hierarchie der Instinktzentren' vor. In diesem Modell geht er von über- und untergeordneten Zentren aus und legt fest, daß die untergeordneten nur in Abhängigkeit von den übergeordneten aktiv werden können. Tinbergen meint eine derartige hierarchische Struktur, wie er sie z.B. für den Fortpflanzungsinstinkt annimmt, damit begründen zu können, daß sich ein solcher 'Hauptinstinkt' aus Teilbereichen wie im speziellen Fall aus Balz, Kampf, Nestbau und Brutpflege usw. zusammensetzt, denen wiederum Teilelemente wie die einzelnen Verhaltensweisen der Balz, des Nestbaues zuzuordnen sind. Allein aufgrund der Zuordnung von Teilbereichen zu einem Gesamtbereich (= Hauptinstinkt) meint Tinbergen seine Annahme eines hierarchischen Aufbaues komplexer Verhaltensabläufe rechtfertigen zu können.
Eine Bestätigung seiner Annahmen sieht er in den Arbeiten der Neurophysiologen. Während die Untersuchungen von v. Holst - nach Tinbergen - gezeigt haben, daß von Zentren des Rückenmarks nur verhältnismäßig einfache Bewegungsmuster wie z.B. die Schlängelbewegung des Aals oder die Flossenbewegung von Fischen kon-

trolliert werden, gelang es Hess und Brügger (1943) [3] bei Katzen durch schwache elektrische Reize, die sie mit Hilfe von Elektroden im Zwischenhirn setzten, komplexe Bewegungsabläufe wie z.B. Fressen, Schlafen und Kampfverhalten, die dem natürlichen Verhalten der Katze entsprachen, auszulösen. Tinbergen meint, diese Ergebnisse im Sinne seiner Zentrenhierarchie interpretieren zu können, d.h. daß übergeordnete Zentren im Zwischenhirn untergeordnete Zentren im Rückenmark kontrollieren.

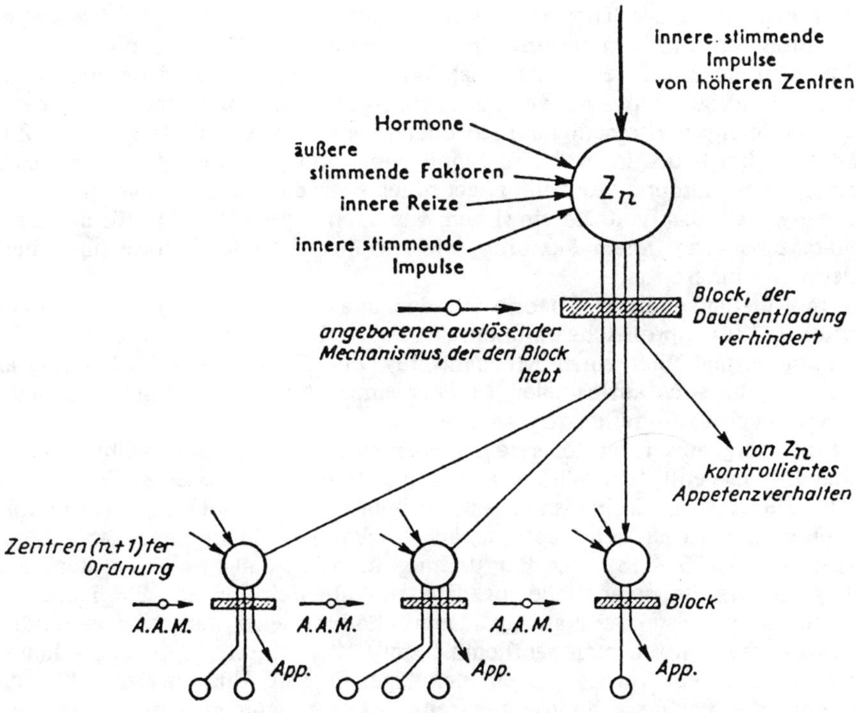

Abb. 62: Schematische Darstellung der Instinktzentrenhierarchie. Die Zentren (Z) sind durch Kreise, die Kausalfaktoren durch die Pfeile veranschaulicht. Die schraffierten Rechtecke repräsentieren die Hemmung (Blöcke); die schematische Darstellung eines Neurons soll den AAM und die durchgezogenen Linien den Erregungsfluß vom höheren zum niederen Zentrum darstellen. Aus Tinbergen (1952 a).

Zunächst legt Tinbergen seine Vorstellungen zur Zentrenhierarchie in Form eines allgemeinen Schemas dar. In Übereinstimmung mit Lorenz geht Tinbergen davon

[3] In seinem Lehrbuch 'Instinktlehre' bezieht sich Tinbergen auf diese frühen Arbeiten von Hess und Brügger.

aus, daß innere und äußere Faktoren bei der Steuerung des Verhaltens zusammenwirken. Im Gegensatz zur ursprünglichen Theorie von Lorenz weist er bereits Außenfaktoren eine die Erregung steigernde Wirkung zu, wenn er schreibt: "Wie wir sahen, wirken manchmal höchstwahrscheinlich auch Außenfaktoren stimmungsteigernd, so daß also einige von ihnen ebenfalls zu den stimmenden Faktoren gehören." (Tinbergen 1952 a, S. 115 f.). In dem Schema (s. Abb. 62) wird dargetan, wie die Einwirkung von äußeren und inneren Faktoren auf das Erregungsniveau der Zentren der verschiedenen Hierarchieebenen vonstatten gehen könnte.

Tinbergen geht in seiner Theorie davon aus, daß jedes Zentrum "Erregungen sammelt, integriert und organisierte Impulse weitergibt" (Tinbergen 1952 a, S. 100). Wie dem Schema zu entnehmen ist, kann ein Zentrum durch unterschiedliche Prozesse 'aufgeladen' werden. Jedes nachgeschaltete Zentrum - im Schema z.B. Z_n - empfängt von einem übergeordneten Zentrum erregende Impulse. Zusätzlich kann ihm - das ist wohl im Sinne von Lorenz zu verstehen - ein sich selbst erregendes Automatiezentrum zugeordnet sein; darüberhinaus können Hormone erregend auf das Zentrum einwirken, wie auch spezifische, d.h. für das Zentrum charakteristische innere Faktoren, wie spezifische Außenfaktoren und nicht näher definierte innere Reize.

Der zentrale Gedanke dieser Theorie ist, daß alle Zentren solange unter Hemmung stehen, bis spezifische Außenreize eine Enthemmung bewirken. Die Enthemmung erfolgt über einen Mechanismus, den Tinbergen in Anlehnung an Lorenz als angeborenen auslösenden Mechanismus (AAM) bezeichnet und der - wie Tinbergen schreibt - reflexartig arbeitet.

"Solange der angeborene auslösende Mechanismus ... ungereizt bleibt, können sich keine Impulse entladen. Wirken aber die adäquaten Schlüsselreize auf diesen reflexartig arbeitenden Mechanismus ein, so hebt sich der Block ..., und die Impulse können nun zu all den Zentren nächstniederer Ordnung (n+1) abfließen." (Tinbergen 1952 a, S. 118). Als Begründung für die Annahme einer ständigen Hemmung der Zentren, solange die spezifischen Außenreize fehlen, gibt Tinbergen an, daß auf diese Weise eine ständige Dauerentladung eines Zentrums verhindert wird. Solange die Zentren nicht enthemmt sind, ist allein ein Appetenzverhalten beobachtbar, d.h. ein Suchen nach den spezifischen Umweltreizen für die Enthemmung der nachgeschalteten Zentren. Diese Annahmen gelten in gleicher Weise für alle Zentren auf den unterschiedlichen Ebenen.

Dieses abstrakte Hierarchiemodell versucht Tinbergen mit Hilfe biologischer Daten zu interpretieren. Er wählt dazu das Fortpflanzungsverhalten des Stichlingsmännchens, das er unter dem Begriff 'Fortpflanzungsinstinkt' zusammenfaßt. Darüber hinaus erhofft sich Tinbergen, daß dieses Hierarchiemodell auf weitere Hauptinstinkte angewendet werden kann. Dem Fortpflanzungsverhalten des Stichlingsmännchens werden eine ganze Reihe sehr unterschiedlicher Verhaltensweisen zugeordnet, solche des Nestbaues, der Balz, des Kampfverhaltens und der Brutpflege. Tinbergen geht davon aus, daß diesen unterschiedlichen Bewegungsmustern auf übergeordneten Ebenen gemeinsame Kausalfaktoren zugrundeliegen. Die Entscheidung, welche der Verhaltensweisen zur Ausführung kommt, wird nach

Tinbergen durch weitere spezifische innere und äußere Faktoren, die auf nachgeschalteten Ebenen wirksam werden, herbeigeführt[4].
Anhand eines Schemas veranschaulicht Tinbergen erstmalig 1942 seine Vorstellung von einem hierarchischen Aufbau der Instinktzentren anhand des Fortpflanzungsverhaltens eines Männchens des dreistachligen Stichlings (s. Abb. 63).

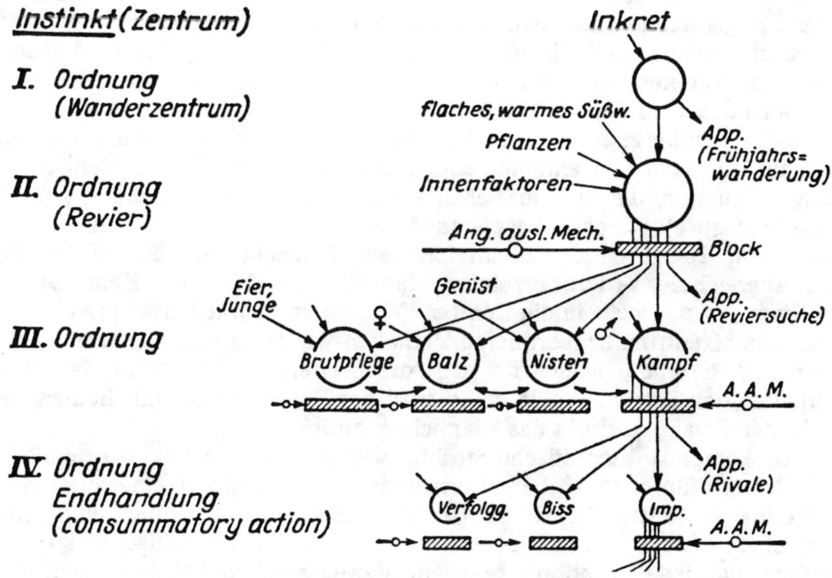

Abb. 63: Zentrenhierarchie des Hauptinstinkts Fortpflanzungsverhalten des Stichlingsmännchens. Erklärung im Text. Nach Tinbergen (1952 a); aus Eibl-Eibesfeldt (1987).

Das allen übergeordnete Zentrum (Wanderzentrum), das nach Meinung von Tinbergen vor allem durch Hormone aktiviert wird und das im Gegensatz zu allen anderen Zentren nicht unter Hemmung steht, bewirkt allein ein Appetenzverhalten, die Frühjahrswanderung. Es ist bekannt, daß die Stichlingsmännchen mit Beginn der Fortpflanzungszeit nach einem geeigneten Brutplatz suchen, wo die Männchen gegeneinander Reviere abgrenzen. Durch flaches warmes Süßwasser sowie durch Pflanzenbewuchs erweist sich ein Gebiet als geeignet. Dem Schema zufolge laden diese Außenfaktoren sowie Impulse vom übergeordneten Zentrum

[4] "... asking, why does the fish fight, or why does it display? It becomes clear that given the factors that bring the fish into reproductive mood, other additional factors decide wether it will come into a fighting or building 'submood'. This phenomenon could be described as a hierarchy of moods or of drives. This hierarchy must be based on a hierarchy of causal factors." (Tinbergen 1942, S. 56).

und spezielle, aber nicht näher definierte Innenfaktoren das nachgeschaltete Zentrum, das Revierzentrum (Zentrum II. Ordnung), auf. Dieses Revierzentrum kann nur durch bestimmte Außenfaktoren, die im Schema nicht näher bezeichnet sind, und die über einen AAM wirksam werden, enthemmt werden. Erst dann kann seine Energie in die nachgeschalteten Zentren (Zentren III. Ordnung) abfließen und diese auffüllen. Zusätzlich werden aber auch diese Zentren III. Ordnung durch spezifische Außenreize und wohl auch durch innere Impulse, wie die auf diese Zentren gerichteten Pfeile andeuten, aufgeladen. Zentren, die auf gleicher Ebene angeordnet sind, hemmen sich gegenseitig, was durch die zweispitzigen Pfeile im Schema symbolisiert ist. Nach der Enthemmung des Revierzentrums ist allein ein Appetenzverhalten beobachtbar, das in der deutschen Übersetzung mit 'Reviersuche', in der englischen Orginalarbeit aber richtiger mit 'searching in territory' (Tinbergen 1942, S. 309) bezeichnet wird. Ihm kommt demnach die Aufgabe zu, nach den enthemmenden Umweltfaktoren für die Zentren III. Ordnung zu suchen, die in dem Schema aber nicht näher bezeichnet sind. Welches dieser auf gleicher Ebene liegenden Zentren enthemmt wird, hängt - so Tinbergen - von spezifischen Außenreizen ab. Erscheint ein Rivale im Wahrnehmungsbereich des revierbesitzenden Männchens, so ist es das Kampfzentrum, dessen Energien nunmehr in die Zentren IV. Ordnung abfließen können [5]. Welche der dem Kampfzentrum zugeordneten Verhaltensweisen gezeigt werden, hängt auf der Ebene IV. Ordnung allein von den Außenreizen ab, z.B. beim Kampf von dem Verhalten des Rivalen. Beißt er, so wird der Revierbesitzer mit Beißen antworten, droht der Rivale, so droht das Männchen zurück.

Eine so komplexe theoretische Struktur wie das einer Instinktzentrenhierarchie als 'Erklärung' für beobachtbare Verhaltensabläufe erfordert eine ausreichende Begründung. In seinem Lehrbuch "Instinktlehre" schreibt Tinbergen: " Die beiden Tatsachen, erstens daß auf jeder Stufe ein Außenreiz Spezifisches auslösen kann, zweitens daß jede Reaktion ihre eigene Bewegungsform hat, bedeuten, daß es eine *Hierarchie angeborener auslösender Mechanismen und motorischer Zentren gibt*." (Tinbergen 1952 a, S. 96). Diese Begründung ist wenig hilfreich, denn aus beiden Postulaten ergibt sich nicht zwingend eine hierarchische Struktur. Die Aussage, daß eine Bewegung durch ihre spezifische Form gekennzeichnet ist, ist trivial. Wie sonst könnten wir sie wiedererkennen? Die weitere Begründung, daß auf jeder Ebene Spezifisches ausgelöst wird, kann sich nur auf die Ebene IV. Ordnung (= Ebene der Endhandlungen) beziehen, da nur auf dieser Ebene Spezifisches beobachtbar ist. Das auf den anderen Ebenen beobachtbare Appetenzverhalten ist - wie das Schema erkennen läßt - 'spontan', d.h. es bedarf keiner Auslösung durch spezifische Außenreize.

[5] Die auch für die Zentren IV. Ebene eingezeichneten Pfeile sind in dem zuerst veröffentlichten Schema von Tinbergen noch mit Fragezeichen versehen, in den späteren Darstellungen dann nicht mehr. Sie sollen sicher in Analogie zu der übrigen Darstellung eine aufladende Wirkung von Außen- bzw. Innenfaktoren repräsentieren. Tinbergen schreibt dazu: "Die Zentren für Kampf, Nestbau usw. laden sich primär vom höheren Zentrum aus auf. Ob jedes von ihnen zudem noch eigener Stimmungsfaktoren bedarf, das ist nicht sicher, aber wahrscheinlich." (Tinbergen 1952 a, S. 119).

Wenn schon keine sinnvolle Begründung für die Konstruktion eines so komplizierten Modells gegeben werden kann, dann ist zu fragen, welche überprüfbaren Vorhersagen es macht. Aus dem Modell ist abzulesen, daß die Zentren III. Ordnung nur aktiviert werden können, wenn die Zentren I. und II. Ordnung enthemmt sind. Aufgrund dieser Aussage des Modells dürfte ein Männchen *ohne* Revier (d.h. Zentrum II. Ordnung ist nicht enthemmt) keine Verhaltensweisen der Ebene IV. Ordnung, so z.B. kein Balzverhalten, zeigen. Das ist aber beobachtbar. Wird ein Männchen, das noch kein Revier abgegrenzt hat, in einem unstrukturierten Aquarium mit einem laichreifen Weibchen, das ihm ausdauernd und dicht folgt, konfrontiert, so führt dieses Männchen an irgendeiner Stelle des Aquariums die Verhaltensweise des Nestzeigens aus, eine Verhaltensweise, die nur während der Balz zu beobachten ist und mit der das Männchen dem Weibchen den Nesteingang präsentiert.
Tinbergen macht in seiner Theorie zur Zentrenhierarchie weiterhin die Aussage, daß sich Zentren, die auf gleicher Ebene liegen, gegenseitig hemmen. Ist z.B. das Zentrum für Balz enthemmt, so dürften nach dem Modell von Tinbergen weder Verhaltensweisen des Nestbauens, noch der Brutpflege und des Kampfes auslösbar sein. Für das Verhalten des Stichlings trifft diese Aussage mit Sicherheit nicht zu. Ein Männchen, das ein Weibchen umwirbt oder das bereits ein Weibchen zum Nest geführt hat und gegenüber dem im Nest liegenden Weibchen die Verhaltensweise des 'Trommelns' zeigt, unterbricht immer dann dieses Verhalten, wenn ein Rivale an der Reviergrenze oder in seinem Revier auftaucht, um ihn zu verjagen oder ihn - wenn er nicht gleich flieht - zu beißen. In derartigen Konfliktsituationen, in denen die auslösenden Reize für Verhaltensweisen aus unterschiedlichen Funktionskreisen, z.B. Balz und Kampf, für das Männchen wahrnehmbar sind, zeigt es in Abhängigkeit von den aktuell vorliegenden Umweltbedingungen Verhaltensweisen aus jedem der Funktionskreise der Ebene IV. Ordnung.
Damit kommt eine weitere Schwäche der Theorie zum Ausdruck. Sie läßt völlig offen, wie auf Ebenen gleicher Ordnung entschieden wird, welches Zentrum bei gleichzeitigem Vorliegen entsprechender Außenreize enthemmt wird, obwohl dies die Ausgangsfrage war, die Tinbergen veranlaßte, das Modell der Instinktzentrenhierarchie zu konstruieren. Nach der Theorie kann es immer nur eines der Zentren sein. Es stellt sich die Frage, aufgrund welcher Kriterien entschieden wird, welches der Zentren vorrangig 'enthemmt' wird. In einer Situation, in der gleichzeitig die enthemmenden Außenreize für mehrere gleichrangige Zentren vorliegen, könnte entweder über die inneren Faktoren, d.h. über unterschiedliche Erregungsniveaus der Zentren eine Entscheidung herbeigeführt werden, oder über die Stärke der auslösenden Situation, oder über das Zusammenwirken beider Faktoren. Tinbergen geht auf dieses Problem nicht ein. Seine Aussagen über die 'stimmende' Wirkung von Außen- wie Innenfaktoren lassen jede nur denkbare Lösung zu.
Wenn Tinbergen allerdings schreibt: "So macht starker Nestbaueifer das Stichlingsmännchen unempfindlich gegen kampfauslösende Reize und umgekehrt." (Tinbergen 1952 a, S. 104), so ist das nur so zu verstehen, daß die spezifische Erregung eines Zentrums den stärkeren Einfluß auf die Entscheidung eines Männchens ausübt. Dem widerspricht Tinbergen selbst, wenn er berichtet, daß "Führen (eine Verhaltensweise der Balz, Anm. d. Verf.) vom Kämpfen ausgeschaltet wird, und zwar hat ein intensiver Angriff während mehrerer Minuten eine

inhibierende Nachwirkung auf das Führen." (Tinbergen 1937, S. 198). Mit dieser Aussage legt er zumindest hinsichtlich der Zentren Kampf und Balz eine Rangfolge fest, ohne jedoch generelle Kriterien für eine Lösung des Problems aufzuzeigen.

Solange die Vorstellungen, die dem theoretischen Konzept einer Hierarchie der Instinktzentren zugrundeliegen, nur in einer so unpräzisen und unvollständigen Weise - wie von Tinbergen - dargestellt werden, bietet sich keine Möglichkeit, dieses Konzept empirisch zu überprüfen. Betrachten wir als ein Modell dieser Theorie den Fortpflanzungsinstinkt des Stichlingsmännchens, so ist zu erkennen, daß außer unspezifischem Appetenzverhalten (= Umherschwimmen) nur auf der Ebene IV. Ordnung spezifische Verhaltensweisen zu beobachten sind. Es stellt sich die Frage, ob deren Einsatz in bestimmten Umweltsituationen nur über eine so komplizierte theoretische Struktur wie die der Instinktzentrenhierarchie zu 'erklären' ist. Hinzu kommt, daß die vorliegenden Beobachtungsaussagen keinerlei Stütze für dieses Konzept erbringen, aber bereits die Möglichkeit bieten - wie gezeigt - es zu widerlegen.

Tinbergen schreibt abschließend zu dem von ihm vorgelegten Konzept: "Nochmals sei ausdrücklich betont, daß diese Zeichnungen nichts mehr als eine Arbeitshypothese sein sollen, um unsere Vorstellungen ordnen zu helfen." (Tinbergen 1952 a, S. 120). Die Intention Tinbergens war es meines Erachtens, zu Überlegungen über das Zusammenwirken von Verhaltensweisen anzuregen und die von ihm hierzu entwickelte Vorstellung zur Diskussion zu stellen. Allerdings hat man sich in der Verhaltensforschung mit diesem Modell nicht auseinandergesetzt, sondern es - wie die Lehrbücher ausweisen - kritiklos übernommen. Die meisten Lehrbuchautoren sind - so hat es den Anschein - auch heute noch von der Bedeutung dieses theoretischen Konzepts überzeugt, sonst ist es kaum zu verstehen, daß sie es ausführlich erläutern. Erschreckend ist, wie diese so vagen Überlegungen von Tinbergen auf diese Weise plötzlich den Wert abgesicherten Wissens erhalten, wenn z.B. Franck in seinem Lehrbuch 'Verhaltensbiologie' schreibt: "Handlungsbereitschaften *sind* hierarchisch organisiert. ... Die Kausalfaktoren können auf verschiedenen Niveaus der hierarchisch geordneten Handlungsbereitschaften wirksam werden." (Franck 1985, S. 22; Hervorhbg. v. Verf.). Auch Eibl-Eibesfeldt schreibt: "Die Beobachtung lehrt, daß es über- und untergeordnete Triebe gibt." (1987, S. 294). Dazu ist anzumerken, daß durch Beobachtung niemals eine hierarchische Struktur der Triebe aufgedeckt werden kann. Ein theoretisches Konzept, wie Tinbergen es mit dem Modell der Instinktzentrenhierarchie vorgelegt hat, ist immer eine aufgrund von Intuition und Erfahrung eines Forschers entwickelte gedankliche Konstruktion. Auch Lorenz maß diesem Modell - unverständlicherweise - große Bedeutung zu, so schreibt er: "Was aber hier ausdrücklich betont werden muß, ist, daß diese Ebenen Wirklichkeit sind. Ihre Zahl und Anordnung läßt sich experimentell durch Art und Anzahl der spezifischen Reizkonfigurationen ermitteln, die vom Appetenzverhalten übergeordneten Ebenen zu jenen der nächst-un-

tergeordneten überleiten." (Lorenz 1978, S. 155 f.) [6].
Tinbergen hat den untauglichen Versuch unternommen, Überlegungen, wie sie von Neurophysiologen hinsichtlich des funktionellen Aufbaues des Gehirns vorgenommen wurden, auf komplexe Verhaltensstrukturen zu übertragen, obwohl unser Wissen, in welcher Weise Verhaltensweisen vom Zentralnervensystem gesteuert werden, sich bisher auf sehr einfache Bewegungsabläufe wie z.B. reflexartige Bewegungen bei Wirbellosen beschränkt. Über die Repräsentation komplexer Verhaltensabläufe, wie sie z.B. beim fortpflanzungsbereiten Stichling zu beobachten sind, wissen wir bisher so gut wie nichts. Es kommt einer Irreführung gleich, wenn mit großer Sicherheit festgestellt wird, daß eine theoretische Größe wie die Bereitschaft (Trieb) hierarchisch organisiert sei. Ich halte es für ehrlicher und im Hinblick auf eine weiterführende Forschung für sinnvoller, auf die Lücken in unserem Wissen hinzuweisen. Ein theoretisches Konzept wie das der Instinktzentrenhierarchie müßte, um mit ihm arbeiten zu können, soweit präzisiert werden, daß es die Möglichkeit einer Überprüfung bietet. Dem steht zur Zeit noch unser lückenhaftes Wissen auf diesem Gebiet entgegen.

5. Modelle zum Übersprungverhalten

Übersprungbewegungen werden als "ein charakteristisches Merkmal der Organisation von Verhalten" (Manning 1979, S. 180) angesehen. Es stellt sich die Frage, aufgrund welcher Beobachtungen und Überlegungen der Begriff Übersprungbewegung in die Verhaltensforschung eingeführt wurde. Kennzeichnend für Übersprungbewegungen ist nach Tinbergen, daß sie in Situationen auftreten, in denen der Beobachter sie nicht erwartet: "Diese Bewegungen scheinen irrelevant in dem Sinne zu sein, daß sie unabhängig vom Kontext der unmittelbar vorhergehenden oder folgenden Bewegungsweisen auftreten." (Tinbergen 1952 b, S. 25; Übersetzung v. Verf.). Mit anderen Worten: Zeigt ein Tier eine Verhaltensweise, die - nach Meinung des Beobachters - nicht der aktivierten Bereitschaft zugeordnet werden kann und für die - wiederum nach Meinung des Beobachters - die adäquat auslösende Situation fehlt, so wird eine solche Verhaltensweise als Übersprungbewegung bezeichnet. Immelmann schließt sich dieser Auffassung von Tinbergen an, wenn er schreibt: "Es (das Übersprungverhalten, Anm. d. Verf.) ist 'unerwartet' in dem Sinne, daß es in der Situation, in der es auftritt, nicht die normale biologische Funktion erfüllt, für die es im Laufe der Stammesgeschichte entwickelt wurde." (Immelmann 1983, S. 53).
Auf welche Beobachtungen stützt sich Tinbergen, wenn er eine Verhaltensweise als Übersprungbewegung interpretiert? Er berichtet, daß miteinander kämpfende Lachmöwenmännchen plötzlich - und zwar gleichzeitig - den Kampf unterbrechen und die Bewegungsweise des Grasabrupfens zeigen, ohne dabei aber Gras abzurupfen. Grasabrupfen ist - nach Tinbergen - eine Bewegungsweise, die dem

[6] Der moderne funktionale Ansatz der Verhaltensforschung, wie er in der Verhaltensökologie zur Anwendung kommt, kennt keinen hierarchischen Aufbau des Verhaltens. Dieser Ansatz geht davon aus, daß Tiere über komplexe Verhaltensmuster, die in Anlehnung an Begriffe der Spieltheorie als Strategie bezeichnet werden, verfügen, die sie situationsgemäß einzusetzen vermögen (siehe Kapitel V).

Funktionskreis des Nestbauens zuzuordnen ist. Es ist keine Verhaltensweise des Kampfes, und wenn es in diesem Zusammenhang auftritt, so ist es nach Tinbergen ohne jede Funktion (irrelevant) und somit eine Übersprungbewegung. Ein weiteres vielfach zitiertes Beispiel enstammt dem Fortpflanzungszyklus des Stichlingsmännchens. Die Bewegungsweise des Fächelns, die das Männchen am Nest zeigt, ist nach Meinung Tinbergens und anderer Autoren eine Brutpflegehandlung, die von einem Brutpflegetrieb abhängig ist. Dieser Bewegungsweise 'Fächeln' kann somit auch nur in der adäquaten auslösenden Situation 'Eier im Nest' eine Funktion zukommen. Tritt dieses Fächeln bereits während des Nestbaues oder der Werbung um ein Weibchen auf, zu einem Zeitpunkt, zu dem noch keine Eier im Nest liegen, so wird es als Übersprungbewegung interpretiert. Aufgrund der Festlegung des Beobachters ist es in diesen Situationen ohne Funktion. Das Hauptkennzeichen der Übersprungbewegung ist demnach ihr - für den Beobachter - unerwartetes Auftreten.

Alle Bewegungsweisen, die als Übersprungbewegungen interpretiert werden, sind arttypische Bewegungsweisen, die aber nur in bestimmten Situationen beobachtbar sind. Miteinander kämpfende Lachmöwen zeigen als irrelevante Verhaltensweise, d.h. im Übersprung, immer nur die Bewegung des Grasabrupfens, und ein Stichlingsmännchen zeigt als unerwartete und - angeblich - funktionslose Verhaltensweise während des Nestbaus und der Balz nur das Fächeln. So wird angenommen, daß das Auftreten einer Übersprungbewegung an bestimmte vorgegebene endogene Bedingungen geknüpft ist. Als erste haben Kortlandt (1940) und Tinbergen (1940) unabhängig voneinander nach einer Erklärung für das Auftreten dieser 'irrelevanten' Verhaltensweisen gesucht. Tinbergen schreibt: "Wenn bei sehr starkem Trieb ... die Außensituation nicht hinreicht, um die Endhandlung auszulösen" (Tinbergen 1952 a, S. 108), zeigt das Tier Übersprungverhalten. So unterliegt ein balzendes Stichlingsmännchen, dem das Weibchen nicht zum Nest folgt, einem 'Erregungsstau', der sich in Form des Übersprungfächelns entlädt. In solchen Fällen wird "eine Übersprungbewegung *nicht* von ihrem eigenen Drang, sondern von einem anderen Drang getrieben ..., dessen normale Äußerung verhindert ist." (Tinbergen 1940, S. 2). In diesem Zusammenhang führte Kortlandt die Unterscheidung zwischen einem 'autochthonen' und 'allochthonen' Antrieb einer Verhaltensweise ein, was bedeutet, daß Verhaltensweisen sowohl von ihrer spezifischen Erregung (= autochthon), als auch durch Fremderregung (= allochthon) angetrieben werden können. Die von Tinbergen entwickelte Übersprunghypothese geht davon aus, daß immer dann, wenn die autochthone Entladung des aktivierten Triebes wegen Fehlens der adäquaten Situation nicht möglich ist, diese Erregung in eine andere - aber immer die gleiche - Bahn überspringt, um sich in Form dieses Bewegungsmusters, der Übersprungbewegung, zu entladen. Hassenstein hat diese von Tinbergen entwickelte Modellvorstellung der *Übersprunghypothese* in einem Schema veranschaulicht (s. Abb. 64).

Bereits die Annahme eines allochthonen Antriebes ist in die Lorenzsche Theorie, die bekanntlich davon ausgeht, daß eine Erbkoordination von einer nur ihr zukommenden spezifischen Erregung abhängig ist, schwer einzuordnen. Weder Tinbergen noch Kortlandt äußern sich zu diesem Problem. Auch das von Hassenstein vorgelegte Schema zur Übersprunghypothese ist nichts weiter als eine Veranschaulichung dieser Vorstellung. Es trägt weder zur Erklärung noch zur Einordnung dieser Hypothese in die Theorie der Instinktbewegung, die der Idee der Übersprungbewegung zugrundeliegt, etwas bei. Bei Betrachtung des Schemas zur Übersprunghypothese frage ich mich, warum eine Bewegung, für die eine auslösende Situation nicht gegeben ist, nicht in Form einer Leerlaufhandlung auftritt, ein Vorgang, der bei Zugrundelegung der Lorenzschen Theorie doch zu erwarten wäre. Dieser so naheliegenden Annahme steht entgegen, daß eine Erklärung für eine im betreffenden Kontext als 'irrelevant' angesehene Verhaltensweise gesucht wird, und dazu eignet sich das Konzept der Leerlaufhandlung nicht.

Nach Tinbergen kann eine Übersprungbewegung auch dann auftreten, wenn zwei Antriebe, deren Bewegungsmuster miteinander unverträglich sind, gleichzeitig und gleich stark aktiviert sind. Diesen Gedanken Tinbergens griffen van Iersel und Bol (1958) [später auch Sevenster (1961)] auf und entwickelten die sogenannte *Enthemmungshypothese*, die als eine weitere 'Erklärung' für das Auftreten von Übersprungbewegungen angesehen wird.

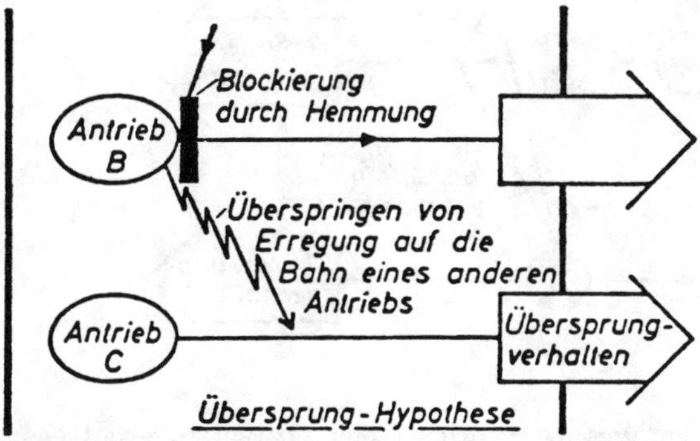

Abb. 64: Schematische Darstellung der Übersprung-Hypothese. Nachdem der Ausstrom aus der Antriebsinstanz B durch den Einfluß einer anderen Instanz, mit der sie im Konflikt steht, blockiert ist, springt die Erregung auf eine andere Bahn über. Aus Hassenstein (1987).

Die Enthemmungshypothese basiert auf der grundlegenden - allerdings sehr allgemeinen - Annahme, daß Antriebe auf andere Antriebe eine hemmende Wirkung ausüben können. Eine solche Hemmung bewirkt, daß die Aktionen, die einem unter Hemmung stehenden Antrieb zugeordnet sind, mehr oder weniger stark unterdrückt werden. Die weitergehende und für das 'Funktionieren' der Enthemmungshypothese entscheidende Annahme besagt, daß sich Antriebe wechselseitig hemmen. Ist ihre Stärke ungefähr gleich, so bedeutet dies, daß sie sich gegenseitig blockieren, so daß keine der ihnen zugeordneten Verhaltensweisen auftreten kann. Eine solche gegenseitige Hemmung zweier Antriebe hat - nach der Enthemmungshypothese - zur Folge, daß eine eventuell bestehende Hemmung gegenüber einem weiteren Antrieb aufgehoben wird. Die diesem Antrieb zugeordneten Bewegungsmuster können dann aufgrund der Enthemmung auftreten: Sie werden als

Übersprungbewegungen interpretiert. Im Gegensatz zur Übersprunghypothese wird in diesem Erklärungsmodell die Übersprungbewegung durch ihre eigene Energie, d.h. autochthon, aktiviert. Da in bestimmten Ausgangssituationen ganz spezifische Bewegungsmuster als Übersprungbewegung erwartet werden, d.h. daß bei einem spezifischen Konflikt jeweils ein ganz bestimmter Antrieb enthemmt wird, setzt diese Hypothese ein sehr starres Schema einer gegenseitigen Hemmung der Antriebe voraus (s. Abb. 65).

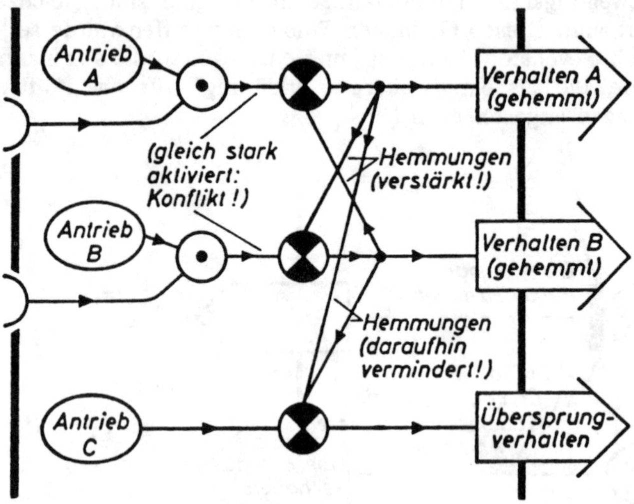

Abb. 65: Darstellung der Enthemmungshypothese des Übersprungverhaltens. Die Antriebe A und B sind gleich stark aktiviert. Sie hemmen sich gegenseitig, dadurch werden die Verhaltenstendenzen A und B schwächer. Folglich verringert sich auch ihre Hemmung auf die anderen Verhaltenstendenzen, und der an sich schwächere Antrieb C setzt sich im Verhalten durch. Aus Hassenstein (1980).

Wenn die Enthemmungshypothese davon ausgeht, daß allein die Triebenergie der im Übersprung auftretenden Bewegung heruntergesetzt wird, dann bleibt für mich die Frage ungelöst, wie das Tier aus dem Konflikt sich gegenseitig hemmender Antriebe herauskommt, da deren Triebenergie - wie es auch im Schema von Hassenstein dargestellt ist - nicht heruntergesetzt wird.
In seinem Lehrbuch 'Einführung in die Verhaltensforschung' schreibt Immelmann: "Quantitativ konnte die Enthemmungshypothese an nektarsammelnden Honigbienen nachgewiesen werden. Die Tiere führen während des Besuches an einer Futterquelle Putzbewegungen aus, und zwar verstärkt, kurz bevor sie den Futterplatz wieder verlassen. Mißt man nun die Saugtendenz der Bienen, die mit zunehmender Füllung des Magens geringer wird, und die Abflugtendenz, die an der Stellung der Fühler erkennbar ist, so zeigt sich, daß die Putzbewegungen immer

dann auftreten, wenn sich die beiden antagonistischen Tendenzen die Waage halten. Offenbar entsteht das Putzen durch eine Enthemmung der konstanten Putzbereitschaft infolge gegenseitiger Hemmung von Saug- und Abflugtendenz." (Immelmann 1983, S. 54). Immelmann stützt sich auf Untersuchungen von Pflumm (1969 a,b)[7] zum Verhalten nektarsammelnder Honigbienen. In seinen Arbeiten geht Pflumm von der Annahme aus, daß das Putzverhalten, das eine Sammelbiene während ihres Besuches an einer künstlichen Futterquelle zeigt, als Übersprungverhalten zu interpretieren ist. Er kommt zu dem Ergebnis, "daß sich die Enthemmungshypothese auch auf das Putzen von Insekten anwenden und quantitativ bestätigen läßt." (Pflumm 1969 a, S. 34).

Im Folgenden soll zunächst versucht werden, die Vorgehensweise von Pflumm nachzuvollziehen, um zu einer Beurteilung der von ihm vorgelegten Ergebnisse zu kommen. Mittels einer künstlichen Futterquelle im Labor schafft sich Pflumm eine dem Experimentator zugängliche und kontrollierbare Versuchssituation, in der verschiedene, gegeneinander abgrenzbare Verhaltensweisen der Biene während wechselnder Versuchsbedingungen aufgezeichnet werden können. Verändert werden an der künstlichen Futterquelle die Konzentration der gebotenen Zuckerlösung, die Zuflußgeschwindigkeit der Zuckerlösung und die Temperatur an der Futterquelle, um die Wirkung dieser Faktoren auf das Verhalten der Sammelbiene zu prüfen. Gemessen wurde von Pflumm die Magenfüllung der Biene beim Abflug von der Futterquelle (in Mikrolitern), die Dauer des Markierungsfluges sowie die Sterzeldauer (in Sekunden), und die von ihm so benannte 'Saugwartezeit' (in Sekunden), die nach Pflumm die Zeitspanne zwischen dem Augenblick, in dem die Oberfläche der Zuckerlösung außer Reichweite des Rüssels gerät, und dem völligen Herausziehen des Rüssels aus der Kapillare, umfaßt.

Pflumm ging so vor, daß er für jede von ihm beobachtete Biene für die unterschiedlichen Bedingungen an der Futterquelle getrennte Meßreihen erstellte, die er normierte, um sie auf diese Weise vergleichbar zu machen. Die Kurven, die sich aus den Meßwerten der verschiedenen Versuchsreihen bei unterschiedlichen Versuchsbedingungen ergaben, wurden, um sie in *ein* Kurvenbild zu übertragen, linear transformiert: Zum einen durch Addition einer Konstanten ($x' = ax + b$), zum anderen durch Multiplikation mit einem konstanten Faktor ($x' = a \cdot x$). Es ist aus den Daten aber nicht ersichtlich, welche Transformation angewendet wurde. Durch die auf diese Weise erhaltene Punktschar zieht Pflumm nach Augenmaß eine Art Ausgleichskurve. Die Mittelwerte der Punktscharen dienen ihm dabei als eine grobe Orientierung (s. Abb. 66).

Aus der Tatsache, daß sich durch die Punktschar eine Ausgleichskurve ziehen läßt, leitet Pflumm seine entscheidenden Folgerungen ab. Aufgrund der scheinbaren Ähnlichkeit der Einzelkurven, die in der Ausgleichskurve zum Ausdruck kommt, schließt er auf einen gemeinsamen kausalen Zusammenhang dieser Verhaltensweisen. Für diejenigen Verhaltensweisen, die mit zunehmender Konzentration der Zuckerlösung, der Zuflußgeschwindigkeit und der Temperatur ansteigen – das sind die Verhaltensweisen Markierungsflug, Sterzeln, Saugwartezeit und Ab-

[7] Pflumm, W. (1969 a): "Beziehung zwischen Putzverhalten und Sammelbereitschaft bei der Honigbiene"; (1969 b): "Stimmungsänderung der Biene während des Aufenthalts an der Futterquelle".

flugmagenfüllung - postuliert Pflumm eine gemeinsame Zustandsgröße, die er 'quellenspezifische Sammelbereitschaft' nennt. Pflumm geht somit davon aus, daß sich in gleichgerichteten Verhaltensänderungen "die Veränderung eines einzigen inneren Zustandes widerspiegelt." (Pflumm 1969 a, S. 6).

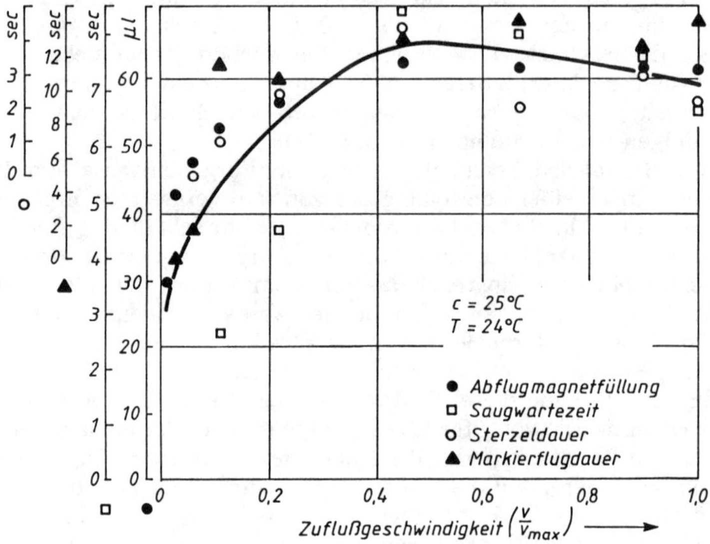

Abb. 66: Ausgleichskurve für den Verlauf verschiedener Verhaltensweisen in Abhängigkeit von der relativen Zuflußgeschwindigkeit. Aus Pflumm (1969 a).

In analoger Weise führt Pflumm eine weitere, zu der quellenspezifischen Sammelbereitschaft komplementäre Größe ein: 'die Bereitschaft an einer anderen Futterquelle zu sammeln'. Diese Bereitschaft wird für Pflumm durch Verhaltensweisen repräsentiert, die mit zunehmender Konzentration der Zuckerlösung, der Zuflußgeschwindigkeit und der Temperatur abnehmen. Es sind dies die Häufigkeit von Saugunterbrechungen und Verzögerungen des Abflugs. Die Kurven für die beiden komplementären Bereitschaften besitzen nun einen ähnlichen Verlauf, und zwar steigt die eine - immer geeignete lineare Transformationen vorausgesetzt - gerade in dem Maße an, in dem die andere abfällt. Im folgenden postuliert Pflumm eine weitere Zustandsgröße, die er als 'allgemeine Sammelbereitschaft' bezeichnet. Da sie im Gegensatz zu den zuvor konstruierten Bereitschaften unabhängig von den Eigenschaften der Futterquelle ist, wird von ihm festgelegt, daß sie konstant ist.
Pflumm konstruiert nun folgenden Zusammenhang: Die beiden zueinander komplementären Bereitschaften wie die quellenspezifische Sammelbereitschaft und die Bereitschaft, an einer anderen Futterquelle zu sammeln, addieren sich zu der als konstant angenommenen allgemeinen Sammelbereitschaft: "Für den Zusammenhang der beiden - einander entgegengesetzten und gleichzeitig meßbaren - Bereitschaften kann ... angenommen werden: *quellenspezifische Sammelbereitschaft + Bereitschaft, an anderen Futterquellen zu sammeln = konstante allgemeine Sammelbereitschaft.*" (Pflumm 1969 a, S. 23). Aus dieser Annahme folgt, daß Pflumm

von nun an immer nur den Wert einer der Bereitschaftsgrößen zu bestimmen braucht, der Wert der anderen ergibt sich als Verrechnungsgröße: "Liegt als Meßergebnis die Kurve der quellenspezifischen Sammelbereitschaft vor, läßt sich die der antagonistischen Bereitschaft errechnen und umgekehrt." (Pflumm 1969 a, S. 23).

Die Postulierung einer konstanten Sammelbereitschaft und die sich daraus ergebenden Konsequenzen erwiesen sich für den Fortgang der Untersuchung als ausgesprochen 'zweckmäßig'; von nun an läßt sich anhand *eines* gemessenen Wertes jeweils die Situation erkennen, in der die beiden Antriebe ungefähr gleich hoch sind. Unter der Annahme, daß die Biene in der beobachteten Situation tatsächlich nur von den beiden erwähnten Antrieben (quellenspezifische Sammelbereitschaft - Bereitschaft an anderer Futterquelle zu sammeln) geleitet wird, und zu diesem Zeitpunkt keine störenden, zusätzlichen Antriebe vorhanden sind, lassen sich nunmehr Aussagen über Übersprunghandlungen treffen, die aus dem Konflikt nur dieser beiden antagonistischen Antriebe resultieren. Es fehlt jetzt nur noch die Übersprungbewegung, aber die findet sich - wer würde daran zweifeln - auch noch.

Nektarsammlerinnen zeigen an der Futterquelle Verhaltensweisen, die dem Putzverhalten zugeordnet werden. Diese Bewegungsweisen scheinen so wenig in den Kontext (Sammeltätigkeit) zu passen, daß sie sich als Übersprungbewegungen geradezu anbieten. Auch die Putzbewegungen hängen von einer spezifischen Bereitschaft ab, die von Pflumm als 'Potential-Putzbereitschaft' bezeichnet wird. Für sie gilt wieder, daß sie konstant ist, d.h. "daß bei jeder Ankunft der Biene an der Futterquelle der gleiche Betrag an Potential-Putzbereitschaft zur Verfügung steht." (Pflumm 1969 a, S. 29). Pflumm geht weiterhin von folgender Annahme aus: Nicht nur die quellenspezifische Sammelbereitschaft und die Bereitschaft, an anderen Futterquellen zu sammeln, hemmen sich gegenseitig, sondern beide üben auch eine Hemmung auf die dritte Bereitschaft, die Potential-Putzbereitschaft, aus: "Auswirkungen dieser Hemmung (der antagonistischen Bereitschaften, Anm. d. Verf.) zeigen sich nur im Putzen, nicht in jenen Verhaltensweisen, an denen die Stärke dieser Bereitschaften gemessen wurde." (Pflumm 1969 a, S. 28). Wenn die antagonistischen Antriebe etwa gleichstark sind und sich gegenseitig hemmen, entfällt - gemäß der Enthemmungstheorie - auch ihre Hemmung auf die Putzbereitschaft, so daß diese ungehemmt zur Wirkung kommen kann.

Ich möchte die Annahmen, die Pflumm seiner Untersuchung zugrundelegt, noch einmal kurz zusammenfassen:

1. Ausgehend von Meßreihen, die in ihrer Tendenz gleich verlaufen, postuliert Pflumm theoretische Größen wie die spezifische Sammelbereitschaft und die Bereitschaft, an anderer Futterquelle zu sammeln. Dabei werden gegenläufige Meßreihen (ansteigend - fallend) antagonistischen Trieben zugeordnet.
2. Ohne Begründung, d.h. willkürlich, wird eine dritte Bereitschaft, die allgemeine Sammelbereitschaft eingeführt. Sie ergibt sich aus der Summe der antagonistischen Bereitschaften, eine Annahme, die sich für die Berechnung der jeweiligen Bereitschaftsstärken als äußerst 'nützlich' erweist. Im Gegensatz zu den zuvor genannten Bereitschaften wird sie als konstant gesetzt, wodurch eine Berechnung erst ermöglicht wird.

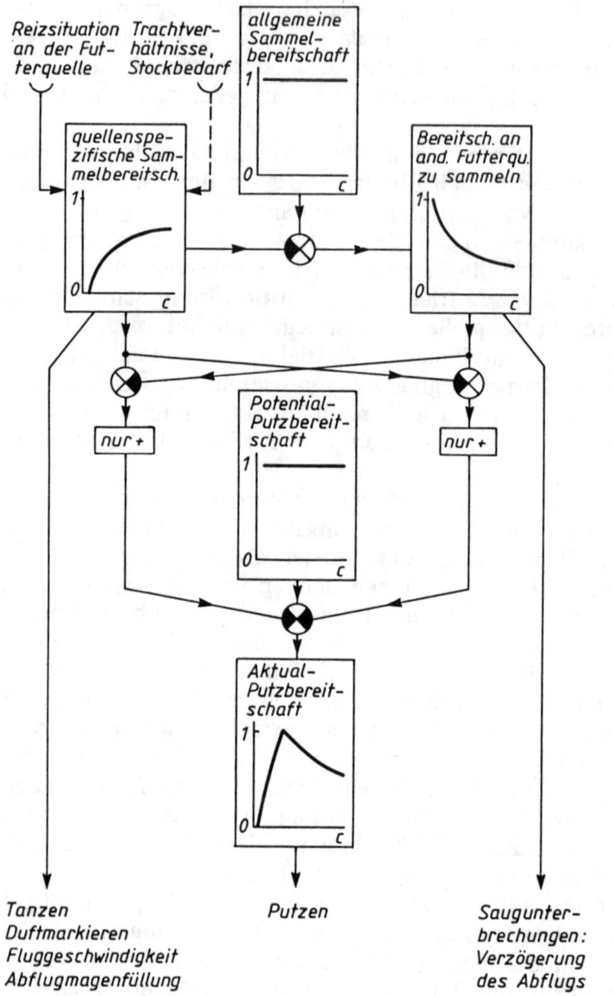

Abb. 67: Verrechnungsschema zur Enthemmungshypothese. Hemmwirkung antagonistischer Bereitschaften auf die Potential-Putzbereitschaft. Bedingt durch die Hemmung wird von der Potential-Putzbereitschaft nur ein Teil, die Aktual-Putzbereitschaft, wirksam. Von ihrer Stärke ist die Anzahl der Putzbewegungen, die während eines Besuches ausgeführt werden, abhängig (s. auch Abb. 68). (Ein in einen schwarzen Sektor mündender Pfeil bedeutet, daß der hier eintreffende Wert zu subtrahieren ist.) Aus Pflumm (1969 a).

3. Es wird eine vierte Bereitschaft, die Potential-Putzbereitschaft konstruiert; für sie gilt ebenfalls, daß sie konstant ist.

4. Die gegenseitige Hemmung der antagonistischen Bereitschaften wirkt sich - so die Annahme - ausschließlich auf die Potential-Putzbereitschaft aus.
Damit sind alle Annahmen, die die Enthemmungshypothese fordert, auch von Pflumm seiner Untersuchung unterlegt, und es ist nicht mehr verwunderlich, daß er unter diesen Voraussetzungen nunmehr in der Lage ist, ein Verrechnungsschema zu konstruieren, das der Enthemmungshypothese entspricht (s. Abb. 67). Bei der Anwendung dieses Verrechnungsschemas geht Pflumm erneut recht willkürlich vor. So setzt er z.B. den Wert der Potential-Putzbereitschaft jeweils so fest, "daß eine möglichst gute Übereinstimmung mit den experimentellen Resultaten zustandekommt." (Pflumm 1969 a, S. 30). Das hat zur Folge, daß für die Potential-Putzbereitschaft - ohne daß Pflumm dies begründet oder auch nur begründen kann - unterschiedliche Werte eingesetzt werden.

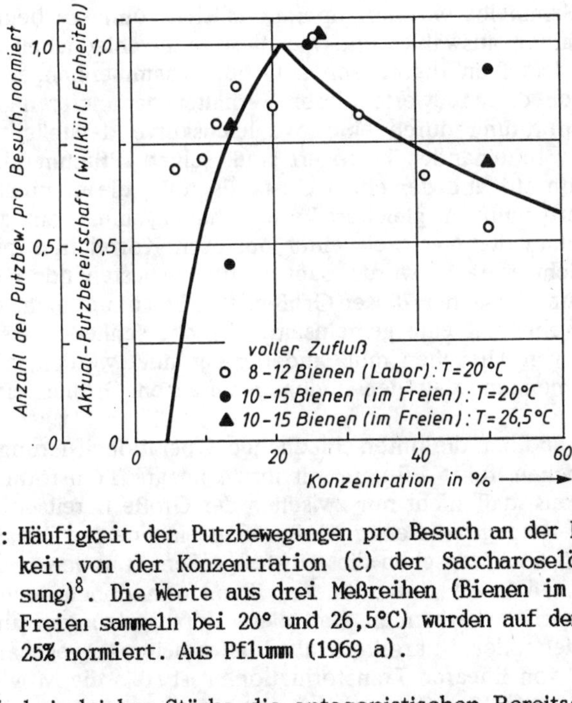

Abb. 68: Häufigkeit der Putzbewegungen pro Besuch an der Futterquelle in Abhängigkeit von der Konzentration (c) der Saccharoselösung (in g pro 100g Lösung)[8]. Die Werte aus drei Meßreihen (Bienen im Labor und Bienen, die im Freien sammeln bei 20° und 26,5°C) wurden auf den jeweiligen Wert bei c = 25% normiert. Aus Pflumm (1969 a).

Da sich bei gleicher Stärke die antagonistischen Bereitschaften vollständig hemmen, wäre infolge der fehlenden Hemmung auf die Potential-Putzbereitschaft immer die gleiche Anzahl von Putzbewegungen - als Ausdruck der Intensität des Putzens - zu erwarten, eine konstante Potential-Putzbereitschaft vorausgesetzt. Die mit Hilfe des Verrechnungsschemas errechnete theoretische Kurve für die

[8] Die Häufigkeit der Putzbewegungen pro Besuch an der Futterquelle wird als Maß für die Aktual-Putzbereitschaft genommen; die Dauer des Putzens, die Dauer des Besuchs oder das Verhältnis dieser beiden Werte geht in keiner Weise in das willkürlich gesetzte Intensitätsmaß ein.

Intensität des Putzens entspricht erstaunlich gut den experimentellen Befunden (s. Abb. 68).

Bei allen diesen willkürlichen Festsetzungen und Annahmen ist diese Übereinstimmung aber doch wieder nicht erstaunlich. So kommt Pflumm zu dem Schluß: "Die Kurven des Putzens weisen jeweils bei solchen Abszissenwerten Maxima auf, bei denen die quellenspezifische Sammelbereitschaft mittlere Stärke besitzt. Hier ist ... auch der Betrag für die Bereitschaft, an anderen Futterquellen zu sammeln, mittelgroß[9]. Das Putzen weist also immer dort ein Maximum auf, wo die beiden antagonistischen Bereitschaften etwa gleich groß sind. ... Es liegt nahe, die Enthemmungshypothese auf das Putzen der Biene anzuwenden." (Pflumm 1969 a, S. 27).

Unter Einsatz sehr unterschiedlicher Verhaltensparameter wie Abflugmagenfüllung, Saugwartezeit, Sterzeldauer und Markierungsflug hat Pflumm die von ihm postulierte quellenspezifische Sammelbereitschaft operationalisiert, ohne zu begründen, warum er diese Meßverfahren auswählte und wie diese unterschiedlichen Operationalisierungen ein und derselben theoretischen Größe zusammenhängen. Allein aus der Tatsache, daß sich die Meßwerte dieser Verhaltensparameter nach entsprechender linearer Umformung durch eine Ausgleichskurve darstellen lassen, d.h. - angeblich - positiv miteinander korreliert sind, folgert Pflumm, daß alle diese Verhaltensweisen von ein und derselben Zustandsgröße, die er quellenspezifische Sammelbereitschaft nennt, in gleicher Weise abhängig sind. Ganz abgesehen davon, daß von Pflumm der Nachweis einer positiven Korrelation zwischen seinen Meßgrößen gar nicht erbracht wurde, sagt auch eine bestehende Korrelation nichts über gemeinsame Ursachen dieser Größen aus. Es stimmt nicht einmal, daß starke Korrelationen eher auf eine gemeinsame Ursache schließen lassen als schwache. Die Ableitung von Ursachen muß anders begründet werden, z.B. aus der Kenntnis der Zusammenhänge, in denen den gemessenen Größen eine Bedeutung zukommt.

Um seine Meßwerte, die er über die unterschiedlichen Operationalisierungen erzielte, vergleichbar zu machen, führt Pflumm mit ihnen lineare Transformationen durch. Dabei setzt er voraus, daß nicht nur zwischen der Größe Bereitschaft und den durch Operationalisierung gewonnenen Meßgrößen ein linearer Zusammenhang besteht, sondern daß auch zwischen diesen Meßgrößen Funktionen der Art $y = bx + a$ existieren, d.h. daß sie durch lineare Transformationen ineinander überführbar sind. Es ist leicht zu erkennen, daß diese Voraussetzungen für seine Meßdaten, die in Sekunden oder Mikrolitern als Maßeinheiten angegeben sind, nicht zutreffen. Mit Hilfe von linearen Transformationen ist stets die Möglichkeit gegeben, durch Stauchung oder Streckung der Kurve den gewünschten Kurvenverlauf zu erzeugen. Analysiert man die graphische Darstellung, in der die linear transformierten Meßreihen durch eine Ausgleichskurve repräsentiert sind, genauer und zeichnet für die einzelnen Meßreihen gesonderte Ausgleichskurven, so werden deutliche Unterschiede im Verlauf der Kurven sichtbar (s. Abb. 69).

[9] Das ist eine Folge der Annahme einer konstanten Sammelbereitschaft!

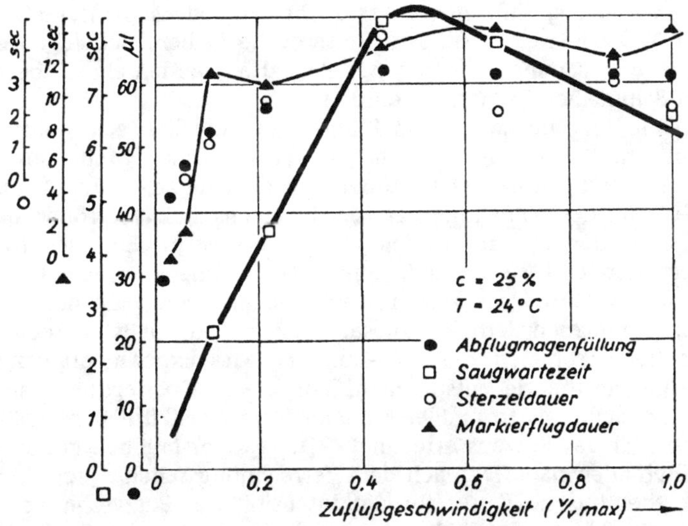

Abb. 69: Die Ausgleichskurve von Abb. 66 wurde retuschiert. Für zwei verschiedene Meßreihen (Saugwartezeit und Markierflugdauer) wurden gesonderte Ausgleichskurven gezeichnet. Aus Pflumm (1969 a); verändert v. Verf.

Die Schlußfolgerung von Pflumm, daß der übereinstimmende Verlauf der Kurven für ihre Abhängigkeit von *einer* Bereitschaft spricht, ist dann nicht mehr aufrecht zu erhalten. Man fragt sich zu Recht, welche Kurve dann als Repräsentant der gemeinsamen Zustandsgröße angesehen werden kann. Sicher ist jedenfalls, daß kein wissenschaftlich zu begründender Anlaß besteht, einer Ausgleichskurve, deren Aussehen je nach Art der eingesetzten Transformation Wandlungen unterworfen ist und deren Interpretation äußerst zweifelhaft ist, diese Repräsentantenrolle zuzuweisen.

Aus den Daten von Pflumm ist bestenfalls abzulesen, daß seine Meßwerte der Verhaltensparameter, die als Ausdruck der quellenspezifischen Sammelbereitschaft angesehen werden, die Tendenz erkennen lassen, anzusteigen, bzw. die Meßdaten der Verhaltensparameter, die der Bereitschaft, an anderer Futterquelle zu sammeln, zugeordnet werden, abzufallen. Quantitative Aussagen über die jeweilige Höhe einer Bereitschaft lassen die Daten nicht zu. Wenn aber keine Möglichkeit besteht, die Bereitschaft quantitativ zu messen, kann auch nichts über die Stärke ihrer Hemmung auf andere Bereitschaften - die Grundannahme der Enthemmungstheorie - ausgesagt werden. Selbst wenn eine gegenseitige Hemmmung zweier Bereitschaften postuliert wird, erscheint mir dies recht willkürlich, da sich immer ein solches Gegensatzpaar konstruieren läßt. Werden jedoch derartige sich gegenseitig ausschließende Bereitschaften als Komponenten einer übergeordneten konstanten Bereitschaft angesehen, so ist leicht zu erkennen, daß sich die Höhe der einen aus der anderen ergibt, da ihre Summe als konstant angenommen wird.

Diesen Trick hat auch Pflumm angewandt mit der Konstruktion des Gegensatzpaares: Saugen an einer spezifischen Futterquelle (= quellensepzifische Sammelbereitschaft) und Aufsuchen einer anderen Futterquelle (= Bereitschaft, an einer anderen Futterquelle zu sammeln). Beide Bereitschaften werden einer übergeordneten konstanten Sammelbereitschaft zugeordnet.
Analysiert man die Vorgehensweise von Pflumm, so handelt es sich dabei ganz offensichtlich um eine Tautologie. Zunächst hat er aus seinen Meßdaten in einem rein intuitiven Schritt hypothetische Größen wie die Sammel- oder Abflugbereitschaft extrahiert mit der Annahme, daß sie als eigenständige Größen existieren. Darüber hinaus werden diesen Größen vorher festgelegte Eigenschaften zugeschrieben: Entweder sind sie im zeitlichen Verlauf nennenswerten Schwankungen unterworfen oder sie werden als konstant angesehen. Wenn dann noch die Meßwerte dem angenommenen Verhalten dieser Größen 'angepaßt' werden, können nur Ergebnisse herauskommen, die den Annahmen des Experimentators hinsichtlich der Enthemmungstheorie entsprechen. Von diesen Überlegungen ausgehend, wird auch verständlich, daß trotz aller Annahmen und willkürlichen Festlegungen die für die Intensität des Putzens errechnete Kurve so erstaunlich gut zu den experimentellen Befunden paßt. Da nach dem Verrechnungsschema jede Freiheit gegeben ist, eine theoretische Kurve für die Intensität des Putzverhaltens zu konstruieren, kann diejenige ausgewählt werden, die am besten mit den empirischen Daten übereinstimmt.
Bietet die Enthemmungshypothese überhaupt die Möglichkeit einer empirischen Überprüfung? Da - wie ich an anderer Stelle ausgeführt habe - keine Meßverfahren zur Verfügung stehen, um die von Lorenz postulierten gesetzmäßigen Schwankungen eines Antriebes fortlaufend zu messen, stellt sich hier zusätzlich die Frage, wie denn die Stärke zweier Antriebe *gleichzeitig* gemessen werden soll. Nur unter der Voraussetzung der Gleichzeitigkeit der Messung ist eine Aussage möglich, daß die Antriebe zu dem Zeitpunkt, zu dem die Übersprungbewegung beobachtbar ist, gleich stark sind[10].
Keine der beiden Hypothesen, die das Auftreten einer Übersprungbewegung 'erklären' sollen, bietet die Möglichkeit einer empirischen Überprüfung. Damit sind diese Hypothesen nicht mehr als phantasievolle Überlegungen Einzelner, die unter Anwendung des Lorenzschen Triebkonzeptes eine 'Erklärung' des in Rede stehenden Phänomens nur vortäuschen. Betrachtet man die Lehrbücher der Verhaltensforschung in bezug auf dieses Thema, so wird das Phänomen des Übersprungs nicht nur von allen Autoren abgehandelt, sondern auch die zuvor diskutierten Hypothesen als 'Erklärungen' von Übersprungverhalten akzeptiert: "Prinzipiell können alle Übersprungbewegungen mit der Enthemmungshypothese erklärt werden. Die Tinbergensche Hypothese des zentralen Übersprungs ist bis heute weder widerlegt noch bewiesen. Als interessantes Phänomen verdienen die Übersprungbewegungen unsere besondere Beachtung, ganz unabhängig von der Interpretation." (Eibl-Eibesfeldt 1987, S. 312); "Weithin anerkannt ist die 'Enthemmungshypothese', die einer zutreffenden Erklärung wahrscheinlich am nächsten kommt." (Immelmann 1983, S. 53); "Die Enthemmungshypothese gilt als wahr-

[10] Oder man 'erfindet' wie Pflumm eine Konstante, so daß sich die antagonistische Bereitschaft berechnen läßt.

scheinlicher bei Putzbewegungen von *Seeschwalben* (*Sternidae*), die im Konflikt zwischen Flucht- und Brutdrang und zwischen Angriffs- und Fluchtdrang auftreten, sowie für das Fächeln des Stichling-Männchens außerhalb der Brutpflegezeit, das im Widerstreit zwischen Angriffs- und Sexualdrang beobachtet wird. ... Für die Übersprunghypothese liegen noch keine beispielhaften Fälle vor. Es gibt aber Anhaltspunkte dafür, daß auch sie für manche Konfliktbewegungen die Erklärung liefert." (Lamprecht 1982, S. 59). Auch Lorenz schreibt: "Für die Richtigkeit der Enthemmungshypothese spricht die Tatsache, daß der Effekt einer Enthemmung sich zu den Reizen addieren kann, von denen die im Übersprung auftretende Bewegungsweise teleonom 'normalerweise' ausgelöst wird. ... Es gibt aber auch Argumente, die gegen sie sprechen. ... Sie erklärt zum Beispiel nicht, warum in vielen Fällen ein deutliches Verhältnis zwischen den Intensitäten der in Konflikt stehenden Motivationen auf der einen Seite, und der durch diesen Konflikt ausgelösten Übersprungbewegung besteht. Nach der Hypothese wäre zu fordern, daß die enthemmende Wirkung nur von dem Gleichgewicht der antagonistischen Motivationen abhängig sei, ihre Intensität dürfte mit derjenigen der in Widerstreit geratenen Antriebe nicht ansteigen. Gerade dies tut sie aber in vielen Fällen in geradezu dramatischer Weise." (Lorenz 1978, S. 200 f.).
Mit der schon zuvor von Immelmann zitierten Bemerkung (s. S. 249), daß eine Übersprungbewegung in der Situation, in der sie auftritt, nicht die biologische Funktion erfüllt, für die sie im Laufe der Stammesgeschichte entwickelt wurde, stellt der Autor eine recht anmaßende Behauptung auf. Woher will er wissen, welche Funktion einer solchen Bewegung in den entsprechenden Situationen zukommt? So schreibt denn auch Lorenz, "... daß Überprungbewegungen so überaus häufig durch Ritualisation zu Signalen werden, die dem Artgenossen des Tieres seinen inneren Konflikt bekannntgeben. Es ist geradezu schwer, Beispiele von Übersprungbewegungen zu finden, die nicht Signalwirkung entfalten ..." (Lorenz 1978, S. 202 f.). Wenn diese sogenannten Übersprungbewegungen Signale sind, dann haben sie durchaus eine Funktion in dem Kontext, in dem sie beobachtet werden. Unerwartet sind sie dann nur noch für den Beobachter, der sie nicht versteht, d.h. sie nicht interpretieren kann. Lorenz, der sich von den vorliegenden Erklärungsversuchen in Form der Übersprung- bzw. Enthemmungshypothese nicht lösen kann, meint, daß diese Signale nur dazu dienen, dem Artgenossen innere Konflikte preiszugeben. Das würde bedeuten, daß mit Hilfe derartiger Signale immer nur dann etwas mitgeteilt werden kann, wenn die inneren Bedingungen gegeben sind, d.h. wenn die gegenseitige Hemmung zweier Antriebe als Voraussetzung für das Auftreten einer Übersprungbewegung vorliegt. Signale sollten aber nicht von inneren Bedingungen abhängig, sondern frei verfügbar und somit immer dann einsetzbar sein, wenn die Umweltbedingungen es erfordern. Wenn schon diese 'unerwarteten, irrelevanten' Bewegungen, die unter dem Terminus Übersprungbewegung zusammengefaßt werden, als Signale interpretiert werden, dann sollte man auch konsequenterweise für die Verursachung dieser Bewegungen nicht solche in keiner Weise überprüfbaren Hypothesen aufstellen wie die Übersprung- und Enthemmungshypothese, sondern sollte sie als der Situation entsprechende Signale bezeichnen, denen sicher, da sie zum Beispiel in kämpferischen Auseinandersetzungen mit einer gewissen Regelhaftigkeit auftreten, eine Funktion in diesem

Zusammenhang zukommt, eine Funktion, die wir bisher nur noch nicht erkannt und verstanden haben.

Wenn man bedenkt, daß so komplizierte theoretische Konstruktionen wie die Enthemmungshypothese in erster Linie deshalb notwendig wurden, weil der Ablauf des beobachteten Verhaltens nicht der Erwartung des Beobachters entsprach und weil man sich hinsichtlich der Funktion bestimmter Bewegungsweisen und deren spezifischer Auslösung festgelegt hatte, wird damit erneut deutlich, wie stark unsere Überlegungen durch das unterlegte Konzept eingeengt werden. Man sollte den Begriff Übersprungverhalten aus dem Repertoire der Verhaltensforschung streichen, ebenso wie die Hypothesen, die eine 'Erklärung' nur vortäuschen. Die beobachtbaren Phänomene werden nicht bestritten. Miteinander kämpfende Hähne können wiederholt den Kampf unterbrechen, um - und zwar beide gleichzeitig - gegen den Boden zu picken, und miteinander rivalisierende Lachmöwen zeigen die Bewegung des Grasabrupfens. Statt unüberprüfbare Hypothesen für 'unerwartet' auftretende Bewegungsweisen zu postulieren, sollte man sich bemühen, die Funktion dieser Bewegungsmuster in dem Kontext, in dem sie beobachtbar sind, als Signale verstehen zu lernen.

V. Kapitel

KLASSISCHE ETHOLOGIE UND MODERNE VERHALTENSÖKOLOGIE – GEGENSATZ ODER ERGÄNZUNG?

Die Theorie der Instinktbewegung bildet die Essenz der Lorenzschen Arbeit. Für ihn stand das Verhalten einer Tierart in Abhängigkeit von der Motivationsstruktur im Mittelpunkt seines Interesses. Heute wird in der aktuellen Forschung zumindest auf der organismischen Ebene nur noch an wenigen Stellen im Sinne der Lorenzschen Motivationstheorie gearbeitet. Den Schwerpunkt der heutigen Kausalforschung bildet die Neuroethologie. In dieser Fachdisziplin wird mit Modellen gearbeitet, mit deren Hilfe man Einblick zu gewinnen sucht sowohl in die sensorischen und neuralen Mechanismen, die der Erkennung und Repräsentation von Schlüsselreizen dienen, als auch in die sensomotorische Verschaltung und die motorische Mustergenerierung, die das beobachtete Verhalten steuert. Großes Interesse gilt auch dem Einfluß von Hormonen auf die Verhaltensentwicklung, wie auch der Verhaltensgenetik. Diejenigen, die auf der organismischen Ebene weiterarbeiten, wenden sich mehr und mehr funktionalen Fragestellungen zu, wie sie durch die Verhaltensökologie und speziell die Soziobiologie aufgegriffen wurden. Diese modernen Disziplinen der Verhaltensforschung bemühen sich im Rahmen der Darwinschen Evolutionstheorie um funktionale Erklärungen für die Vielzahl beobachtbarer Verhaltensstrukturen, wie sie in der Auseinandersetzung eines Organismus mit der Umwelt und speziell der sozialen Umwelt beobachtbar sind.

Es wird deutlich, daß in der Verhaltensforschung auf verschiedenen Systemebenen gearbeitet wird. Für diejenigen, die sich mit Fragen der Motivation befassen, steht das Individuum im Mittelpunkt des Interesses, während Neuroethologen und Hormonforscher Teilsysteme im Individuum betrachten, die für die Verhaltenssteuerung von Bedeutung sind. Dagegen erhalten die funktionalen Fragestellungen der Verhaltensökologie ihren Sinn nur auf der Populationsebene. Zwar untersucht auch der Verhaltensökologe das Verhalten von Individuen, doch gilt sein Interesse in erster Linie dem Aufzeigen komplexer Verhaltensprogramme, die als Strategien bezeichnet werden, und weniger dem Individuum, das sie ausführt. Die Individuen werden als kurzlebige Träger von Strategien aufgefaßt. In diesem Sinne greift die Selektion nicht am Individuum, sondern an den Strategien, die von einer Generation an die folgende weitergegeben werden, an. Das bedeutet, daß in der Verhaltensökologie versucht wird, das Evolutionsgeschehen, das sich auf der Populationsebene vollzieht, dadurch besser zu verstehen, daß man es auf seine Komponenten, die Individuen als die Träger von Strategien, reduziert. Dabei fragt die Verhaltensökologie nicht, was ist optimal für das Individuum, sondern – wenn man ihre Aussagen genau nimmt – was ist optimal für die Strategien, nach denen Individuen ihr Verhalten ausrichten. Über das Verhalten von Individuen erhofft man sich Aufschluß über den Evolutionsprozeß auf Populationsebene. Die Fragen der Verhaltensökologie lassen sich somit nur auf Populationsebene sinnvoll beantworten. Man könnte diesen Arbeitsrichtungen entsprechend von der Ebene der Teilsysteme, der Individualebene und der Ebene der Population sprechen. Es ist legitim und auch wichtig, nicht nur die Systemebene, an der man selbst primär interessiert ist, zu betrachten, sondern auch die Konzepte und Erkenntnisse benachbarter Systemebenen in die eigenen Überlegungen mit einzubeziehen. Die Erfolge von Lorenz beruhen zu einem großen Teil sicher auch darauf, daß er stets bemüht war, die Erkenntnisse der verschiedenen Systemebenen in sein theoretisches Konzept zu integrieren. So erkannte er früh die Bedeutung der Arbeiten des Physiologen v. Holst zur Automatie des Zentralnervensystems und übernahm dessen Vorstellung in die Theorie der Instinktbewegung. Das primäre Interesse von Lorenz galt dem Aufbau der Motivationsstruktur und dem daraus resultierenden Verhalten eines Individuums. Darüber hinaus widmete er sich auch der Frage, wie sich eine solche Motivationsstruktur im Verlauf der Evolution herausbilden konnte. Für Lorenz gilt somit, daß er die drei Systemebenen zu integrieren versuchte. Auch wenn sich seine Theorie der Instinktbewegung empirisch nicht bewährt hat und er hinsichtlich der Evolutionsfaktoren einen Standpunkt einnahm, dem heute nicht mehr zugestimmt werden kann, können wir von Lorenz lernen, wie wichtig es ist, die Erkenntnisse benachbarter Systemebenen in das eigene Gedankengut einzuarbeiten.

Forschungen zur Motivationsstruktur, bei denen das Individuum im Mittelpunkt des Interesses steht, und die funktionale Betrachtung des Verhaltens haben heute nur wenig Berührungspunkte. Die funktionale Betrachtungsweise tierischen Verhaltens hat bisher den kausalen Aspekt, der für Lorenz stets im Vordergrund seines Interesses stand, unberücksichtigt gelassen. Als Ausnahme muß McFarland gesehen werden, der erste Ansätze zur Lösung dieses Problems vorlegte (McFarland, D.J., Houston, A. 1981). Es stellt sich somit die Frage, inwieweit den Lorenzschen Gedanken zur Motivationsstruktur eines Individuums noch eine Bedeutung für das Verständnis des funktionalen Aspektes zukommt. Oder machen es die neueren Erkenntnisse der Verhaltensökologie, speziell die Aussage, daß komplexe Verhaltensstrukturen - die Strategien - von Eltern an ihre Kinder 'vererbt' werden, notwendig, über Motivationsstrukturen nachzudenken, die diesem Ansatz gerecht werden?

Bei Durchsicht verhaltenskundlicher Lehrbücher gewinnt man den Eindruck, als ginge der theoretische Ansatz von Lorenz nahtlos in die moderne Betrachtungsweise der Verhaltensökologie über, ohne daß erkennbar wird, daß diese beiden theoretischen Konzepte nicht miteinander kompatibel sind. Es liegt diesen beiden theoretischen Ansätzen eine sehr unterschiedliche Sichtweise zugrunde, die ich anhand einiger Aspekte aufzeigen möchte.

Bereits in der 'klassischen' Ethologie bestand Einmütigkeit darüber, daß angeborene Verhaltensweisen, die Erbkoordinationen, ebenso wie morphologische und physiologische Merkmale, einer Evolution unterliegen. Zu Beginn seiner Forschertätigkeit stand für Lorenz die Bedeutung dieser Bewegungsmuster für die Klärung systematischer Fragen im Vordergrund seines Interesses. Um als Systematiker den Typus, der die Art repräsentiert, beschreiben zu können, muß von individuellen Besonderheiten abstrahiert werden. Die intensive Beschäftigung mit systematischen Problemen mag dazu beigetragen haben, daß Lorenz auch bei seinen Überlegungen zur Evolution von Verhaltensstrukturen von dem 'Normalverhalten' einer Tierart ausgeht: "Keinesfalls aber verstehen wir unter dem Normalverhalten den aus allen beobachteten Einzelfällen errechneten Durchschnitt, sondern vielmehr den vom Artenwandel durchkonstruierten *Typus*, der sich aus begreiflichen Gründen selten oder nie ganz *rein* verwirklicht findet. Dennoch aber bedürfen wir dieser rein ideellen Konstruktion, um die Störungen der Abweichungen sich von ihm abheben zu lassen." (Lorenz 1964, S. 296 f.) Gute Beobachter - so Lorenz - sehen den Idealtypus eines Verhaltens, d.h sie sind in der Lage "das Essentielle des Typus vom Hintergrunde der akzidentellen kleinen Unvollkommenheiten abzugliedern." (Lorenz 1964, S. 297) Da nach Heinroth (1910) der Typus Graugans streng monogam lebt, Lorenz aber feststellen mußte, daß dieses Verhalten bei den von ihm beobachteten Graugänsen nicht die Regel war, betrachtete er derartige 'Seitensprünge' einzelner Gänse als Fehler, d.h. als Abweichungen von der Norm. Wie stellt sich Lorenz mit diesem typologischen Denkansatz das Wirken der Selektion vor? An dem 'Typus', den es in der Realität gar nicht gibt, kann die Selektion nicht angreifen. Lorenz kann eigentlich nur eine recht verschwommene Vorstellung von der Wirkung der Selektion gehabt haben, derart, daß sie etwas hervorbringt, das gut angepaßt ist und einen Typus vervollkommnet. Wenn Lorenz von dem 'arterhaltenden Wert' eines Verhaltens spricht, dann versteht er vermutlich darunter eine Verbesserung dieses Typus insgesamt. "Bei unseren Gänsen sind wir in der glücklichen Lage, gewisse Verhaltenssysteme und ihre Funktionen über Generationen studieren und ihre Bedeutung für die Erhaltung der Art auswerten zu können, indem wir die Zahl der erwachsenen sich von ihren Eltern lösenden Nachkommen ermitteln." (Lorenz 1988, S. 294).

Der Evolutionsbiologe Ernst Mayr hat immer wieder betont, daß ein derartiges 'typologisches Denken' im krassen Gegensatz zur Darwinschen Auffassung der Selektionstheorie steht. "Was uns Darwin lehrte war, die Art nicht als Typus zu sehen, sondern als variable Population, in der durch die geschlechtliche Fortpflanzung die Variabilität in jeder Generation erneuert wird. Das hat zwei enorm wichtige Konsequenzen für das Verständnis der Evolution: Erstens macht es die natürliche Auslese möglich, denn jedes Individuum ist eine unabhängige Zielscheibe der Selektion, und zweitens erklärt es, warum Evolutionsabänderungen (einschließlich des Entstehens neuer Arten) graduell ablaufen müssen und keine Sprünge erfordern. Typen können sich nur sprunghaft verändern, das heißt durch das Hervorbringen eines Individuums, das einen neuen Typ darstellt. Die Veränderung einer Population dagegen erfolgt in der Weise, daß eine langsame Verschiebung des Mittelwertes stattfindet." (E. Mayr 1989, S. 258).

Das typologische Denken führt, angewandt auf Verhalten, fast zwangsweise zu der Vorstellung vom 'Normalverhalten' einer Tierart. Wie sich die moderne Sicht des Verhaltensaufbaus von der von Lorenz unterscheidet, läßt sich besonders gut an der Interpretation tierischen Kampfverhaltens deutlich machen. Es ist ein im Tierreich weit verbreitetes Phänomen, daß diejenigen Arten, die über gefährliche Waffen wie Hörner, Zähne, Hufe verfügen, im innerartlichen Kampf diese Waffen nicht einsetzen. Stattdessen werden, um gegenseitige ernsthafte Verletzungen zu vermeiden, sogenannte ritualisierte Kämpfe durchgeführt. "Ihre gesamte Organisation zielt darauf ab, die wichtigste Leistung des Rivalenkampfes zu erfüllen, nämlich zu ermitteln, wer der Stärkere sei, ohne dabei den Schwächeren wesentlich zu beschädigen." (Lorenz 1964, S. 165). "... der Ritus (vollbringt) die schier un-

mögliche Leistung, die intraspezifische Aggression an allen die Arterhaltung ernstlich schädigenden Auswirkungen zu verhindern, *ohne dabei ihre für die Arterhaltung unentbehrlichen Funktionen auszuschalten.*" (Lorenz 1964, S. 163).
Generell gilt, je gefährlicher die Waffen einer Tierart sind, um so stärker sind die innerartlichen Kämpfe ritualisiert und um so seltener werden die intraspezifischen Waffen eingesetzt. Für Lorenz, der ein Verhalten danach bewertet, ob es sich im Dienste der Arterhaltung bewährt, stellen Kommentkämpfe, bei denen die Kontrahenten nur gegenseitig ihre Kräfte messen, ohne sich ernsthaft zu verletzen oder gar zu töten, eine optimale, d.h. nicht zu verbessernde Anpassung dar. Die Verhaltensökologen Maynard Smith und Price (1973) konnten dagegen anhand eines einfachen Modells, des Falke-Taube-Spiels, zeigen, daß eine Verhaltensstrategie, die der von Kommentkämpfern entspricht, nicht evolutionsstabil [1] sein kann. In diesem Modell konkurrieren nur zwei Phänotypen miteinander: sogenannte Beschädigungskämpfer, die als 'Falken', und Kommentkämpfer, die als 'Tauben' bezeichnet werden. Maynard Smith und Price können in ihrem Modell zeigen, daß sich 'Falken' in einer Population von 'Tauben' ausbreiten können. Danach ist die Taubenstrategie, die dem Verhalten des Kommentkämpfers entspricht, nicht evolutionsstabil, obwohl der ritualisierte Kampf - so Lorenz - im Sinne der Arterhaltung optimal ist. Allerdings ist auch die Verhaltensstrategie des Beschädigungskampfes nicht evolutionsstabil, sofern das Risiko des Beschädigungskampfes einen gewissen kritischen Wert übersteigt. Als evolutionsstabil erwies sich nur eine 'gemischte' Strategie, d.h. eine bestimmte Verteilung von 'Falken' und 'Tauben' in der Population. Entsprechend der Beobachtung von Lorenz, daß ein Beschädigungskampf um so seltener ist, je gefährlicher die Waffen einer Tierart sind, ist der Anteil der Beschädigungskämpfer im evolutionsstabilen Gleichgewicht einer Population von 'Falken' und 'Tauben' um so geringer, je größer die Risiken des Beschädigungskampfes sind.
Eine wichtige Schlußfolgerung aus diesem Modell ist, daß auch bei Tierarten mit gefährlichen Waffen *systematisch* ein gewisser Prozentsatz von Beschädigungskämpfern zu erwarten ist. Diese Schlußfolgerung ist mittlerweile empirisch gut belegt. So ist von Moschusochsen bekannt, daß pro Jahr etwa 5 - 10% der erwachsenen Bullen bei Auseinandersetzungen um die Weibchen an den Folgen von Beschädigungskämpfen sterben. Beachtenswert ist die unterschiedliche Interpretation

[1] Eine evolutionär stabile Strategie (ESS) ist definiert als Strategie, die gegen alle alternativen Strategien, von denen man annimmt, daß sie in der Vergangenheit mit der etablierten Strategie in Konkurrenz getreten sind, immun ist. Taucht in einer Population, in der alle Individuen die gleiche Strategie einsetzen, eine alternative Strategie auf, so hängt der weitere Evolutionsverlauf der Population davon ab, welche der beiden Strategien erfolgreicher ist. Erfolgreicher bedeutet in diesem Zusammenhang, im Durchschnitt mehr Nachkommen zu haben. Haben die Individuen, die die ursprüngliche Strategie einsetzen, den im Durchschnitt größeren Fortpflanzungserfolg, so erweist sich die ursprüngliche Strategie als 'immun' gegen die Mutante, diese wird aufgrund ihres Selektionsnachteiles wieder aus der Population verschwinden; hat dagegen die Mutante im Durchschnitt mehr Nachkommen, so wird die ursprüngliche Strategie unterwandert. In einem solchen Fall setzt sich die Mutante durch, und es kommt zu einer neuen evolutionär stabilen Strategie. Stabilität bedeutet in diesem Zusammenhang niemals 'absolute Stabilität', sondern immer nur Stabilität gegenüber einer spezifischen Menge von Mutanten.

eines solchen Befundes einerseits durch Lorenz, andererseits durch die Verhaltensökologie. Lorenz würde das Verhalten der Kommentkämpfer als Typus- oder Normalverhalten betrachten und das Auftreten von Beschädigungskämpfern als Fehler, gegen den kein System gefeit ist, abtun. Im Rahmen der Theorie von Maynard Smith und Price hingegen trägt in einer Population mit hohem Anteil von Kommentkämpfern das systematische Auftreten einer geringen Anzahl von Beschädigungskämpfern zur Stabilisierung der Kampfstrategien dieser Population bei. In einer derart gemischten Population besteht für Beschädigungskämpfer stets das Risiko, auf einen anderen Beschädigungskämpfer zu treffen, was bei Tierarten mit gefährlichen Waffen fatale Folgen haben könnte. Deshalb darf ihr Anteil nicht zu hoch sein. Aber ohne Beschädigungskämpfer kann nach der Theorie von Maynard Smith und Price keine Evolutionsstabilität erreicht werden.
Aus dem Beispiel des tierischen Kampfverhaltens werden die unterschiedlichen Auffassungen, die hinsichtlich des Wirkens der Selektion zwischen der 'klassischen' Ethologie und der Verhaltensökologie bestehen, deutlich. Für Lorenz steht der arterhaltende Wert des Verhaltens im Vordergrund, ohne daß er präzisiert, in welcher Weise die Selektion auf Artmerkmale einwirkt. Implizit scheint er davon auszugehen, daß die natürliche Selektion im Rahmen des Möglichen das für die Art optimale Verhalten hervorbringt. Die Überlegungen der Verhaltensökologie hingegen basieren auf der Konkurrenz zwischen Verhaltensmustern, die als Strategien eines 'Evolutionsspiels' modelliert werden. Es ist eine wichtige Schlußfolgerung dieses Ansatzes, daß optimales Verhalten nicht notwendigerweise 'evolutionsstabil' ist, da es möglicherweise durch alternative Strategien 'unterwandert' werden kann. Längerfristig ist zu erwarten, daß der Evolutionsprozeß nicht zu einem für die Art *optimalem Verhalten* führt, sondern *evolutionsstabile Strategien (ESS)* herausbilden wird. Evolutionsstabile Strategien sind häufig, aber nicht immer, gemischte Strategien[2], bei denen unterschiedliche Verhaltensmuster gleichzeitig in einer Population vorhanden sind. Ist eine ESS eine gemischte Strategie, dann macht der Lorenzsche Gedanke des Typusverhaltens keinen Sinn, da alle Komponenten einer gemischten Strategie gleichermaßen für ihre Stabilität bedeutsam sind. Das Konzept der gemischten Strategie zwingt den Beobachter dazu, auch selten beobachtbare Verhaltenselemente ernst zu nehmen, anstatt sie als pathologische Einzelbeobachtungen abzutun und sie bei der Interpretation der Funktion des Verhaltens unberücksichtigt zu lassen. So beschreibt Lorenz sein Lieblingsobjekt, die Graugans, als monogam. Es war ihm wohl bewußt, daß es Individuen gibt, die von dieser Norm abweichen. Doch wurde deren Verhalten von ihm als 'Fehltritt', als abnormes Verhalten abgetan. Die Verhaltensökologie zwingt uns nun dazu, auch dieses scheinbar abnorme Verhalten genauer zu analysieren. Inzwischen wissen wir, daß immerhin circa 17% der Graugänse nicht monogam leben. Es ist durchaus möglich, daß das simultane Auftreten

[2] Eine gemischte Strategie ist eine Wahrscheinlichkeitsverteilung über die Menge der in ihr enthaltenen reinen Strategien. In der Verhaltensökologie ist damit die Vorstellung verbunden, daß das genetische Programm eines Individuums nicht vollständig determiniert ist, sondern nur eine Wahrscheinlichkeitsverteilung vorgibt, welche reine Strategie realisiert wird. Eine Population ist somit durch die Häufigkeitsverteilung der realisierten reinen Strategien zu charakterisieren.

von monogamen und nicht monogamen Graugänsen einer gemischten ESS entspricht.

Mit dem Strategiebegriff entwickelte die Verhaltensökologie eine Vorstellung über den generellen Aufbau des Verhaltens, die sich grundlegend von der von Lorenz unterscheidet. Für Lorenz ist die Erbkoordination ein 'relativ ganzheitsunabhängiger' Grundbaustein des Verhaltens, aus dem komplexes Verhalten aufgebaut ist. Demgegenüber gehen Maynard Smith und Price davon aus, daß komplexe Verhaltensprogramme von den Eltern an ihre Nachkommen 'vererbt' werden. In Anlehnung an das Begriffssystem der Spieltheorie werden derartige Verhaltensprogramme als Strategien bezeichnet. Im Rahmen einer Strategie sind einzelne Verhaltensweisen, z.B. die Erbkoordinationen, keine selbständigen Elemente, sondern erhalten ihren Sinn nur im Rahmen eines komplexen Verhaltensablaufes. Spieltheoretisch stellt eine Strategie einen Plan dar, der jedem Spieler in jeder im Spiel möglichen Entscheidungssituation eine bestimmte Entscheidung vorschreibt. Diese Vorstellung haben Maynard Smith und Price auf Interaktionen von Tieren übertragen. Bei sozialen Interaktionen wie Kampf, Balz, Brutpflege stehen die beteiligten Individuen sehr unterschiedlichen Entscheidungssituationen gegenüber. Durch ein genetisch vorgegebenes Verhaltensprogramm - eben die Strategie - ist festgelegt, welches Verhalten in welcher Situation eingesetzt werden muß.

Es war eine wichtige Einsicht von Maynard Smith und Price, daß viele Strategien wegen ihrer Komplexität niemals vollständig beobachtbar sind. Beobachtbar sind immer nur bestimmte Interaktionsabläufe, d.h. nur Teilaspekte einer Strategie. Die Komplexität einer Strategie kommt in einem so einfachen Modell wie dem Falke-Taube-Spiel nicht zum Ausdruck, sie läßt sich aber anhand eines etwas komplizierteren Spiels verdeutlichen. In Erweiterung des Falke-Taube-Spiels führten Maynard Smith und Price neben der Taubenstrategie, die den Verhaltensweisen des Kommentkampfes entspricht, und der Strategie 'Falke', die das Verhalten des Beschädigungskampfes repräsentiert, noch eine dritte Strategie, die des 'Vergelters' (retaliator) ein. Ein 'Vergelter' richtet sein Verhalten stets nach dem des Kontrahenten aus, er reagiert somit situationsabhängig. Ein Individuum, das sich gemäß dem Verhaltensprogramm der Vergelterstrategie entscheidet, verhält sich zunächst wie ein Kommentkämpfer. Es wechselt aber zum Beschädigungskämpfer über, sobald es auf einen Beschädigungskämpfer trifft. Es ist einsichtig, daß in einer Population von 'Vergeltern' niemals ein Beschädigungskampf auftritt, so daß eine solche Population phänotypisch nicht von einer Population von Tauben zu unterscheiden ist. Trotzdem ist eine Population von 'Vergeltern' wesentlich stabiler gegenüber dem Auftreten von Verhaltensvarianten als eine Population von 'Tauben'. Die zusätzliche Stabilität wird dabei gerade durch *den* Aspekt der Verhaltensstrategie bewirkt, der in Interaktionen mit Tauben oder anderen 'Vergeltern' niemals zum Vorschein kommt. Maynard Smith und Price argumentieren, daß die reine Strategie 'Vergelter' eine ESS darstellt, da sie die Vorteile des Kommentkampfes beinhaltet, gleichzeitig aber nicht durch Beschädigungskämpfer 'unterwandert' werden kann[3].

[3] Inzwischen wurde gezeigt, daß die Vergelterstrategie keine ESS im strikten Sinne darstellt, sondern lediglich eine schwache ESS ist (Gale & Eaves 1975).

Im Unterschied zu Lorenz geht man in der evolutionären Spieltheorie davon aus, daß angeborene Verhaltensmuster wesentlich umfangreicher sind als die Beobachtung einer Population erkennen läßt. Je nach Phänotypenverteilung in der Population bleiben bestimmte Verhaltensabläufe unbeobachtet. Oft sind es gerade die nicht beobachteten Aspekte einer Strategie, die das beobachtete Verhalten stabilisieren. Im Rahmen der Lorenzschen Theorie müßte ein solches Verhalten als Erbkoordination zum 'Hervorbrechen' drängen und in Form einer Leerlaufhandlung beobachtbar sein.

Geht man in Übereinstimmung mit Maynard Smith und Price davon aus, daß Tiere über komplexe angeborene Verhaltensprogramme (= Strategien) verfügen, so geben oft vor allem die selten zu beobachtenden Verhaltensabläufe Hinweise auf die zugrundeliegende Strategie, d.h. auf die Verhaltensmuster, die in einer Population überhaupt auftreten können. Ein anschauliches Beispiel, daß das Verhalten einer Tierart vielgestaltiger ist als zunächst die Beobachtung in einer natürlichen Population erkennen läßt, gibt uns der Rivalenkampf der Männchen des Waldbrettspiels (*Pararge aegeria*), eines Schmetterlings. Eine Methode der Männchen, Weibchen anzulocken, besteht darin, Sonnenflecken am Waldboden zu besetzen. Diese Sonnenflecken werden gegen rivalisierende Männchen verteidigt. Dabei ist zu beobachten, daß der Neuankommende, sobald er bemerkt, daß ein Sonnenfleck besetzt ist, sich zurückzieht. Davies (1978) stellte sich die Frage, warum Neuankömmlinge so schnell aufgeben, anstatt sich in einen Kampf einzulassen, der sie in den 'Besitz' eines Sonnenfleckens bringen könnte, wodurch sich für sie die Wahrscheinlichkeit, ein Weibchen zu erlangen, erhöht. Anscheinend ist in der von Davies untersuchten Population die sogenannte 'Bourgois-Strategie' repräsentiert, die der folgenden Verhaltensregel entspricht: Als Revierbesitzer harre aus, als Eindringling ziehe dich zurück, was zur Folge hat, daß der Revierbesitzer immer der Gewinner ist. Aus dieser Verhaltensregel läßt sich aber auch die Vorhersage ableiten, daß immer dann, wenn beide Männchen 'glauben' Revierbesitzer zu sein, es zu ausdauernden Auseinandersetzungen kommen sollte. Davies ist es gelungen, eine derartige Situation experimentell zu erstellen, indem er vorsichtig ein zweites Männchen auf einem besetzten Sonnenfleck aussetzte. Nach einiger Zeit nahm einer der Revierbesitzer den anderen wahr. Wie zu erwarten, resultierte aus dieser Situation ein ausdauernder Kampf, da beide Männchen die 'Rolle' des Revierbesitzers spielten und keiner die des Eindringlings. In dieser künstlich erstellten Entscheidungssituation, die gar nicht oder nur selten in einer natürlichen Population auftritt, zeigte sich, daß die Strategie auch für diese Situation eine Antwort vorsieht. Auch in diesem Falle ist es die Bereitschaft des Revierbesitzers zu Beschädigungskämpfen, die die Strategie stabilisiert, obwohl ein solcher Beschädigungskampf fast nur in experimentell herbeigeführten Situationen zu beobachten ist.

Aber nicht nur beim Kampfverhalten, auch bei anderen tierischen Interaktionen kommt es aufgrund der unterschiedlichen Sichtweise von 'klassischer' Ethologie und Verhaltensökologie zu voneinander abweichenden 'Erklärungen' des Verhaltens. Es liegen Beobachtungen vor, daß Tiere zeitweilig auf die eigene Fortpflanzung verzichten, während sie den Fortpflanzungserfolg anderer fördern. Von Vögeln und auch Säugern sind sogenannte 'Helfer' bekannt, die in einer Fortpflanzungsperiode keine eigenen Jungen aufziehen, dafür anderen Elternpaaren bei der

Versorgung und Verteidigung der Nachkommen helfen. Dieses sogenannte altruistische Verhalten[4] scheint auf den ersten Blick die Vorstellung von Lorenz, daß Verhaltensweisen im Dienste der Arterhaltung evolviert wurden, zu stützen. Dient doch ein solcher Altruismus in besonderem Maße der Art und nicht den Eigeninteressen des Individuums. "Dennoch kann auch derjenige, ..., sich einer immer wiederkehrenden neuen Bewunderung nicht entschlagen, wenn er physiologische Mechanismen am Werke sieht, die Tieren ein selbstloses, auf das Wohl der Gemeinschaft abzielendes Verhalten aufzwingen, wie es uns Menschen durch das moralische Gesetz in uns befohlen wird." (Lorenz 1964, S. 164 f.). Nach Lorenz handeln Helfer, die Junge anderer artgleicher Eltern füttern, ebenso im Dienste der Arterhaltung wie Individuen, die eine Rolle als Wächter übernehmen, um Artgenossen rechtzeitig vor Gefahren zu warnen, während sie sich selbst dabei gefährden.

Wie schon betont, ist der typologische Denkansatz von Lorenz mit der Vorstellung vom arterhaltenden Wert von Verhaltensweisen mit der heutigen Sicht über das Wirken der Selektion nicht vereinbar. Ein Individuum - so die Verhaltensökologie - sollte stets bestrebt sein, sein Verhalten so auszurichten, daß es seinen Fortpflanzungserfolg maximiert. Altruistisches Verhalten scheint im Widerspruch zu dem Prinzip der Fitness-Maximierung zu stehen. Ein Altruist, der die Tendenz hat, einen Teil seines Fortpflanzungserfolges zugunsten anderer Individuen zu opfern, kann schon per definitionem keinen maximalen Fortpflanzungserfolg haben. Aus diesem Grunde sollten Nicht-Altruisten sehr leicht in der Lage sein, ihre altruistischen Konkurrenten in einer Population zu verdrängen.

Bei genauerem Hinsehen können aber einige Verhaltensmuster, die als altruistisch interpretiert werden, auch von Vorteil für das altruistisch agierende Individuum sein und sich somit als nicht altruistisch erweisen. So wurde vielfach eine Verhaltensweise wie das Warnen unter der Annahme, daß sich derjenige, der warnt, dadurch gefährdet, als altruistisches Verhalten angesehen. Unter den einheimischen Vögeln ist vom Eichelhäher bekannt, daß er bei Gefahr warnt. Ebenso werden die auffälligen Prellsprünge der Thomson Gazellen als Warnung für die Gruppenmitglieder angesehen. Diese Verhaltensweisen können aber auch ganz anders interpretiert werden. Für einen Räuber ist es wichtig, daß er unentdeckt bleibt, bis er möglichst nahe an seine Beute herangekommen ist, um dann einen gewissen Überraschungseffekt auszunutzen. Wenn der Eichelhäher aber seinen Warnruf hören läßt, so kann er damit anzeigen, daß er den Räuber bereits entdeckt hat. Das gleiche kann für die Prellsprünge einer Antilope gelten. Wenn ein Räuber erst einmal entdeckt ist, ist ihm die Möglichkeit genommen, sich weiter unbemerkt anzuschleichen. Die Warnung wäre dann an den Räuber gerichtet und könnte den Warner als besonders aufmerksames Individuum ausweisen, das für den Räuber eine nur schwer zu erreichende Beute darstellt. Warnen, in welcher Form auch immer, bringt somit dem Individuum einen Vorteil, d.h. daß es sich aufgrund von

[4] Unter Altruismus ist ein phänotypisches Verhaltensmerkmal zu verstehen, das dazu führt, daß der Fortpflanzungserfolg eines oder mehrerer Individuen (der Rezipienten) gefördert wird, während der Fortpflanzungserfolg des agierenden Individuums (des Donors) vermindert wird. Mit dem Begriff Altruismus wird nichts über eine moralische Bewertung des Verhaltens ausgesagt.

Individualselektion entwickeln konnte. Tiere, die besonders aufmerksam sind und frühzeitig den Räuber warnen, werden durch die Individualselektion begünstigt. Daß Artgenossen oder - wie beim Eichelhäher - Mitbewohner des Lebensraumes davon profitieren, ist m.E. ein Nebeneffekt.

Altruistisches Verhalten könnte auch immer dann selektionsbegünstigt sein, wenn das altruistisch handelnde Individuum nur ein geringes Risiko eingeht, während sein Handeln für den Hilfe Empfangenden aber von großem Nutzen ist. Wenn der Altruist darüber hinaus mit großer Sicherheit davon ausgehen kann, daß ihm in gleicher Situation ebenfalls die Hilfe gewährt wird, dann ist letztlich der Gewinn aus dem altruistischen Verhalten größer als der Aufwand. Die Idee, die dem sogenannten 'reziproken Altruismus' zugrundeliegt, besagt, daß zwar kurzfristig die eigenen Interessen zurückgestellt werden, daß aber längerfristig aus diesem Verhalten ein Nutzen für das altruistisch handelnde Individuum resultiert. Längerfristig betrachtet ist auch der reziproke Altruismus kein echter Altruismus, da er letztlich dazu beiträgt, die Eignung eines derart handelnden Individuums zu erhöhen.

Wir wissen aber auch, daß Individuen vollständig auf die eigene Fortpflanzung zugunsten anderer artgleicher Individuen verzichten. Als Paradebeispiel für eine derartige soziale Struktur gelten die sozialen Hymenopteren. Im Bienenstaat z.B. obliegt die Reproduktion allein der Königin, während die sogenannten Arbeiterinnen keine eigenen Nachkommen produzieren und ihre ganze Energie für die Aufzucht der Nachkommen der Königin einsetzen. Die meisten Beispiele für altruistisches Verhalten betreffen nahe miteinander verwandte Individuen. Aufgrund dieses Wissens entwickelte Hamilton (1964) den grundlegend neuen Gedanken, daß ein Individuum nicht nur durch eigene Nachkommen, sondern auch durch die Förderung des Fortpflanzungserfolges verwandter Individuen zur Ausbreitung gemeinsamer genetischer Programme beitragen kann. Den entsprechenden Selektionsprozeß bezeichnet er als Verwandtschaftsselektion (kin selection).

Altruistisches Verhalten kann somit durchaus selektiv begünstigt sein, solange es nicht unspezifisch erfolgt, sondern sich spezifisch gegenüber solchen Individuen 'positiv', d.h. fortpflanzungsfördernd, auswirkt, die Träger eines gemeinsamen genetischen Programmes sind. Diese Voraussetzung für den selektiven Erfolg altruistischen Verhaltens ist wohl vor allem bei Interaktionen zwischen verwandten Individuen gegeben. So konnte Hamilton (1964) tatsächlich zeigen, daß unter dieser Voraussetzung altruistisches Verhalten gegenüber verwandten Individuen evolutionsstabil sein kann.

Lorenz vertritt die Ansicht, daß altruistisches Verhalten ganz unspezifisch gegenüber Individuen der gleichen Art gezeigt werden sollte, ohne sich allerdings dazu zu äußern, wie es unter solchen Bedingungen evolvieren konnte. Im Gegensatz dazu sagt die Verhaltensökologie, daß Altruismus *nur* unter sehr restriktiven Rahmenbedingungen auftreten sollte, d.h. nur gegenüber Individuen, die sich bereits als altruistisch zu erkennen gegeben haben (reziproker Altruismus), und gegenüber nahe verwandten Individuen. Nur unter diesen Bedingungen konnte sich altruistisches Verhalten in der Evolution herausbilden, wie es auch nur unter diesen Bedingungen in einer Population erhalten bleiben, d.h. sich als evolutionsstabil erweisen kann. Das theoretische Konzept der Verhaltensökologie erfordert somit ein weitaus schärferes Diskriminationsvermögen, wem gegenüber altruistisches Verhalten gezeigt werden sollte. Es stellt somit höhere Anforderungen an ein Individuum als die relativ einfache Merkmalserkennung, wie sie für das Schlüsselreizkonzept von Lorenz gilt.

Die unterschiedlichen Erklärungsansätze einerseits der 'klassischen' Ethologie, andererseits der Verhaltensökologie lassen sich auch mit Hilfe von Beispielen zur innerartlichen Kommunikation verdeutlichen. In der 'klassischen' Ethologie besteht Konsens dahingehend, daß innerartliche Verständigungsweisen stets zum Vorteil des Senders als auch des Empfängers evolviert wurden. Man meint, diese Ansicht durch viele Beispiele belegen zu können. Darüber hinaus wird in der Ethologie betont, daß alle Verständigungsweisen von einer jeweils spezifischen Motivation abhängen. Das impliziert, daß ein Individuum mit dem Signal dem Empfänger auch jeweils seinen Motivationszustand übermittelt. "Signalhandlungen werden auch als *Ausdrucksbewegungen* bezeichnet, weil sie dem Artgenossen Information über den spezifischen Erregungszustand des Senders übermitteln. Ein balzendes Männchen signalisiert dem Weibchen, daß es sich in Fortpflanzungsbereitschaft befindet, ein drohendes Tier signalisiert Aggressionsbereitschaft und ein warnender Vogel Alarmbereitschaft." (Franck 1985, S. 175). Einzelnen Signalen wird auch eine Mischmotivation unterlegt. So resultieren nach Lorenz alle Drohbewegungen eines Tieres aus einem Zusammenwirken von Angriffs- und Fluchtmotivation. Je nach Intensität der beteiligten Antriebe kann sich daraus eine Vielfalt an Ausdrucksformen ergeben. "Ungemein komplizierte Vorgänge der Überlagerung spielen sich zwischen den verschiedenen Ausdruckslauten der Graugans ab. Die akustischen Signale des Warnens, des Ausdrucks der Lokomotionsbereitschaft, des sozialen Anschlußbedürfnisses (Distanzruf), des Ausdrucks der Unlust und noch einige mehr, sind miteinander beinahe unbegrenzt mischbar." (Lorenz 1978, S. 195). Auch die verschiedenen Imponierhaltungen der Lachmöwe lassen sich nach Moynihan (1955) auf unterschiedliche Anteile der Flucht- und Angriffsbereitschaft zurückführen (s. Abb. 70).

Diese Annahme, daß die Ausgestaltung eines Signals durch die jeweils beteiligten Motivationen bestimmt wird, impliziert, daß ein Tier dem Empfänger dieses Signals eine sehr genaue Information über seinen Zustand übermittelt. An der jeweiligen Ausbildung einer Drohgeste kann der Empfänger ablesen, ob der Sender stärker aggressions- oder stärker fluchtgestimmt ist, um eine solche Information unter Umständen zu seinem Nutzen auszuwerten. Das gleiche gilt für Übersprungbewegungen, die "so überaus häufig durch Ritualisation zu Signalen werden, die dem Artgenossen des Tieres seinen inneren Konflikt bekanntgeben." (Lorenz 1978, S. 203). Es stellt sich die Frage, ob es für den Sender von Vorteil ist, eine solche unter Umständen sehr präzise Information über den eigenen Zustand an den Empfänger weiterzugeben. Besteht doch die Gefahr, daß der Empfänger eine solche Information zum eigenen Vorteil ausnutzt.

Während Lorenz davon ausgeht, daß ein drohendes Tier dem Empfänger seinen inneren Konflikt mitteilt, hat als erster Maynard Smith (1974) darauf hingewiesen, daß miteinander kämpfende Tiere den Gegner nicht erkennen lassen sollten, wie es um ihren Zustand steht. Ein Kämpfer, der die Absicht hat, den Kampf bald aufzugeben, sollte das seinem Konkurrenten vorher nicht ankündigen. Der Gegner könnte aus einem solchen Signal in der Weise Nutzen ziehen, daß er - obwohl er ebenfalls kurz vor der Aufgabe steht - mit diesem Wissen noch länger durchhält.

In der Regel kann man bei der Beobachtung zweier miteinander kämpfender Fischmännchen nicht erkennen, wer als erster aufgibt und sich damit als Verlierer zu erkennen gibt. Für den Beobachter nicht vorhersehbar bricht einer der beiden Rivalen den Kampf plötzlich ab[5]. Einer der Kontrahenten hat somit seine Absicht, den Kampf in Kürze zu beenden, nicht zu erkennen gegeben. Bei Tieren, die im sozialen Verband leben, ist der Verlierer an die Örtlichkeit gebunden und kann sich nicht einfach entfernen. In diesen Fällen wird ein Kampf häufig durch eine besondere Geste, von Lorenz als Unterlegenheitsgeste bezeichnet, beendet. Auch diese Geste wird ohne Vorankündigung plötzlich und damit für den Beobachter überraschend eingesetzt.

Abb. 70: Die verschiedenen Imponierhaltungen der Lachmöwe mit den jeweils zugeordneten Stärken des gleichzeitig aktivierten Angriffs- und Fluchtdranges. Blockdiagramme neben den Figuren: schraffiert = Angriffsdrang; hell = Fluchtdrang. Nach M. Moynihan (1955), aus Eibl-Eibesfeld (1987).

5 Doch berichten Turner und Huntingford (1986), daß es bei manchen Fischen möglich ist, aus dem Verlauf des Kampfes und zwar aus der Häufigkeit, mit der einzelne Verhaltensweisen von den Kontrahenten gezeigt werden, eine Vorhersage über den späteren Gewinner und Verlierer zu machen.

Unter dem funktionalen Aspekt wird die Frage gestellt, wie sich innerartliche Verständigungsweisen in der Evolution herausbilden konnten, d.h. welchen evolutionären Nutzen sie dem *Individuum* bringen. Für die Soziobiologie ist die Individualselektion der entscheidende Evolutionsfaktor. Sie geht davon aus, daß es die Individuen, oder besser die Phänotypen einer Population sind, die miteinander konkurrieren. Wenn zwischen den Angehörigen einer Art Interessenkonflikte bestehen, so ist zu erwarten, daß innerartliche Signale evolvieren, die den Empfänger im eigenen Interesse, d.h. im Interesse des Senders, zu manipulieren versuchen. Interessenkonflikte bestehen nicht nur zwischen rivalisierenden Männchen, sondern ebenso zwischen den Paarpartnern, wenn es z.B. darum geht, wer den Hauptanteil der Brutpflege zu übernehmen hat. Ein Interessenkonflikt besteht auch zwischen Eltern und ihren Kindern, wenn die Eltern beabsichtigen, die Fütterung einzustellen, die Kinder aber anstreben, noch weiter gefüttert zu werden. Von flüggen Jungvögeln, die schon selbständig Futter aufnehmen, ist bekannt, daß sie ihre Eltern, wenn sie in ihre Nähe kommen, um Futter anbetteln. Die Jungvögel täuschen dem Altvogel auf diese Weise sowohl Hunger als auch Unselbständigkeit vor.

In der Soziobiologie geht man davon aus, daß verläßliche Signale von Tieren nur dort eingesetzt werden, wo ein Täuschen nicht möglich ist, sowie in den Fällen, in denen es für den Sender von Vorteil ist, ein verläßliches Signal zu senden. So können Konkurrenten nicht nur über Gesten, sondern auch über bestimmte, für sie wahrnehmbare Eigenschaften des Rivalen wie z.B. seine Größe, die Ausgestaltung sogenannter sekundärer Geschlechtsmerkmale wie Hörner, Kämme, lange Federn, die Färbung bei sogenannten Hochzeitskleidern Informationen über sein zu erwartendes Verhalten erhalten. Ein Tier kann sich nicht kleiner darstellen als es ist und kann auch seine übrigen körperlichen Merkmale, denen eine Signalfunktion zukommt, nicht verbergen. Allerdings kann sich ein Individuum durch Aufplustern oder Aufstellen von Federn oder bei Fischen durch Flossenabspreizen größer machen als es ist und auf diese Weise zu täuschen versuchen. Hinsichtlich der Stärke ist dagegen eine Täuschung des Konkurrenten kaum möglich. Beim gegenseitigen Kräftemessen wird sich ein Rivale kaum schwächer präsentieren als er ist. Darüber hinaus sollte auch in den Fällen nicht geblufft werden, in denen eine Täuschung mit einem Nachteil für den Sender verbunden sein könnte. Nur wenn Täuschen ohne ein Risiko für den Sender ist, wie es z.B. beim 'Futterbetteln' bereits selbständiger Jungvögel der Fall ist, lohnt es sich und sollte dann auch eingesetzt werden. Ein Stichlingsmännchen, das von einem Rivalen gestohlene Eier in seinem Nest deponiert, um auf diese Weise das Nest möglicherweise für ein Weibchen attraktiver zu machen, täuscht dem Weibchen einen 'Balzerfolg' vor. Dieses Eierstehlen ist für ein Stichlingsmännchen aber nicht ohne Risiko, da es dabei vom Nachbarmännchen angegriffen werden kann. Da es trotzdem so häufig bei dicht nebeneinander siedelnden Männchen zu beobachten ist, muß es einen großen Vorteil für das Männchen bedeuten, sich fremde Eier in das Nest zu holen.

Es wurde beobachtet, daß Buntbarschweibchen, die tags zuvor abgelaicht hatten, auf die Werbung eines Männchens antworteten. Sie folgten ihm in die Bruthöhle, um dort zusammen mit dem Männchen Laichdrehungen auszuführen, so als seien sie bereit zum Ablaichen. Da ein Weibchen unter den Bedingungen der Aquarienhaltung sich dem Männchen nicht entziehen kann, wird es, wenn es nicht balzbereit ist, ständig vom Männchen verfolgt. Die Vortäuschung der Laichwilligkeit hat für das Weibchen den Vorteil, daß es vom Männchen - zumindest über einen gewissen Zeitraum - nicht gejagt wird. Wenn eine Signaltäuschung keinen Nachteil, sondern nur Nutzen für ein Individuum mit sich bringt oder der Nutzen so groß ist, daß er den Nachteil überwiegt, dann sollte in der betreffenden Situation immer geblufft werden.

Die unterschiedlichen theoretischen Konzepte der 'klassischen' Ethologie und der Verhaltensökologie führen zwangsweise zu voneinander abweichenden 'Erklärungen' des beobachtbaren Verhaltens, so z.B. des Bettelverhaltens junger Singvögel. Dieses Bettelverhalten, das sogenannte Sperren, ist ein sehr auffälliges Verhalten. Hierbei richten sich die Nestlinge auf, recken den Kopf so hoch wie möglich, reißen den Schnabel auf und lassen arttypische Bettellaute hören. Jedesmal, wenn sich einer der Altvögel dem Nest nähert, zeigen die Nestlinge dieses auffällige Verhalten. Es ist zu beobachten, daß üblicherweise derjenige, der am intensivsten sperrt, d.h. den Kopf besonders hochreckt, das Futter bekommt. Nach Meinung der Ethologen ist die Intensität des Sperrens ein Maß für die Motivation, d.h. für den Hunger. Von den Eltern wird immer derjenige Jungvogel, der am intensivsten sperrt - für die Ethologen somit der hungrigste -, als erster oder eventuell sogar als einziger gefüttert. Ein nicht so hungriger Nestling sollte sich entsprechend zurückhalten, so daß nach dem Prinzip 'immer der Hungrigste bekommt das Futter' gesichert ist, daß alle ihren Anteil erhalten.

Die Verhaltensökologie geht davon aus, daß die Nestlinge bei jeder Fütterung in immer gleicher Weise miteinander konkurrieren. Derjenige Jungvogel, der sich besonders hoch zu recken vermag, signalisiert damit seine physische Stärke, d.h. seine Überlegenheit gegenüber den Nestgeschwistern, und bekommt das Futter. Das besonders intensive Sperren liefert nach dieser Theorie keine Information über den Hungerzustand einzelner Individuen, sondern ist Ausdruck ihrer physischen Konstitution. Derjenige Nestling, der vortäuscht, besonders hungrig zu sein, obwohl er es möglicherweise gar nicht ist, manipuliert die Eltern zu seinem Vorteil. Wenn er bei einer großen Anzahl von Fütterungen auf diese Weise erfolgreich ist, so erhält er im Schnitt mehr Futter als die übrigen Jungen. Ein Jungvogel, der nur sperrt, wenn er hungrig ist, wäre bei dieser Konkurrenz sehr benachteiligt gegenüber Geschwistern, die bei jedem Anflug der Eltern großen Hunger vortäuschen. Ein etwas schwächerer Jungvogel hat von Anfang an keine Chancen gegenüber seinen Nestgeschwistern. Kommt es zu einer Futterknappheit, die zur Folge hat, daß nicht alle Jungvögel einer Brut aufgezogen werden können, so ist auf diese Weise gesichert, daß die stärksten Individuen überleben. Diese Hypothese könnte gestützt werden, wenn beobachtbar ist, daß bei jeder Fütterung alle Jungvögel gleich intensiv sperren und der unterschiedliche Sättigungsgrad der Nestlinge sich nicht auf die Intensität des Sperrens auswirkt. Das scheint tatsächlich der Fall zu sein. Für diese These spricht auch, daß ein Jungvogel, der allein im Nest sitzt, nicht nur weniger, sondern auch weniger intensiv sperrt. Da er keine Konkurrenz hat, kann er sich ein solches Verhalten leisten. Sperren ist ein sehr energieaufwendiges Verhalten, vor allem, wenn es bei jeder Fütterung mit großer Intensität ge-

zeigt wird. Es konnte sich in dieser Form nur entwickeln, wenn es mit einem entsprechenden Nutzen für das Individuum verbunden ist.
Der Empfänger eines Signales steht vor dem Problem, ob dieses Signal des Artgenossen verläßlich ist, d.h. ob er aus dem ihm gegenüber gezeigten Verhalten des Senders etwas über dessen Absichten, dessen zukünftiges Verhalten ablesen kann. Ein Hund, der einen Knochen benagt, wird einem sich nähernden Artgenossen gegenüber die Zähne entblößen. Mit dieser Geste will der Sender erreichen, daß sich der Adressat zurückzieht. Wie soll sich der Empfänger verhalten? Er weiß, daß zwischen dieser Geste des Drohens und einer sich daraus entwickelnden Kampfhandlung eine enge Koppelung besteht. Wenn er sich vom Sender nicht manipulieren läßt, d.h. sich nicht zurückzieht, dann besteht die Gefahr, daß es zu einer Eskalation, d.h. zu einem Kampf mit der Gefahr der Verletzung kommt. Nun könnte der Hund mit der Geste des Zähnefletschens auch bluffen, d.h. nur so tun, als sei er angriffsbereit, um allein durch diese Täuschung zu erreichen, daß sich der Konkurrent zurückzieht. Dabei geht er aber das Risiko ein, daß der Empfänger nicht wie erwartet reagiert, d.h. sich zurückzieht, sondern ebenfalls die Zähne zeigt. Damit ist wiederum die Möglichkeit der Eskalation, d.h. eines Kampfes, gegeben. Bluffen ist für den Sender nur dort von Nutzen, wo ihm aus der Täuschung kein Nachteil entstehen kann. Mit einiger Wahrscheinlichkeit ist das Zähnefletschen ein verläßliches Signal, das vom Empfänger entsprechend eingeschätzt werden sollte.
Wenn mit Signalen getäuscht werden kann, dann können sie nicht Ausdruck eines inneren Zustandes sein; dann ist alternativ nur davon auszugehen, daß derartige Signale, mit denen der Partner getäuscht werden kann, allein in Abhängigkeit von der Situation und der Einschätzung dieser Situation abgegeben werden können. Damit wird ein weiterer entscheidender Unterschied in den theoretischen Ansätzen der 'klassischen' Ethologie und der Verhaltensökologie deutlich.
Die bisher angeführten Beispiele sollten die Schwierigkeiten des Lorenzschen Ansatzes deutlich machen und den 'modernen' Ansatz der Verhaltensökologie belegen. Im folgenden sollen die Schwachpunkte der Verhaltensökologie aufgezeigt werden, da auch sie eine Reihe beobachtbarer Phänomene nicht zu 'erklären' vermag.
Ein nicht seltenes Ereignis im Tierreich ist die Adoption fremder Jungtiere. So ist von Affen bekannt, daß verwaiste Jungtiere von fremden Weibchen aufgezogen werden, am häufigsten von Weibchen, die ein eigenes Junges verloren haben. Da Altruismus sich spezifisch auf solche Individuen richten sollte, die Träger eines gemeinsamen genetischen Programmes sind, wovon bei der Adoption fremder Jungtiere nicht ohne weiteres ausgegangen werden kann, spricht Dawkins in diesem Zusammenhang von einer "Fehlanwendung einer eingebauten Regel. ... Vermutlich kommt der Fehler zu selten vor, als daß sich die natürliche Auslese 'die Mühe gemacht' hätte, die Regel zu ändern, indem sie den mütterlichen Instinkt kritischer macht." (Dawkins 1976, S. 120 f.). Für einen noch schwerwiegenderen Fehler erachtet Dawkins (1976) das Verhalten von Affenmüttern, die ein eigenes Kind verloren haben und daraufhin einem anderen Weibchen das Kind wegnehmen, um es selbst aufzuziehen. Nach Dawkins verschwendet eine solche Affenmutter nicht nur Zeit und Energie an nicht mit ihr verwandte Kinder, sondern nimmt einem mit ihr konkurrierenden Weibchen die Last der Kinderaufzucht ab,

so daß dieses Weibchen in die Lage versetzt wird, bald ein weiteres Kind zu bekommen.

Für Lorenz ist dagegen das Verhalten der Affenweibchen im Sinne der Arterhaltung durchaus adaptiv. Auch im Rahmen seiner Motivationstheorie, der Instinkttheorie, vermag er diese Beobachtungen ohne Schwierigkeiten zu interpretieren. Ein Weibchen, das zuvor ein eigenes Junges geboren, dann aber verloren hat, ist in einer sehr starken Brutpflegestimmung. Aus dieser Appetenz heraus sucht es nach einem passenden Objekt, das es z.B. in einem verwaisten Jungen findet. Daß ein Weibchen in dieser Situation sogar einem anderen Weibchen das Junge entführt, spricht nach Lorenz nur für die Stärke des Brutpflegetriebes.

Ein weiteres Problem für die Verhaltensökologie stellt der Brutparasitismus dar. Er kann nicht als 'Ausnahme von der Regel' angesehen werden, da er zu häufig auftritt und in verschiedenen Vogelfamilien unabhängig voneinander ausgebildet wurde. Die Weibchen brutparasitierender Arten legen ihre Eier in die Nester bestimmter Wirtsarten, ohne sich weiter um die Aufzucht ihrer Jungen zu kümmern. Diese bleibt den artfremden Wirtseltern überlassen, die den Parasiten zusammen mit den eigenen Jungen oder - wie beim einheimischen Kuckuck - als 'Einzelkind' aufziehen. Über das Verhalten des einheimischen Kuckucks sind wir recht gut informiert. Die Regel ist, daß der junge Kuckuck kurz vor den Wirtsjungen ausschlüpft. Das setzt voraus, daß das Kuckucksweibchen den richtigen Zeitpunkt der Eiablage in ein Wirtsnest sehr genau abzuschätzen weiß. Kurz nach dem Schlüpfen wirft der junge Kuckuck die übrigen Eier oder auch schon mal ein gerade geschlüpftes Wirtsjunges aus dem Nest, so daß er schließlich konkurrenzlos allein im Nest sitzt.

Eine Konkurrenzsituation ist nur während der Zeit der Brut gegeben, wenn die Eier des Wirtes und das Kuckucksei gemeinsam im Nest liegen. Das Ei des Kuckucks ist hinsichtlich Färbung und Fleckung in den meisten Fällen von den Eiern der Wirtsart nicht zu unterscheiden, so daß man sagen kann, daß der Kuckuck in dieser Hinsicht sehr gut an die jeweilige Wirtsart angepaßt ist. Für seine Körpergröße legt das Kuckucksweibchen auffallend kleine Eier, doch sind diese Eier immer noch größer als die der Wirte. Trotz dieser in der Regel so weitgehenden Übereinstimmung der Eier des Wirtes mit denen des Brutparasiten wird von einem Teil der Wirtseltern das Kuckucksei als solches erkannt und aus dem Nest befördert. Dabei ist der Grad der Ablehnung gegenüber fremden Eiern im Nest bei einzelnen Vogelarten, die aufgrund ihrer Nestanlage wie auch der Ernährung der Jungen durchaus geeignete Wirte für den Kuckuck darstellen, sehr unterschiedlich. Auffallend ist - wie Davies und Brooke (1989) berichten - daß Wirtsarten, die nur selten vom Kuckuck parasitiert werden, ein besseres Diskriminationsvermögen gegenüber fremden Eiern im Nest zeigen als solche, die häufig als Wirte genutzt werden. Zur 'Erklärung' dieser Befunde stellten Davies und Brooke (1989) die Hypothese auf, daß Wirtsarten mit einer in dieser Hinsicht guten Unterscheidungsfähigkeit in der Vergangenheit stark parasitiert wurden und entsprechende Abwehrmechanismen gegen den Parasiten entwickelten. Das hatte zur Folge, daß der Kuckuck gezwungen war, sich neue Wirte zu suchen. Die heute häufig parasitierten Wirte stellen nach dieser Hypothese relativ junge Wirte dar, bei denen Gegenmaßnahmen wie die Fähigkeit, fremde Eier als solche zu erkennen, noch mangelhaft ausgebildet sind. Das unterschiedliche Diskriminationsvermögen der Wirtsvögel gegenüber den Eiern eines Brutparasiten reflektiert nach Davies und Brooke (1989) unterschiedliche Stadien der Anpassung. Dabei gehen sie davon aus, daß sich in der Auseinandersetzung zwischen Brutparasiten und Wirten der Selektionsdruck, der auf dem Brutparasiten liegt, schneller auswirkt. Sie begründen das damit, daß jedes Kuckucksweibchen sich mit dem Wirt auseinandersetzen muß, während von der Wirtspopulation immer nur ein geringer Prozentsatz von einer Parasitierung betroffen ist. So erwarten sie, daß die Fähigkeit mimetische Eier hervorzubringen, sich in einer Population rascher ausbreitet als ein entsprechender Abwehrmechanismus der Wirte. Wenn Wirtseltern den Unterschied zwischen den eigenen Eiern und dem Ei eines Brutparasiten nicht zu erkennen vermögen, so spricht dies für eine noch unzureichende Anpassung des Wirtes an die Parasitierung.

Das Verhalten der Wirtsvögel, die Brutparasiten aufziehen, ist weder im Sinne der Individualselektion adaptiv, noch förderlich im Dienste der Arterhaltung. Daß ein kleiner Teichrohrsänger seine ganze Energie in die Aufzucht eines artfremden Jungvogels - des Kuckucks - steckt, steht im krassen Widerspruch zur Selektionstheorie. Die Tatsache, daß von den Wirtseltern ein so großer Wert auf eine weitgehende Übereinstimmung der eigenen Eier oder der Jungen mit denen des Brutparasiten gelegt wird, zeigt, daß ein starker Selektionsdruck auf der Ausbildung dieser Merkmale gelegen haben muß. Er bewirkte, daß die Wirtseltern versuchen, so gut wie irgendmöglich, die arteigenen Eier oder Jungen von artfremden zu unterscheiden. Einerseits ist es faszinierend, wie gut das der Selektion gelungen ist. Ein Kuckucksei muß hinsichtlich Färbung und Fleckung bei den meisten Wirtsarten weitgehend mit den Wirtseiern übereinstimmen, um nicht als fremd erkannt zu werden. Andererseits ist es genauso frappierend, daß es die Selektion nicht zustandegebracht hat, das Diskriminationsvermögen der Wirtseltern so zu verfeinern, daß sie allein aufgrund der Größenunterschiede das Ei des Brutparasiten als artfremd erkennen. Auch wenn Davies und Brooke (1989) davon ausgehen, daß die Arten, die junge Kuckucke aufziehen und damit anzeigen, daß sie über wenig Abwehrmöglichkeiten gegenüber dem Brutparasiten verfügen, erst am Beginn einer evolutiven Auseinandersetzung mit dem Brutparasiten stehen, stellt ein solches Verhalten einen gravierenden Mangel mit erheblichen Konsequenzen für den reproduktiven Erfolg der Wirtseltern dar. Der Schlüssel zum Verständnis einer derartigen Fehlleistung liegt wohl eindeutig in der Motivationsstruktur der Wirtseltern, d.h. das Verhalten der Wirtseltern ist nur zu verstehen, wenn man sich die Kausalstruktur des Verhaltens ansieht. So könnte Lorenz das Verhalten der Wirtseltern im Rahmen seiner Motivationstheorie ohne Schwierigkeiten 'erklären'. Nach der Zeit des Brütens haben Vogeleltern eine hohe Bereitschaft, Junge zu füttern, mit der Folge, daß die Schwelle für die auslösende Situation erniedrigt ist, so daß auch ein Jungvogel mit nicht artgemäßem Sperrachen gefüttert wird. Auch im Rahmen seiner Schlüsselreiztheorie hat Lorenz geringere Schwierigkeiten, das Verhalten der Wirtseltern, die einen fremden Jungvogel füttern, zu 'erklären'. Geht er doch davon aus, daß ein Altvogel ein Nestjunges nicht in seiner Komplexität wahrnimmt, sondern anhand von Merkmalen, den Schlüsselreizen. Auslöser für die Fütterungsreaktion der Altvögel ist der aufgerissene Schnabel des Jungvogels, der durch gelbe oder orangefarbene Wachshäute an den Schnabelrändern und einen bunt gefärbten Rachen besonders auffällig ist. Auch der junge

Kuckuck besitzt einen leuchtend roten Rachen und gelbe Schnabelwülste und bietet den fütterungsbereiten Eltern somit die von ihnen erwartete auslösende Situation. Ein fütternder Altvogel kann es sich - so Wickler (1968) - sozusagen leisten, auf ein so einfaches Signal anzusprechen, da er mit großer Sicherheit davon ausgehen kann, daß im eigenen Nest auch die eigenen Kinder sitzen. Die fehlende Artspezifität des Sperrachens des jungen Brutparasiten wird - obwohl doch die Artspezifität ein Charakteristikum eines Schlüsselreizes darstellt - damit abgetan, daß der Sperrachen des Kuckucks so auffällig ist, daß er einen 'überoptimalen' Schlüsselreiz darstellt. "Bereits O. Heinroth nannte den Kuckuck das Laster der Singvögel, weil er mit seinem großen, auffälligen Sperrachen mehr Antworten der Pflegeeltern auslöste als deren eigene Jungen." (Eibl-Eibesfeldt 1987, S. 175). Die These, daß der Sperrachen des jungen Kuckucks eine übernormal wirksame Situation ist, wird durch Wahlversuche von Davies und Brooke (1988) nicht gestützt. Sie testeten vier Elternpaare des Teichrohrsängers, *Acrocephalus scirpaceus*, mit eigenen Jungen. In nebeneinander angebrachten Nestern wurden ihnen die eigenen Jungen in Konkurrenz zu einem jungen Kuckuck geboten. Ein Elternpaar zeigte eine Präferenz für die eigenen Jungen, eines für den jungen Kuckuck, während die beiden anderen Paare keine Bevorzugung erkennen ließen und sowohl die eigenen Jungen als auch den jungen Kuckuck fütterten. Wenn der Sperrachen des jungen Kuckucks einen übernormalen Schlüsselreiz repräsentiert, dann hätte auch in diesen wenigen Versuchen seine höhere Wirksamkeit zum Ausdruck kommen müssen.

Das Phänomen des Brutparasitismus ist deshalb so bedeutsam, weil es uns zeigt, daß eine funktionale Betrachtung des Tierverhaltens nur sinnvoll ist, wenn sie die kausale Struktur des Verhaltens berücksichtigt. Die Selektion kann immer nur aus einer Menge der möglichen realisierbaren Verhaltensmerkmale auswählen. Was aber an einzelnen Verhaltensmerkmalen realisierbar ist, hängt ganz entscheidend davon ab, was historisch vorgegeben ist. In der Verhaltensökologie gibt es eine Tendenz, stillschweigend vorauszusetzen, daß alle Verhaltensmerkmale, die in einer gegebenen Situation optimal erscheinen, auch realisierbar seien, ohne die Restriktionen, die einerseits durch das historisch Vorgegebene, andererseits durch die Kausalstruktur gegeben sind, einzubeziehen. Erkenntnisse, die wir aufgrund der Kausalanalyse des Verhaltens haben, zeigen, daß viele Verhaltensweisen in größere motivationale Zusammenhänge eingebettet sind. Daraus ergibt sich, daß die Motivationsstruktur eines Tieres sich sehr entscheidend darauf auswirkt, welche Verhaltensmerkmale realisierbar sind. Ein Brutparasit z.B. nützt die vorgegebene Motivationsstruktur seiner Wirte aus, die nicht ohne erhebliche Auswirkung auf das gesamte Verhalten der Wirtseltern geändert werden kann.

Es ist ein Verdienst von Lorenz, gezeigt zu haben, daß das Verhalten einer Tierart nicht rein reaktiv ist, sondern von einer Motivationsstruktur abhängt. Diese Einsicht findet bislang in der Verhaltensökologie wenig Beachtung. Die funktionale Betrachtungsweise tierischen Verhaltens krankt zur Zeit noch daran, daß allzu oft mit sehr abstrakten Modellen gearbeitet wird, ohne zu berücksichtigen, wie das aus der Struktur der Modelle resultierende Verhalten - die Strategien - 'im Tier' realisiert sein kann. Die Optimierungmodelle der Verhaltensökologie machen quantitative Vorhersagen. Ergeben sich Diskrepanzen zwischen Vorhersagen und empirischen Befunden, so ermöglichen sie Rückschlüsse auf die Rahmenbedingungen eines Optimierungsprozesses. In der Verhaltensökologie werden derartige Abweichungen von den Prognosen auf die Begrenzung in der Sensorik zurückgeführt oder auch darauf, daß der Entscheidungsapparat eines Tieres in anderer Weise arbeitet, als in den Modellen zunächst angenommen wurde. In gleicher Weise ließen sich aus der Diskrepanz zwischen Theorie und Empirie auch wichtige Schlußfolgerungen über Motivations- und Lernstrukturen ziehen. Das ist meines Wissens bisher nicht geschehen. Solange derartige Überlegungen fehlen, kann die Theorie der Verhaltensökologie vielleicht allgemeine Einsichten liefern; sie bleibt aber hinsichtlich der Motivation, der ein wesentlicher Einfluß auf die Entscheidungsstruktur eines Tieres zukommt, unvollkommen. Es gibt allerdings erste Ansätze, eine Motivationsstruktur zu modellieren, z.B. von Maynard Smith und Riechert (1984). Doch sind diese Modelle an spezielle Beobachtungen angepaßt, d.h. ad hoc konstruiert und nicht der Ausdruck einer allgemein gültigen und wohl fundierten Motivationstheorie.

Auf der anderen Seite hat das genauere Hinsehen der Verhaltensökologie, d.h. nicht das Normalverhalten, sondern das einzelne Individuum mit seinen individuellen Besonderheiten zu betrachten, in vielen Fällen gezeigt, daß das Verhalten wesentlich komplexer und flexibler an die gegebenen Umweltbedingungen angepaßt ist, als es im Rahmen der Lorenzschen Theorie möglich ist. Die kausalen Verhaltensstrukturen, die dem Verhalten eines Tieres unterlegt werden, legen - wie immer sie auch konstruiert werden - die Rahmenbedingungen fest, innerhalb derer die Selektion wirksam werden kann. In diesem Sinne setzen sie die Grenzen und engen damit die Möglichkeiten ein, sich in jeder beliebigen Situation optimal zu verhalten. Je strenger die Rahmenbedingungen sind, um so enger sind die Grenzen. Allen gegenteiligen Bekundungen zum Trotz geht man in der Verhaltensökologie allzu häufig implizit von kausalen Verhaltensstrukturen aus, die derart flexibel sind, daß optimales Verhalten jederzeit realisierbar ist.

Die Lorenzsche Motivationstheorie setzt mit der Annahme, daß alles beobachtbare Verhalten aus relativ einfachen, gleichartig strukturierten Grundbausteinen aufgebaut ist, derart stringente Rahmenbedingungen, daß es häufig zu dysteleonomem Verhalten kommen *muß*, wie z.B. bei der Flucht, beim Kampf oder auch beim Brutparasitismus. Allerdings hat auch heute noch die Einsicht von Lorenz Gültigkeit, daß die Motivationsstruktur eines Organismus niemals so flexibel sein kann, daß sie eine adaptive Antwort auf alle möglichen Umweltsituationen erlaubt. Daraus folgt insbesondere, daß nicht alle Strategien, die im Rahmen der Verhaltensökologie erdacht worden sind, auch tatsächlich biologisch realisierbar sind. Es wäre deshalb für die Verhaltensökologie von großer Bedeutung, auf eine empirisch wohlfundierte Motivationstheorie aufbauen zu können, die dem Strategie-Konzept Rechnung trägt, gleichzeitig aber die Rahmenbedingungen des Verhaltens, die durch die jeweilige Motivationsstruktur gegeben sind, deutlich aufzeigt. Gerade heute, in einer Zeit, in der die Gedanken von Lorenz vielfach für überholt und unmodern angesehen werden, erweisen sie sich für die modernen Ansätze der Verhaltensforschung von großer Bedeutung.

VI. Literaturverzeichnis

Allen, A.A. (1934): Sex rhythm in the ruffed grouse (Bonasa umbellus L.) and other birds; AUK 51, 180-199

Arak, P.A. (1983): Sexual selection by male-male competition in natterjack toad choruses; Nature 306, 261-262

Baerends, G.P. (1984): Do the dummy experiments with sticklebacks support the IRM-concept?; Behaviour 93, 258-277

Baerends, G.P. und Drent, R.H. Ed. (1982): The hering gull and its egg, Part II; Behaviour 82, 1-416

Baerends, G.P., Brower, R. und Waterbolk, H.T. (1955): Ethological studies on Lebistes reticulatus (Peters). I. Analysis of the male courtship pattern; Behaviour 8, 249-335

Bakker, T.C.M. und Milinski, M. (1991): Sequential female choice and the previous male effect in sticklebacks; Behav. Ecol. Sociobiol. 29, 205-210

Beach, F.A. (1942): Analysis of the stimuli adequate to elicit mating behavior in the sexually unexperienced male rat; J. comp. Psychol. 33, 163-207

Bierens de Haan, J.A. (1940): Die tierischen Instinkte und ihr Umbau durch Erfahrung; Leiden

Burley, N. (1986): Comparison of the band-colour preferences of two species of estrildid finches; Anim. Behaviour 34, 1732-1741

Butenandt, A. (1955): Über Wirkstoffe des Insektenreiches. II. Zur Kenntnis der Sexuallockstoffe; Naturwiss. Rundschau 12, 457-464

Capranica, R. R. (1965): The evoked vocal response of the bullfrog: A study of communication by sound; Research Monograph 33, M.I.T. Press (Cambridge, Mass.)

Chauvin-Muckensturm, B. (1976): La dynamique des combats chez l'épinoche (Gasterosteus aculeatus): Étude critique de la notion de déclancheur; Thèse, Univ. René Descartes (Paris)

Colgan, P. (1989): Animal Motivation; Animal Behaviour Series, Chapman and Hall (London)

Craig, W. (1914): Male doves reared in isolation; J. Anim. Behaviour. 4, 121-133

Craig, W. (1918): Appetites and aversions as constituents of instincts; Biol. Bull., Woods Hole 34, 91-107

Cullen, E. und Cullen, J.M. (1962): The pecking response of young kittiwakes and a black-headed gull foster chick; Bird Study 9, 1-6

Cullen, J.M. (1962): The pecking response of young wideawake terns Sterna fuscata; Ibis 103 b, 162-173

Curio, E. (1969): Funktionsweise und Stammesgeschichte des Flugfeinderkennens einiger Darwinfinken (Geospizinae); Z. Tierpsychol. 26, 394-487

Davies, N.B. (1978): Territorial defence in the speckled wood butterfly (Pararge aegeria): The resident always wins; Anim. Behaviour 26, 138-147

Davies, N.B. und Brooke, M. de L. (1988): Cuckoos versus reed warblers: Adaptations and counteradaptations; Anim. Behaviour 36, 262-284

Davies, N.B. und Brooke, M. de L. (1989 a): An experimental study of co-evolution between the cuckoo, Cuculus canorus, and its hosts. I. Host egg discrimination; J. Anim. Ecology 58, 207-224

Davies, N.B. und Brooke, M. de L. (1989 b): An experimental study of co-evolution between the cuckoo, Cuculus canorus, and its hosts. II. Host egg markings, chick discrimination and general discussion; J. Anim. Ecology 58, 225-236

Davies, N.B. und Brooke, M. (1991): Die Koevolution des Kuckucks und seiner Wirte; Spektrum 3, 94-101

Dawkins, R. (1978): Das egoistische Gen; Springer (Berlin)

Drees, O. (1952): Untersuchungen über die angeborenen Verhaltensweisen bei Springspinnen (Salticidae); Z. Tierpsychol. 9, 169-207

Eibl-Eibesfeldt, I. (1963): Angeborenes und Erworbenes im Verhalten einiger Säugetiere; Z. Tierpsychol. 20, 705-754

Eibl-Eibesfeld, I. (1987): Grundriß der vergleichenden Verhaltensforschung; 7. Auflage Piper (München)

Ewert, J.-P. (1976): Neuroethologie; Springer (Berlin)

Eypasch, U. (1983): Besitzen junge Silbermöwen ein angeborenes Schema ihres Futterspenders? Ein Diskussionsbeitrag zur Schlüsselreiztheorie von Konrad Lorenz; Diplomarbeit, Zoologisches Institut Bonn

Eypasch, U. (1989): Das Zusammenwirken von angeborener Bewertung und Erfahrung bei der Lösung eines Erkennungsproblems - untersucht an jungen Silbermöwen (Larus argentatus Pontopp); Dissertation, Bonn

Franck, D (1985): Verhaltensbiologie; 2. Auflage, Thieme (Stuttgart)

Franck, D. und Wilhelmi, U. (1973): Veränderungen der aggressiven Handlungsbereitschaft männlicher Schwertträger Xiphophorus helleri nach sozialer Isolierung; Experentia 29, 896-897

Gale, J.S. und Eaves, L.J. (1975): Logic of animal conflict; Nature 254, 463-464

Gottlieb, G. (1965): Components of recognition in ducklings: Auditory cues help develop family bond; Natural History 74, 12-19

Gottlieb, G. (1975 a): Development of species identification in ducklings: I. Nature of perceptual deficit caused by embryonic auditory deprivation; J. comp. physiol. Psychol. 89 Nr. 5, 387–399

Gottlieb, G. (1975 b): Development of species identification in ducklings: II. Experimental prevention of perceptual deficit caused by embryonic auditory deprivation; J. comp. physiol. Psychol. 89 Nr. 7, 675–684

Gottlieb, G. (1975 c): Development of species identification in ducklings: III. Maturational rectification of perceptual deficit caused by auditory deprivation; J. comp. physiol. Psychol. 89 Nr. 8, 899–912

Gottlieb, G. (1980): Development of species identification in ducklings: VI. Specific embryonic experience required to maintain species-typical perception in peking ducklings; J. comp. physiol. Psychol. 94 Nr. 4, 579–587

Gould, S.J. (1983): Der falsch vermessene Mensch; Birkhäuser (Basel)

Gould, S.J. (1989): Das Lächeln des Flamingo; Birkhäuser (Basel)

Hailman, J.P. (1961): Why do gull chicks peck at visually contrasting spots? A suggestion concerning social learning of food-discrimination; The American Naturalist 69 Nr. 883, 245–247

Hailman, J.P. (1962): Pecking of Laughing Gull chicks at models of the parental heads; AUK 79, 89–98

Hamilton, W.D. (1964): The genetical evolution of social behaviour.; J. theor. Biol. 7, 1–52

Hassenstein, B. (1980): Instinkt, Lernen, Spielen, Einsicht. Einführung in die Verhaltensbiologie; Piper (München)

Hassenstein, B. (1987): Verhaltensbiologie des Kindes; 4. Auflage, Piper (München)

Hediger, H. (1988): In: Der Kreis um Konrad Lorenz; Parey (Berlin), 48–51

Heiligenberg, W. (1963): Ursachen für das Auftreten von Instinktbewegungen bei einem Fisch (Pelmatochromis subocellatus kribensis, Boul., Cichlidae); Z. vergl. Physiol. 47, 339–380

Heiligenberg, W. (1964): Ein Versuch zur ganzheitsbezogenen Analyse des Instinktverhaltens eines Fisches (Pelmatochromis subocellatus kribensis, Boul. Cichlidae); Z. Tierpsychol. 21, 1–25

Heiligenberg, W. (1965): The effect of external stimuli on the attack readiness of a cichlid fish; Z. vergl. Physiol. 49, 459–464; Deutsche Übersetzung: Die Wirkung von Außenreizen auf die Angriffsbereitschaft eines Cichliden; In: W. Wickler, U. Seibt (1973): Vergleichende Verhaltensforschung, Hoffmann und Campe

Heiligenberg, W. und Kramer, u. (1972): Aggressiveness as a function of external stimulation; J. Comp. Physiol. 77, 332–340

Heinroth, O. (1910): Beiträge zur Biologie, insbesondere Psychologie und Ethologie der Anatiden; Verh. 5. Int. Ornithologen Kongreß, Berlin, 589-702

Helversen, D. v. (1972): Gesang des Männchens und Lautschema des Weibchens bei der Feldheuschrecke Chorthippus biguttulus (Orthoptera, Acrididae); J. comp. Physiol. 81, 381-422

Helversen, D. v. und Helversen, O. v. (1981): Korrespondenz zwischen Gesang und auslösendem Schema bei Feldheuschrecken; Nova Acta Leopoldina N.F. 54 Nr. 245, 449-462

Helversen, O. v. (1979): Angeborenes Erkennen akustischer Schlüsselreize; Verh. dtsch. Zool. Ges., 42-59

Hert, E. (1989): The function of egg-spots in an African mouth-brooding cichlid fish; Anim. Behaviour. 37, 726-732

Hess, W.R. (1943): Das Zwischenhirn als Koordinationsorgan; Helv. Physiol. Acta 1, 549-565

Hess, W.R. und Brügger, M. (1943 a): Das subcorticale Zentrum der affektiven Abwehrreaktion; Helv. Physiol. Acta 1, 33-52

Hess, W.R. und Brügger, M. (1943 b): Der Miktions- und der Defäkationsakt als Erfolg zentraler Reizung; Helv. Physiol. Acta 1, 511-533

Hinde, R.A. (1959): Unitary drives; Anim. Behaviour 7, 130-141

Hinde, R.A. (1973): Das Verhalten der Tiere, Band I und II. Eine Synthese aus Ethologie und vergleichender Psychologie; Suhrkamp (Frankfurt)

Holst, E. v. (1936): Vom Dualismus der motorischen und der automatisch-rhythmischen Funktion im Rückenmark und vom Wesen des automatischen Rhythmus; Pflüg. Arch. 237, 356-378

Holst, E. v. (1939 a): Über die nervöse Funktionsstruktur des rhythmisch tätigen Fischrückenmarks; Pflüg. Arch. 241, 569-611

Holst, E. v. (1939 b): Die relative Koordination als Phänomen und als Methode zentralnervöser Funktionsanalyse; Erg. Physiol. 42, 228-306

Holzapfel, M. (1940): Triebbedingte Ruhezustände als Ziel von Appetenzhandlungen; Naturwiss. 28, 273-280

Hottinger, P. (1989): Untersuchungen zur Funktion der Analflossenflecken, Fortpflanzungsbiologie, Ontogenese und Genetik bei Pseudotropheus zebra (Boulenger 1899); In: Mitt.blatt der Ethologischen Ges. Nr. 22, 17

Huntingford, F. (1984): The study of animal behaviour; Chapman and Hall (London)

Iersel, J.J.A. v. (1953): An analysis of the parental behaviour of the male three-spined stickleback; Behaviour Suppl. 3, 1-159

Iersel, J.J.A. v. und Bol, A. (1958): Preening of two tern species. A study on displacement activity; Behaviour 13, 1-88

Immelmann, K. (1959): Experimentelle Untersuchungen über die biologische Bedeutung artspezifischer Merkmale beim Zebrafinken (Taeniopygia castanotis Gould); Zool. Jb. Abt. Syst. 86, 437-592

Immelmann, K. (1983): Einführung in die Verhaltensforschung; 3. Auflage, Parey (Berlin)

Immelmann, K., Piltz, A. und Sossinka, R. (1977): Experimentelle Untersuchungen zur Bedeutung der Rachenzeichnung junger Zebrafinken; Z. Tierpsychol. 45, 210-218

Impekoven, M. (1969): Motivationally controlled stimulus preferences in chicks of the black-headed gull (Larus ridibundus L.); Anim. Behaviour 17, 252-270

Koenig, O. (1970): Kultur und Verhaltensforschung; dtv (München)

Kortlandt, A. (1940): Wechselwirkung zwischen Instinkten; Arch. Neerl. Zool. 4, 442-520

Krebs, J.R. und Davies, N.B. (1984): Behavioural Ecology. An evolutionary approach; Blackwell Sc. Publ., 2. Auflage (Oxford)

Kriz, J. (1981): Methodenkritik empirischer Sozialforschung; Teubner (Stuttgart)

Kriz, J. (1983): Statistik in den Sozialwissenschaften; Westdeutscher Verlag, 4. Auflage (Opladen)

Kriz, J. (1988): Facts and Artefacts in Social Science; McGraw-Hill (Hamburg)

Kriz, J. Lück, H.E. und Heidbrink, H. (1987): Wissenschafts- und Erkenntnistheorie; Leske und Budrich (Opladen)

Kriz, J. und Zippelius, H.-M. (1988): Reizsummation ein 'vermessenes' theoretisches Konzept?; Forschungsber. a. d. Fachbereich Psychologie d. Univ. Osnabrück, 2-17

Kuenzer, E. und Kuenzer, P. (1962): Untersuchungen zur Brutpflege der Zwergcichliden Apistogramma reitzigi und A. borellii; Z. Tierpsychol. 19, 56-83

Kuenzer, P. (1968): Die Auslösung der Nachfolgereaktion bei erfahrungslosen Jungfischen von Nannacara anomala (Cichlidae); Z. Tierpsychol. 25, 257-314

Kuenzer, P. (1975): Analyse der auslösenden Reizsituation für die Anschwimm-, Eindring- und Fluchtreaktion junger Hemihaplochromis multicolor (Cichlidae); Z. Tierpsychol. 38, 505-545

Kuhn, T.S. (1978): Die Entstehung des Neuen; Suhrkamp (Frankfurt)

Kuhn, T.S. (1981): Die Struktur wissenschaftlicher Revolutionen; 5. Auflage, Suhrkamp (Frankfurt)

Lack, D. (1943): The life of the robin; Cambridge (University Press)

Lamprecht, J. (1982): Verhalten. Grundlagen-Erkenntnisse - Entwicklungen der Ethologie; 10., neu bearbeitete Auflage, Herder (Freiburg)

Lendrem, D. (1986): Modelling in behavioural ecology: An introductory text; Timber Press (London)

Leong, C.Y. (1969): The quantitative effect of releasers on the attack readiness of the fish Haplochromis burtoni (Cichlidae); Z. vergl. Physiol. 65, 29-50

Leyhausen, P. (1956): Das Verhalten der Katzen; In: Handbuch der Zoologie, Band VIII Teil 10, de Gruyter (Berlin)

Leyhausen, P. (1979): Katzen, eine Verhaltenskunde; 5. Auflage, Parey (Berlin)

Lorenz, K. (1939): Vergleichende Verhaltensforschung; Verh. Dtsch. Zool. Ges. Zool. Anz. Suppl. Bd. 12, 69-102

Lorenz, K. (1948): Was ist "vergleichende Verhaltensforschung"?; Umwelt, Zeitschr. d. Biologischen Station Wilhelminenberg 2 (3)

Lorenz, K. (1953): Verständigung unter Tieren; Fontana-Verlag (Zürich)

Lorenz, K. (1954): Das angeborene Erkennen; Natur und Volk 84, 285-295

Lorenz, K. (1964): Das sogenannte Böse. Zur Naturgeschichte der Aggression; 3. Auflage, Borotha-Schöler Verlag (Wien)

Lorenz, K. (1965): Über tierisches und menschliches Verhalten. Aus dem Werdegang der Verhaltenslehre; Gesammelte Abhandlungen Band I u. II, Piper (München)

Lorenz, K. (1973): Die Rückseite des Spiegels. Versuch einer Naturgeschichte menschlichen Erkennens; Piper (München)

Lorenz, K. (1978): Vergleichende Verhaltensforschung. Grundlagen der Ethologie; Springer (Wien, New York)

Lorenz, K. (1983): Das Wirkungsgefüge der Natur und das Schicksal des Menschen; (Gesammelte Arbeiten, herausgegeben von I. Eibl-Eibesfeldt) 2. Auflage, Piper (München)

Lorenz, K. (1988): Hier bin ich - wo bist du? Ethologie der Graugans; Piper (München)

Lorenz, K. und Leyhausen, P. (1968): Antriebe tierischen und menschlichen Verhaltens; Gesammelte Abhandlungen, Piper (München)

Lorenz, K. und Tinbergen, N. (1939): Die Taxis und Instinktbewegung in der Eirollbewegung der Graugans; Z. Tierpsychol. 2, 1-29

Manning, A. (1979): Verhaltensforschung; Springer (Berlin)

Markl, H. (1989): Wissenschaft: Zur Rede gestellt; Piper (München)

Maynard Smith, J. (1974): The theory of games and the evolution of animal conflicts; J. theor. Biol. 47, 209-221

Maynard Smith, J. (1978): The evolution of sex; Cambridge University Press (Cambridge)

Maynard Smith, J. (1982): Evolution and the theory of games; Cambridge University Press (Cambridge)

Maynard Smith, J. und Price, J.R. (1973): The logic of animal conflict; Nature 246, 15-18

Maynard Smith, J. und Riechert, S.E. (1984): A conflicting-tendency model of spider agonistic behaviour: hybrid-pure population line comparisons; Anim. Behaviour 32, 564-578

Mayr, E. (1989): Die Darwin'sche Revolution und die Widerstände gegen die Selektionstheorie; Naturwiss. Rundschau 7, 255-265

McFarland, D.J. (1985): Animal behaviour, ethology and evolution; Pitman (London); Deutsche Übersetzung: Biologie des Verhaltens (1989); VHC Verlagsgesellschaft (Weinheim)

McFarland, D.J. und Houston, A. (1981): Quantitative ethology: The state space approach; Pitman (London)

McLennan, D.A. und McPhail, J.D. (1989): Experimental investigation of the ecvolutionary significance of sexually dimorphic nuptial colouration in Gasterosteus aculeatus (L.): Temporal changes in the structure of the male mosaic signal; Can. J. Zool. 67, 1767-1777

Meyer-Holzapfel, M. (1988): In: Der Kreis um Konrad Lorenz; 111-113, Parey (Berlin)

Milewski, H. (1986): Die 'überoptimale' Attrappe - eine Konsequenz aus Annahmen und Methoden?; Wissenschaftl. Arbeit im Rahmen der 1. Staatsprüfung für das Lehramt für die Sekundarstufe II, Universität Bonn

Milinski, M. und Bakker, T.C.M. (1990): Female sticklebacks use male coloration in mate choice and hence avoid parasitized males; Nature 344, 330-333

Moynihan, M. (1955): Some aspects of reproductive behaviour in the black-headed gull (Larus ridibundus L.) and related species; Behaviour. Suppl. 4, 1-201

Muckensturm, B. (1967): Note préliminaire sur la signification de la livrée nuptiale de L'Épinoche mâle; C.R. Acad. Sc. Paris (Series D) 264, 489-492

Neweklowsky, W. (1972): Untersuchungen über die biologische Bedeutung und die Motivation der Zirkelbewegung des Stars (Sturnus v. vulgaris L.); Z. Tierpsychol. 31, 474-502

Peeke, H., Wyers, E. und Herz, M. (1969): Waning of the aggressive response to male models in the three-spined stickleback (Gasterosteus aculeatus L.); Anim. Behaviour 17, 224-228

Peiponen, V.A. (1960): Verhaltensstudien am Blaukehlchen; Ornis Fenn. 37, 69-83

Pelwijk, J.J. ter und Tinbergen, N. (1937): Eine reizbiologische Analyse einiger Verhaltensweisen von Gasterosteus aculeatus L.; Z. Tierpsychol. 1, 193-200

Peters, H.M. (1937): Experimentelle Untersuchungen über die Brutpflege von Haplochromis multicolor, einem maulbrütenden Knochenfisch; Z. Tierpsychol. 1, 201-218

Peters, H.M. (1953): Zum Problem des 'angeborenen Schemas'; Psychol. Forschung 24, 175-193

Pflumm, W. (1969 a): Beziehungen zwischen Putzverhalten und Sammelbereitschaft bei der Honigbiene; Z. vergl. Physiol. 64, 1-36

Pflumm, W. (1969 b): Stimmungsänderungen der Biene während des Aufenthaltes an der Futterquelle; Z. vergl. Physiol. 65, 299-323

Pilz, G. und Moesch, H. (1975): Der Mensch und die Graugans. Eine Kritik an Konrad Lorenz; Umschau Verlag (Frankfurt)

Pollack, G.S. und Hoy, R.R. (1979): Temporal patterns as a cue for species-specific calling song recognition in crickets; Science 204, 429-432

Quine, D.A. und Cullen, J.M. (1964): The pecking response of young arctis terns Sterna macrura and the adaptiveness of the 'releasing mechanism'; Ibis 106 Nr. 2, 145-175

Rasa, O.A.E. (1969): The effect of pair isolation on reproductive success in Etroplus maculatus (Cichlidae); Z. Tierpsychol. 26, 846-852

Rasa, O.A.E. (1971): Appetence for aggression in juvenile Damsel Fish; Beiheft 7, Z. Tierpsychol., Parey (Berlin)

Riess, B.F. (1954): The effect of altered environment and of age on the mother-young relationship among animals; Ann. N.Y. Acad. Sci. 57, 606-610

Röhrs, W.-H. (1977): Veränderungen der sexuellen und aggressiven Handlungsbereitschaft des Schwertträgers Xiphophorus helleri (Pisces, Poeciliidae) unter dem Einfluß sozialer Isolation; Z. Tierpsychol. 44, 402-422

Roper, T.J. (1990): Responses of domestic chicks to artificially coloured insect prey: effects of prevous experience and background colour; Anim. Behaviour 39, 466-473

Roper, T.J. und Cook, S.E. (1989): Responses of chickens to brightly coloured insect prey; Behaviour 110, 276-293

Roth, G. (Hersg.) (1974): Kritik der Verhaltensforschung; Beck (München)

Roth, G. und Nishikawa (1987): Worm detector replaced by network model - but still a bit worm-infested; The Behavioral and Brain Sciences 10, 385-386

Rowland, W.J. und Sevenster, P. (1984): Sign stimuli in the threespined stickleback (Gasterosteus aculeatus): A re-examination and extension of some classic experiments; Behaviour 93, 241-157

Schaller, F. und Schwab, H. (1961): Attrappenversuche mit Larven und Imagines einheimischer Leuchtkäfer; Zool. Anz. Suppl. 24, 154-166

Schleidt, M. (1988): In: Der Kreis um Konrad Lorenz; Parey (Berlin), 146-148

Schleidt, W.M. (1988): In: Der Kreis um Konrad Lorenz; Parey (Berlin), 149-151

Schramm, N. (1985): Experimentelle Überprüfung der Aussagen zur Auslösung des Balzverhaltens des Stichlingsmännchens; Wissenschaftl. Arbeit im Rahmen der 1. Staatsprüfung für das Lehramt für die Sekundarstufe II, Universität Bonn

Schuler, W. und Hess, E. (1985): On the function of warning coloration: a black and yellow pattern inhibits prey-attack by naive domestic chicks; Behav. Ecol. Sociobiol. 16, 249-255

Seitz, A. (1940/41): Die Paarbildung bei einigen Cichliden; Z. Tierpsychol. 4, 40-88

Seitz, A. (1943): Die Paarbildung bei einigen Cichliden; Z. Tierpsychol. 5, 74-101

Sevenster, P. (1961): A causal analysis of a displacement acitivity: fanning in Gasterosteus aculeatus; Behaviour Suppl. 9, 1-170

Sevenster-Bol, A.C.A. (1962): On the causation of drive reduction after a consummatory act; Arch. Neerl. Zool. 15, 175-236

Sossinka, R. (1981): Ethologie; Diesterweg (Frankfurt)

Sossinka, R. (1988): Ethologie; Dtsch. Inst. für Fernst. an der Universität Tübingen

Stamp Dawkins, M. (1986): Unravelling animal behaviour; Longman (Harlow)

Ten Cate, C. und Bateson, P. (1989): Sexual imprinting and a preference for 'supernormal' partners in Japanese quail; Anim. Behaviour 38, 356-358

Tinbergen, N. (1940): Die Übersprungbewegung; Z. Tierpsychol. 4, 1-40

Tinbergen, N. (1942): An objectivistic study of the innate behaviour of animals; Bibl. Biotheoretica I, 39-98

Tinbergen, N. (1948 a): Social releasers and the experimental method required for their study; Wilson Bull. 60 Nr. 1, 6-52

Tinbergen, N. (1948 b): Wat prikkelt een scholekster tot broeden?; De Levende Natur 51, 65-69

Tinbergen, N. (1950): The hierarchical organization of nervous mechanisms underlying instinctive behaviour; Symp. Soc. Exp. Biol. 4, 305-312

Tinbergen, N. (1952 a): Instinktlehre; Parey; (Berlin)

Tinbergen, N. (1952 b): Derived activities: their causation, biological significance, origin and emancipation during evolution; Quart. Rev. Biol. 27, 1-32

Tinbergen, N. (1958): Die Welt der Silbermöwe; Musterschmidt (Göttingen)

Tinbergen, N. und Perdeck, A.G. (1951): On the stimulus situation releasing the begging response in the newly hatched herring gull chick (Larus a. argentatus Pontopp); Behaviour 3, 1-38

Tinbergen, N., Meeuse, B.J.D., Boerema, L.K. und Varossieau, W.W. (1943): Die Balz des Samtfalters (Eumenis semele L.); Z. Tierpsychol. 5, 182-226

Trivers, R.L. (1971): The evolution of reciprocal altruism; Quart. Rev. Biol. 46, 35-57

Turner, G.F. und Huntingford, F.A. (1986): A problem for game theory analysis: Assessment of intention in male mouthbrooder contests; Anim. Behaviour 34, 961-970

Uexküll, J. v. (1921): Umwelt und Innenwelt der Tiere; 2. Auflage Berlin

Walkowiak, W. (1988): Two auditory filter systems determine the calling behavior of the fire-bellied toad: a behavioral and neurophysiological characterization; J. comp. Physiol. A 164, 31-41

Walkowiak, W. und Brzoska, J. (1982): Significance of spectral and temporal call parameters in the auditory communication of male grass frogs; Behav. Ecol. Sociobiol. 11, 247-252

Walkowiak, W. und Münz, H. (1985): The significance of water surface-waves in the communication of fire-bellied toads; Naturwissensch. 72, 49-50

Weidmann, R. und Weidmann, U. (1958): An analysis of the stimulus situation releasing the food-begging in the black-headed gull; Anim. Behaviour 6, 114

Weidmann, U. (1961): The stimuli eliciting begging in gulls and terns; (Abstract) Anim. Behaviour 9, 115-116

Weizsäcker, C.F. v. (1979): Die Einheit der Natur; 5. Auflage, Hanser (München)

Whitman, C.O. (1899): Animal behaviour; Biol. Lect. Mar. Biol. Lab., Woods Hole, 285-338

Wickler, W. (1962): Ei-Attrappen und Maulbrüten bei afrikanischen Cichliden; Z. Tierpsychol. 18, 129-164

Wickler, W. (1968): Mimikry; Kindler (München)

Wickler, W. (1990): Von der Ethologie zur Soziobiologie; In: Die zweite Schöpfung, Hg. Herbig, J. und Hohlfeld, R., Hanser (München)

Wickler, W. und Seibt, U. (1973): Vergleichende Verhaltensforschung; Hoffman und Campe (Hamburg)

Wiesel, T.N. und Hubel, D.H. (1963 a): Effects of visual deprivation on morphology and physiology of cells in the cats lateral geniculate body; J. Neurophysiol. 24, 978-993

Wiesel, T.N. und Hubel, D.H. (1963 b): Single-cell responses in striate cortex of kittens deprived of visions in one eye; J. Neurophysiol. 24, 1003-1017

Wieser, W. (1976): Konrad Lorenz und seine Kritiker; Piper (München)

Wilhelmi, U. (1975): Über den Einfluß sozialer Isolation auf die Rangordnungskämpfe männlicher Schwertträger (Xiphophorus helleri); Z. Tierpsychol. 38, 482–504

Wilkinson, P.F. und Shank, C.C. (1977): Rutting-fight mortality among musk oxen on Banks Island, Northwest Territories, Canada; Anim. Behaviour 24, 756–758

Wilson, E.O. (1975): Sociobiology, the new synthesis; Cambridge/Massachusetts (Belknap Press of Harvard University)

SACHREGISTER

7,50